JN493778

영양교육과 영양상담

NUTRITION
EDUCATION &
NUTRITION
COUNSELING

머리말

건강을 유지하고 질병을 예방하기 위해 올바른 식생활이 무엇보다 중요하다는 사실은 대부분의 사람들이 알고 있습니다. 그러나 실제 우리 국민의 식생활을 살펴보면 올바른 식생활에서 점차 멀어지고 있는 결과들이 보고됩니다. 이는 '어떻게 먹어야 건강에 좋다'는 정보는 많이 들어 알고는 있지만, 바쁜 생활로 건강보다는 맛과 편리성을 갖춘 음식들을 더 쉽게 섭취하기 때문입니다.

우리나라는 저출산과 고령화 및 1인 가구 증가와 같은 인구학적 변화로 개인 각자가 스스로 식생활을 관리하여야 하는 사회가 되어가고 있습니다. 한편 식품산업 기술의 발달로 새로운 가공식품과 가정간편식 등이 끊임없이 개발되고 있으며, 외식산업과 배달 문화의 발달로 전통사회와 같이 집 안에서 음식을 준비하지 않아도 편리하게 식생활을 즐길 수 있게 되었습니다. 이러한 사회적 변화로 볼 때 개인의 건강 유지를 위하여 스스로 현명하게 식품을 선택할 수 있는 능력을 키우도록 돕는 영양교육과 영양상담의 역할은 더욱더 중요해지고 있습니다.

이에 본 교재는 식품영양학을 공부하는 학생과 현장에서 일하는 영양사, 영양교사, 임상영양사 등의 영양전문가들이 영양교육과 영양상담을 진행할 때 대상자의 문제점을 파악하고 식행동을 개선하는 데 필요한 이론뿐만 아니라 이론을 어떻게 적용하는지에 대한 실무적인 내용, 기법, 사례 등으로 구성하였습니다. 본 교재가 영양교육과 영양상담 전문가로서의 역량을 높이는 데 실질적으로 도움이 되기를 기대합니다.

본 교재의 구성을 간단히 설명하면 다음과 같습니다.

1장에서는 영양교육과 영양상담에 대한 개념과 과정, 의의, 영양교육과 영양상담의 필요성이 증가하는 사회적 배경과 향후 발전 방향에 대해 집필하였고, 2장에서는 영양교육과 영양상담 프로그램의 계획, 실행, 평가에서 대표적으로 사용할 수 있는 건강행동 이론과 적용을 설명하였습니다. 3장에서는 영양교육 계획을 위한 진단 내용과 방법을 집필하였고, 4장에서는 영양교육의 계획으로 프로그램의 구성과 과정의 설계 및 평가 계획에 대하여 설명하였습니다.

5장에서는 다양한 수업 설계 전략을 활용하여 영양교육 수업을 설계하고 교수 · 학습과정안을 작성하는 방법을 공부하고, 6장에서는 영양교육 대상자별 상황과 교육학의 발전에 맞춰 적절한 교육방법을 선택, 적용할 수 있도록 다양한 영양교육 방법을 공부하며, 7장에서는 매체의 특성과 개발 기준 및 대상자에게 적합한 영양교육 매체를 개발하는 구체적인 방법을 집필하였습니다.

8장에서는 영양상담의 개념과 적용되는 이론 및 영양상담자의 역할과 자질에 대해 집필하였고,

9장에서는 의사소통과 영양상담에 적용할 수 있는 상담 기술을 설명하였습니다. 10장에서는 동기면담의 핵심기술을 이해하고 영양상담 과정에 동기면담의 실제적 적용 훈련이 가능하도록 집필하였으며, 11장에서는 영양상담 과정을 이해하고, 실행단계에서 목표의 설정과 그에 맞는 전략을 사용한 영양상담의 실행 방안을 설명하여, 영양상담자로서의 역량을 높일 수 있도록 하였습니다.

12장에서는 생애주기별 및 생활터별 대상자의 영양문제와 영양교육 과정과 방법 및 사례를 설명하였고, 13장에서는 만성질환자 대상 영양교육 및 영양상담을 사례와 함께 집필하였습니다.

현대 사회는 고령사회가 되고 감염성질환보다 심혈관계질환, 암, 당뇨, 비감염성 호흡기질환, 알츠하이머 질환과 같은 비전염성 생활습관병으로 인한 사망이 증가하고 있습니다. 또한 기후변화나 환경오염 문제 등으로 인해 신종감염병 및 정신심리 질환이 증가하고 있어 영양불균형(영양 결핍과 과잉)의 문제를 개선하거나 심리적 안정과 함께 좋은 영양상태를 유지하도록 지속적으로 모니터링하는 영양관리 중심의 영양중재가 중요합니다. 또 1인 가구원의 증가로 자가 식사관리 능력을 갖추어야 하고, 가공식품의 생산 증가, 온라인 마켓의 증가와 배달음식 시장의 확대 및 온라인 미디어의 무분별한 음식 관련 방송 등이 만연한 사회에서 올바른 식생활 정보를 취득하게 하는 교육이 필요합니다. 그리고 기후변화 등의 다양한 환경 변화로 인하여 식품 생산, 유통, 소비에 있어서 지속가능성이 중요해지고 있습니다. 그리고 4차 산업혁명의 기술적 발전에 발맞춰 영양교육과 영양상담의 방법과 기술이 변화하고 발전해가야 할 것입니다.

본 저자들은 식품영양학 전공자들이 증가되고 있는 영양교육과 영양상담의 사회적 요구에 대해 전문인으로서 역량을 갖추고, 미래사회의 변화에 맞춰 발전적 적응력을 가질 수 있는 인재로의 양성을 목표로 새로운 정보를 공부하고 토의하며, 교재의 발전적 변화에 대해 숙고하였습니다. 취업 후 필요할 것으로 예측되고 훈련이 필요한 내용은 다소 새롭고 학부생에게 어려운 내용이라고 평가되어도 포함하였습니다.

앞으로 식품영양 전공 후학들이 국민의 건강 · 영양 상태의 유지 관리를 위하여 중요한 역할을 하며 대한민국이 건강수명의 장수사회가 되기를 염원하는 마음을 담아 본 저서를 출간하게 되었습니다. 앞으로도 계속될 변화에 발맞추어 정확한 자료를 확보하여 부족한 부분을 보완해 나가도록 노력하겠으며, 식품영양학 후학들에게 모범적인 지침이 되기를 바랍니다. 끝으로 교재 출간을 위해 수고해 주신 모든 분과 물심양면으로 도움을 주신 파워북에 감사드립니다.

2025년 3월

저자 일동

차례

CHAPTER

1

영양교육과 영양상담의 개요

아는 자들이여, 실천하라. 이해하는 자들이여, 가르치라.

- 아리스토텔레스 -

학습목표

- 영양교육과 영양상담의 개념을 말할 수 있다.
- 영양교육과 영양상담의 과정을 설명할 수 있다.
- 영양교육과 영양상담에서 고려해야 할 사회문화적 배경 요인을 설명할 수 있다.
- 영양교육자와 상담자의 역할 및 역량을 설명할 수 있다.

1. 영양교육과 영양상담의 개념

영양교육은 개인이나 집단이 건강과 영양 상태를 개선하도록 식품 선택과 식사 관련 행동을 자발적으로 습득하고 유지하는 과정이다. 이 과정은 환경적 지원을 포함하며, 개인 또는 집단이 더 건강한 식행동을 채택하고 유지할 수 있도록 한다.

과거의 영양교육은 생물학적, 의학적 관점에서 영양소에 대한 이해, 질환 예방을 위한 식사, 건강 증진을 위한 식습관 개선과 같이 개인 차원에서의 교육에 중점을 두었다. 그러나 점차 만성질환의 발생 위험이 단지 개인의 식사나 식습관에 의한 것뿐만 아니라 다양한 사회경제적 생활환경과 개인의 식행동 간의 상호작용 등이 중요한 요인으로 확인됨에 따라 환경, 사회, 경제가 식사나 식습관에 미치는 영향을 고려한 영양교육의 필요성이 제기되었다. 이에 영양교육은 기존의 영양학적 접근에서 확장하여 사회과학, 농업, 경제학 등의 영역을 포함하고, 푸드시스템food system을 고려한 건강하고 지속가능한 식생활 교육으로 이루어지고 있다.

미국영양교육행동학회(The Society for Nutrition Education and Behavior)에서는 영양교육을 "건강과 웰빙에 도움이 되는 식품 선택과 식품 · 영양 관련 행동을 자발적으로 수행할 수 있도록 설계된 교육적 전략의 조합으로 환경적 지지와 함께 다양한 경로로 교육이 제공되며, 개인, 지역사회, 정책적 차원에서의 활동을 포함한다"라고 정의하고 있고 영양교육이 식생활 교육과 같은 의미인 것으로 설명한다. 따라서 이 책에서의 영양교육은 식생활 교육을 포괄하는 범위로 정의하고자 한다.

영양상담은 영양교육과 유사한 목표를 가지고 있지만, 상담 과정은 도움을 받는 개인에 특화되어 있다. 즉, 상담은 개별 대상자의 요구에 따라 맞춤 중재가 이루어진다. 이는 대상자의 건강한 식생활을 위한 영양 요구를 충족시키고 변화의 장애물을 해결하기 위해 개별 대상자의 행동 계획을 위한 상담 모델을 설계하여 대상자의 경험, 감정, 생각 및 행동에 중점을 두며 잘못된 식습관을 개선하는 상호작용의 과정이다.

영양교육 및 상담의 핵심은 대상자가 자신의 필요에 맞게 적절한 식품 및 음식을 선택하고 건강한 식행동을 유지할 수 있도록 지원과 안내를 제공하는 것이다.

간혹 영양교육자들은 피교육자가 우리가 교육하는 모든 것을 안다면 분명히 더 건강하게 식사할 것이라고 생각하고 단순히 대상자에게 건강한 식사를 위해 필요한 정보만을 제공하기도 한다. 그러나 이러한 종류의 정보를 단순히 전달하는 것은 충분하지 않다. 사람들은 어떻게 먹는 것이 건강하게 먹는 것인지 알고 있어도 그렇게 먹지 않는다. 왜냐하면 먹는다는 것은 건강 이상의 더 많은 가치를 갖고 있기 때문이다. 먹는다는 것은 즐거움의 원천이며 삶의 다양한 사회적 기능과 관련이 있다. 즉, 우리는 배고픔을 해결하고, 건강을 유지하기 위해 먹기도 하지만 심리적·정서적 만족을 위해 먹기도 하므로, 이러한 다양한 욕구 안에서 선택해야 한다. 따라서 식품 선택 및 식행동에 영향을 미치는 다양한 영향 요인을 이해하는 것은 중요하며 이는 영양교육 및 상담을 설계하는 데 기본이라고 할 수 있다.

식습관은 평생 형성되며 우리 삶의 많은 측면에 깊게 관여하고 있다. 식사는 흡연이나 음주와 같은 선택적인 건강 관련 행동과 달리 누구나 반드시 해야 하는 필수적인 행동이다. 식습관에 영향을 미치는 요인들은 서로 밀접하게 연결되어 있을 뿐만 아니라 상충관계에 놓이기도 하여 변화가 필요한 상황에서 대상자들이 이 요인들을 조율하기가 어려울 수 있다. 그러므로 영양교육과 상담은 대상자들이 건강한 식행동을 실천하는 데 필요한 지식과 기술knowledge and skill을 학습하고, 학습한 지식을 식생활에서 실천하려는 태도attitude를 가져 지속적이고 습관화된 행동behavior으로 연결할 수 있게 해주는 것이 중요하다.

식행동과 식습관

- 식행동(eating behavior): 식품 선택과 동기(motives), 식사, 식사요법, 비만이나 섭식장애와 같은 식사 관련 문제들을 포괄하는 개념이다. 행동의학(behavioral medicine)의 맥락에서 식행동 연구는 질병의 관리 및 예방하기 위한 건강한 식사 패턴을 증진하는 것에 중점을 두고 있다.
- 식습관(eating habits): 습관(habits)은 시간이 지남에 따라 자주 반복되는 행동으로 식습관은 식사 관련 행동의 반복적인 행동(havitual eating behavior)이다. 습관은 보상경험을 통해 과거에 강화되고 학습된 행동의 연속으로 이해될 수 있으며, 주로 개인이 의식하지 못하는 사이에 환경적 요인에 의해 유발된다.

2. 영양교육과 영양상담의 과정

영양교육과 상담 과정은 대상자의 문제를 진단하고, 진단된 문제의 해결을 위한 중재 계획을 세우고, 이를 수행한 후 중재 결과를 평가하는 과정으로 이루어지며, 평가 결과는 피드백의 과정을 거친다 그림 1-1 .

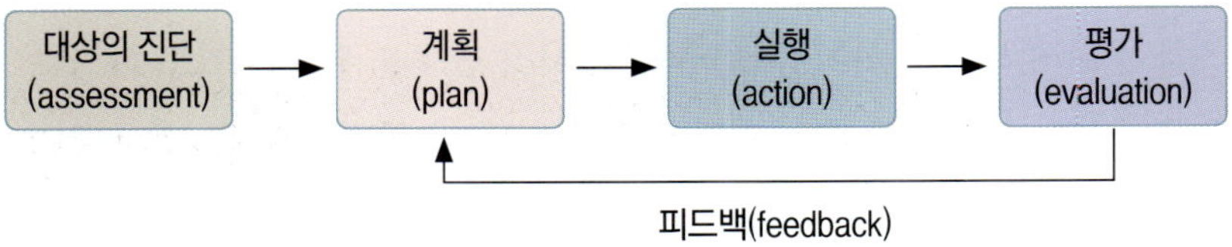

그림 1-1 영양교육과 상담 과정

대상자의 진단은 대상자의 문제뿐만 아니라 문제에 영향을 미치는 관련 요인과 문제에 의해 발생될 수 있는 결과들에 대한 자료도 수집하여 분석하는 것이 필요하다. 또한 대상자들이 기존의 영양교육이나 상담 서비스의 경험이 있었는지, 학습의 수준은 어떠한지 등 대상자의 수용도와 대상자가 교육이나 상담에서 얻고자 하는 것이 무엇인지에 대한 요구도 파악도 중요하다. 이와 같은 대상자의 진단 과정에 대한 구체적인 내용은 3장에서 학습하도록 한다.

대상자의 문제행동을 진단하고 문제를 해결하기 위한 중재 및 평가 계획을 효율적으로 진행하기 위해서는 행동과학, 교육학, 사회과학, 심리학, 의사소통 등과 관련된 이론theory이나 모델model을 기반으로 진단하고 계획하는 것이 필요하다. 이론이나 모델은 어떤 상황이나 경험이 인간 행동에 어떤 영향을 미치는지, 그 영향이 어떤 방식으로 작용하는지, 환경과 상호작용하면서 특정 행동이 어떻게 발생하고, 특정 결과를 초래하는 경로와 기전이 무엇인지를 설명할 수 있다. 또한, 이러한 이론이나 모델은 지식 및 행동변화의 이해를 통해 어떤 내용과 방법으로 교육이나 상담을 진행할지에 대한 가이드 역할을 한다. 즉, 이론이나 모델을 기반으로 매뉴얼을 개발하여 특정 목표를 달성하고자 하는 방법을 체계적으로 제시할 수 있다. 이는 특정 지식이나 기술을 가르치거나 특정 행동을 변경하는 데 도움이 되고, 프로그램의 일관성과 효과를 유지하며 재현성을 확보할 수 있도록 한다. 영양교육이나 상담에 적용가능한 이론이나 모델에 대한 구체적인 내용은 2장에서 학습하도록 한다.

영양교육 또는 상담의 영양 중재를 수행한 후에는 평가계획에 따른 평가가 중요하다. 평가는 교육이나 상담 목표의 달성 여부나 효과를 확인하는 것뿐만 아니라, 교육이나 상담 과정에서 이루어진 다양한 활동과 투입된 자원들도 분석하여 향후 교육이나 상담 시에 반영함으로써 좀 더 효율적인 중재를 계획할 수 있다. 영양교육의 평가에 대한 구체적인 내용은 4장에서 학습하도록 한다.

3. 영양교육과 영양상담의 의의

영양교육과 상담의 목적은 개인이나 집단의 영양상태 개선 및 건강 증진을 위해서 이들이 식품, 영양, 건강에 관한 지식과 정보를 습득하고 긍정적인 식태도를 통하여 건강한 식행동을 습득하고 유지하도록 하는 것이다. 즉, 개인이나 집단을 대상으로 올바른 식품 선택, 적절한 식사 계획, 균형적인 영양소 섭취 등에 관한 지식과 행동 실천 기술을 제공하여 건강한 식습관을 형성하도록 한다.

영양교육과 상담을 통한 건강한 식습관의 형성은 신체적, 정신적 건강 증진에 기여한다. 최근 식생활의 불균형과 부적절한 영양 섭취로 인해 비만을 포함하여 당뇨, 고혈압, 심혈관계질환과 같은 다양한 만성질환의 발생이 증가하고 있는데, 이는 영양교육과 상담을 통해서 예방과 조기 치료가 가능하다.

4. 영양교육과 영양상담에서 고려해야 할 사회문화적 배경 요인

식생활은 건강증진을 위한 가장 기본적이고 필수적인 조건으로 정치, 경제, 사회적 발전과 같은 시대적 배경의 영향을 받으면서 형성된다. 따라서 다양한 사회문화적 맥락에서 개인의 영양 및 식습관에 대한 관점, 태도, 행동이 상당히 다를 수 있어서 개인이나 집단에서의 식품 선택 및 식행동은 서로 다른 경험과 우선순위를 가진다.

이러한 다양성을 고려하지 않고 일반적인 접근 방법을 통해 특정 문화나 사회적 집단에 있는 개인들에게 효과적인 교육을 제공하기는 어려울 수 있다. 따라서 현시대의 사회문화적 배경을 고려함으로써 사회적인 특징과 문화적 가치에 기반한 개인 또는 집단의 식생활의 특성과 환경을 이해하여 올바른 식사 지침을 제공할 수 있는 적합한 교육 전략을 개발하고 제공하는 것이 중요하다. 다음은 영양교육이 보다 효과적이고 지속 가능한 결과를 이루기 위해 우리가 고려해야 할 사회문화적 배경을 설명하고자 한다.

1) 인구의 고령화

인구 고령화의 전망과 관련하여 통계청(2022)의 장래인구추계(중위 가정)에 따르면, 2020년 기준으로 65세 이상 인구는 전체 인구의 15.7%를 차지하고 있고, 이는 50년 후인 2070년에 46.4%에 이를 것으로 예상된다 그림 1-2. 이러한 급격한 인구 고령화의 배경에는 출산율과 사망률의 뚜렷한 감소가 주요한 원인으로 작용하고 있다.

출산율의 감소뿐만 아니라 의료 기술의 발전 및 생활 수준의 향상으로 평균 수명이 증가하면서 노인 인구 비중이 높아지고 있고, 질병 예방 및 치료에 대한 접근성이 향상되면서 노인들이 건강한 상태로 노년을 맞이하는 비율이 증가하고 있다.

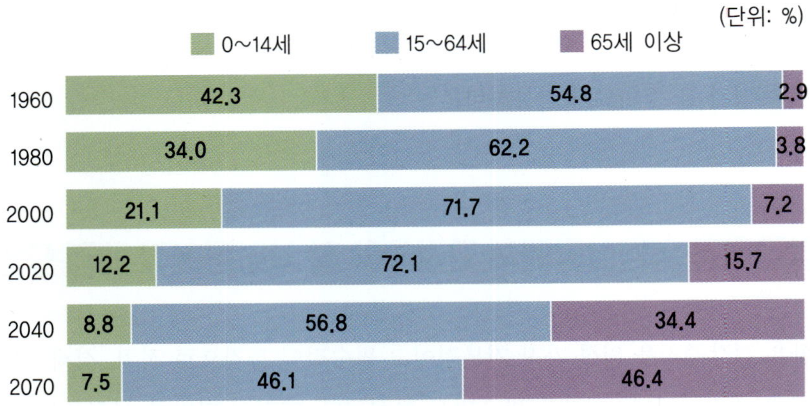

그림 1-2 연령별 인구구성비, 1960~2070년

출처: 통계청, 장래인구추계: 2020~2070년(2021.12)

전통적인 가족 구조와 달리 노인 부모들이 자녀들과 함께 살지 않는 경우가 증가하면서, 노인들이 독립적으로 살거나 지역사회에서 더 많은 역할을 하는 경우가 늘고 있다. 이에 노인들의 사회참여 활동을 높이기 위한 다양한 서비스의 수요가 증가하고 있다. 이에 따라 교육기관과 상담 서비스 제공자들은 노인들의 식생활의 질을 향상시키기 위한 프로그램을 개발하여 이러한 수요에 대응하는 것이 필요하다.

2) 질병 구조와 사망원인의 변화

과거 100년 전의 주요 사망원인은 폐렴 또는 독감, 결핵, 위장관 감염과 같은 감염병 질환이었으나 20세기에 들어오면서 환경 개선과 위생 수준의 향상으로 감염병으로 인한 사망률은 감소하고, 반면 심혈관계질환, 암, 비감염성 호흡기 질환, 알츠하이머 질환, 당뇨와 같은 만성질환으로 인한 사망이 증가하였다 그림 1-3 . 현재는 기후 변화와 환경오염 문제 등으로 인하여 다시 중증호흡기증후군SARS, 메르스, 에볼라 바이러스, 코로나 바이러스 감염과 같은 신종 감염병 질환으로 인한 사망이 증가하고 있고, 스트레스, 정신질환(우울증이나 조울증 등), 치매, 자살 등과 같이 정신심리질환으로 인한 사망도 증가하고 있다 그림 1-4 .

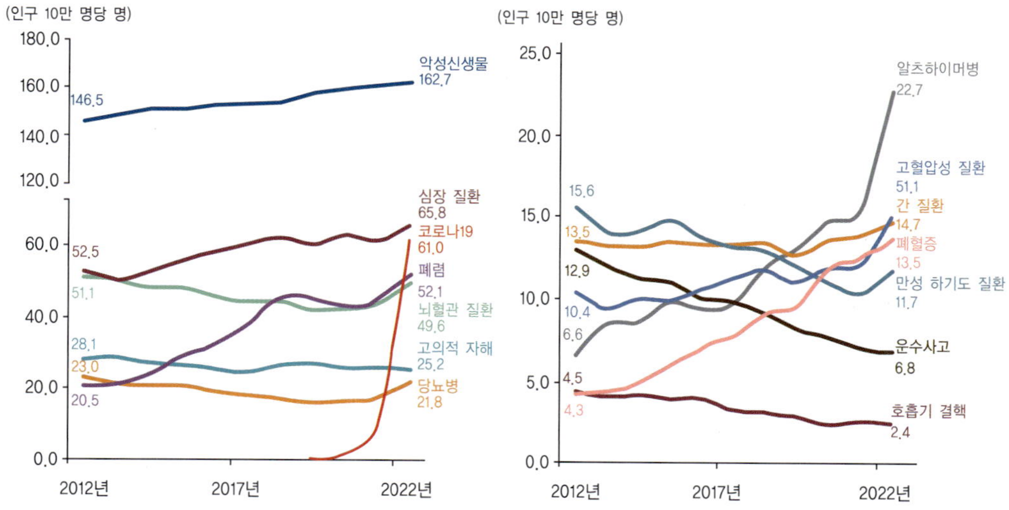

그림 1-3 주요 사망원인별 사망률 추이(통계청, 2023)

과거 감염병은 영양 결핍으로 인한 면역력 약화나 바이러스나 세균의 감염으로 인한 영양 문제가 주로 발생하였기 때문에 식품 섭취 증진 중심의 영양중재가 중요했다면, 현재에는 질환이 만성적으로 진행되는 것을 막고 합병증을 예방하기 위해 영양불균형(영양결핍과 과잉)의 문제를 개선하거나 심리적 안정과 함께 좋은 영양 상태를 유지하도록 지속적으로 모니터링 하는 영양관리 중심의 영양중재가 중요하다. 이러한 영양관리 과정에서 영양교육과 상담은 중요한 역할을 한다.

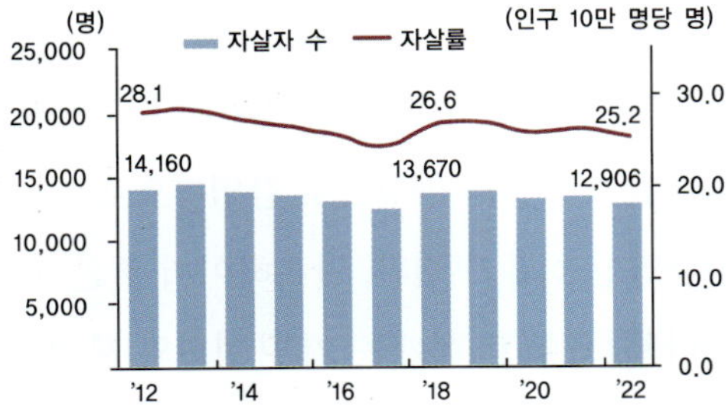

<자살자 수 및 자살률 추이, 2012~2022>

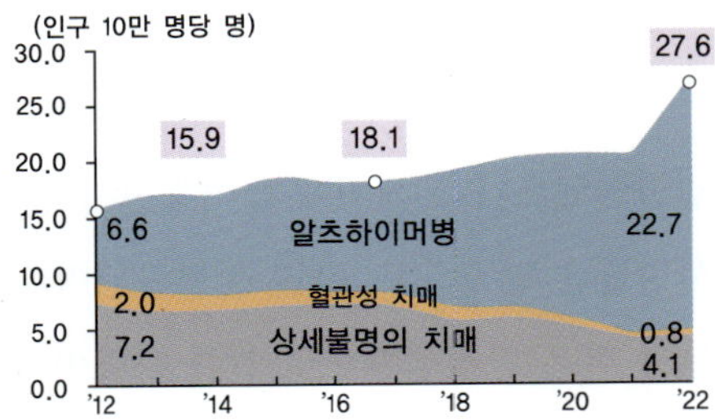

<치매 사망률 추이, 2012~2022>

그림 1-4 정신심리질환의 사망 원인 순위 추이(통계청, 2023)

영양관리는 질병 예방의 모든 수준에 적용되는데, 1차 예방 단계에서는 질병 예방뿐만 아니라 건강 증진을 위한 영양교육과 상담이 필요하고, 2차 예방 단계에서는 질병의 조기 발견과 치료 과정에서 정상인으로의 회복을 위한 영양 치료로서의 교육과 상담이 필요하고, 3차 예방 단계에서는 질병이 악화되거나 합병증을 방지하는 치료와 재활에 도움이 되는 교육과 상담이 필요하다 **그림 1-5**.

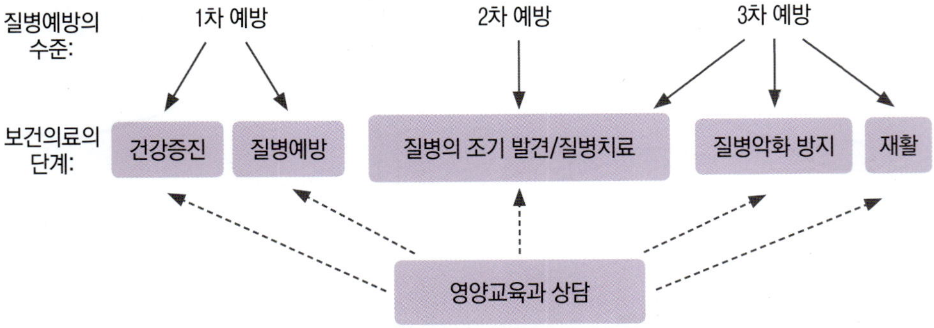

그림 1-5 질병 예방 수준에서의 영양교육과 상담의 적용

3) 1인 가구의 증가로 인한 식품산업의 변화

최근 부모와 미혼 자녀로 구성된 2세대 가구의 비율이 급감하고 있고, 1인 가구 비율이 가파른 상승세이다. 1인 가구는 2000년 226만 가구(15.6%)에서 2021년 약 716만 가구(33.4%)로 3배 이상 증가하여 2050년이면 39.6%에 이를 것으로 전망되어(통계청, 2022) 중요한 소비주체로 부상하면서 새로운 정책 대상이 되고 있다 그림 1-6.

1인 가구 증가에 따른 식품산업의 영향을 분석한 보고서에 따르면(농촌경제연구원, 2015, 2021) 1인 가구 증가는 제조업, 유통업, 외식산업에 영향을 미치고 그림 1-7, 신선식품보다 가공식품의 섭취 증가, 자가 조리 음식보다 외식이나 간편식의 섭취 증가가 두드러진다 그림 1-8. 1인 가구의 경우, 다인 가구보다 식생활 만족도가 낮고, 신선 자연식품에 대한 관심도도 낮으며 식습관이나 영양 상태가 불량한 것으로 보고되고 있다. 또한 혼자 식사를 하는 빈도가 증가함에 따라 끼니를 대충 때우기 식으로 영양적으로 불균형한 부실한 식사를 할 가능성이 높은 것으로 나타났다. 따라서 이들에서 이용 비중이 높은 음식점, 편의점, 단체급식소, 지역 커뮤니티 등과 연계하여 식품 환경의 개선과 함께 식생활 교육 또는 정보를 제공하는 등의 영양교육 프로그램 개발과 보급 등이 필요하다.

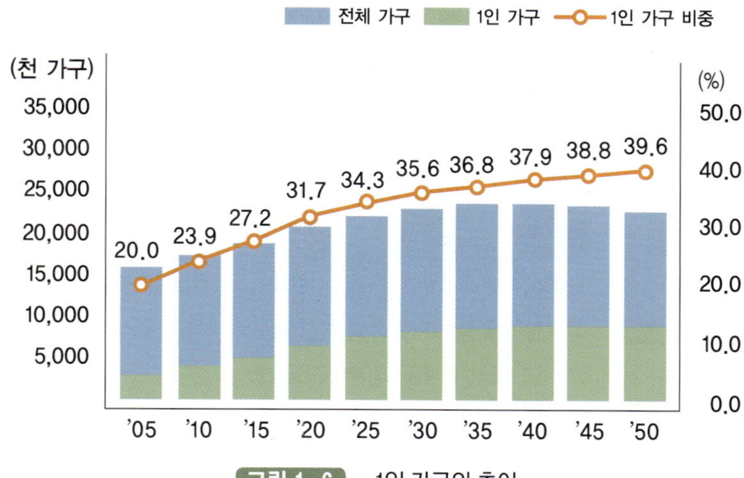

그림 1-6 1인 가구의 추이

출처: 통계청, 인구주택총조사, 장래가구추계: 2020~2050

그림 1-7 1인 가구 증가에 따른 식품시장 영향과 정책과제

출처: 한국농촌경제연구원(2015)

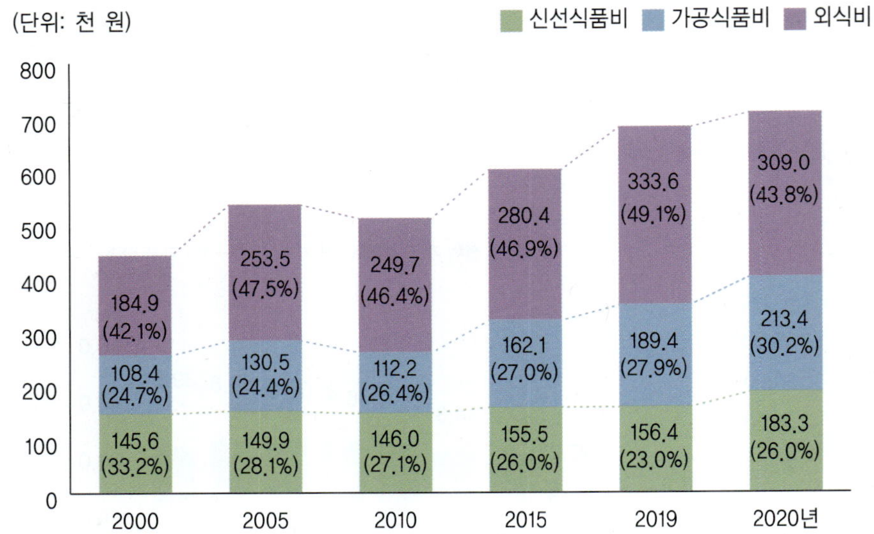

그림 1-8 가구당 식료품비 지출액 중 신선식품, 가공식품, 외식비의 추이

출처: 한국농촌경제연구원(2021)

4) 식생활 환경의 변화

식품산업의 급격한 발전과 함께 최근의 코로나19의 영향으로 사람들의 식품 소비 행

태가 오프라인에서 온라인으로 증가하였고, 특히 모바일로의 식품 구매와 새벽 배송의 이용 빈도가 증가하였다 그림 1-9. 모바일 쇼핑의 편의성 증대와 맞벌이 가구 및 1인 가구의 증가는 배달 및 테이크아웃 음식에 대한 외식의 수요도를 증가시켰다. 또한 유투브 및 소셜미디어 등 온라인 미디어 채널의 중요성이 대두됨에 따라 과거에는 거의 없었던 음식 관련 방송(먹방, 쿡방 등) 등이 외식 및 식품 소비에서 중요한 영향 요인이 되었다. 특히, 청소년의 경우 음식 관련 방송을 자주 보는 청소년은 아침 결식, 야식 섭취, 단맛 음료나 고카페인 음료 섭취 등 건강하지 않은 식습관을 가질 위험성이 더 높았다(질병관리청, 청소년건강행태온라인조사 2022).

이에 따라 대중 매체에서의 식생활 및 영양 정보에 대한 지속적인 모니터링과 함께 다양한 채널을 통해 올바른 영양 정보 제공이 중요하다. 또한 올바른 영양표시 정보 제공을 위한 사이트 운영과 가공식품이나 외식 관련 음식에 영양표시를 의무화하고 소비자들이 영양표시를 읽고 활용할 수 있는 영양교육 및 상담 프로그램이 필요하다.

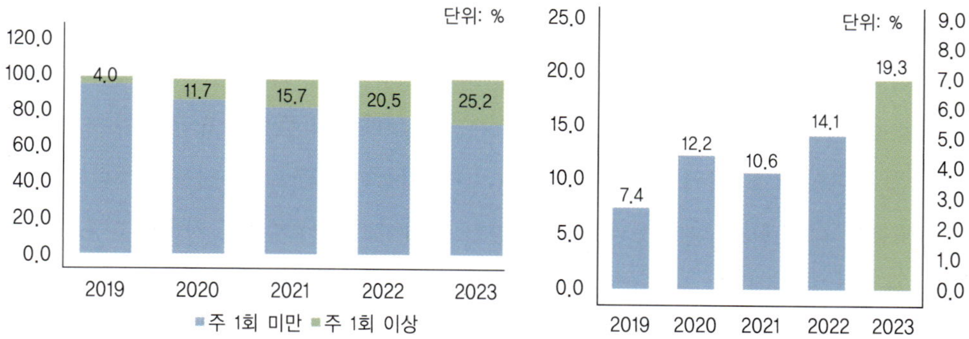

온라인에서 식료품을 주 1회 이상 구입하는 가구 비중

새벽배송 주 1회 이상 비중

그림 1-9 식품 구매 환경의 변화

출처: 한국농촌경제연구원

5) 환경, 공동체, 상생을 고려한 푸드시스템의 지속가능성

기후 변화 등의 다양한 환경 변화로 인하여 식품 생산, 유통, 소비에 있어서 지속가능성이 중요해지고 있다. 2021년 UN 푸드시스템food system 정상회의에서는 전 세계의 빈곤

문제를 해결하고 지속가능발전을 실현하기 위해 유엔과 국제사회가 세운 지속가능발전 목표Sustainable Development Goals, SDGs의 달성을 위하여 5대 실천 분야를 제시하였다.

> 첫째, 안전하고 영양가 있는 식품에 대한 모든 사람의 접근 보장
> 둘째, 지속 가능한 소비패턴 정립
> 셋째, 충분한 규모의 환경친화적 생산 촉진
> 넷째, 평등한 생계 · 가치 배분 촉진
> 다섯째, 취약성, 충격, 스트레스에 대한 푸드시스템 회복력 증진

이는 지속가능성 개념이 더 이상 환경에 국한되지 않고 사회, 경제, 공생, 형평 등의 다양한 측면에서 강조되고 있음을 알 수 있다. 따라서 식품 소비에서의 지속가능성을 추구하기 위해서는 환경과 자원의 유지 및 보존 측면에서의 식품 소비, 건강과 영양 측면에서의 식품 소비, 국가나 지역경제 측면에서의 식품 소비, 사회와 문화적 측면에서의 식품 소비가 지속가능한 시스템으로 계획 또는 실천할 수 있는 노력이 필요하다.

따라서 영양교육에서도 생물의 다양성을 보존할 수 있는 식품 생산, 식품 소비자들의 음식물 쓰레기 감소, 친환경 농식품의 소비, 온실가스 배출의 주요한 요인 중의 하나인 축산 식품 소비의 감소, 지역농산물local food의 소비, 건강한 식품 소비, 전통 식생활의 보전, 취약계층의 식품 환경 개선 등과 같이 다양한 푸드시스템 내에서의 지속가능성을 위한 교육 제공이 필요하다.

6) 정보전달 방법의 변화: 디지털 정보 제공

영양교육은 디지털 시대에 접어들면서 다양한 정보전달 방법의 변화가 일어나고 있다. 디지털 정보 제공은 더 효과적이고 개인 맞춤형으로 이루어지며, 학습자들이 쉽게 접근하고 이해할 수 있는 형태로 진화하고 있다. 개인의 건강 상태, 식습관, 기호도 등의 개인 데이터를 분석하여 영양 상태를 평가하여 개별적인 교육 및 건강 조언을 제공함으로써 효과적인 영양교육이 이루어진다.

사물인터넷IoT과 정보통신기술ICT이 결합하여 모바일 기기를 활용하여 장소와 시간에

구애받지 않고 식품영양 성분정보를 제공하고 소비자는 이러한 정보를 바탕으로 식품이나 음식을 선택한다. 바코드 인식 도구 키트BaTоо로 식품이나 음식 바코드를 통해 알레르기 성분, 영양 성분, 에너지 함량 등을 파악할 수 있게 하고, 식료품점에서는 바구니에 개인용 장보기 비서(스마트 카트) 프로그램을 통해 구매한 식품의 영양 성분, 가격 등을 제공함으로써 식품 선택에 도움을 준다. '웨어러블 헬스기기'로 사용자의 신체 상태를 파악하여 필요한 영양성분을 제공하기도 한다.

최근에는 빅데이터, AI 기반으로 개인의 유전적 요인, 장내 미생물의 상태, 대사체 특성에 따라 식품이 대사되는 정도의 차이를 반영하고, 개인의 행동 특성(식습관, 생활 방식 등)을 파악하고, 질환의 위험도를 예측하여 개인 맞춤형 최적의 영양 성분 조성을 활용한 식품이나 음식을 제안하는 서비스 개발이 이루어지고 있다 그림 1-10.

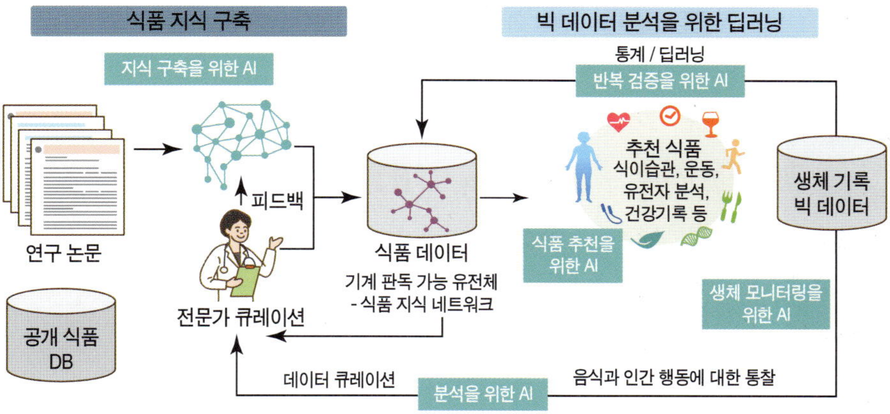

그림 1-10 인공지능을 활용한 맞춤형 영양 서비스

출처 : 강병철(2019)

- 인터넷과 모바일 앱을 통한 교육 및 상담: 인터넷과 모바일 앱을 통해 영양 정보, 레시피, 영양 성분 분석, 건강 상담 등이 제공되며, 이러한 자료들은 언제 어디서든 접근할 수 있다. 영양관리 앱은 식사 기록, 영양 섭취 추적, 식단 계획 등을 지원하여 개인 맞춤형 영양교육을 제공한다 그림 1-11, 그림 1-12.

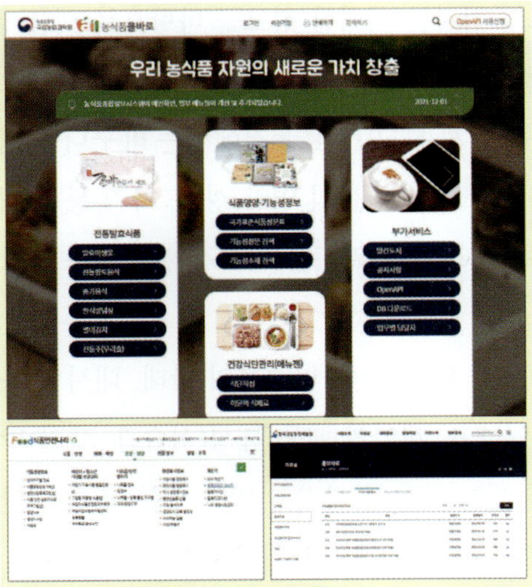

농식품올바로, 농촌진흥청

식품안전나라, 식품의약품안전처

그림 1-11 정부 기관에서 제공하는 다양한 영양 정보 앱

암환자 영양관리, (주)유티인프라, 강남세브란스병원

두잉랩, doing lab

그림 1-12 영양관리를 위한 모바일 앱

- 소셜미디어를 활용한 영양 정보 제공: 다양한 소셜미디어 플랫폼에서 영양전문가들이 영상이나 그림, 글 등을 활용하여 영양교육을 제공하고 있다. 제공되는 정보들은 시각적으로 쉽게 이해할 수 있으며, 다양한 사용자들과의 상호작용을 통해 전달이 확장되고 있다 **그림 1-13**.

그림 1-13 소셜미디어를 활용한 식생활 개선 프로그램 예시

- 가상현실(VR) 및 증강현실(AR)을 활용한 영양교육: 가상현실과 증강현실 기술은 현실적인 상황에서 영양 상황을 체험하거나 시뮬레이션을 통해 실제 상황을 가정하여 영양교육을 할 수 있는 도구로 사용될 수 있다. 이를 통해 학습자는 보다 실감 나게 영양 정보를 체험하고 이해할 수 있다. 게임 형식의 학습이나 시나리오 기반으로 상호작용(인터랙티브한) 디지털 콘텐츠를 활용하여 학습 흥미를 유발하고 지속적인 학습 동기 부여를 이끌어낸다 그림 1-14.

그림 1-14 아동 대상의 메타버스를 활용한 영양교육

7) 국가 차원의 건강 및 영양 정책

삶의 질 향상과 건강 증진에 대한 국민의 관심이 높아짐에 따라 정부 차원에서의 건강 정책이 적극적으로 추진되고 있다. 이 같은 정부 정책에 따라 국가나 지방자치단체에서 국민의 영양 상태 개선을 위해 영양 사업 및 조사 연구 등을 하도록 법적 기준이 마련되었고, 영양사, 영양교사, 임상영양사가 현장에 배치되어 영양교육이 강화되고 확대 시행되고 있다. 이는 국민의 질병 예방과 치료, 건강 증진에 기여할 뿐만 아니라 더 나아가 의료비 절감과 국민 복지에 기여할 수 있다. 표 1-1 은 영양교육과 관련된 법이다.

표 1-1 영양교육과 관련된 법

관련법	목적	제정 및 개정	소관 부처
학교급식법	제1조(목적) 이 법은 학교급식에 관한 사항을 규정함으로써 학교급식의 질을 향상시키고 학생의 건전한 심신의 발달과 국민 식생활 개선에 기여함을 목적으로 한다. 제3조(국가 · 지방자치단체의 임무) ①국가와 지방자치단체는 양질의 학교급식이 안전하게 제공될 수 있도록 행정적 · 재정적으로 지원하여야 하며, 영양교육을 통한 학생의 올바른 식생활 관리능력 배양과 전통식문화의 계승 · 발전을 위하여 필요한 시책을 강구하여야 한다. 제11조(영양관리) ① 학교급식은 학생의 발육과 건강에 필요한 영양을 충족할 수 있으며, 올바른 식생활습관 형성에 도움을 줄 수 있는 식품으로 구성되어야 한다. ② 학교급식의 영양관리기준은 교육과학기술부령으로 정한다. 제13조(식생활 지도 등) 학교의 장은 올바른 식생활 습관의 형성, 식량생산 및 소비에 관한 이해 증진 및 전통 식문화의 계승, 발전을 위하여 학생에게 식생 활 관련 지도를 하며, 보호자에게는 관련 정보를 제공한다. 제14조(영양상담) 학교의 장은 식생활에서 기인하는 영양불균형을 시정하고 질병을 사전에 예방하기 위하여 저체중 및 성장부진, 빈혈, 과체중 및 비만학생 등을 대상으로 영양 상담과 필요한 지도를 실시한다.	1981년 제정 2006년 7월19일 전면개정	교육부

관련법	목적	제정 및 개정	소관 부처
어린이 식생활안전 관리특별법	제1조(목적) 이 법은 어린이들이 올바른 식생활 습관을 갖도록 하기 위하여 안전하고 영양을 고루 갖춘 식품을 제공하는 데 필요한 사항을 규정함으로써 어린이 건강증진에 기여함을 목적으로 한다. 제13조(어린이 식품안전 · 영양교육 및 홍보 등)에서는 관련 기관에서 모든 어린이들이 건강하고 바른 식생활을 실천할 수 있도록 개인 또는 집단이 특성, 건강상태 및 건강의식 수준에 따라 어린이 기호식품에 대한 안전과 영양공급 등에 대한 교육 및 홍보를 실시하여야 한다. 또한 초등학교의 장은 어린이 식생활 관리에 필요한 안전 및 영양교육을 정기적으로 실시하도록 한다.	2008년 3월21일 제정	식품의약품 안전처
식생활교육 지원법	제1조(목적) 이 법은 식생활에 대한 국민적 인식을 높이기 위하여 필요한 사항을 정함으로써 국민의 식생활 개선, 전통 식생활 문화의 계승 · 발전, 농어업 및 식품산업 발전을 도모하고 국민의 삶의 질 향상에 기여함을 목적으로 한다. 제2조(정의) 1. "식생활"이란 식품의 생산, 조리, 가공, 식사용구, 상차림, 식습관, 식사예절, 식품의 선택과 소비 등 음식물의 섭취와 관련된 유 · 무형의 활동을 말한다. 2. "식생활 교육"이란 개인 또는 집단으로 하여금 올바른 식생활을 자발적으로 실천할 수 있도록 하는 교육을 말한다. 3. "전통 식생활 문화"란 우리 민족 고유의 식생활과 관련된 생활양식이나 행동양식으로서 국가적 차원에서 진흥시킬만한 전통적이고 문화적 가치가 있다고 인정되는 것을 말한다. 제26조(학교에서의 식생활 교육) 학교는 올바른 식생활 확산을 위하여 식생활 교육을 추진하여야 한다.	2009년 5월27일 제정	농림축산 식품부
국민영양 관리법	제1조(목적) 이 법은 국민의 식생활에 대한 과학적인 조사 · 연구를 바탕으로 체계적인 국가영양정책을 수립 · 시행함으로써 국민의 영양 및 건강 증진을 도모하고 삶의 질 향상에 이바지하는 것을 목적으로 한다. 제2조(정의) 1. "식생활"이란 식문화, 식습관, 식품의 선택 및 소비 등 식품의 섭취와 관련된 모든 양식화된 행위를 말한다. 2. "영양관리"란 적절한 영양의 공급과 올바른 식생활 개선을 통하여 국민이 질병을 예방하고 건강한 상태를 유지하도록 하는 것을 말한다. 3. "영양관리사업"이란 국민의 영양관리를 위하여 생애주기 등 영양관리 특성을 고려하여 실시하는 교육 · 상담 등의 사업을 말한다. 제10조(영양 · 식생활 교육사업) 국가 및 지방자치단체는 국민의 건강을 위하여 영양 · 식생활 교육을 실시하여야 하며 영양 · 식생활 교육에 필요한 프로그램 및 자료를 개발하여 보급하여야 한다.	2010년 3월26일 제정	보건복지부

5. 영양교육과 상담의 향후 발전 방향

국민의 건강 증진을 위하여 정부는 매 10년 건강 증진 정책의 방향을 제시하는 범정부적 중장기 종합계획을 수립하고 있다. 가장 최근에 수립된 계획은 제5차 국민건강증진종합계획Health Plan, HP 2030(2021~2030)으로 건강수명 연장, 건강 형평성 제고를 총괄 목표로 하고 있다. 목표를 달성하기 위한 사업 분야로는 건강생활 실천, 정신건강관리, 비감염성질환 예방관리, 감염 및 기후변화성 질환 예방관리, 인구집단별 건강관리, 건강 친화적 환경 구축인 6개의 분야이다. 건강생활 실천 분야에 영양이 중점 과제 영역으로 포함되어 있다 그림 1-15.

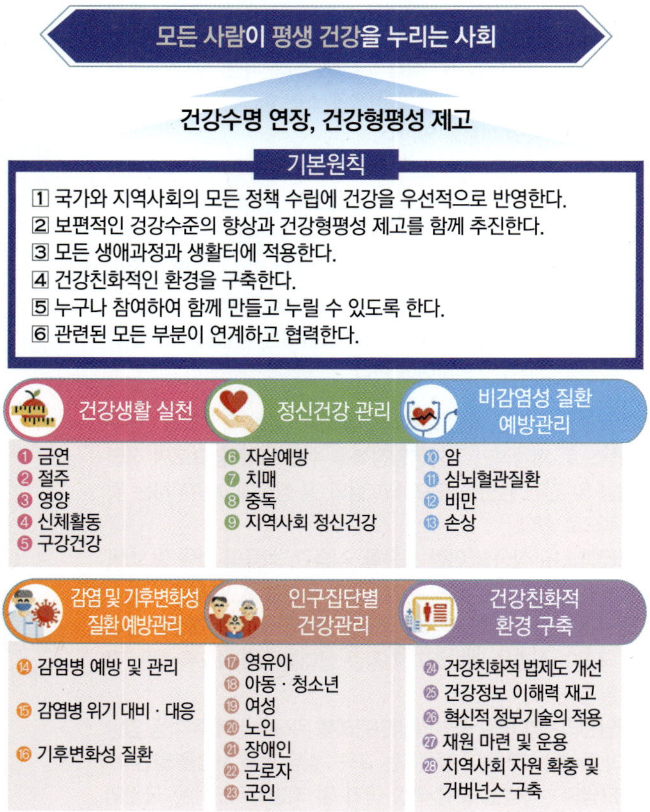

그림 1-15 국민건강증진종합계획(Health Plan 2030, 2021~2030)

영양 영역에서 중점 세부 과제로 다루고 있는 내용은 인구집단별 맞춤형 영양관리 서비스 확대 및 접근성 강화, 만성질환의 예방 및 관리를 위한 영양 정책 추진, 올바른 식생활 · 영양 정보의 효율적 제공 체계 구축이다. 따라서 인구집단별 맞춤형 영양교육 및 상담, 만성질환의 예방 및 관리를 위한 영양교육 및 상담, 영양교육과 상담에서의 올바른 식생활 및 영양 정보 제공은 국가 보건 정책의 목표 달성을 위해 중요하다.

국민건강증진종합계획과 더불어 보건복지부에서는 종합적이고 체계적인 범정부적 영양관리 정책과제와 사업 추진의 방안을 제시하고자 국민영양관리기본계획을 추가적으로 수립 및 시행한다. 국민영양관리기본계획은 국민영양관리법에 따라 5년마다 국민의 영양관리를 위해 필요한 계획과 대책 등을 제시한다. 제3차 국민영양관리기본계획(2022~2026)에서는 1차와 2차의 기본계획의 성과를 바탕으로 건강 · 식생활 실천 환경 조성을 고도화하고, 맞춤형 영양관리를 강화하는 스마트 영양관리를 도입하여 국민영양관리의 내실화를 지향하고자 한다 그림 1-16.

국민건강증진종합계획의 목표 달성을 위한 실천 과제들은 모두 영양교육 및 상담과

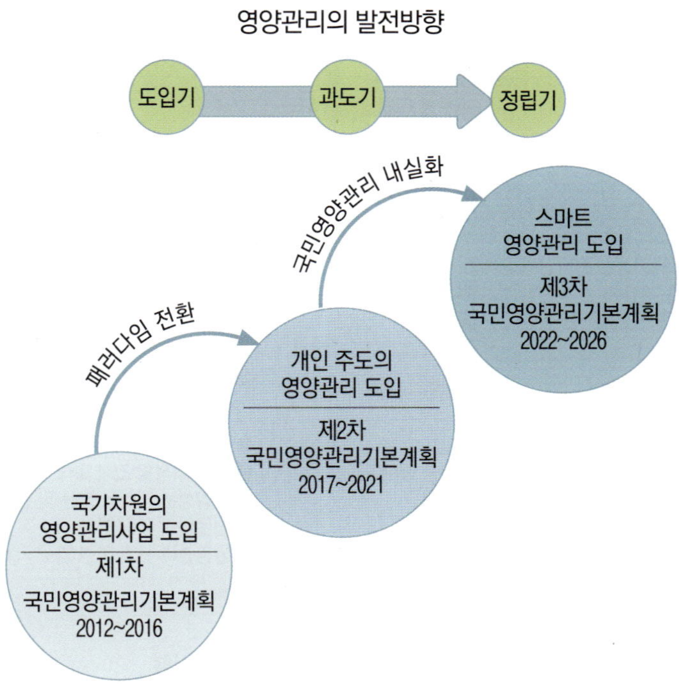

그림 1-16 국민영양관리의 발전 방향

관련되어 있다. 국민의 식생활 변화 인식 제고 추진 전략에서의 실천 과제인 건강·식생활 정보의 전달 경로 확대와 홍보·캠페인, 건강한 식생활 선택을 위한 환경 조성 추진 전략에서의 실천 과제인 영양·식생활 디지털 정보 제공과 건강한 식품 소비 선택권 강화, 생활밀착형 영양관리 맞춤 서비스 강화 추진 전략에서의 실천 과제인 스마트 영양관리 서비스 앱 보급, 생활공간 기반 영양관리 실천 역량 강화, 영양취약계층 영양관리 지원 확대, 영양관리 기반 내실화를 위한 근거 강화 및 인프라 확충 영역 추진 전략에서의 실천 과제인 영양 식생활 조사 확대 및 개선과 전문 인력 역량 강화 등의 과제를 수행하기 위해서는 직접 또는 간접적으로 영양교육과 상담 활동과 연관된다 그림 1-17.

비전	모든 국민의 건강한 식생활 실천이 가능한 사회	
목표	**건강식생활 실천 인구 증가** -누구나, 언제나, 어디서나 스마트 영양관리-	
	• 포화지방산을 적정 수준으로 섭취하는 인구비율 증가 ('20년 47.7% → '26년 63.5%), 만 3세 이상, 표준화 • 과일/채소를 1일 500g 이상 섭취하는 인구비율 증가 ('20년 26.2% → '26년 35.1%), 만 6세 이상, 표준화 • 당을 적정 수준으로 섭취하는 인구비율 증가 ('20년 72.3% → '26년 80.0%), 만 6세 이상, 표준화	• 나트륨을 적정 수준으로 섭취하는 인구비율 증가 ('20년 33.6% → '26년 38.6%), 만 1세이상, 표준화 • 가공식품 선택 시 영양표시 이용 인구비율 증가 ('20년 30.1% → '26년 31.1%), 초등학생 이상, 표준화 • 아침식사 결식을 유지 ('20년 34.6% → '26년≤34.6%), 만 1세 이상, 표준화
	• 식품안정성 확보 가구분을 증가(20년 96.3% → 26년 96.7%) -소득 1~5분위 간 격차 감소(20년 13.2%p → 26년 9.5%p)	
추진 전략 및 실천 과제	**① 국민의 식생활 변환 인식 제고 추진** ❶ 지속가능한 전국단위 캠페인 추진 ❷ 건강식생활정보 전달경로 확대 ❸ 홍보 · 캠페인을 위한 민관협력 강화	**② 건강한 식생활 선택을 위한 환경 조성** ❶ 영양 · 식생활 디지털 정보 제공 ❷ 건강한 식품 소비 선택권 강화 ❸ 건강한 식품 생산 유도
	③ 생활밀착형 영양관리 맞춤서비스 강화 ❶ 스마트 영양관리 서비스 앱 보급 ❷ 생활공간 기반 영양관리 실천역량 강화 ❸ 영양취약계층 영양관리 지원 확대 ❹ 긴급영양관리 지원체계 구축	**④ 영양관리 기반 내실화를 위한 근거 강화 및 인프라 확충** ❶ 법 · 제도 등 정비 ❷ 영양 식생활 조사 확대 및 개선 ❸ 영양성분 데이터 생산 및 활용 강화 ❹ 전문인력 역량 강화 ❺ 영양관리 근거 마련 연구 기획 및 수행
추진 체계	① 건강식생활 실천환경 조성 및 기반 강화 ② 중앙행정기관 및 지방자치단체의 연도별 시행계획 수립 · 시행 ③ 민관협력 거버넌스 구축	

그림 1-17 제3차 국민영양관리기본계획안(2022~2026년)

농림축산식품부에서는 식생활교육지원법에 근거하여 식생활교육 기본계획을 매 5년 수립하고 시행한다. 식생활 기본계획은 국민의 식생활 개선을 위한 기반을 조성, 교육 강화 및 실천 증진, 제도 개선 사항을 포괄하여 건전한 식습관 형성, 지속가능한 농식품산업 육성과 환경 개선에 기여하도록 추진하여 녹색성장 시대에 부응하는 새로운 식생활 패러다임의 전환 유도를 강조한다. 제3차 식생활교육 기본계획(2020~2024)에는 지속가능한 식생활 실천 확산을 위한 4대 전략, 12개 과제를 제시한다 그림 1-18 .

비전 및 목표

가치	환경 · 건강 · 배려	
비전	지속가능한 식생활로 함께하는 농업, 건강한 국민, 포용하는 사회 실현	
목표	• **취약계층과 미래 세대를 고려한 사람 중심 교육 실시** – (신규) 지속가능한 식생활 실천율(%, 국민식생활실태조사): ('24) 70 • **농업환경의 공익적 가치 확산을 위한 교육 확대** – 농업환경의 공익적 가치에 대한 인식도(%, 국민식생활실태조사): ('19) 65.8→ ('24) 75 • **지속가능한 식생활 확산으로 우리 농식품 소비 기반 확대** – 국산 농산물 이용 실천율(%, 국민식생활실태조사): ('19) 60.8 → ('24) 70	
전략	사람 중심 맞춤형 교육	❶ 취약계층 대상 농식품 지원과 연계한 교육 ❷ 미래 세대의 올바른 식습관 형성을 위한 교육 ❸ 성인의 식생활 관리를 위한 찾아가는 교육
	농업과 환경의 공익적 가치 확한	❶ 농업 · 농촌 이해력 제고를 위한 교육 기반 조성 ❷ 도시 속 농업 · 농촌 체험 기회 확대 ❸ 환경의 가치를 고려한 교육 확대
	지역의 자원을 활용한 교육	❶ 지역농산물 확산 연계 교육 기반 조성 ❷ 민 · 관 협업으로 지역 내 교육 수요 발굴 ❸ 전통 식생활 교육 · 체험 및 계승 · 발전
	지속가능한 식생활 실천 기반 강화	❶ 수요자 중심의 온라인 플랫폼 운영 ❷ 교육콘테츠 개발 및 전문인력 역량 강화 ❸ 지속가능한 식생할 실천 확산을 위한 홍보 확대
추진체계	• 지역 단위 식생활교육 추진 기반 강화 및 확산 • 부처 간 협업 확대 및 사업 평가체계 구축 • 교육성과 측정을 위한 조사 · 연구 강화	

그림 1-18 제3차 식생활교육 기본계획

주요한 내용으로는 취약계층(저소득층 · 고령자 등), 영유아, 초 · 중 · 고학생, 군 장병, 직장인 등 다양한 계층의 삶을 고려한 식생활 교육을 실시, 농업 · 환경이 갖는 공익적 가치에 대한 이해 제고를 위해 이론 · 텃밭 가꾸기 · 생산현장 체험이 연계된 교육을 제공, 로컬푸드 직매장과 생활 기반시설 등 지역 공유 공간을 활용한 교육과 전통 식생활 교육을 확대하여 장기적인 농식품 소비 기반을 조성, 식생활교육 정보를 통합 제공하는 종합정보 플랫폼을 운영하고, 지속적인 우수사례 발굴 · 확산과 교육 콘텐츠 개발에 대한 내용을 포함하고 있다.

따라서 국가의 영양 정책을 고려할 때, 영양교육 및 상담의 방향은 다음과 같다.

- 생애주기별로 다양한 맞춤형 영양교육
- 신체적, 정신 · 심리적 질환 예방을 위한 영양교육
- 영양취약계층을 위한 영양교육의 강화
- 식품 소비자 및 생산자와 관련한 영양교육
- 지속가능한 푸드시스템 관련 교육
- 올바른 영양정보 제공 및 대상자 맞춤형 교육 매체의 개발과 활용을 통한 영양교육
  - 생애주기별 맞춤형 매체 활용 교육
  - ICT, AI 기반의 매체 활용 교육

6. 영양교육자와 상담자의 역할 및 역량

식품 선택과 식행동은 다양한 요인에 의해 결정되므로 효과적인 영양교육과 상담을 위해서는 사람들을 이해하고 그들의 행동과 그 맥락을 이해하는 것이 중요하다. 따라서 식품과 영양과 관련된 지식과 기술뿐만 아니라 사람들이 왜, 어떻게 행동하는지에 대한 행동과학 분야와 알고 있는 지식을 다양한 대중들에게 흥미로운 방식으로 전달할 방법에 대한 커뮤니케이션 분야 등의 다양한 학문 분야의 지식과 기술이 필요하다.

다음은 미국의 영양교육과 행동 학회(SNEB, 1987)에서 영양교육자로서 갖춰야 할 지식과 역량을 제시한 내용이다.

- 식품과 영양 관련 지식: 영양학, 식품군과 식사 지침, 다양한 유형의 영양 관련 연구 디자인, 영양 상태 판정 및 진단
- 생애주기별 영양: 생애주기의 단계별 주요한 식생활 문제와 식사 지침
- 식품학: 식품가공과 조리방법이 음식에 미치는 영향, 안전한 식품 취급에 대한 방법
- 식품정책: 국가의 식품영양 관련 프로그램, 식품 및 영양보충제와 관련된 정부 기관의 역할
- 농업/식품 시스템: 농업 및 다양한 식품 가공, 포장, 유통 및 마케팅이 식품 선택과 공급의 양과 질에 미칠 수 있는 잠재적인 영향, 식품과 물 공급에 영향을 미치는 자원
- 행동 및 교육 이론: 식행동의 생물학적, 심리적, 사회적, 문화적, 정치적 및 경제적 결정 요인, 행동 및 행동변화에 대한 심리사회 이론, 영양교육에서의 이론 기반 학습 및 지도 방법
- 영양교육 수행력: 모든 연령 및 다양한 대중을 대상으로 영양교육을 설계하고 평가, 프로그램의 행동변화 목적 결정, 사회 및 환경적 영향 요인을 포함한 행동변화이론 기반의 중재 요인과 촉진 요인 파악, 적절한 이론적 모델 선택, 중재 요인에 대한 목표 결정, 적절한 전략과 기술 선택 및 계획, 예산 수립, 평가 계획 및 진행 상황 평가
- 문서, 구두, 소셜미디어 등을 활용한 의사소통: 다양한 대중에게 서면과 구두로 효과적으로 의사소통하고 다양한 분야에서 영양교육과 건강한 식습관의 효과를 옹호
- 영양교육과 관련된 연구 방법론: 영양교육과 관련된 연구 결과의 분석, 평가, 해석 및 실무에 적용

CHAPTER

2

건강행동 이론

태도는 사소한 것이다. 그러나 태도는 대단한 차이를 만들어내는 것이다.

– 윈스턴 처칠 –

학습목표

- 건강행동 이론 중 건강신념 모델, 계획된 행동이론, 범이론적 모델과 행동변화단계, 사회인지이론의 개념 및 구성요소를 설명할 수 있다.
- 영양교육과 상담 프로그램에서 건강행동 이론을 적용할 수 있다.

개인의 식습관은 어떻게 형성되었으며 어떻게 보다 건강한 식습관으로 변화시킬 수 있을까? 이론에 기반한 영양교육과 상담은 행동의 결정요인determinant을 체계적으로 탐색하여 행동변화를 촉진하고 변화된 행동을 유지하는 데 효과적으로 사용된다. 이론에 기반한 프레임워크framework는 영양교육에 앞서 대상자의 동기 수준, 직면한 행동변화의 장애물, 행동변화의 준비 수준 단계 등을 이해하여 실행가능한 대상자 맞춤형 교육과 상담의 설계와 실행을 돕는다. 이론은 대상자의 자율성을 존중하면서 대상자 스스로 기존의 건강한 식행동을 선택하도록 촉진한다. 또한, 개인뿐 아니라 개인을 둘러싼 사회적, 물리적 환경과 맥락을 고려할 수 있는 틀을 제공하기도 하여 선택한 바람직한 식행동을 장기간 유지하고 강화할 수 있도록 한다. 이론의 구성요소에 기반한 영양교육의 결과나 효과 평가는 향후 영양교육의 방향을 결정할 수 있도록 돕는다.

2장에서는 영양교육 프로그램의 계획, 실행, 평가에서 대표적으로 사용할 수 있는 건강신념 모델, 계획된 행동이론, 범이론적 모델, 사회인지이론을 학습한다.

1. 건강신념 모델

1) 건강신념 모델의 개념 및 구성요소

건강신념 모델Health Belief Model, HBM은 1950년대 미국 공중보건국의 호크바움Hochbaum, 로젠스탁Rosenstock, 케겔스Kegels 등 사회심리학자들이 왜 사람들이 질병 예방(예: 예방 접종)이나 질병 조기 발견을 위한 스크리닝(예: 결핵검사, 국가암검진) 프로그램에 참여하지 않는지를 이해하기 위해 고안되었다. 이후 공중보건, 건강교육, 건강증진 프로그램, 식생활 및 영양교육에서 널리 사용하고 있다. 이 심리학적 모델은 개인의 태도와 신념에 초점을 맞춰 건강행동을 설명하고 예측하는데, 개인이 건강한 행동을 채택할 가능성은 질병이나 불건강한 상태에 관한 개인적 위협, 권장된 건강행동 효과에 대한 믿음, 행동을 변화함에 있어서의 어려움이나 자신감과 같은 개인적 요인에 의해 결정된다 그림 2-1.

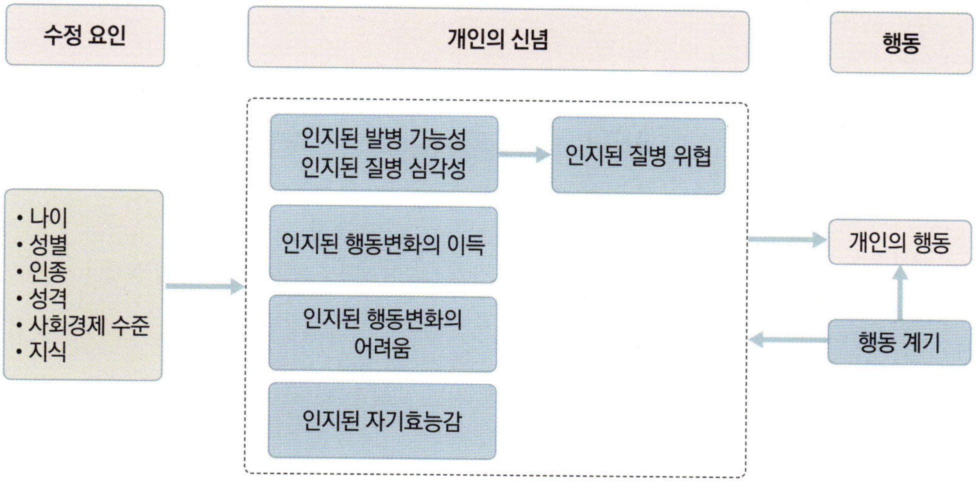

그림 2-1 건강신념 모델의 개념

출처: Glanz 외, 2015

표 2-1 은 건강신념 모델의 구성요소 및 구성요소가 의미하는 내용을 설명하고 있다. 건강신념 모델에서 개인의 행동은 개인의 인식에 의해 결정된다. 개인의 인식은 인지된 발병 가능성과 질병 심각성에 의해 결정되는 인지된 질병 위협, 인지된 행동변화의 이득과 어려움, 자기효능감에 의해 결정된다. 행동 계기는 행동변화를 촉진할 수 있다.

표 2-1 건강신념 모델의 구성요소

구성요소	정의
인지된 발병 가능성 perceived susceptibility	• 질병이나 불건강한 상태가 될 가능성에 대한 신념 – 개인이 특정 질병이나 불건강한 상태에 처할 위험을 평가하는 것으로 발병 가능성을 높게 인식할수록 예방 행동에 참여할 가능성이 증가함
인지된 질병 심각성 perceived severity	• 질병 및 그 결과의 심각성에 대한 신념 – 질병이나 불건강한 상태로 인해 발생할 수 있는 피해의 정도에 대한 개인의 신념으로 의학적 결과(예: 사망, 장애)와 사회적 결과(예: 업무나 가족에 미치는 영향)를 포함함
인지된 행동변화의 이득 perceived benefits	• 권장된 건강행동이 질병 위험 또는 질병 영향의 심각성 감소에 효과가 있음에 대한 신념 – 건강한 행동으로 변화하면 질병에 걸릴 위험이나 질병의 심각한 상태에 처할 위험이 감소하는 긍정적 결과를 가져온다는 믿음

구성요소	정의
인지된 행동변화의 어려움 perceived barriers	• 권장된 건강 행동을 수행하기 어렵게 하는 실질적, 심리적 비용 또는 장애물에 대한 신념 – 건강한 행동으로 변화하면 발생할 수 있는 비용, 대가, 장애물 등의 부정적인 측면에 대한 개인적 인식과 평가를 포함함
인지된 자기효능감 perceived self-efficacy	• 건강 행동을 수행할 수 있는 능력에 대한 자신감 – 원하는 결과를 얻기 위해 필요한 행동을 성공적으로 수행할 수 있는 개인의 자신감 수준
행동 계기 cues to action	• 행동변화를 촉진하거나 활성화하는 요소 – 건강 증진 행동을 유도하기 위해 필요한 내부적(예: 증상) 또는 외부적(예: 건강 캠페인) 요인

2) 영양 중재 프로그램에서의 적용

영양교육을 포함한 다양한 영양 중재 프로그램에서 건강신념 모델을 적용할 때, 전체 구성요소를 모두 적용할 필요는 없다. 프로그램의 목표와 내용에 따라서 필요하고 효과적인 구성요소를 부분적으로 적용할 수 있다.

예를 들어, 대상자의 영양 문제를 진단한 후, 내담자가 가진 영양문제 해결을 위해 건강신념 모델의 구성요소를 적용하여 영양상담을 수행할 수 있다. 상담자는 내담자의 인식을 개선시켜 식생활 및 영양문제를 해결할 수 있다. 내담자의 질병 발병 가능성 및 질병의 심각성을 통해 질병 위협을 인식시키거나, 행동변화의 이익이 어려움보다 크다는 점을 알려줄 수 있다. 이와 같은 맞춤형 중재를 통해 개인의 행동변화의 가능성을 높이는 효과를 거둘 수 있다.

건강신념 모델은 국외에서도 식생활 및 영양교육 프로그램에 다양하게 활용되고 있다. 다음은 국외에서 건강신념 모델을 적용하여 수행한 영양교육 프로그램 사례이다 표 2-2.

표 2-2 건강신념 모델을 영양교육 프로그램에 적용한 국외 사례

프로그램 대상자		이란		에티오피아	미국
		중학교 여학생	성인 여성	Dessi town 임산부 여성	아프리카계 미국 여성
프로그램 목적		식사로부터의 칼슘 섭취 증가	암 예방 영양교육	영양실조, 임신 기간 섭취 부족 등 식습관에 대한 인식 개선 및 영양 지식 함양	질적 인터뷰를 통해 아프리카계 미국 여성에게 문화적으로 적합한 체중감량 프로그램 개발
적용된 건강신념 모델 구성요소	인지된 발병 가능성	부적절한 식사 칼슘 섭취로 칼슘 결핍 관련 질환이 발생할 가능성이 증가한다는 영양교육	건강한 식생활 부족(통곡물, 저지방 유제품, 견과류, 채소, 과일 섭취) 및 탄수화물, 고지방 유제품 과다로 인한 암 발병 가능성 교육	부적절한 식사로 인한 영양 결핍 또는 과잉으로 인한 임산부와 태아의 영양불량 가능성에 대한 영양교육	아프리카계 여성은 과체중을 긍정적으로 인식하여 비만이 되기 쉬움을 교육
	인지된 질병 심각성	칼슘 섭취 부족의 건강결과(구루병, 골연화증, 골절, 향후 골다공증, 장애, 비만, 고혈압 등)에 관한 영양교육	불건강한 식사가 위암, 식도암, 유방암에 미치는 영향에 관한 영양교육	영양실조와 과체중/비만의 심각성, 태아의 자궁 내 성장 지연, 다량 및 미량 영양소 결핍으로 인한 뇌 발달 및 인지기능 저하에 관한 심각성	비만으로 생명에 위협을 주는 질병에 걸리기 쉽고, 신체적 이동에 제한을 받는 단점을 인식함
	인지된 행동 변화의 이득	적절한 칼슘 섭취 시의 건강상의 이득(근골격력 향상, 요통 · 고혈압 · 비만 예방 등) 영양교육	건강한 식사가 암 발생률 감소 및 예방, 건강한 신체, 행복 수준 향상에 미치는 영향에 관한 영양교육	임산부의 영양상태와 태아 건강에 대한 올바른 식습관 또는 식사요법의 이점에 관한 영양교육	체중감량에 성공하면 건강증진과 다양한 활동을 즐길 수 있고, 자녀에게 롤모델이 될 수 있음을 인식함
	인지된 행동 변화의 어려움	—	과일과 채소 섭취를 도울 수 있는 예산, 전처리 및 조리 소요시간, 소화불량 및 안전우려(잔류물질 등) 등에 관한 영양교육	적절하고 바람직한 식습관 실천의 어려움 극복에 관한 영양교육	심리적 요인(예: 실행 동기)과 물리적 요인(예: 시간, 주변 환경)으로 인한 어려움을 인식함

프로그램 대상자		이란		에티오피아	미국
		중학교 여학생	성인 여성	Dessi town 임산부 여성	아프리카계 미국 여성
적용된 건강신념 모델 구성요소	자기효능감	1일 식사 칼슘 섭취량 계산법, 칼슘 급원 식품 등에 관한 영양교육	신뢰할 수 있는 정보를 제공함으로써 암 예방에 대한 자신감 함양	올바른 식습관을 따르기 위한 자신감 및 자기효능감 함양을 위한 영양교육	감소(과거 다이어트 실패) 또는 증가(실현 가능한 조언, 다이어트 파트너) 요인 도출
	행동 계기	영양교육이 끝난 후 연구팀이 편집한 교육 팸플릿 배부	대중 매체 정보 선별, 전문가(의사 등)의 조언, 가족과 친구의 도움을 받는 방법 등	식습관 개선을 위한 포스터, 브로셔, 플립차트	신체적 변화, 가족 · 지인 · 자신의 질병 발병이나 진단

출처: 이란 사례 Naghashpour 외 2014; 에티오피아 사례 Diddana 외 2018; 이란 사례 Sasanfar 외 2022; James 외 2012

연습해보기

다음은 영양교사가 소아비만에 해당하는 초등학생에게 건강신념 모델을 적용하여 영양상담을 수행한 내용의 일부이다.

영양교사: 식사 일기를 보니까 에너지는 먹어야 할 양보다 더 먹고 있는데 필요한 영양소 섭취는 균형이 맞지 않아요. 그 이유는 간식으로 거의 매일 먹는 치킨과 피자 때문이에요.
학생 : 저는 피자와 치킨이 정말 좋아요.
영양교사: 그렇군요. 그런데 ① 치킨이나 피자 같은 패스트푸드를 지금처럼 간식으로 자주 많이 먹으면, 섭취 에너지가 많아져서 살이 찌게 돼요. 또, 패스트푸드에 있는 포화지방이나 트랜스지방은 우리 몸의 혈액을 끈끈하게 만들어서 혈관이 좁아지는 원인이 될 수 있어요. 나트륨도 많아서 패스트푸드를 많이 먹으면, 나중에 고혈압에 걸릴 수도 있어요. 그러면 약을 먹거나 치료를 받아야 해서 병원에 자주 가야 해요.
학생: 저희 부모님도 저랑 같이 치킨이나 피자를 자주 드시는데, 두 분 모두 고혈압이세요. 그래서 매일 약도 드세요. 저도 크면 고혈압에 걸려서 약을 먹어야 하나요? 약 먹는 것이 정말 싫어요.
영양교사 : 지금부터 관리를 잘하면 괜찮아요. 앞으로 간식으로 치킨이나 피자 대신에 채소나 과일을 알맞게 먹으면, 에너지 섭취는 낮아지고 영양소 균형도 이루게 될 거예요. 그러면 살도 빠지고, 고혈압도 예방할 수 있어요.

학생: 정말요? ② 살도 빠지고, 약을 안 먹어도 된다니 너무 좋은 걸요. 오늘부터 간식으로 과일이나 채소를 먹어 볼게요.(출처: 영양교사 기출, 문제 변형)

Q & A

1) 밑줄 친 ①에서 사용한 건강신념 모델의 구성요소 2가지를 제시해보자.

- 인지된 발병 가능성(perceived susceptibility): 영양교사는 "치킨이나 피자 같은 패스트푸드를 지금처럼 간식으로 자주 많이 먹으면, 섭취 에너지가 많아져서 살이 찌게 돼요.","패스트푸드에 있는 포화지방이나 트랜스지방은 우리 몸의 혈액을 끈끈하게 만들어서 혈관이 좁아지는 원인이 될 수 있어요.","나트륨도 많아서 패스트푸드를 많이 먹으면, 나중에 고혈압에 걸릴 수도 있어요."라는 내용을 말하는데 이는 모두 내담자가 비만, 동맥경화, 고혈압에 걸릴 가능성인 인지된 발병 가능성을 제시하고 있다. 이는 내담자가 발병 가능성을 높게 인식할수록 예방 행동에 더 많이 참여하게 되기 때문이다.
- 인지된 질병 심각성(perceived severity): 영양교사는 "그러면 약을 먹거나 치료를 받아야 해서 병원에 자주 가야 해요."라는 말을 통해 내담자가 특정 질병, 즉 비만, 동맥경화, 고혈압에 걸릴 경우 그 결과가 얼마나 심각할지를 표현하고 있다. 이는 내담자가 질병으로 인한 피해, 즉 의학적 결과를 심각하게 받아들일수록 행동변화를 일으킬 가능성이 높기 때문이다.

2) 밑줄 친 ②에 해당하는 건강신념 모델 구성요소와 그 의미를 각각 제시해보자.

- 인지된 행동변화의 이득(perceived benefit): 초등학생이 말한 "살도 빠지고, 약을 안 먹어도 된다니 너무 좋은걸요."는 질병 위험 감소 또는 질병으로 인한 영향의 심각성을 줄이기 위해 권장된 행동의 효능에 대한 신념인 행동변화의 이득을 인지하게 되었음을 시사한다. 이는 개인의 행동변화의 가능성을 높여주는데 바로 이어진 초등학생의 대화인 "오늘부터 간식으로 과일이나 채소를 먹어볼게요."에서 확인할 수 있다.

2. 계획된 행동이론

1) 계획된 행동이론의 개념 및 구성요소

계획된 행동이론Theory of Planned Behavior, TPB은 개인의 신념과 행동을 연결한 심리학 이론으로, 개인의 행동은 행동에 대한 태도, 행동 수행을 둘러싼 사회적 영향력인 주관적 규범, 행동 수행에 관한 인지된 통제력에 의해 영향을 받는 행동 의도에 의해 결정된다고 정의한다. 이 이론은 1970년 아젠Ajzen과 피쉬바인Fishbein이 제안한 합리적 행동이론Theory of Reasoned Action, TRA에 '인지된 행동통제력'이 추가되어 1985년 아젠Ajzen이 제안하였다 그림 2-2.

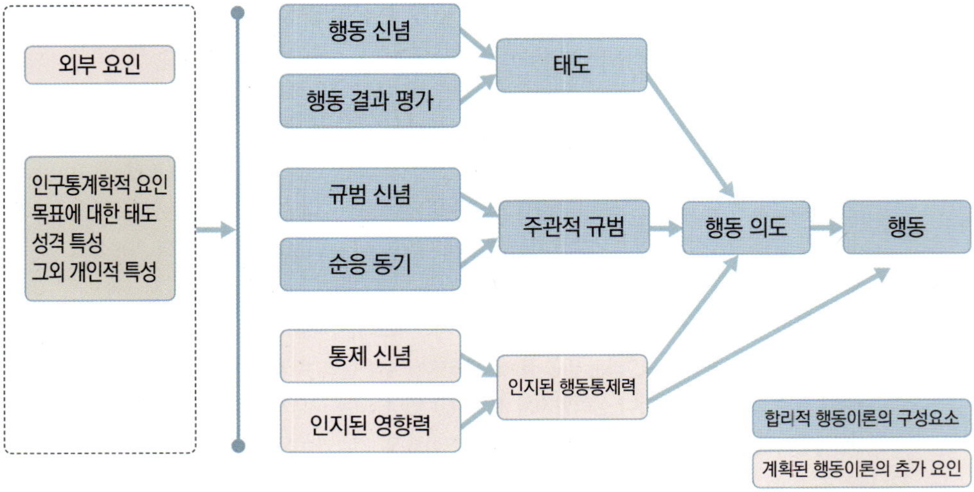

그림 2-2 계획된 행동이론의 개념

출처: Glanz 외, 2015

표 2-3 은 계획된 행동이론의 구성요소 및 구성요소가 의미하는 내용을 설명하고 있다. 계획된 행동이론에서 개인의 행동은 그 행동을 수행하려는 의도에 의해 결정된다. 행동에 대한 의도는 태도, 주관적 규범, 인지된 행동통제력에 의해 결정된다. 이 3가지 구성요소는 각각 신념을 포함한 2개의 하위요인으로 구성된다. 행동에 대한 태도는 행동 신념과 행동 결과에 대한 평가로, 주관적 규범은 규범 신념과 순응하려는 동기로, 인지된 행동통제력은 통제 신념과 인지된 영향력으로 구성된다. 개인의 인구통계학적 특성, 목표에 대한 태도, 성격 등의 외부요인 역시 광범위하게 모델에 관여한다.

아젠은 행동수행은 동기(의도)와 능력(행동통제력) 모두에 의해 결정된다는 개념하에 인지된 행동통제력을 추가하여 계획된 행동이론을 제안했다. 인지된 행동통제력은 뒤에서 제시할 사회인지이론이 구성요소인 자기효능감과 유사하며 연구자들은 두 구성요소를 호환하여 사용하기도 한다. 그러나, 인지된 행동통제력은 '인지된 어려움(perceived difficulties, 개인 수준의 자원이나 외적 장애물을 모두 포괄함)' 상황에서의 자기효능감(특정 행동을 수행할 수 있는 개인적 자신감)으로 정의된다.

표 2-3 계획된 행동이론의 구성요소

구성요소	정의
태도 attitude	특정 행동에 대한 개인의 긍정적 또는 부정적 평가의 정도 – 행동으로 가능한 결과에 대한 신념(행동 신념behavioral beliefs)과 행동으로 가능한 결과에 대한 평가(행동 결과 평가)에 의해 결정됨
주관적 규범 subjective norm	특정 행동 수행의 사회적 압력에 대한 인식 – 중요한 타인(가족, 친구, 동료)이 특정 행동을 승인할지 여부에 대한 신념(규범 신념normative beliefs)과 이들의 기대에 따르고자 하는 동기(순응 동기)에 의해 결정됨
인지된 행동통제력 perceived behavioral control	특정 행동을 수행하는 것이 얼마나 쉬운지 또는 어려운지에 대한 인식 – 행동 수행에 관한 촉진요인과 방해요인의 존재 여부에 대한 신념(통제 신념control beliefs)과 특정 행동을 촉진하거나 방해하는 각 통제 요인의 효과에 대한 인식(인지된 영향력)에 의해 결정됨
행동 의도 behavioral intention	행동변화의 가능성 – 행동변화에 대한 개인 스스로의 평가를 포함함. 행동의 가장 중요한 결정요인

2) 영양 중재 프로그램에서의 적용

계획된 행동이론 역시 다른 건강행동 이론 모형처럼 독립적으로 적용할 수도 있고, 건강신념 모델이나 사회인지론 등과 같이 적용할 수도 있다. 때로는 계획된 행동이론에 구성요소를 추가하여 확장된 계획된 행동이론을 제시하고 이를 적용할 수도 있다.

계획된 행동이론은 국외에서도 식생활 및 영양교육 프로그램에 다양하게 활용되고 있다. 다음은 국외에서 계획된 행동이론을 적용하여 수행한 영양교육 프로그램 사례이다 표 2-4.

표 2-4 계획된 행동이론을 영양교육 프로그램에 적용한 국외 사례

프로그램 대상자	프로그램 목적	적용된 계획된 행동이론 구성요소			
		행동에 대한 태도 행동 신념×행동 결과 평가	주관적 규범 규범 신념×순응 동기	인지된 행동통제력 통제 신념×인지된 영향력	행동의도
9~18세 도심 거주 미국 원주민 청소년[1]	과체중이나 과체중 위험이 높은 원주민 청소년에게 적용가능한 건강한 식습관 전략 수립	채소와 과일 섭취를 포함한 건강한 식습관과 건강하지 못한 식습관과 비만, 당뇨병과 같은 만성질환 간의 연관성에 관한 영양교육	가족, 친구, 공동체, 대중매체에서 매일 건강한 식습관을 가지라고 권유하는 사회적 환경 조성	채소나 과일 섭취 같은 건강한 식습관을 높이고 당이나 지방 함량이 높은 식품 섭취나 동영상을 보면서 식품을 섭취하는 불량한 식습관을 개선할 수 있는 방법과 팁에 관한 영양교육	구체적인 목표를 설정할 수 있는 기술 교육
미국 농촌 저소득층 고등학생[2]	채소와 과일 섭취 증가	다음 주에 매일 채소·과일을 5회 섭취하는 것에 대한 긍정적인 태도 형성 교육	중요한 주변 사람들(부모, 친척, 친구, 교사)의 사회적 지지 환경 조성	장소에 관계 없이 지속적으로 매일 채소·과일을 5회 섭취할 수 있는 기술, 팁, 정보 등 제공	다음 주에 매일 채소·과일을 5회 섭취하도록 구체적인 목표 설정
이란 임신부[3]	빈혈 예방	빈혈로 인한 합병증 예방 및 영양상태에 따른 철보충제 섭취의 필요성에 관한 영양교육	가족이나 의료진이 임신 중 건강한 식사와 보충제 섭취를 독려하는 환경 조성	임신부 빈혈 예방을 위한 영양 생활습관 방법 강연	임신부의 빈혈 예방을 위한 구체적인 식습관 목표 설정

출처: 1) 미국 사례 Fila 외, 2006; 2) 미국 사례 Harrington 외, 2020; 3) 이란 사례 Jeihooni 외, 2021

또한, 대상자의 영양 문제를 진단한 후, 내담자가 가진 영양문제 해결을 위해 계획된 행동이론의 구성요소를 적용하여 영양 상담을 수행할 수 있다. 상담자는 내담자의 신념이나 소신을 개선시켜 식생활 및 영양 문제를 해결할 수 있다. 내담자의 행동에 대한 태도를 이끄는 행동 신념, 다른 사람들이 자신이 어떻게 행동해야 한다고 생각하는지에 대한 규범 신념, 자신이 특정 건강 식습관에 대한 통제능력이 있는지에 대한 통제 신념이 행동 변화의 동기를 증진시키기 위해 중요하다. 즉, 이 이론은 대상자의 동기를 증진시키기 위한 영양 상담에 특히 유용하다.

서 다음 단계로 넘어가는 행동변화과정에서 적용할 수 있는 구성요소와 행동변화를 돕는 매개요인을 제시한다. 대상자의 행동이 변하기 위해서는 구성요소를 적용한 각 단계에 적합한 전략을 사용하는 것이 효율적이다.

표 2-5 범이론적 모델의 구성요소

구성요소	정의
행동변화단계(stages of change)	
고려전단계 precontemplation	자신의 문제행동을 인식하지 못하고 있는 단계로 향후 6개월 내 행동변화 의도가 없는 단계
고려단계 contemplation	자신의 문제행동을 인식하고 향후 6개월 이내에 행동변화 의도가 있는 상태
준비단계 preparation	향후 1개월 이내에 행동변화 의도가 있고 행동변화를 실천 중인 상태
행동단계 action	행동변화를 6개월 미만 실천한 상태
유지단계 maintenance	행동변화를 6개월 이상 실천한 상태
종료단계 termination	재발 유혹이 없고 자신감 100% 상태
행동변화과정(processes of change)	
인식제고 consciousness raising	문제행동의 원인, 결과, 해결법에 대한 인식 증가(예: 영양교육)
정서적 각성 dramatic relief	적절한 행동을 하도록 동기를 부여하기 위해 부정적이거나 긍정적 감정(예: 두려움 또는 희망) 증가(예: 역할극, 개인적 경험 증언)
환경 재평가 environmental reevaluation	채소 더 먹기가 자녀에게 미치는 영향처럼 행동 여부가 자신의 사회적 환경에 어떻게 영향을 미치는지에 대한 인지적, 정의적 재평가(예: 공감 훈련)
자기 재평가 self-reevaluation	문제행동을 하거나 하지 않았을 때의, 자신의 이미지에 대한 인지적이고 정의적인 재평가(예: 가치 수정)
자기 해방 self-liberation	자신이 변할 수 있다는 믿음과 그 믿음에 따라 행동할 헌신이나 재헌신(예: 새해 결심)

지원관계 형성 helping relationship	건강 행동으로의 변화를 위한 타인의 지지, 배려, 신뢰, 개방성, 수용(예: 긍정적인 사회 관계망)
대체행동 형성 counterconditioning	문제행동을 대체할 수 있는 건강 행동 학습(예: 음주를 대신할 수 있는 기분전환 방법)
자극조절 stimulus control	문제행동 습관을 유발하는 요인을 제거하고 건강한 대안을 촉진하는 요인 추가 (예: 식사 후 장보기)
강화관리 reinforcement management	행동변화 진전에 대해 자신에게 보상하거나 타인으로부터 보상받는 것(예: 인센티브)
사회적 해방 social liberation	건강한 사회적 기회나 대안의 증가(예: 산책로에 대한 쉬운 접근)
행동변화의 매개요인	
의사결정 균형(decisional balance)	
장점 pros	변화의 장점
단점 cons	변화의 단점
자기효능감(self-efficacy)	
자신감 confidence	다양한 어려운 상황에서 건강한 행동을 할 수 있다는 자신감
유혹 temptation	다양한 어려운 상황에서 건강하지 못한 행동을 하고 싶은 강한 충동 또는 욕구

(1) 행동변화단계

- **고려전단계**: 이 단계에 속한 대상자는 문제행동의 결과(예: 장기간 고지방 식사로 인한 심장질환 발병)에 관한 인식이 부족하며 경우에 따라서는 권장행동을 시도해 보았으나 실패한 경험이 있기도 하다. 주변인이 대상자의 문제행동을 인식하고 걱정할 수 있으나 정작 스스로는 행동변화를 고려하지 않는다. 이 단계의 대상자를 고려단계로 진행시키기 위해서는 인식 제고, 정서적 각성, 환경 재평가와 같은 구성요소를 적용할 수 있다.

- **고려단계**: 이 단계의 대상자는 문제행동(예: 고나트륨 식사, 과식, 고지방 식사)을 지속하면 건강문제가 유발될 수 있다는 것과 행동변화 시의 장점을 인식하는 반면, 행동변화의 장애요인 또한 인식하고 있어 선뜻 의사결정을 하지 못하고 행동변화를 고민한다. 이러한 대상자를 다음 단계인 준비단계로 변화시키기 위한 전략으로 자기 재평가가 있다.
- **준비단계**: 이 단계의 대상자는 일부 행동을 시도해 보기도 하는데, 예를 들어 지방 섭취량을 줄이기 위해 영양교육 프로그램이나 요리교실에 등록하거나 단백질 반찬 선택 시 고기 대신 생선이나 두부 요리를 선택해 보기도 한다. 이 단계의 대상자를 행동단계로 진전시키기 위한 전략으로 자기 해방이 있는데, 이는 행동변화에 헌신한다는 약속commitment이다.
- **행동단계**: 이 단계에서 대상자는 행동변화를 실천하기 위해 설정한 목표에 따라 스스로 식단을 짜고 조리하거나, 건강한 식품으로 바꿔 먹는 대체행동을 형성한다.
- **유지단계**: 행동을 실천한 지 6개월 이상 되면 유지단계로 넘어가는데, 이 과정을 원활히 하기 위해 대체행동 형성, 지원관계 형성, 강화관리, 자극조절 등의 전략을 사용한다. 여러 상황에서 식습관의 변화를 계속 유지하는 것은 어렵다. 그러나 이 단계 대상자들은 이전 습관으로 돌아가고 싶은 유혹에 대처할 수 있고 행동변화에 대한 자신감이 꽉 찬 상태에서 행동변화를 지속적으로 유지한다.

(2) 행동변화과정

행동변화과정은 크게 본격적인 행동변화가 시작되기 이전과 이후로 나눌 수 있다. 인지적 행동변화과정을 돕는 구성요소 5가지는 고려전단계에서 고려단계(인식제고, 정서적 각성, 환경 재평가), 고려단계에서 준비단계(자기 재평가), 준비단계에서 행동단계(자기 해방)로의 행동변화에 적용할 수 있다. 본격적 행동변화를 수행하는 행동단계에서 유지단계로의 진전에도 구성요소 5가지(지원관계 형성, 대체행동 형성, 자극조절, 강화관리, 사회적 해방)를 적용할 수 있다.

- **인식제고**: 이는 문제행동으로 인한 결과와 바람직한 행동으로 인한 결과에 관한 정보를 접하고 의식하는 것을 의미한다. 영양교육과 상담 시 개인의 현재 행동을 평가

하여 문제행동을 알려주고 관련 영양 및 건강정보 제공하거나 지역사회 내 캠페인 등의 전략을 사용하여 문제행동에 관한 인식을 높일 수 있다.

- **정서적 각성**: 대상자로 하여금 문제행동 시의 부정적인 정서나 감정(두려움, 걱정, 근심)을 경험하거나 표현(예: "계속 짜게 먹으면 혈압이 계속 높아져 뇌졸중에 걸릴 수 있다는 경고를 들으니 너무 불안합니다.")하게 한 다음, 바람직한 행동 시에 느껴지는 정서적 안도감을 느끼게 함을 의미한다. 이를 위해 역할극이나 심리극을 활용할 수 있다.
- **환경 재평가**: 대상자의 식습관이 대상자 주변 사람들이나 환경에 미치는 긍정적, 부정적 영향에 대한 믿음과 감정을 평가해 보는 것을 의미한다(예: "채소를 더 많이 먹으면 저희 아이들에게 좋은 롤 모델이 될 수 있다는 생각이 들었어요.").
- **자기 재평가**: 바람직하지 못한 식습관을 개선했을 때의 자신의 믿음, 지식, 감정, 특히 자신의 이미지에 관해 평가하는 것을 의미한다(예: 긍정적 자아상의 표현-"채소 섭취를 늘이면 더 건강해질 것 같아요.").
- **자기 해방**: 대상자가 할 수 있다는 자신감을 가지고 행동변화를 결심하고 바람직한 행동을 실천하기로 약속하는 것을 말한다. 실천을 결심하는 의사결정이나 스스로 행동실천 계약서를 작성함으로써 이뤄낼 수 있다.
- **지원관계 형성**: 바람직한 식행동을 위한 사회적 지지나 도움(예: 동호회, 인터넷 모임, 전화상담, 멘토링 등)을 의미한다.
- **대체행동 형성**: 바람직하지 못한 식행동을 바람직하고 건강한 식행동으로 대치하는 것(예: 식사 후 고열량 디저트 대신 과일 먹기, 유혹에 대한 대처나 거절 방법 등)을 의미한다.
- **자극조절**: 바람직한 식행동을 할 수 있는 자극을 늘리고 문제행동을 유발할 수 있는 자극을 줄이는 것을 의미한다. 문제행동을 유발하는 상황을 피하거나(예: 불필요한 고열량 간식의 충동구매를 피하고자 장보기 전 식사하기) 바람직한 자극을 제시함(예: 채소와 과일 섭취량을 늘리기 위해 냉장고에 채소와 과일을 충분히 넣어 두기)으로써 유도할 수 있다.
- **강화관리**: 강화관리를 위해서 스스로 행동변화를 이뤄낸 경우, 바람직한 행동에 대한 보상(예: 칭찬, 선물)을 활용한다.
- **사회적 해방**: 건강하고 바람직한 식행동을 돕고 지지하는 방향으로 사회 분위기를

조성하고 정책을 도입하는 전략으로 사회적 규범이 달라지고 기회나 대안을 증가시키는 것을 의미한다. 예를 들어 건강한 식사 선택을 돕기 위해 건강한 식사를 제공하는 음식점이나 직장급식소를 인증해주는 제도가 이에 속한다.

(3) 행동변화의 매개요인

- **의사결정 균형**: 문제행동을 유지(행동변화를 안했을 때)했을 때와 행동변화를 했을 때의 장점과 단점을 비교하여 상대적 크기에 따라 의사 결정하는 것을 의미한다. 권장행동의 장점(예: 건강증진, 질병위험 감소)을 강조하고 단점이나 장애요인은 덜 느낄 수 있게 도움을 주도록 한다.
- **자기효능감**: 어떤 상황에서도 권장행동을 할 수 있는 자신감을 의미하며 본인이 실천할 수 있는 목표 설정, 점진적인 행동변화 유도, 칭찬 등으로 행동변화에 대한 자신감을 높일 수 있다. 대상자는 여러 상황에서 문제행동(예: 과식)을 하려는 유혹에 빠질 수 있으므로, 문제행동을 유발하는 상황에 대한 노출을 줄이고 고위험 상황에 대처하는 방법을 습득하도록 교육한다.

2) 영양 중재 프로그램에서의 적용

범이론적 모델은 국내외에서 금연, 금주, 체중감소와 같은 건강실천행동 뿐 아니라 균형 잡힌 식사섭취, 채소와 과일 섭취 증가, 패스트푸드 섭취 줄이기 등 식사행동의 변화를 증진하는데 널리 활용되고 있다. 개인의 행동변화단계를 측정하여 맞춤형으로 전략을 짜고 행동변화를 도모하는 범이론적 모델은 영양교육과 상담에 효과적으로 사용할 수 있다.

우리나라에서는 성인 대상 금연상담 프로그램, 대사증후군 개선 프로그램, 고혈압 환자 대상 약물순응 중재 프로그램, 노인 및 당뇨병 환자 대상 운동 프로그램, 청소년 대상 비만 중재 프로그램 등에 활용해 왔다. 범이론적 모델을 이용하여 청소년, 성인, 노인의 행동변화단계를 평가한 연구도 있다.

영양교육을 포함한 다양한 영양 중재 프로그램에서 범이론적 모델을 적용할 때, 프로그램의 목표와 내용에 따라서 부분적으로 구성요소를 적용할 수 있다. 대부분의 영양교육에서는 피교육자가 행동단계나 적어도 준비단계에 있다고 가정하고 프로그램을 진행하나, 실제 대상자들은 행동변화에 대한 관심이나 의지가 부족한 상태인 고려단계나 고려전단계에 있는 경우가 많다. 따라서 실제 영양교육이나 상담을 실시하기 전 대상자의 단계를 평가하는 것은 성공적인 교육이나 상담을 위해 필요하다.

연습해보기

다음은 행동변화단계 모델(범이론적 모델)을 적용한 영양교육 사례이다.

중학교 1학년 승호는 학생건강검사에서 비만으로 판정받았다. 영양교사는 승호와 영양상담을 하면서 승호의 식습관 중 아침을 굶고 점심에 과식하는 식습관을 고치는 것이 필요하다는 것을 파악하고 지난 1달간 승호에게 영양교육을 하였다. 교육기간 동안 승호는 아침을 매일 먹어야 한다는 것을 깨닫고 우선 일주일에 3일 이상 아침 먹기를 시도하였다. 따라서 영양교사는 승호에게 '매일 아침 식사하기' 실천 계약서를 스스로 작성하게 하였다(출처: 영양교사 기출, 문제 변형).

Q & A

1) 사례를 바탕으로 승호가 현재 행동변화단계 모델의 어느 단계에 있는지를 유추하여 쓰고, 그렇게 판단한 근거를 제시해 보자.
   - 승호는 현재 "아침을 매일 먹어야 한다는 것을 깨닫고 우선 일주일에 3일 이상 아침 먹기를 시도" 중에 있으므로 행동변화 단계 중 행동변화 의도가 있고 행동변화를 시도하거나 실천 중인 상태인 '준비단계'에 속해 있다.
2) 밑줄 친 부분에서 승호가 다음 단계로 가기 위한 변화 과정(process of change)에 적용한 행동수정 방법(전략)의 명칭을 쓰고, 그 의미를 서술해 보자.
   - '매일 아침 식사하기' 실천 계약서를 스스로 작성했음은 범이론적 모델의 구성요소인 자기 해방을 적용한 것이다. 자기 해방이란 대상자가 할 수 있다는 자신감을 가지고 행동변화를 결심하고 바람직한 행동을 실천하기로 약속하는 것으로 스스로 행동실천 계약서를 작성함으로써 이뤄낼 수 있다. 이 구성요소는 준비단계의 대상자를 행동단계로 진전시키기 위한 전략이다.

행동변화단계모델은 국외에서도 식생활 및 영양교육 프로그램에 다양하게 활용되고 있다. 다음은 국외에서 행동변화단계모델을 적용하여 수행한 영양교육 프로그램 사례이다 표 2-6 . 본 사례에서 인지적 과정 구성요인인 정서적 각성, 환경재평가, 사회적 해방과 행동적 활동 구성요소인 지원관계 형성과 대체행동 형성은 프로그램에 적용하지 않았다.

표 2-6 행동변화단계모델을 영양교육 프로그램에 적용한 국외 사례

프로그램 대상자		미국 50세 이상 성인
프로그램 목적		변화단계별로 주요 건강 주제와 연결하여 건강교육 프로그램을 위한 프레임워크 제공
적용된 변화 단계 모델의 인지적 과정 구성 요소	인식 제고	건강과 관련된 문제를 소개하거나 상기시키기 위해 건강박람회나 검진 같은 인식 증가 프로그램 제공
	자기 재평가	스스로 위험요인을 파악할 수 있는 자가 진단 제공(퀴즈, 콜레스테롤 검사)
	자기 해방	현실적 목표를 설정하는 방법을 배울 수 있는 〈Taking Charge of Your Health〉 제공
적용된 변화 단계 모델의 행동적 활동 구성 요소	강화 관리	수업 후 자신의 성공사례를 설명 후 피드백을 받음으로써 긍정적인 결과 도출 시 보상을 받음
	자극 조절	건강지향적인 선택을 할 수 있도록 여러 문제상황을 피하거나 대응하는 방법 등의 전략을 제공함
의사결정균형		건강한 변화를 통해 얻을 수 있는 모든 장점을 나열하도록 권장하여 행동으로 옮길 수 있도록 도움을 줌
자기효능감		스스로 계획하고 실천하도록 장려하여 성공을 경험하고 이를 통해 지속적인 발전의 동기를 부여해 줌

출처: Lach 외, 2004

4. 사회인지이론

1) 사회인지이론의 개념 및 구성요소

사회인지이론social cognitive theory, SCT은 처음에는 사회학습이론social learning theory, 즉

사회적 맥락 내에서 행동이 학습되는 원리를 기반하였으나 인간이 행동하는 과정에서 정보를 처리하는 능력, 경험하고 관찰하면서 배우는 과정에 발생되는 편견 등에 대한 이해를 높이기 위하여 인지 심리학의 개념이 통합되고 발전하면서 사회인지이론으로 확립되었다.

대부분의 행동 및 사회 이론은 개인 또는 집단의 행동을 결정하는 개인, 사회, 환경 요인 자체에 중점을 둔다(장애요인, 상벌요인, 사회적 규범 등). 그러나 사회인지이론에서는 인간의 행동을 개인, 행동 및 환경 간의 복잡한 상호작용의 결과물로서 인식하며 사람들과 그들의 환경 간의 상호적 결정론을 강조한다. 즉, 인간의 행동은 개인의 인식, 행동, 환경적 요인의 지속적인 상호작용에 의해 형성되고 변화된다는 이론이다. 이 이론은 환경이 어떻게 행동을 만드는지를 이해하는 동시에 사람들이 스스로 정한 목적에 따라 환경을 변화시키고 구축할 수 있는 그들의 잠재력에 중점을 둔다. 또한 개인이 환경과 상호 작용하는 능력 외에도, 집단의 집합적인 행동 능력을 강조한다. 이는 개인이 조직과 사회 시스템에서 협력하여 집단 전체에 이익을 주는 환경 변화를 이룰 수 있게 한다고 제안한다. 따라서 사회인지이론의 적용은 행동에 영향을 주는 개인적인 인지 요인personal cognitive factors, 물리적 및 사회적 환경 요인socioenvironmental factors, 행동 요인behavioral factors인 세 가지 요인의 상호 결정론을 이해하는 것이 필요하다.

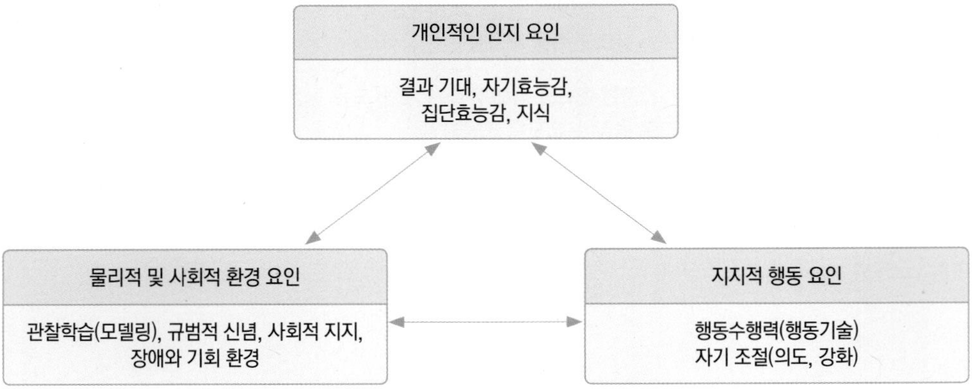

그림 2-4 사회인지이론의 개념

사회인지이론의 구성요소와 구성 요소들이 의미하는 내용은 표 2-7, 표 2-8, 표 2-9와 같다. 사회인지이론의 첫 번째 구성요소는 개인적인 인지 요인이다. 개인적인 인지 요인은 개인의 경험을 바탕으로 자신의 행동을 좋은 방향으로 변화시킬 수 있는 자기 결정 또는 자기 조절 행동에 대한 능력을 다룬다. 이러한 능력은 행동변화에 대한 자신감(자기효능감), 선택된 행동 패턴의 결과에 대한 예측(결과 기대), 행동을 수행하는 데 필요한 이해 수준(지식)이 포함된다.

사회인지이론의 두 번째 구성요소는 환경 요인이다. 어떤 특별한 행동을 증진, 허용, 방해할 수 있는 개인을 둘러싸고 있는 물리적 및 사회적인 환경을 의미한다. 구체적인 환경 요인으로는 관찰 학습(롤 모델), 사회적 수용성과 인식된 보편성을 가진 행동에 대한 문화적 신념(규범적 신념), 행동을 장려하는 인식(사회적 지지), 건강한 행동을 촉진시키거나 저해시키는 요인(기회와 장애)이다.

표 2-7 사회인지이론의 구성요소: 행동에 영향을 주는 개인적인 인지 요인

구성요소	내용
행동에 영향을 주는 개인적인 인지 요인: 정보를 처리하고, 지식을 적용하고, 선호도를 변화시키는 개인적인 능력	
결과 기대 outcome expectation	• 행동 선택으로 인한 결과 가능성에 관한 판단 또는 신념 – 기대되는 결과는 건강 또는 신체적 결과 기대(고통, 질환 증상의 변화 등), 사회적 결과 기대(인정, 불인정, 비난, 칭찬 등), 자가 평가 결과 기대(본인 행동과 스스로 세운(자기만족, 자존감, 즐거움, 본인의 가치 등) 기준 사이의 비교)를 포함
자기효능감 self–efficacy	• 원하는 결과를 이끌어내는 행동을 수행할 능력에 대한 개인적인 신념, 자신감 – 이전의 성공 경험, 대리 경험, 사회적 모델링(타인의 성공사례), 사회적 지지와 평가, 단계적 목표 설정 등으로 자기효능감을 향상시킴
집단효능감 collective efficacy	• 원하는 결과를 이끌어내는 협동적인 행동을 수행할 집단 구성원 능력에 대한 신념 – 목표에 도달할 수 있다는 공통된 신념은 집단(이웃, 학교, 단체 등)의 사회적 유대감과 행동 수행 의지를 향상시켜 목표에 성공할 수 있게 함
지식 knowledge	• 행동을 실천함에 있어 위험과 이점의 이해, 행동을 수행하는 데 필요한 이론지식, 정보의 이해

표 2-8 사회인지이론의 구성요소: 행동에 영향을 주는 물리적 및 사회적 환경 요인

구성요소	내용
행동에 영향을 주는 환경 요인: 행동에 영향을 주는 개인 내 환경에서의 물리적 또는 사회적 요인	
관찰학습(모델링) observational learning	• 다른 사람의 행동 결과나 행동을 관찰함으로써 새로운 행동에 대한 인식과 방법을 습득 – 타인이 주도하는 교육(시연)에서의 관찰, 대중 매체, 행동과 관련된 기사, 극적인 성공 결과 등을 통해 건강한 식행동변화 유도
규범적 신념 normative beliefs	• 사회의 수용성과 인식된 보편성을 가진 행동양식에 대한 문화적 규범과 신념 – 건강지향적인 규범과 신념 형성(예: 절주)
사회적 지지 social support	• 개인의 사회적 관계망 내에서 받는 격려와 지지에 대한 인지 – 행동변화를 위한 물질적 · 정서적 지지 및 정보 제공
장애와 기회 환경 barriers and opportunities	• 행동 수행을 어렵게 또는 수월하게 하는 사회적 물리적 환경

사회인지이론의 마지막 구성요소는 행동 요인이다. 행동 요인으로는 행동에 직접적으로 영향을 미치는 요인으로 행동수행력, 즉 행동기술(대응기술)과 행동을 변화시키고자 하는 목표(자기조절 또는 의도), 건강한 행동에 영향을 미치는 보상 또는 벌(강화)이 해당된다. 사회인지이론은 상호작용하는 세 요인의 개선을 통해서 건강한 행동은 증진시키고 불건강한 행동은 감소시킴으로써 이환과 사망을 예방할 수 있다고 제안한다.

표 2-9 사회인지이론의 구성요소: 행동에 영향을 주는 지지적 행동 요인

구성요소	내용
행동에 영향을 주는 지지적 행동 요인: 건강을 증진 또는 저해시키는 개개인이 취하는 행동	
행동수행력/행동기술 behavioral skills	• 건강 행동의 역량과 문제 상황에 대한 대처기술 – 실제로 행동을 할 수 있게 하는 능력, 기술
자기 조절/의도 self-regulation /intentions	• 자기 감시(모니터링), 피드백, 자기 보상, 자기 지시 및 사회적 지원 동원을 통해 스스로를 통제함 • 새로운 행동을 정하거나 기존의 행동을 변화시키기 위한 목표(단기 또는 장기) 설정
강화 reinforcement and punishment	• 행동에 대한 피드백으로 보상, 혜택의 회수, 벌 등을 통해 행동을 더 촉진하거나 약화시킴 – 긍정적인 행동결과로 행동변화 유도(예: 격려, 칭찬, 포상 등) – 부정적 상황에서 벗어나도록 하여 행동변화 유도(예: 식사요법이나 체중감량을 통해 혈당강하제를 줄이게 됨)

2) 영양 중재 프로그램에서의 적용

영양교육을 포함한 다양한 영양 중재 프로그램에서 사회인지이론을 적용할 때, 전체 구성요소를 모두 적용할 필요는 없다. 프로그램의 목표와 내용에 따라서 부분적으로 구성요소를 적용할 수 있다.

영양교육과 상담을 수행한 이후에 이러한 중재활동이 얼마나 효과가 있었는지, 목표를 달성했는지에 대한 평가는 중요하다. 다양한 평가 방법 중에서도 가장 간단하면서 상대적으로 비용이 적은 평가 설문지가 있다. 평가 설문지를 구성하는 내용 또한 사회인지이론을 적용할 수 있는데, 중재 활동에서 적용된 사회인지이론의 구성요인을 평가설문지에도 적용하여 평가할 수 있다. 예를 들면, 교육이나 상담을 받은 후, 지식 수준, 자기효능감, 행동 기술 등이 얼마나 향상되었는지, 본인이 스스로 설정한 목표에 도달하였는지를 설문 문항으로 구성하여 평가할 수 있다.

사회인지이론은 국외에서도 식생활 및 영양교육 프로그램에 다양하게 활용되고 있다. 다음은 국외에서 사회인지이론을 적용하여 수행한 영양교육 프로그램 사례이다 표 2-10.

연습해보기

다음은 A중학교의 전교생을 대상으로 사회인지이론을 적용하여 우유 섭취 증진을 위한 영양교육의 계획, 실행, 평가를 수행하였다. 사회인지이론의 어떤 구성요인이 적용되었는지, 추가할 수 있는 구성요인은 무엇이 있는지 생각해보자.

○ 진단 결과
- A 중학교 학생의 하루 평균 우유 섭취량은 0.4컵, 하루 1컵 초과하여 우유를 섭취하는 대상자는 20%
- 우유를 매일 1컵 이상 섭취하는 학생들의 인터뷰 결과, 우유를 마시는 이유는 갈증 개선, 변비 예방, 피부 개선 등으로 나타났음

○ 대상: A중학교의 전교생 중 하루 우유 섭취량이 1컵 이하이며 영양교육에 참여를 희망하고 보호자의 동의를 받은 학생

○ 목표: 영양교육을 받은 대상자의 50%가 우유를 1일 1컵 이상 섭취

○ 교육기간: 2024년 1월~2024년 12월

○ 교육내용

- 영양교육 내용: 주 1회 50분 수업
  - 하루 우유 및 유제품 섭취 권장량 정보
  - 흰 우유의 영양소 정보
- 본인의 우유 섭취 수준 평가를 기반으로 하루 섭취 목표량을 스스로 설정하기
- 학교급식: 오전 간식으로 흰 우유 제공
- 가정교육 협조 요청: 가정에서도 우유를 제공하여 학생이 섭취할 수 있도록 요청하는 가정통신문을 제공

○ 교육효과 평가

- 교육 대상자를 대상을 평가지를 개발하여 배포
- 평가지 설문 내용

○ 다음의 질문을 보고 작성하시오.

1. 현재 우유를 얼마나 마시나요? (1회에 섭취하는 양은 1컵(200ml))

① 마시지 않는다 ② 일일 1/2컵 이하 ③ 일일 1/2컵~1컵 미만
④ 일일 1컵 이상~2컵 미만 ⑤ 하루 2컵 이상

2. 나는 지금보다 우유를 하루에 1컵 더 마실 수 있다.

① 매우 그렇다 ② 그렇다 ③ 보통이다 ④ 아니다 ⑤ 전혀 아니다

(출처: 영양교사 기출, 문제 변형)

Q & A

1) 영양교육의 각 단계(계획단계, 수행단계, 평가단계)에서 적용된 사회인지이론의 구성 요인과 그것이 의미하는 것이 무엇인지 생각해보자.

- 계획단계
  - 진단 과정에서 우유를 섭취했을 때의 이점에 대한 개인적인 인지 요인인 "결과 기대"에 대한 정보를 습득할 수 있었음. 이는 영양교육 내용에 반영할 수 있음
  - 스스로 우유 섭취 목표를 설정하는 행동에 영향을 주는 지지적 행동요인인 "자기조절"의 구성요인을 적용
- 교육 내용을 계획하고 수행하는 단계
  - 영양교육을 통한 개인적인 인지 요인인 "지식"향상으로 우유 섭취를 유도할 수 있음

- 학교 급식으로 우유 제공 및 가정통신문을 통한 가정에서의 우유 제공 기회 증가 유도와 같은 "장애와 기회 환경", 가정통신을 통한 가정에서의 우유 섭취에 대한 지지와 같은 "사회적 지지"의 구성요인을 적용함으로써 우유 섭취가 쉬운 선택이 될 수 있는 물리적 · 사회적 환경을 마련해 줌

• 평가단계: 평가지 내용에 구성 요인 적용
  - 스스로 정한 목표 설정에 도달했는지의 여부를 파악할 수 있는 지지적 행동 요인인 "자기조절"의 구성요인이 적용되어 교육 효과를 평가함
  - 지금보다 우유를 더 마실 수 있는지의 개인적 인지 요인인 "자기효능감" 향상 수준을 파악하고 스스로의 우유 섭취 수준을 모니터링할 수 있게 하는 "자기조절"의 수준을 파악함

2) 영양교육의 각 단계에서 추가로 사회인지이론의 구성 요인을 적용할 수 있는 내용이 어떤 것이 있는지 생각해보자.

• 교육 내용을 계획하고 수행하는 단계에서 영양교육의 내용 추가
  - 결과 기대: 진단 과정에서 인터뷰의 결과로 나왔던 우유 섭취 시의 장점이나 우유 대신 탄산음료 섭취 시의 건강 문제점 등을 추가
  - 행동 기술: 우유가 포함된 간식 조리법 제시하고 실습해 보기, 우유 영양정보 표시 이해하고 선택하기

• 교육 내용을 계획하고 수행하는 단계에서 환경 개선
  - 우유급식제도의 도입
  - 학교 급식 식단에 우유 기반의 조리음식 제공

• 평가단계
  - 우유의 영양소 정보에 대한 지식 관련 평가 문항 추가
  - 교육 프로그램에서 가정통신문을 통해 가정으로부터의 기회환경 제공 및 사회적 지지 요인이 포함되어 있으므로 이에 대한 평가 문항 추가

    예) 항상 집에는 우유가 비치되어 있다.(예/아니오)

    부모님은 매일 식사 전후에 나에게 우유를 마시라고 권장한다.(예/아니오)

표 2-10 사회인지이론을 영양교육 프로그램에 적용한 국외 사례

프로그램 대상자		미국		호주	아일랜드
		청소년(중학생)	18세 이상 성인	식품구매자	60세 이상 독거노인
프로그램 목적		건강한 식사와 신체 활동 개선	채소 및 과일 섭취 증진	과일과 채소, 물 섭취를 높이고 탄산음료 섭취 감소	식사 중재를 통한 식사를 즐기고 식품 섭취를 증가
적용된 사회인지이론 구성요인	장애와 기회환경	• 방과후 운동 가능한 장소, 운영 시간, 가격 • 목표 달성의 장애요인과 이에 대한 극복 요인에 대해 부모와의 인터뷰 기회 제공	할인된 채소와 과일을 모바일에서 판매, 지역농산물 제공	지역사회 식료품점의 과일, 채소, 생수 가격을 할인	–
	자기조절	자기평가 결과를 근거로 식사와 신체활동 달성에 대한 목표 설정 및 계약서 작성	–	–	노인 대상자가 원하는 새로운 조리법을 배우는 것에 대한 목표를 설정
	행동기술	영양표시 읽기 교육, 식품선택 기술 관련 질의응답으로 행동 기술을 연습	• 가격채소 조리법을 위한 시연 및 실습 기회 제공 • 다양한 채소로 반복적인 조리법 교육 제공	–	조리법 교육기회 및 음식 레시피와 조리 정보 등을 제공
	결과기대	건강한 식사와 신체 활동 개선을 통한 외모 향상, 에너지 증진, 독립성 증가의 이점 교육	뉴스레터로 채소의 이점을 제공	–	–
	관찰학습	목표 설정 경험에 대해 부모나 보호자를 인터뷰하게 함	조리 시연	조리 시연	자원봉사자의 조리를 옆에서 보고 배우는 대리학습

적용된 사회인지이론 구성요인	자기효능감	조리 실습, 신체활동 훈련과 같은 행동 기술, 본인이 정한 목표설정을 통한 자기효능감 향상	관찰학습 및 행동기술을 통해 자기효능감 상승	새로운 채소를 섭취할 수 있도록 관찰학습과 행동기술을 통한 자기효능감 향상	관찰학습(모델링), 행동기술을 통해 식행동에 대한 자기효능감 향상
	사회적 지지	같은 목표를 가진 학생들끼리 모임을 조직하게 하여 친구 간 사회적 지지 제공	과일 채소 섭취 증진을 위한 캠페인을 통한 인식 개선	–	식사시간에 자원봉사조리사와 노인 대상자가 같이 식사하도록 함으로써 사회적 고립에 의한 영양소 섭취 위험을 감소시킴
	강화	목표 달성 시 추첨이나 경품 추첨 행사 티켓을 제공	–	식품구매 영수증 콘테스트를 통해 권장식품의 구매력을 강화시킴	–

출처: 미국 사례 Horowitz 외, 2004; Leone 외, 2018; 호주 사례 Brimblecombe 외, 2018; 아일랜드 사례 Power 외, 2016

CHAPTER

3

대상자의 진단

무언가를 측정하지 못하면, 그것을 이해할 수 없다. 이해하지 못하면, 통제할 수 없다. 통제할 수 없으면, 개선할 수 없다.

– H. 제임스 해링턴 –

학습목표

- 영양교육을 위한 진단 목적을 설명할 수 있다.
- 대상자 진단의 내용과 범위를 설명할 수 있다.
- 대상자 진단에 활용할 수 있는 방법을 설명할 수 있다.
- 건강행동 이론을 활용하여 진단을 계획할 수 있다.

1. 진단의 목적

영양교육과 상담에서 진단의 목적은 다음과 같다. 첫째, 대상자의 삶을 더 잘 이해하여 다양한 요구를 파악할 수 있다. 둘째, 특정 대상자 또는 집단의 영양상태, 건강상태, 식습관, 지식 수준 등을 평가하여 어떤 영양문제 혹은 식행동을 가장 적극적으로 해결할 것인지 파악할 수 있다. 셋째, 진단을 통해 교육내용을 대상자의 요구와 필요에 적합하도록 설계할 수 있다. 이를 통해 효과적이고 목표 지향적인 교육과 상담 프로그램을 설계할 수 있다. 넷째, 진단을 통해 교육과 상담의 어떤 영역에 더 많은 지원이 필요한지를 파악하여 한정된 자원을 필요한 부분에 효과적으로 배분하는 데도 활용할 수 있다. 다섯째, 사용하는 예산의 당위성을 문서화할 수 있다. 마지막으로 교육과 상담을 계획하는 단계에서 이루어지는 진단이 교육과 상담의 효과 평가에 활용될 수 있다. 교육과 상담이 이루어진 후 진단에서 사용한 방법과 같은 방법으로 영양상태, 건강상태, 식습관, 지식 수준을 평가함으로써 교육과 상담이 효과적으로 이루어졌는지 파악할 수 있다.

대상자 진단의 목적

1. 대상자와 그들의 삶을 더 잘 이해하도록 도와줌
2. 어떤 영양문제 혹은 식행동을 가장 적극적으로 해결할 것인지 파악할 수 있음
3. 교육 내용을 대상자의 요구와 필요에 적합하도록 설계할 수 있음
4. 한정된 자원을 적절하게 배분할 수 있음
5. 사용하는 예산의 당위성을 문서화할 수 있음
6. 영양교육과 상담의 효과를 평가하는 데 기초자료로 활용할 수 있음

진단을 수행하기 전 가장 먼저 이루어져야 하는 과정은 대상자에 대한 이해이다. 지역사회의 특정 인구집단인지, 병원이나 보건소에 내원하는 대상자인지 등에 따라 진단과정이 달라진다. 이 장에서는 주로 개인이나 소규모 집단(학교나 학급 단위 혹은 보건소에 내원하는 특정 대상 집단 등)을 대상으로 영양교육을 계획할 때 사용할 수 있는 진단의 내용과 방법에 대해 다룬다.

2. 진단의 내용과 범위

대상자 진단을 잘 계획하고 수행하기 위해서는 먼저 대상자의 식품 섭취에 영향을 미치는 요인을 이해하는 것이 중요하다. 이 절에서는 개인의 식품 섭취에 영향을 미치는 생물학적, 경험적 요인, 개인 간 요인, 개인을 둘러싸고 있는 사회환경적 요인을 설명한다. 그 다음으로 진단의 범위를 설명하고 마지막으로 교육과 상담에서의 진단의 차이에 대해 간단히 다룬다.

1) 식품 섭취에 영향을 미치는 요인

(1) 개인의 생물학적/경험적 요인

사람은 유전적 요인, 생리적 요인으로 인해 개인별로 가지고 있는 식행동이 있다. 특정 식품이나 맛에 대한 기호도는 특별한 학습이나 경험적 요인 없이 영유아 시절부터 개개인에게 다르게 나타날 수 있다. 또한 진화론적으로 당이나 지방에 대해서는 대부분의 사람들이 선호도를 가지고 있다. 그러나 이렇게 생물학적으로 타고난 요인들은 다양한 경험 및 학습에 의해 수정될 수 있다. 영양교육을 통해 이러한 경험적 요인에 영향을 미치는 것이 중요하다.

다양한 연구에서 특정 음식에 대한 선호도나 식행동 패턴은 사회적으로 학습된다는 것을 확인하였다. 이러한 배움은 생리적 배움physiological conditioning과 사회적 배움social conditioning으로 나뉠 수 있다. 생리적 배움은 좋은 감정, 포만감, 혹은 부정적 감정을 갖고 불쾌한 경험을 함으로써 식품에 대한 선호도가 생긴다는 것이다. 이러한 배움은 태아 때부터 시작되는데, 임신기와 수유기에 특정 식품을 자주 섭취한 엄마에게서 태어난 아이가 이유기 때 해당 식품을 더 잘 받아들였다는 연구가 있다. 특히 맛이나 향에 대한 학습은 어린 시절의 경험이 매우 중요하다는 것이 많은 연구에서 증명되었다.

사회적 배움은 아이가 가정 안에서 부모나 주양육자로부터 특정 양육 환경에서 어떻게 식품에 접하게 되었는지 등에 따라 식품에 대한 경험이 다르게 쌓이게 되고, 이러한 경험들이 성장하면서 식품 선택과 선호도로 연결된다는 것이다. 어린이들은 직접적으로 어떤 음식을 언제, 어떻게 섭취하는지를 자신의 부모를 보고 배우게 된다. 어린이의 건강한 식습관 형성에 부모의 역할 모델role modeling이 매우 중요하다는 다양한 연구들이 있다. 또한 주양육자가 권위적인 양육 형태를 갖는지, 방관적인 양육 형태를 갖는지 등에 따라서도 식품에 대한 경험이 매우 다르게 형성된다.

위에 설명한 것처럼 사회적 학습이 영유아 및 아동기 시절에 가장 중요하긴 하지만, 성인들에게도 중요하게 적용될 수 있다. 에너지, 지방과 당의 함량이 높은 다양한 식품이 즐거운 행사와 연결될 때 성인들 역시 어린이와 똑같이 해당 식품에 대한 선호도가 높아진다. 그와 반대로 과일과 채소, 통곡류와 같은 대표적인 건강한 식품군에 대해서는 그러한 긍정적인 경험이 많지 않다. 따라서 영양교육을 통해 건강한 식생활을 할 수 있도록 격려하고, 그러한 환경을 잘 만들어주는 것은 어린이뿐 아니라 성인에게도 해당되는 내용이다.

(2) 개인 내 요인과 개인 간 요인

우리의 식행동은 다양한 개인적인 믿음과 태도, 가치, 자기효능감 등에 의해 영향을 받는다. 이러한 요인들은 동기부여요인motivational factors이라고 하고, 이를 강화시켜주는 촉진요인facilitating factors으로 지식이나 기술, 자기 조절 기술 등이 있다. 이러한 개인적인 요인들이 복합적으로 작용하여 식품 선택에 영향을 미친다.

또한 개인과 개인 사이에 있는 요인에 의해서도 식품 선택이 달라질 수 있는데 가깝게는 가족이나 친구들, 혹은 직장동료, 지역사회의 구성원 등이 우리의 식품 선택에 영향을 준다. 한 연구에 따르면 배우자들은 섭취하는 식품이 94%가 동일했으며, 청소년 자녀와 그들의 부모는 76~87%가 동일했다. 건강한 식생활을 형성하고 유지하기 위해서는 주변인의 건강한 식생활이 매우 중요하며, 장기적인 식생활 개선을 위해서는 주변의 지지가 필요하다.

(3) 사회환경적 요인

과거에는 개인의 식생활을 이해할 때 개인적 요인에 초점을 맞춰 교육이나 상담을 계획하고 실행하는 경우가 많았다. 그러나 많은 연구와 경험에서 개인을 둘러싸고 있는 다양한 환경적 요인에 의해 개인의 식생활이 형성되고 유지되는 경우가 많음을 알게 되었다. 따라서 영양교육과 상담 계획을 위한 진단을 시행할 때도 개인의 식생활에 영향을 미치는 다양한 환경적인 요인을 고려하는 것이 필수적이다.

특히 개인의 생활터를 이루고 있는 식품 환경이 개인의 식생활에 어떠한 영향을 미치는지를 분석한 연구가 많다. 식품 환경에서 가장 중요하게 다루는 개념은 건강한 식품이 있는지food availability, 건강한 식품에 접근 가능한지food accessibility, 그 식품의 질이 좋은지food quality, 개인의 소득으로 구매할 수 있는지food affordability의 4가지이다. 따라서 영양교육을 계획하면서 이러한 환경적 요인을 중요하게 고려해야 한다. 식품의 가격도 중요하지만 현대인들은 시간이 부족하여 건강한 식생활을 실천하지 못하는 경우가 많다. 따라서 소득이나 식품의 가격과 함께 대상자의 시간에 대한 제약을 진단과정에서 파악할 필요도 있다.

교육 대상자가 속해있는 직장, 학교, 지역사회의 물리적인 식품 환경뿐 아니라 사회적, 문화적 식품 환경도 고려할 수 있는데, 우리나라의 경우 직장인의 점심식사 문화, 회식 문화 등은 직장인의 식생활을 파악하는 데 매우 중요한 환경적 요인이 된다. 또한 청소년이나 청년 사이에서는 미디어 문화를 간과할 수 없다. 다양한 소셜미디어에서 쏟아져 나오는 식품이나 다이어트 관련 정보들, 유행하는 식품들은 청년층의 식생활에 큰 영향을 미치고 있다. 이러한 요인들을 포괄적으로 고려하여 영양교육을 계획할 때 더욱 효과적인 교육을 계획하고 수행할 수 있다.

지금까지 언급한 다양한 식품선택에 영향을 미치는 요인은 그림 3-1 에, 또한 진단 시 사용할 수 있는 각각의 요인들은 〈연습해보기〉에 요약하였다.

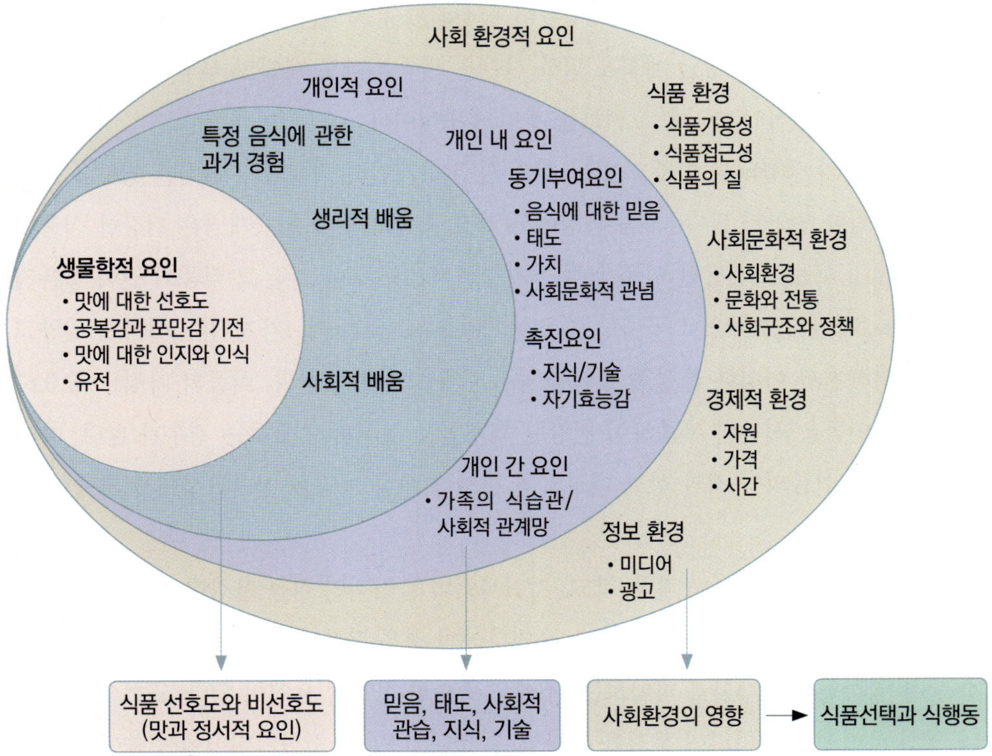

그림 3-1 개인의 식품 선택에 영향을 미치는 다양한 요인

연습해보기

식품 선택에 영향을 미치는 요인 진단하기

대상자들의 식품 선택에 영향을 미치는 다양한 개인적, 개인 간, 사회환경적 요인들을 본문에서 알아보았다. 이런 요인은 아래와 같은 질문을 활용하여 파악할 수 있다. 옆 사람 혹은 친구의 식품 선택에 영향을 미치는 요인을 아래 문항으로 진단해 보자.

생물학적/경험적 요인

- 당신이 가장 좋아하는 음식은 무엇입니까? 가장 싫어하는 음식은? 이유는 무엇입니까?
- 당신이 성장하면서 접한 음식 중 가장 친근한 음식은 무엇입니까? 이 음식은 당신에게 얼마나 중요한가요?

- 어떤 느낌이 들 때 충분히 먹었다고 생각하나요?
- 새로운 음식을 시도해 볼 준비가 되었나요?

개인 내 / 개인 간 요인

- 건강한 식생활은 당신에게 어떤 의미인가요?
- 건강한 식생활을 하는 것은 당신에게 얼마나 중요한가요?
- 현재 식생활에 변화를 주는 데 얼마나 동기부여가 되어있나요?
- 현재 식생활을 개선하는 데 필요한 기술을 가지고 있나요?
- 주변에 식생활을 개선하는 데 도움을 주는 사람들이 있나요?

사회환경적 요인

- 필요한 식품을 구입할 수 있는 식품점이 주변에 있나요? 어떤 식품점이 주변에 있나요?
- 주변 식품점에서 구입할 수 있는 식품의 질에 만족하나요?
- 건강한 식생활을 유지하기 위해 충분한 소득이나 가용 자원이 있는지요?
- (저소득층일 경우) 도움을 받을 수 있는 주변 프로그램이 존재하는지요? 원하는 식생활을 유지하는 데 그 프로그램이 도움이 되는지요?
- 어떤 미디어를 주로 이용하나요? 미디어를 얼마나 많이 이용하나요?
- 건강이나 식생활, 음식과 관련하여 가장 많이 참고하는 미디어는 어떤 것인가요?

2) 진단의 범위

(1) 건강 및 영양 진단health needs assessment

진단 중 건강 및 영양 진단을 위해서는 기존 문헌 검토, 국가 및 지역에서의 조사 결과, 역학 연구 및 건강 기록에서 얻은 지표 등을 통해 교육 대상이 속한 인구집단의 유병률, 사망률, 장애 문제 및 신체 증상을 파악할 수 있다. 건강은 광범위한 의미로 개인의 신체적, 정신적, 영양적, 영적 웰빙을 포함한다. 역학 자료는 질병이나 영양 문제가 인구 중에 어떻게 분포되어 있는지를 설명한다. 예를 들어, 골다공증의 유병률과 발병률은 특히 나이가 많고 운동을 하지 않는 여성들 사이에서 높다. 또한, 해당 인구 집단과 함께 일하는 다른 보건 전문가들로부터 이미 수집된 2차 자료를 활용하거나 교육 대상자와의 직접적인 상호작용을 통해 건강 및 영양에 대한 중요한 정보를 얻을 수 있다. 영양교육 계획에 가장 중요한 영양 및 식생활 진단은 다음 절의 진단 방법에서 기존 자료를 활용한 진단과 직접조사를 통한 진단으로 나누어 더 자세히 알아본다.

(2) 교육 진단educational needs assessment

건강과 영양에 관련한 진단을 했다고 해서 효과 높은 영양교육을 바로 계획할 수 있는 것은 아니다. 대상자의 지식, 태도, 동기 수준, 자기 효능감 및 기술을 평가하여 적절한 개입을 계획하는 것이 중요하다. 대상자들이 배우고 싶어하는 것이 무엇인지, 그들의 관심사나 동기는 무엇인지 파악함으로써 더욱 효과적인 영양교육을 계획할 수 있다. 특히 프로그램을 계획하는 영양 전문가는 위의 건강 및 영양 진단에서 나타난 대상자들의 주요한 건강 문제를 영양교육의 주제로 삼을 수 있지만 정작 대상자들은 그러한 건강 문제에 동기부여가 되지 않을 수 있다. 대상자들이 더욱 중요하다고 생각하는 교육 요구를 파악함으로써 프로그램의 참여도와 관심을 올릴 수 있다.

(3) 자원 및 환경 진단resource needs assessment

영양교육 프로그램 계획은 새로운 식행동을 유도하거나 방해하는 외적 요소를 고려해야 한다. 이를 위해서는 대상자의 식품 이용가능성, 식품 가격, 조리 시설, 식품 지원 프로그램, 소득, 교통 자원, 사회적 지원 등이 포함되어야 한다. 영양교육자는 대상자들에게 경제적인 어려움이 있는 것인지, 이용가능한 자원을 효율적으로 사용하지 못하는 것인지를 파악해야 한다. 또한 영양교육을 홍보할 수 있는 채널이 소셜 미디어인지 신문, 텔레비전, 라디오와 같은 전통적인 미디어 채널인지를 진단하여야 한다. 마지막으로 대상자가 거주하는 지역사회의 정부기관이나 민간기관과의 협력 가능성도 이 진단과정을 통해 탐색할 수 있다.

(4) 발달 진단developmental needs assessment

효과적인 영양교육 프로그램을 개발하기 위해서는 대상자의 지적, 사회적, 감정적, 신체적 발달을 고려한 계획이 필요하다. 생애주기에 따라 대상자들의 발달적 요구와 관심사가 매우 다를 수 있다. 만성질환이 있는 노인을 대상으로는 질병과 관련된 영양교육이 효과적이고 중요할 수 있지만 상대적으로 만성질환이 적은 청년층에서는 그보다는 현재 생활에 영향을 미치는 다른 요구에 집중할 수 있다. 예를 들어 사회적 연대감을 키울 수 있는 공동 식사 및 공동 부엌 등을 통해 영양교육을 제공한다면 더욱 효과적일 수 있다. 아래 표 3-1 은 생애주기별 발달적 요구와 그에 따른 영양교육 전략의 예시이다.

또한 성인을 대상으로 하는 영양교육에서는 성인 학습자의 특징을 잘 이해할 필요가 있다. 정해진 커리큘럼을 따라 정해진 시간에 학습을 하는 것이 익숙한 어린이들과 달리, 각자의 삶에서 다양한 원인으로 인해 영양 문제가 있는 성인을 대상으로 교육 프로그램을 계획할 때는 대상자의 교육적 요구에 맞는 프로그램으로 구성하는 것이 중요하다. 대상자 진단 과정에서 고려할 수 있는 성인의 발달적, 교육적 요구도를 아래 [더 알아보기]에서 학습해보자.

표 3-1 생애주기별 발달적 요인, 영양 위험 요인, 교육과 상담 전략

학령기 전 아동	발달적 특징	• 전반적인 형상을 이용하여 주변 사물을 이해하기 시작 • 인과관계를 이해하기 시작하지만 아직 텔레비전 프로그램과 광고를 구별하지 못함 • 영양소보다 식품의 색깔과 모양, 기능으로 식품을 구분할 수 있음 • 관찰학습이 중요한 시기로 부모의 역할 모델(role model)이 중요한 시기
	식품 섭취 영향 요인	가족, 문화, 미디어
	주요 영양 문제	• 첨가당 섭취 과다 • 우유 섭취가 적은 경우 칼슘 섭취 부족
	영양교육과 상담 전략	• 미디어 시청 시간을 1시간 이내로 줄이기 • 중재에 가족과 주양육자가 반드시 참여하기: 새로운 식품을 시도하는 방법, 가족 식사, 규칙적인 식사 시간 강조 • 실제 식품을 만져보고 먹어보는 참여형 수업을 통한 학습 중요
학령기 아동	발달적 특징	• 인과관계 이해 능력이 높아져 식품이 건강과 성장에 미치는 영향을 잘 이해할 수 있음 • 주변 어른들이 어떻게 생각하는지가 중요함 • 자립심이 커지는 시기로 스스로 조절하는 중재 전략도 성공적일 수 있음
	식품 섭취 영향 요인	가족, 학교, 영상 보는 시간(screen time)

학령기 아동	주요 영양 문제	• 전곡류, 과일, 채소 섭취 부족 • 포화지방, 나트륨, 첨가당 섭취 과다 • 과체중과 비만
	영양교육과 상담 전략	• 다양한 요소가 들어간 학교 기반 중재 • 행동수정전략(자가 모니터링, 목표 설정, 자극 조절, 긍정적 강화) 사용 • 가족 기반의 행동수정전략이나 가족상담과 같은 중재 전략 • 화려하고 이목을 끌 수 있는 다양한 책과 게임을 활용한 영양교육 중요
청소년	발달적 특징	• 초기 청소년기에는 주변 성인에 대한 존중감이 있고 "흑백" 논리를 펴는 시기임. 따라서 가족이 함께 참여하고, 옳고 그름의 메시지가 분명한 교육자료가 도움이 됨 • 중기 청소년기에는 또래집단의 영향이 커지고 가족과 부모의 영향에서 벗어나려는 의지가 강함. 또한 추상적인 사고력이 성장하는 시기임. 따라서 문제진단, 역할극 등을 통한 중재전략이 도움이 됨 • 후기 청소년기에는 또래의 영향이 줄어들고, 부모로부터의 독립이 거의 이루어지는 시기임. 복잡한 삶의 문제를 풀 수 있는 능력이 높아지기 때문에 다양한 건강 습관이 자신의 건강에 어떤 영향을 미치는지 등을 학습하는 것이 도움이 됨
	식품 섭취 영향 요인	학교나 가정의 식품환경, 미디어, 광고, 또래 집단
	주요 영양 문제	• 가당음료, 탄산음료 섭취 과다 • 과일, 채소, 전곡류 섭취 부족 • 과체중과 비만, 왜곡된 신체 이미지
	영양교육과 상담 전략	• 동기면담(motivational interviewing)을 통한 중재 • 결정 기술(decision-making skills), 자아 통제, 자기 평가, 목표 설정 등의 행동수정전략 • 학교 중심의 중재(학교 정책, 급식과 매점 등 학교 식품환경 중재, 교직원 교육, 전반적인 보건교육 강화, 지역사회와 학부모 연계 등) • 다양한 기술(스마트폰 앱, 동영상 촬영, 웨어러블 기기)을 활용한 전략
성인	발달적 특징	• 성인기가 길기 때문에 각각의 삶의 단계에 주요 사건(졸업, 취업, 결혼, 출산, 실직, 퇴직 등)에 따라 다양한 발달적 특징이 있음 • 독립적이고 자기 주도적임. 실질적인 내용에 관심이 많음. 내적인 동기부여나 외적인 동기부여에 의해 행동 수정이 이루어질 수 있음
	식품 섭취 영향 요인	성인 시기에 따라 다양함 주요 생활터(학교, 직장, 지역사회 등)의 식품 환경, 개인의 건강 상태, 태도, 지식, 신념, 기술 및 주변인의 영향
	주요 영양 문제	• 포화지방, 나트륨 섭취 과다 • 과일, 채소, 전곡류 섭취 부족 • 과체중과 비만 및 만성질환 발병

성인	영양교육과 상담 전략	• 실질적인 삶의 기술에 도움이 되는 교육 방법 • 그룹토의나 공동체 형성을 통한 집단 교육 방법
노인	발달적 특징	• 노화와 다양한 만성질환으로 인한 문제 • 신체기관 기능 약화로 인한 영양소 섭취와 이용 감소(비타민 B_{12}, 칼슘, 비타민 D 등)
	식품 섭취 영향 요인	빈곤, 사회적 고립감, 만성질환, 장애
	주요 영양 문제	• 전반적인 식사의 질 하락 • 전곡류, 과일, 채소, 유제품 섭취 부족 • 나트륨 섭취 과다 • 수분 섭취 부족
	영양교육과 상담 전략	• 식품 지원 프로그램 활용 • 사회적 연결망을 강화하는 전략 • 영양불량을 진단할 수 있는 도구 활용 • 명료하고 간단하며 실제 생활에 바로 적용이 가능한 메시지를 활용한 교육 • 눈에 잘 들어오고 이해가 쉬운 교육자료 활용

더 알아보기

성인 학습자 이해하기

기존의 많은 교육학 자료는 아동이나 청소년기를 중심으로 구성된 경우가 많다. 비슷한 이유로 영양교육 현장에도 영유아나 학령기 아동을 대상으로 하는 영양교육 관련 진단 및 매체 자료가 성인 대상 자료보다 풍부하다. 또한 성인 대상의 영양교육은 발달적, 교육적 진단 없이 계획되는 경우가 많다. 그러나 아래 정리한 학습자로서 성인의 특징을 잘 이해하는 것은 효과적인 영양교육의 계획에 중요한 밑바탕이 된다.

1. 성인은 교육이 자신의 삶과 직접적인 관련이 있어야 한다.

교육을 통해 왜, 무엇을, 어떻게 해야 하는지 알고자 한다. 이미 정해진 커리큘럼을 자연스럽게 따라가는 어린이들과는 달리, 성인은 자신의 삶에 필요성이 확실하지 않으면 시간과 노력을 들이지 않을 가능성이 높다.

2. 성인은 자율적이고 자기 주도적인 학습자이다.

교육 내용에 대해 스스로 자유롭게 결정하고 책임 지기를 원한다. 따라서 교육자는 교육 주제에 대해 대상자가 어떻게 생각하는지를 먼저 알아볼 필요가 있다.

3. 성인은 그 동안 삶에서 경험하고 배운 방대한 지식을 교육에 스스로 적용할 수 있다.
성인 대상자의 삶의 경험과 지식을 바탕으로 프로그램을 설계함으로써 훨씬 더 풍성하고 동기부여가 되는 중재를 제공할 수 있다. 그룹 토론, 채팅방 활동 등이 이를 이용하는 효과적인 중재 전략이다.

4. 성인은 실용적인 학습자이다.
새로운 기술을 습득하도록 동기부여가 되기 위해서는 실제 교육을 받음으로서 자신의 삶에 유용한 기술을 얻을 수 있다고 믿어야 한다.

5. 성인은 과제 중심적이고 문제 지향적인 학습자이며, 특히 학습이 실제 상황과 관련이 있을 때 더욱 교육의 효과가 높다.
저칼로리 식단을 선택하는 기술이나 소금을 적게 사용하면서도 맛있는 음식을 만드는 법을 배우는 조리 활동은 특정 성인 집단에게 유용한 교육 전략이 될 수 있다.

6. 성인 학습자는 내재적으로 동기가 부여된다.
삶의 질 향상이나 자존감 증가와 같은 내적 요인으로 인해 동기부여가 될 수 있으며, 영양교육자는 식습관을 바꿈으로써 어떻게 삶의 질이 개선될 수 있는지 명확하게 제시할 필요가 있다.

3) 교육과 상담에서 진단의 차이점

다양한 대상자를 한번에 교육하는 집단 교육에서는 요구 진단을 진행할 때 먼저 기존의 문헌과 2차 자료를 활용하는 것이 효율적이다. 위에 언급한 것과 같이 이미 정리된 연령집단별 식품 선택에 영향을 미치는 요인과 주요 영양문제, 효과적인 영양 중재 전략 등을 참고하여 교육 프로그램을 기획할 수 있다. 시간과 예산이 있고, 실제 대상자들에게 더욱 효과적인 교육을 계획하고자 한다면, 영양 및 건강요구, 교육요구, 자원요구 등을 설문지나 간단한 신체계측을 통해 진단할 수 있다. 이렇게 확인한 내용이 위에 문헌검색을 통해 나온 내용과 일치하는 경우 또한 불일치하는 경우, 각각 교육 프로그램의 세부 내용에 반영할 수 있다. 이렇게 간단하게라도 교육대상자의 진단을 진행하는 것이 교육의 효과성을 높일 수 있는 방법이지만, 현실에서 항상 가능한 것은 아니다.

만약 교육 대상자에게 설문이나 측정과 같은 양적 자료quantitative data를 수집하는 것이 어렵다면, 기존 자료를 바탕으로 교육안을 기획하고, 기획한 교육안이 대상자에게 적절한지 소수의 대상자에게 간단한 인터뷰나 열린 질문open-ended questions등을 통해 확인하는 방법도 있다. 또한 1회성 교육이 아닌 여러 차시가 있는 교육이라면 교육의 첫 번째 차시에 대상자들의 지식 수준, 영양 문제의 심각성 등을 함께 알아보는 활동으로 간단하게 진단을 수행할 수도 있다. 이런 활동을 통해 대상자들이 동기부여가 되거나 더 적극적으로 교육 프로그램에 참여하도록 유도할 수 있다.

집단 교육보다 개인적인 상호작용이 가능한 1:1 영양상담에서는 크게 시간 제약을 받지 않고, 영양 상담 중간에 대상자의 다양한 요구를 더 정확하게 진단할 수 있다. 특히 상담 초기에 다양한 진단 도구를 활용하여 내담자에게 중요하게 다루어야 하는 문제들을 찾아내 이를 상담 내용에 반영할 수 있다.

3. 진단 방법

1) 기존 자료를 활용한 진단

진단을 하는 구체적인 방법은 크게 기존 자료를 활용하는 방법과 직접 대상자에게 조사하는 방법으로 나눌 수 있다. 정부기관이나 다른 연구자들이 이미 조사해 놓은 자료를 활용하여 진단한다면 시간과 예산을 절약할 수 있다는 장점이 있다. 국민건강영양조사나 지역사회건강조사와 같은 국가 조사 결과에서 교육 대상자와 같은 연령과 성별, 직업군 등의 주요 만성질환 유병률이나 주요 식품 섭취 행태, 영양소 섭취량 등을 파악할 수 있다. 또한 병원이나 학교와 같은 기관에서 진단을 진행한다면, 환자의 의무기록이나 학생의 건강검진 기록을 참조하여 진단을 수행할 수도 있다. 마지막으로 교육 대상자와 비슷한 인구집단을 대상으로 진행되었던 학술논문 자료가 있다면, 이러한 자료를 활용하는 것도 가능하다.

효율적인 진단을 위해서는 직접 자료수집을 하기 전에 가능한 많은 기존 자료를 활용하여 진단을 진행하는 것이 도움이 된다. 기존 자료를 활용하여 진단을 진행하면서 부족한 부분이 있다면 다음 부분에서 설명하는 직접 조사를 통한 진단으로 이어갈 수 있다.

표 3-2 영양교육 계획을 위한 진단에 활용할 수 있는 대표적인 자료

주요 자료원	주요 조사 내용	조사 대상자	조사 주기	자료 출처
국민건강영양조사	• 식품 섭취 및 영양소 섭취량 • 아침결식과 같은 식습관 • 식사시간 및 식사장소 • 주요 질환 유병률 • 주요 건강행태 (흡연, 음주, 운동)	전국민 대표 표본, 매년 4,800개 가구	매년 연중 조사	보건복지부, 질병관리청
지역사회건강조사	• 영양표시 이용 여부 • 아침결식 여부 • 주요 만성질환 유병률	전국민 대표 표본, 약 23만명(국민건강영양조사보다 더 작은 지역단위에서의 조사결과를 확인할 수 있음)	매년 조사	보건복지부, 질병관리청
식품소비행태조사	• 식품 구매 및 소비 행태 • 외식 행동 • 식생활 교육 및 주요 정책 관련 이슈	전국민 대표 표본, 약 3,000가구	매년 조사	농촌경제 연구원
서울시 먹거리통계조사	• 서울시민의 주요 식품군 섭취 빈도 • 서울시민의 식생활역량(푸드 리터러시) • 서울시민의 식품안전 관련 인식	서울시민 표본, 약 2,000가구	매년 조사	서울시

2) 직접 조사를 통한 진단

앞에서 설명한 기존 자료를 활용하여 교육을 계획하기 부족하다면 직접 조사를 수행할 수 있다. 실제 대상자의 영양교육을 계획하기 위해서 대상자의 식습관과 영양문제를 발견하고, 우선순위를 정하기 위한 신체계측, 식생활 및 식품섭취 조사를 수행하는 방법이 있다.

(1) 식생활 및 식품섭취 조사 방법

식생활과 식품섭취 조사를 수행하는 데는 다양한 방법이 있고, 영양판정과 같은 다른 교과목에서 더 자세하게 다룬다. 이 장에서는 영양교육과 상담을 계획하는 데 가장 보편

적으로 사용하는 식생활 및 식품섭취 조사 방법에 대해 간략하게 설명한다.

가. 영양스크리닝

좀 더 자세한 식생활 조사에 앞서, 영양문제가 있을 수 있는 대상자를 빠르고 간단하게 확인하는 방법으로 영양스크리닝 방법이 있다. 특히 입원환자를 대상으로 하는 영양스크리닝 도구가 임상영양학 분야에서는 활발하게 활용되고 있다. 영양 취약계층인 노인을 대상으로 하는 영양스크리닝 도구도 지역사회와 병원에서 널리 사용되는데, 이러한 도구는 영양진단을 위한 첫 번째 관문으로 더 철저하고 자세한 영양진단이 필요한 대상자를 가려내는 데 그 사용 목적이 있다. 노인을 대상으로 하는 영양스크리닝 도구 중 간이영양진단Mini Nutritional Assessment, MNA 도구와 Determine your nutritional health가 있다. 영유아를 대상으로 하는 영양스크리닝 도구로는 어린이사회복지급식관리지원센터 등에서 사용하고 있는 Dietary Screening Test(DST)가 있다.

그림 3-2 노인영양스크리닝 도구: Mini Nutritional Assessment

그림 3-3 노인영양스크리닝 도구: Determine your nutritional health

나. 영양판정

영양판정은 크게 식사조사와 신체계측, 생화학조사, 임상조사로 구분할 수 있다 표 3-3.

표 3-3 영양판정 조사와 예시

조사 구분	조사 예시
신체계측 anthropometric measurements	• 키와 몸무게 • 체질량지수(Body Mass Index, BMI) • 허리둘레

조사 구분	조사 예시
생화학조사 biocemical assessment	• 혈액검사 (헤모글로빈, 당화혈색소, 지질 등) • 소변검사
임상조사 clinical assessment	• 시력검사 (야맹증, 비토반점 등) • 구강 및 입주변 검사 (구각염, 미각감퇴증, 잇몸 출혈 등) • 뼈 및 관절 검사 (휘어진 다리 등) • 부종
식사조사 dietary assessment	• 24시간 회상법이나 식사기록법, 식품섭취빈도법을 통한 식품 섭취 내용 조사 • 식사력조사법

실제 대상자의 식사 내용을 이해하기 위해서 수행하는 식사조사에서 가장 많이 사용하는 방법은 24시간 회상법, 식사기록법, 식품섭취빈도법, 식습관조사이다. 교육대상자의 나이, 성별, 질환력, 비만도, 동기부여 수준, 교육수준이나 문자를 읽고 쓸 수 있는 여부 등과 같은 개인적 특성과 조사의 목적에 따라 방법을 선택할 수 있는데, 주요 조사 방법과 장단점을 아래 표 3-4 에 정리하였다. 더 자세한 내용은 영양판정 교과서에서 찾아볼 수 있다.

표 3-4 식사조사의 주요 방법 및 장단점

조사 방법	주요 조사 방법 및 내용	장점	단점
24시간 회상법	• 지난 24시간 동안 교육대상자(내담자)가 섭취한 모든 식품을 시간 순서에 따라 물어보아 조사하는 방법 • 많은 대상자가 잊기 쉬운 양념이나 간식, 음료와 같은 식품 리스트를 가지고 추가 질문을 통해 조사의 완성도를 높일 수 있음 • 식품 분량을 추정할 수 있는 도구를 이용하여 섭취량 조사의 정확성을 높일 수 있음	• 대상자의 교육수준이나 문해력과 상관없이 조사할 수 있으며, 조사응답률이 비교적 높음 • 직접 조리한 경우 음식의 재료나 식품의 브랜드까지 자세하게 알아볼 수 있음 • 지난 24시간 섭취한 식품을 회상을 통해 조사하므로 대상자들이 일상적 식사 패턴을 바꾸지 않음	• 조사 대상자의 기억력에 의존해야함 • 면담자의 자질이 중요함 • 지난 24시간 동안 섭취한 식품이 평소 대상자의 식품섭취 내용을 정확히 반영하지 않을 수 있음 • 분석을 위한 자료 입력과 정제에 시간과 노동력이 많이 들어감

조사 방법	주요 조사 방법 및 내용	장점	단점
식사기록법	• 대상자가 일정 기간 동안 스스로 자신이 음식을 섭취하는 시점에(식사 중 혹은 식사 직후) 기록하는 방법 • 여러 날을 조사하면 대상자의 일상 식습관을 알 수 있음	• 대상자가 섭취 시점에 바로 작성하기 때문에 기억력에 의존하지 않음 • 저울과 같은 측정도구가 있는 경우, 섭취한 양을 가장 정확하게 기록할 수 있음 • 식사조사 중 가장 정확도가 높다고 하여 연구 목적으로 자주 사용되는 식사조사방법	• 동기부여가 잘 되지 않거나, 문해력이 낮은 대상자들에게는 적합하지 않은 방법 • 대상자가 작성 중에 기록을 간단하게 하기 위해 자신의 실제 섭취 식품을 바꿀 수 있음. 이러한 이유로 7일 이상의 작성을 권하지는 않음 • 분석을 위한 자료 입력 및 정제 작업에 시간이 많이 소요됨
식품섭취빈도법	• 비교적 장기간 동안 일상적인 식사 섭취를 조사하는 방법으로 주어진 식품을 얼마나 자주 섭취했는지 빈도를 위주로 조사하는 방법 • 주로 지난 한 달이나 지난 일 년 동안 특정 식품을 얼마나 자주 섭취하는지 구조화된 설문지에 응답하는 방법. 자가 기입이나 면접 모두 가능함	• 대상자의 일상적인 식품섭취를 알 수 있음 • 자료 입력을 자동화할 수 있어 대규모 역학 연구에서 사용하기에 적절함	• 이미 개발된 조사지를 사용하므로, 다양한 문화적 특이성을 고려하지 못할 수 있음 • 인지능력이 떨어지거나 어린이나 노인 등에게는 사용하기 어려울 수 있음 • 음식의 경우 표준화된 레시피를 사용하기 때문에, 실제로 섭취한 식품재료가 모두 반영되지 않을 수 있음
식사력조사법	• 비교적 장기간의 식사 습관을 조사하기 위해 위의 방법(24시간 회상법, 식사기록법)과 함께 조사하는 경우가 많음 • 위의 조사에서 얻기 어려운 외식빈도, 결식빈도, 식이보충제 사용 등 다양한 식품섭취 관련 행동을 조사할 수 있음	• 식습관의 다양한 질적 요인들을 파악할 수 있음	• 단독으로 사용할 경우, 구체적인 식품섭취량을 추정하기 어려울 수 있음

① 신체계측anthropometric assessment

신체계측은 신체 부위의 크기나 두께, 신체 구성성분을 측정하여 영양상태를 판정하는 방법이다. 식사조사에 비해서는 비교적 조사 방법이 간단하고 정확하다. 영유아나 어린이를 대상으로 적절한 성장발달이 이루어지고 있는지, 장기간의 영양상태가 양호한지를 파악하는 방법으로 사용할 수 있다. 성인을 대상으로 신체계측을 수행하여 장기적인 영양섭취 불균형을 파악할 수는 있지만 단기적인 영양섭취 상태를 파악하기는 어렵다.

영양교육이나 상담을 위해 신체계측을 수행한다면 가장 많이 할 수 있는 조사는 신장과 체중을 바탕으로 계산하는 체질량지수Body Mass Index, BMI, kg/m^2 혹은 허리둘레를 측정하여 비만도를 파악하는 방법이다. 반대로 영양불량이 의심되는 경우에는 저체중 여부를 파악할 수 있다. 국내 성인 기준은 BMI가 18.5 kg/m^2 미만일 경우 저체중, 23.0 kg/m^2 이상일 경우 과체중, 25.0 kg/m^2 이상일 경우 비만으로 분류한다. 최근에는 간단한 방법으로 체조성을 알 수 있는 체조성 측정 기구들이 보건소나 병원에 대부분 배치되어 있기 때문에 이러한 기구를 활용하여 체지방률, 근육량 등을 파악하여 영양교육과 상담의 기초자료로 활용할 수 있다.

② 생화학적 검사biochemical assessment

생화학적 검사는 인체 시료의 성분이나 기능을 검사하여 영양상태를 파악하는 방법으로 신체계측 결과나 임상적 징후나 증상보다 영양 부족의 초기 단계에 영양 상태를 파악하기 좋은 방법이다. 영양상태 판정에 가장 많이 사용하는 시료는 혈액과 소변이며, 이외에도 머리카락, 손톱, 대변 등이 있다. 대규모 영양 교육에서는 자주 사용하지 않지만, 병원에서 이미 생화학적 검사 자료가 있는 경우이거나, 혈액이나 소변 시료의 채취가 비교적 쉬운 환경에서는 식사조사와 함께 영양상태 파악을 위한 객관적 자료로 생화학적 검사 결과를 활용할 수 있다.

③ 임상조사clinical assessment

임상조사는 신체진단physical examination과 다양한 병력조사 등을 바탕으로 영양불량과 관련해 나타나는 증상symptoms과 징후signs를 파악하여 영양판정을 하는 방법이다. 신체에 징후가 나타날 때까지는 복잡한 단계를 거치고 특정 영양소 결핍에만 특이적으로 나타나지 않을 수 있기 때문에 임상조사의 결과 만으로 특정 영양소의 결핍 여부를 판정하기는 어려울 수 있다. 따라서 임상조사뿐 아니라 식사조사, 신체계측, 생화학적 검사 결과를 종합적으로 고려하여 판단해야 한다.

- **증상**symptoms: 대상자가 보고하는 신체에 나타나는 현상
- **징후**signs: 훈련된 의료인이 관찰하는 신체 현상

더 알아보기

1. 식품 섭취에 영향을 미치는 기타 건강 요인

최근 다양한 건강 행동이 식사나 영양상태와 밀접한 관련이 있다는 연구들이 있다. 특히 수면시간은 식사 시간 및 심리 상태, 스트레스와도 매우 밀접한 관련이 있기 때문에 식사 조사 시에 수면 시간, 식사 섭취 시 주요 심리 상태, 스트레스 수준 등에 대해서도 함께 조사할 필요가 있다. 같은 열량의 식사를 섭취했을 경우라도 늦은 시간의 식사 섭취는 다양한 대사 질환의 발생을 높이고, 비만의 발생과도 밀접한 관련이 있으므로, 무엇을 얼마나 섭취했는지도 중요하지만 언제 섭취했는지에 대해서도 파악하는 것이 필요하다.

또한 특정 식품섭취와 관련되는 음식 외적인 요인이 있다면 이러한 요인도 함께 파악하는 것이 중요하다. 예를 들어 스트레스를 받았을 때 특정 식품에 대한 욕구가 높아진다면, 식품 섭취 외 다른 방식으로 스트레스를 해소할 수 있도록 도움을 주는 것이 식품 섭취에 대한 교육만 받는 것보다 더 큰 도움이 될 수 있다.

마지막으로 비만이나 만성질환과 관련된 영양교육과 상담을 위해서는 운동이나 신체활동, 음주 등도 매우 중요한 관련 생활습관이기 때문에 이러한 생활습관 요인들에 대해서도 진단하고 중재에 활용하는 통합적인 접근이 필요하다.

2. 식품 섭취에 영향을 미치는 푸드 리터러시와 식품 관련 디지털 역량

개인의 식품 섭취에 영향을 미치는 다양한 요인 중 식품과 관련한 기본적인 역량인 푸드 리터러시의 중요성이 높아지고 있다. 푸드 리터러시는 식품을 구매하고, 건강한 식단을 계획하고, 조리할 수 있는 기능적인 능력뿐 아니라 미디어에서 접하는 다양한 식품 관련 정보를 비판적으로 해석할 수 있는 능력 등을 포괄하는 개념이다. 이러한 푸드 리터러시가 높을수록 식사의 질이 높고 건강한 식품을 섭취할 확률이 높아진다는 연구결과가 있다. 따라서 개인의 푸드 리터러시를 측정하고 이를 높이기 위한 교육과 상담을 시행하는 것 역시 영양교육 분야에서 고려할 수 있다.

또한 요즘은 많은 식당에서 키오스크(무인판매기)를 이용한 주문 및 결제서비스를 제공하고 있다. 그리고 스마트폰의 애플리케이션을 활용하여 배달음식과 식품을 구매하는 경우도 많다. 이러한 식품 관련 디지털 역량을 적절하게 갖추는 것은 식품 접근성이 떨어지거나 디지털 능력이 떨어지는 노년층에게 중요할 수 있다. 특히 온라인을 통한 음식 배달과 식품 구매는 물리적인 식품 환경이 열악하거나 개인이 이용할 수 있는 교통수단이 부족한 경우 식품 구매 접근성을 높일 수 있는 방법이 될 수 있으므로, 대상에 따라서는 이러한 역량을 진단하고 영양교육과 상담에 통합할 필요가 있다.

[식품 관련 디지털역량 진단 문항 예시]

각 항목에 대하여 귀하의 경우와 가장 가까운 것에 표시해 주십시오.

항목	매우 그렇지 않다	그렇지 않다	보통이다	그렇다	매우 그렇다
1) 온라인 쇼핑몰에서 식품을 구매할 수 있다.	①	②	③	④	⑤
2) 음식점의 무인기기(키오스크)를 이용하여 음식을 주문할 수 있다.	①	②	③	④	⑤
3) 음식 배달 애플리케이션(앱)을 이용하여 음식을 주문할 수 있다.	①	②	③	④	⑤

출처: 서울시 먹거리통계조사(2023)

(2) 영양교육과 상담을 위한 환경 진단

위에 설명하였듯이 개인의 식생활에 영향을 미치는 요인에는 개인의 내적 요인도 있지만 환경적 요인의 영향도 크다. 건강 행동을 설명하는 모델 그림 3-1 에서 살펴본 바와 같이 개인을 둘러싸고 있는 환경적인 요인의 역할을 이해하고 교육과 상담에 앞서 이를 미리 진단에 포함시킨다면 교육과 상담의 효과를 높일 수 있다. 개인의 식생활에 영향을 미치는 환경적 요인은 물리적 환경과 사회적 환경으로 나눌 수 있다.

① 물리적 환경 진단

인터뷰나 간단한 설문지를 통해 대상자가 생활하는 주요 공간의 물리적 환경을 진단할 수 있다. 특히 경제적, 사회적 취약계층의 경우에는 주거 공간이 식품조리에 적절하지 않을 수도 있고, 주변의 식품환경이 건강한 식생활을 하기에 부적절할 수도 있다. 예를 들어 1인 가구가 주로 생활하는 원룸구조의 주거공간에서는 조리 시설이 부족하거나 환기 등의 이유로 조리가 어려울 수도 있으며, 도심지가 아닌 경우에는 적절한 거리에 식품점이 없을 수도 있다. 또한 직장인의 경우에는 직장 주변의 음식점, 혹은 직장 건물 내의 음식점 및 급식 시설이 제공하는 식단에 따라 개인의 식사 선택에 큰 영향을 미칠 수 있다. 식품 환경을 파악하는 데 활용할 수 있는 간단한 질문지를 아래에서 참고하자.

[대상자의 식품 환경을 파악하기 위한 설문지 예시]

각 항목에 대하여 귀하의 경우와 가장 가까운 것에 표시해 주십시오.

항목	매우 그렇지 않다	그렇지 않다	보통이다	그렇다	매우 그렇다	구매 경험이 없다
1) 우리 동네에는 다양하고 건강한 식품(과일 및 채소 등)을 구매할 수 있는 식료품점이 충분하다.	①	②	③	④	⑤	⑨
2) 다양하고 건강한 식품을 구매할 수 있는 식료품점은 우리 집에서 가까운 거리에 있다.	①	②	③	④	⑤	
3) 우리 동네 식료품점에서 파는 식품들은 내가 구매할 수 있는 적절한 가격이다.	①	②	③	④	⑤	
4) 우리 동네 식료품점의 서비스(소량 구매, 배달 여부, 영업시간 등)는 이용하기 편리하다.	①	②	③	④	⑤	
5) 우리 동네 식료품점에서 파는 식품들은 신선하고 질이 좋다.	①	②	③	④	⑤	

출처: 서울시 먹거리통계조사(2023)

② 사회적 환경 진단

앞의 2장에서 사회인지이론과 같은 영양교육과 상담에 활용할 수 있는 이론들을 소개하였다. 이러한 이론에서 중요하게 다루었던 주변인의 지지나 사회적 관념, 주변인의 기대와 같은 개념은 개인의 식품 선택이나 식생활 개선에 매우 중요하다. 따라서 영양교육과 상담을 위한 진단을 수행할 때에도 그러한 개념을 확인할 수 있는데, 예를 들어 주변인의 지지나 도움을 받을 수 있는 다양한 사회적 자본이 있는지도 함께 진단해 본다면 더 나은 영양교육이나 상담을 계획할 수 있다. 다음 절에서 이론을 활용한 진단의 예시를 자세히 소개한다.

더 알아보기

모바일 기기를 활용한 요구 진단

최근에는 대부분의 교육대상자가 스마트폰과 같은 모바일 기기를 가지고 있기 때문에 이를 활용한 요구 진단을 수행할 수 있다. 식품 섭취나 신체활동을 측정하는 다양한 애플리케이션(앱)들을 접할 수 있으며, 이를 바탕으로 간단하게 요구 진단을 수행할 수 있다. 특히 음식 사진을 찍어 업로드하면 음식의 종류를 인식하는 딥러닝(deep learning) 기술을 바탕으로 하는 식사조사 앱이 개발되어 사용되고 있는데, 이는 대상자의 식사기록을 쉽게 해주는 도구이다. 아직은 연구 목적으로 사용되기에는 정확도가 검증되지 않은 경우도 많지만, 향후 영양진단을 포함한 요구 진단에 모바일 기기의 활용이 더욱 다양해지고 넓어질 것이다.

4. 건강행동 이론을 활용한 진단 예시

앞 장에서 영양교육을 계획할 때 활용할 수 있는 다양한 건강행동 이론에 대해 학습하였다. 요구 진단도 이러한 건강행동 이론과 별개로 이루어지지 않으며, 이론을 활용하여 진단을 수행하였을 때, 교육의 계획이나 수행, 평가가 더 일관성이 있고 교육의 효과도 높아질 수 있다. 진단에서 각각의 이론이나 모델에서 중요하게 다루어지는 요인들을 바탕으로 인터뷰나 설문조사를 계획하여 직접 요구조사를 수행할 수 있다.

1) 건강신념 모델을 활용한 진단

건강신념 모델은 대상자가 행동을 변화시키는 데 가장 크게 영향을 미치는 요인이 개인의 건강 관련 신념이나 믿음이라고 설명한다. 특히 개인의 건강 상태에 위협요인이라고 믿는 것 혹은 정도, 행동을 변화했을 때 돌아오는 이익과 행동변화에 방해가 되는 요인들에 대한 생각, 그리고 행동변화를 수행하는 데 얼마나 자신이 있는지 등이 건강신념 모델을 구성하는 주요 요인이다. 대상자의 식생활 및 영양 문제 해결을 위해 건강신념 모델을 적용한다면 건강신념 모델의 구성요소를 적용하여 설문 문항을 개발하여 포함하여야 한다. 이러한 문항은 사전과 사후 평가를 통해 개선 여부를 확인하는 데 유용하게 사용될 수 있다.

영양교육이나 상담을 계획하는 단계에서 심층 인터뷰를 통해 건강신념 모델과 관련된 주제를 탐색하기도 한다. 진단의 초기 단계에서는 최대한 대상자들을 잘 이해하기 위해 설문조사보다는 인터뷰를 통해 개인이 생각하는 다양한 생각과 신념에 대해 살펴볼 필요가 있다. 건강신념 모델은 건강과 관련하여 바람직한 행동을 하기 위한 장애요인과 촉진요인을 탐색하는 데 유용하기 때문이다. 이를 통해 인식된 장애나 어려움을 해결하고 인지된 유익성을 높일 수 있으며 대상자의 자기효능감을 높이는 목표로 중재를 설계할 수 있다. 표 3-5 는 채소 섭취에 관한 대상자의 주요 장애 및 촉진 요인, 자기효능감 등을 파악하기 위한 심층 인터뷰 질문 문항의 예시이다.

표 3-5 건강신념 모델을 적용한 심층 인터뷰 진단 문항 예시

질문 문항	건강신념 모델 구성요소
• 현재 본인의 식단과 관련된 건강 문제가 발생할 가능성에 대해 어떻게 생각하십니까? • 추가 질문: 구체적으로 어떤 건강 문제에 노출될 위험이 있다고 생각하십니까?	인지된 발병 가능성
• 채소 섭취가 부족하면 장기적으로 건강에 어떤 영향을 미칠 것이라고 생각하십니까? • 추가 질문: 가장 우려되는 장기적인 건강 영향은 구체적으로 무엇입니까?	인지된 질병 심각성

질문 문항	건강신념 모델 구성요소
• 채소 섭취를 늘인다면 어떤 점이 가장 유익하다고 생각하십니까? • 추가 질문: 이러한 이점이 일상생활이나 전반적인 건강에 어떠한 영향을 미칠까요?	인지된 행동변화의 이득
• 채소를 더 많이 섭취하여 건강에 긍정적인 변화가 있었던 경험이 있다면 공유해 주시겠습니까? • 추가 질문: 구체적으로 어떤 건강상의 변화를 느끼셨나요?	
• 채소 섭취를 늘리는 데 있어 어떤 점이 어려우신가요? • 추가 질문: 이러한 어려움에 어떻게 대처하고 계십니까?	인지된 행동변화의 어려움
• 채소를 포함한 식사를 하기 어려운 상황에 관해 설명해 주시겠습니까? • 추가 질문: 이러한 어려움의 주요 원인은 무엇이었습니까?	
• 채소를 더 많이 섭취하도록 돕는 정보(알림, 메시지 등)나 캠페인은 무엇입니까? • 추가 질문: 최근에 채소를 더 많이 섭취하게 된 계기는 무엇입니까?(광고, 캠페인, 주변인의 건강이상 등)	행동 계기
• 다양한 채소를 포함한 식사를 준비하는 데 얼마나 자신이 있나요? • 추가 질문: 자신감을 높이는 데 도움이 될 것 같은 방법(기술)이나 정보(지식)는 무엇입니까?	인지된 자기효능감
• 채소를 더 많이 섭취할 수 있었던 경험에 대해 이야기해 주세요.	

설문조사 문항으로도 건강신념 모델의 구성요소를 측정할 수 있다. 예를 들어 표 3-5 의 질문을 점수화하였을 때 인지된 질병 심각성의 점수가 높을수록 충분한 채소 섭취를 하지 않을 경우 건강 위험의 심각성을 더 크게 인식함을 나타내며 인지된 행동변화의 이득 점수가 높을수록 채소 섭취의 건강상 이점에 관한 믿음이 더 크다는 것을 측정할 수 있다.

2) 계획된 행동이론을 활용한 진단

계획된 행동이론은 행동을 수정했을 때 예상되는 결과와 주변 사람들이 자신이 어떻게 해야 한다고 생각하는지, 마지막으로 자신이 그 행동을 조절할 수 있다고 생각하는지가 행동변화에 영향을 미친다고 설명한다. 계획된 행동이론에서 개인의 행동을 설명하는 중요한 요소인 태도attitude, 주관적 규범subjective norms, 인지된 행동통제력perceived behavioral control, 행동 의도behavioral intention 등을 인터뷰나 설문지를 통해 묻고, 중재에서는 이를 높이기 위한 전략을 세울 수 있다.

영양교육이나 상담을 계획하는 단계에서 심층 인터뷰를 통해 계획된 행동이론과 관련된 주제를 탐색할 수도 있다. 계획된 행동이론은 행동변화의 동기를 증진시키기 위한 영양교육과 상담을 설계하는 데 특히 유용하기 때문이다. 대상자의 신념이나 소신을 변화시켜 행동의 가장 중요한 결정요인인 행동 의도를 높여 대상자가 바람직한 식행동을 수행할 가능성을 높일 수 있다. 표 3-6 은 건강한 식사를 위한 영양교육 프로그램에 관한 대상자의 태도, 주관적 규범, 인지된 행동통제력, 행동 의도을 파악하기 위한 심층 인터뷰 질문 문항의 예시를 제시하고 있다.

표 3-6 계획된 행동이론을 적용한 심층 인터뷰 진단 문항 예시

질문 문항	계획된 행동이론 구성요소
• 건강한 식사로 식습관을 바꾸는 것에 대해 어떻게 생각하십니까? • 추가 질문: 건강한 식사를 함으로써 기대되는 긍정적 또는 부정적 결과는 무엇이라고 생각하십니까?	태도
• 채소 섭취 증가의 주요 장단점은 무엇이라고 생각하십니까? • 추가 질문: 이러한 장단점이 식습관을 바꾸려는 의지에 어떻게 영향을 미치나요?	
• 가족, 친구, 동료는 귀하의 식품이나 식사 선택에 어떤 영향을 미칩니까? • 추가 질문: 그들의 의견이나 행동이 귀하의 식품이나 식사 선택에 영향을 미친 예를 말씀해 주실 수 있을까요?	주관적 규범
• 건강하게 식사할 수 있는 데 영향을 미치는 방해 요인과 촉진 요인이 무엇인지 말씀해 주시겠어요?	인지된 행동통제력
• 외식할 때 건강하게 먹을 수 있는 자신감은 얼마나 되십니까?	

설문조사 문항으로도 계획된 행동이론의 구성요소를 측정할 수 있다. 설문 문항에 현재의 행동 및 행동에 대한 태도, 건강한 식사 선택과 관련된 사회적 영향, 건강한 식사 선택에 대한 개인의 자신감을 점수화하여 영양교육 전후 측정함으로써 효과 평가에 활용할 수 있다.

3) 범이론적 모델을 활용한 진단

범이론적 모델을 활용한 진단에서 가장 많이 사용하는 질문은 현재 대상자가 변화단계의 어디에 와있는지를 설문지나 인터뷰를 통해 확인하는 것이다. 파악한 단계에 따라 대상자를 소집단으로 나눠 영양교육을 실시할 수 있으며 영양상담의 경우 맞춤형 상담을 제공할 수 있다.

범이론적 모델을 이용하여 대상자를 분류할 때에는 행동변화단계 모델을 적용하여 대상자의 단계를 파악하기 위한 질문을 활용할 수 있다 표 3-7 . 영양교육과 상담에서 교육대상자나 내담자의 행동목표에 대한 행동변화 단계를 간단히 파악하기 위해서 아래의 질문을 직접 묻거나 설문지 등을 사용할 수 있다. 교육대상자나 내담자의 구체적인 문제행동과 목표가 설정되면, 목표 행동(예: 채소섭취량 증가, 지방섭취량 감소, 인스턴트 식품 섭취 감소 등)을 아래 밑줄에 넣어서 1번부터 순서대로 질문하고 이미 목표행동을 실천하고 있는 경우에는 3번만 질문하면 된다. 이 문항을 교육 후 다시 조사한다면 프로그램 효과평가 지표로 활용할 수 있다.

표 3-7 행동변화단계 모델을 적용한 설문조사 진단 문항 예시

질문 문항	행동변화단계
1. 앞으로 6개월 내에 __________을/를 하려고 생각해 보셨습니까?	아니오: 고려 전단계 예: 질문 2번으로
2. 앞으로 1개월 내에 __________을/를 시작할 계획입니까?	아니오: 고려단계 예: 준비단계
3. __________을/를 하신 지 6개월이 지났습니까?	아니오: 행동단계 예: 유지단계

4) 사회인지이론을 활용한 진단

맞춤형 영양교육 및 상담을 위한 대상자의 진단을 위해 설문지를 구성할 때, 사회인지이론의 구성요소를 적용할 수 있다. 설문지 문항을 통해 대상자의 식행동이 어떤 구성요소에서 의해서 영향을 받았는지 확인하고, 이를 토대로 영양교육을 계획 및 실행하는 과정에서 진단에서 문제가 되는 해당 구성요소를 개선하는 내용을 포함시켜야 한다. 아동을 대상으로 채소와 과일 섭취에 영향을 미치는 문제 요인을 파악하기 위한 인터뷰의 질

문 문항을 사회인지이론에 적용해 보면 표 3-8 와 같다.

표 3-8 사회인지이론을 적용한 심층 인터뷰 진단 문항 예시

질문 문항	사회인지이론 구성요소
• 채소를 먹지 않으면 어떤 일이 생길까요?	결과 기대, 지식
• 채소를 먹으면 기분이 좋아지나요?	결과 기대
• 채소를 하루에 얼만큼 먹어야 하는지 알고 있나요?	지식
• 채소를 더 먹고 싶다면 더 먹을 수 있나요? 그 이유는 무엇인가요?	자기효능감
• 친구 또는 가족이 채소를 더 먹도록 도와주나요?	사회적 지지
• 집에는 채소가 항상 있나요?	장애와 기회 환경
• 학교 급식으로 채소 반찬이 매일 제공되나요?	장애와 기회 환경
• 채소를 더 먹을 수 있는 나만의 방법이 있나요?	행동기술(행동수행력)

CHAPTER

4

영양교육의 계획 및 평가

준비에 실패하는 것은 실패를 준비하는 것이다.

- 벤자민 프랭클린 -

학습목표

- 대상자 진단 결과를 기반으로 영양 문제를 선정할 수 있다.
- 영양교육의 목적 및 목표를 설정할 수 있다.
- 건강행동 이론을 활용하여 영양교육 프로그램을 구성할 수 있다.
- 영양교육 평가의 개념과 목적을 설명할 수 있다.
- 영양교육 평가의 종류 및 측정 항목을 이해할 수 있다.
- 건강행동 이론을 활용하여 효과평가를 계획할 수 있다.

1. 대상자 진단 기반의 영양 문제 선정 | 2. 영양교육의 목적 및 목표 설정 | 3. 영양교육 프로그램 구성
4. 영양교육 과정의 설계 | 5. 영양교육의 평가 계획

1. 대상자 진단 기반의 영양 문제 선정

모든 교육 과정은 실제 수행하는 데 앞서 교육을 계획하는 과정이 필수적이다. 앞 장에서 소개한 대상자의 진단 결과를 바탕으로 어떤 식행동이나 태도, 지식을 변화시킬 것인지 결정하고, 구체적인 교육의 목적과 목표를 정할 수 있다. 다음으로 위의 교육 목표를 달성하기 위해 필요한 교육 프로그램과 활동, 여기에 필요한 교육 매체를 결정한 후, 계획한 프로그램과 활동이 효과적으로 목표를 달성하였는지 평가하는 방법을 계획하는 것까지 모두 영양교육 계획 과정에 속한다 그림 4-1.

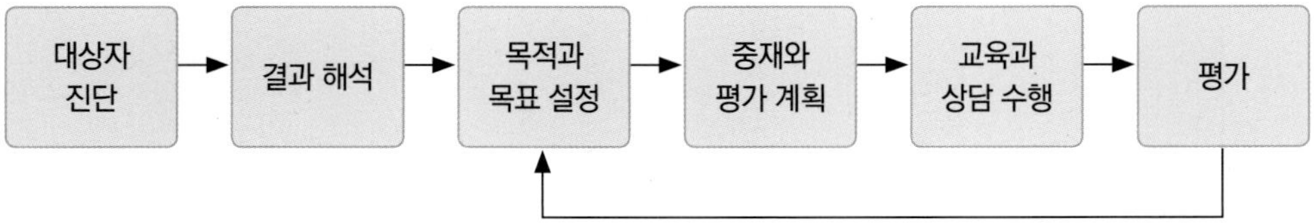

그림 4-1 영양교육과 상담의 진행 과정

효과적인 영양교육에 기여하는 핵심 요인

- 대상자에 대해서 잘 알기(3장)
- 교육의 목적과 목표가 명확(4장)
- 이론에 기반한 교육 프로그램을 구성(4장)
- 교육철학을 기반으로 교육계획안과 학습전략을 구체화(5장, 6장)
- 대상자에 맞는 매체 활용(7장)
- 교육 과정과 결과가 목표에 부합했는지 평가계획 및 수행(4장)

영양교육을 함에 있어서 제한된 예산, 인력, 조직으로 인하여 대상자의 진단을 통해서 도출된 다양한 영양문제들을 모두 교육할 수는 없으므로 문제의 우선순위를 정하여 가장 시급한 영양문제를 선정하여 교육을 하는 것이 효율적이다. 영양문제의 우선순위를 결정하기 위해 고려해야 할 사항은 표 4-1과 같다.

표 4-1 영양문제의 우선순위 결정 시 고려 사항 및 활용 지표

고려 사항		활용 가능한 지표
영양문제의 크기	얼마나 많은 사람들이 가지고 있는 문제인가?(공통적으로 흔한 정도)	• 문제의 발생 빈도 • 문제를 가진 인구의 크기
영양문제의 심각성	해결하지 않았을 때, 얼마나 큰 영향을 미칠 것인가?	• 문제의 긴급한 정도(경증도) • 대상자의 상대적인 중요도 • 경제적 손실 • 문제의 해결 의지 • 타인에 미치는 잠재적 영향
영양교육의 효과성	교육을 통하여 영양문제가 얼마만큼 개선될 것인가?	• 예방 또는 개선의 가능성 • 사회적, 경제적인 영향(형평성, 질병 부담 등) • 장 · 단기 편익(비용 대비 효과)
정책적인 지원	정책적인 지원을 가지고 있는가?	• 정부 또는 지자체의 정책 목표에 부합 여부 • 법 또는 규정 • 자원의 이용도

2. 영양교육의 목적 및 목표 설정

1) 진단 조사 결과 해석

다양한 진단 조사 방법을 활용하여 자료를 모았다면 다음 단계는 이러한 자료를 해석하여 실제 영양교육과 상담에 적용하는 것이다. 앞 장에서 학습한 진단 과정 중 식사조사나 신체계측, 생화학적 검사는 대상자의 정상 여부를 파악하는 기준치가 있다. 식사조사를 통해 나온 영양소 섭취량은 한국인의 영양소 섭취기준과 비교하여 적절 여부를 평가할 수 있고, 신체계측이나 생화학적 검사는 각 지표별 정상범위와 비교하여 대상자의 영양상태를 판정할 수 있다. 이 교과서에서는 영양진단을 위한 개괄적인 내용을 3장에서 다루었는데, 좀 더 자세한 내용을 확인하고 싶다면 영양판정 교과서를 참고할 수 있다.

대상자 요구를 다양한 자료원을 통해 파악하고 해석하는 과정에서 또 한 가지 생각할

점은 중재를 계획하는 데 조사한 결과들을 앞 장에서 다루었던 주요 건강행동 이론의 틀에 맞게 요약해보는 것이다. 주요 건강행동 이론에서 식생활에 영향을 미치는 요인들이 이미 정리가 되어 있다면, 대상자의 진단 자료를 바탕으로 관련 요인을 중점적으로 해석하고 교육과 상담에 활용할 수 있다. 조사를 분석한 결과는 계획의 다음 과정인 목적과 목표 설정에 활용한다.

2) 목적과 목표 설정

목적goal은 대상자가 영양교육과 상담을 통해 어떤 결과를 얻고자 하는지를 포괄적으로 서술하는 것이다. '누가', '무엇을'이 들어가게 작성하는데 예를 들어, '이 교육(상담)의 참가자는 나트륨 섭취를 줄이는 효과적인 방법을 알 수 있다'와 같이 대상과 교육(상담)의 목적을 포함한다. 목적goal이 좀 더 포괄적인 내용이라면 목표objective는 더 구체적인 교육과 상담의 목표가 들어간다. 구체적으로 목표를 설정하기 위해서 아래 3가지의 내용ABCs이 들어가도록 할 수 있다. 대상이 누구인지Audience: who, 목표 행동이 무엇인지Behavior: what, how much, 어떤 상황에서Condition: when, where의 내용이 들어가도록 한다. 또한 추가로 활용할 수 있는 가이드는 SMART라는 약자로 표현할 수 있는데 구체적인 내용은 다음과 같다.

목표는 구체적이어야 하며Specific, 측정 가능해야 하고Measurable, 대상자가 달성 가능해야 하며Attainable, 대상자의 문제 및 목적과 관련성이 있어야 하며Relevant, 시간의 개념이 들어가야 한다Time-bound. 진단의 결과를 바탕으로 목표를 잘 설정하는 것은 영양교육자 및 상담자의 매우 중요한 기술이다. 따라서 다양한 상황을 가정하고 목표를 설정해 보자.

목표 설정 가이드(SMART 기준)

- Specific: 구체적인 목표
- Measurable: 측정 가능한 목표
- Attainable: 달성 가능한 목표
- Relevant: 관련성이 있는 목표
- Time-bound: 목표 달성의 구체적인 시간 개념이 들어감

연습해보기

Case study: 한 대학교를 대상으로 대표성이 있는 학생을 뽑아 영양조사, 신체계측, 식생활과 관련이 있는 다양한 진단조사를 수행하였다. 그 결과 남자 대학생들의 비만 유병률이 38%였고, 지방을 높게 섭취하는 비율이 35%였다. 과일과 채소의 섭취량이 권장량에 못 미치는 경우가 55%에 달했으며, 대부분의 학생들이 늦은 취침시간으로 인해 야식 섭취가 잦았다. 1주일에 2번 이상 배달음식으로 야식을 먹는 학생들이 28%였다. 그리고 거주 환경에 따라 비교해보니, 부모님과 함께 사는 경우보다 자취를 하거나 기숙사에 거주하는 경우 과일과 채소 섭취량이 낮았고 야식 섭취 빈도가 높았다. 건강한 식생활을 구성하는 요소들을 알고 있는 학생도 있었지만 많은 경우 미디어에 나오는 잘못된 정보로 건강한 식생활에 대한 지식과 기본 조리 능력이 부족하였다. 이러한 상황에서 대학생들을 대상으로 하는 영양교육 목표를 설정해보자. 그리고 작성한 목적과 목표가 위의 SMART한 기준에 적절하고 ABC가 모두 포함되었는지 확인해보자.

답 예시)

영양 교육 목적: 대학생들이 건강한 식생활을 구성하는 요소를 알고 실천하는 방법을 알 수 있다.

영양 교육 목표

1) 1학기 동안 총 8번의 이론과 실습 수업을 통해 수강생 중 건강한 식사를 구성하는 방법을 아는 학생을 수업 전 대비 40% 늘린다.
2) 위의 이론과 실습 수업을 통해 수강생 중 건강한 식사를 계획하고 조리할 수 있다고 응답하는 학생의 비율을 수업 전 대비 30% 늘린다.(자기효능감)
3) 위의 이론과 실습 수업을 통해 수강생 중 과일과 채소의 섭취량을 하루 권장량에 미치도록 섭취하는 학생을 수업 전 대비 20% 늘린다.(실제 섭취량)

3. 영양교육 프로그램 구성

1) 영양교육 프로그램 구성 시 고려 사항

영양교육 프로그램을 구성할 때는 다음과 같은 사항을 고려해야 한다. 아래 사항을 진단과 계획 과정에서 충분히 고려하여 효과적인 영양교육을 실행할 수 있도록 준비한다.

(1) 대상자 분석

- 인구통계적 요인: 연령, 성별, 교육 수준, 문화적 배경, 사회경제적 요인
- 영양 상태: 생애주기별, 건강상태별, 생활 방식 등에 따른 영양적 요인 고려
- 교육 수준: 대상자의 영양 및 식생활 관련 지식 수준
- 문화적 민감성: 문화적 식습관 및 선호도
- 사용 언어 및 문해력: 대상자에 적절한 언어(예: 다문화 결혼이민 여성), 문해력 수준 고려
- 행동 목적 및 목표: SMART 목표, 영양교육 이론 기반 목표

(2) 이해관계자 간 협력

- 다학제적 접근: (임상)영양사, 영양교사, 보건 관련 전문인력 등 전문가와 협력
- 지역사회 참여: 지역사회 리더, 관련 기관 및 조직 등과 협력하여 프로그램 지원 및 홍보

(3) 근거 기반 내용 구성

- 정부 및 국가기관의 정책 및 지침: 보건복지부의 한국인을 위한 식생활지침, 한국인 영양소 섭취기준 등
- 과학적 연구: 최신 과학적 근거 및 전문학술지에 보고된 내용
- 잘못된 통념이나 정보: 영양과 관련된 잘못된 정보, 통념 등 수정

(4) 대상자의 능동적 참여를 위한 방법 모색

- 능동적 학습: 조리 시연, 모둠 토론, 실습 등 참여형 활동 포함
- 기술 활용: 앱, 동영상 등의 멀티미디어 도구 사용
- 개인화 및 피드백 메커니즘: 메시지와 활동을 대상자의 관심사와 필요에 맞추며 프로그램에 대한 피드백 기회 제공
- 사전 및 사후 평가: 프로그램 전후 지식 및 행동변화 평가

(5) 지속가능성과 포용성

- 접근성 및 포용성: 잠재적인 참가자가 접근 가능할 수 있으며 취약계층(예: 장애인 등)을 포함한 모든 사람이 참여할 수 있도록 프로그램 구성 및 다양한 학습 기회 제공
- 장기 지원: 행동변화를 유지하기 위한 지속적인 지원 및 자원 제공
- 후속 관리: 학습 강화, 새로운 목표에 도전하기 위한 후속 교육 제공

2) 이론 기반의 영양교육 프로그램 구성

대상자 진단을 수행하여 영양교육 프로그램을 계획할 때 고려해야 하는 또 다른 중요한 요소는 본서의 2장에서 설명한 건강행동 이론이다. 다양한 건강행동 이론은 대상자들의 식행동을 이해하고 개선하는 데 있어 가이드 혹은 내비게이션과 같은 역할을 한다. 어떤 건강행동 이론을 활용할 것인지는 기존 문헌 고찰과 교육자가 세우는 가설에 따라 결정할 수 있는데, 이 장에서는 건강신념 모델, 계획된 행동이론, 범이론적 모델, 사회인지 이론을 활용한 계획 과정을 소개한다. 진단 과정에서 건강행동 이론의 구성요소를 측정하여 교육의 구체적인 내용을 구성할 수 있고, 교육 전과 후에 같은 요소를 반복 측정함으로써 교육의 효과평가에 활용할 수 있다.

(1) 건강신념 모델

대상자의 진단을 통해 식행동 문제 요인에 영향을 미치는 건강신념 모델의 구성요소가 파악되면 문제 요인을 개선하기 위해 건강신념 모델의 구성요소를 기반으로 프로그램 내용을 계획할 수 있다. 그러나 교육 프로그램을 구성할 때 진단에서 개선이 필요한 건강신념 모델 구성요소만을 활용할 필요는 없다. 진단 시에는 나타나지 않았으나 식행동 개선에 도움이 될 수 있는 다양한 건강신념 모델의 구성요소를 교육 프로그램에 추가할 수도 있다.

건강신념 모델을 활용하여 지역사회 성인을 대상으로 채소 섭취 증진을 위한 진단 및 영양교육 프로그램 내용을 구성해 보면 다음과 같다 표 4-2 .

표 4-2 건강신념 모델을 활용한 성인 대상의 채소 섭취 증진 영양교육 프로그램 내용 구성

건강신념 모델 구성요소	프로그램 내용
인지된 발병 가능성	잘못된 식사와 관련된 만성질환(예: 심장병, 당뇨병)의 위험에 관한 통계자료 논의
인지된 질병 심각성	잘못된 식습관이나 영양 문제로 인해 심각한 건강 문제를 경험한 개인의 경험이나 사례를 공유하여 잠재적 심각성 설명
인지된 행동변화의 이득	채소 섭취 증가의 건강상 이점(예: 소화 개선, 체중 관리 향상, 만성질환 위험 감소) 강조
인지된 행동변화의 어려움	비용, 맛 선호도, 채소 전처리 및 조리, 보관 방법에 대한 지식 부족 등 일반적인 어려움 해결
인지된 자기효능감	요리 수업이나 시연을 제공하여 채소를 식사에 포함시키는 방법에 대한 자신감 증진
행동 계기	지역사회 도전 과제, 시각적 알림(예: 포스터, 소셜미디어 게시물) 등을 제공하여 건강한 식습관 장려

위의 계획을 기반으로 지역사회에서 '건강한 선택: 채소 섭취 증가'를 주제로 6주간의 영양교육 프로그램을 구성해 보자 **표 4-3**. 6주간의 영양교육 목적은 채소 섭취의 중요성을 교육하고 건강신념 모델의 구성요소를 활용하여 개인의 행동변화를 유도함에 있다.

표 4-3 건강신념 모델을 이용한 성인 대상 채소 섭취 증진을 위한 6주간의 지역사회 영양교육 프로그램 예시

주차	프로그램 내용	건강신념모델 구성요소
1주	**[사전평가, 프로그램 소개 및 건강 위험 이해]** • 목적: 불건강한 식사와 관련된 건강 문제에 대한 개인의 민감성 인식 증가 • 활동 프로그램 사전 평가: 참가자의 지식(6주간의 학습 내용 포함), 태도(건강신념 모델의 구성요소 포함), 행동(현재 채소 섭취량 포함)을 평가하는 설문지 작성 – 프레젠테이션: 식사의 중요성과 채소의 역할 개요 – 토론: 식단 관련 질병(예: 심장병, 당뇨병)에 관한 통계 공유 • 자료: 파워포인트 슬라이드, 설문지, 정보 전단지	인지된 발병 가능성

주차	프로그램 내용	건강신념모델 구성요소
2주	**[건강 결과 탐색]** • 목적: 채소 섭취 부족과 관련된 건강 결과의 심각성 강조 • 활동 – 초청 강연: 건강한 식사를 통해 건강을 개선한 사람의 경험 사례 공유 – 동영상 시청: 불건강한 식사가 건강에 미치는 영향을 다룬 단편 다큐멘터리 등 동영상 – 그룹 토론: 동영상을 보고 스스로 성찰한 뒤 식사 관련 질병의 잠재적 심각성에 관해 논의 • 자료: 초청 강연자 초대, 시청각 장비, 토론 가이드	인지된 질병 심각성
3주	**[건강한 식사의 이로운 점]** • 목적: 채소 섭취의 이로운 점 강조하기 • 활동 – 프레젠테이션: 다양한 채소의 건강상 이점 – 조리 실습: 제철 채소를 활용한 조리 실습 및 시식 – 전단지: 소개된 항목의 레시피와 영양상의 이점 • 자료: 조리실습 재료 및 도구, 전단지	인지된 행동 변화의 이득
4주	**[장애 극복]** • 목적: 채소 섭취를 늘리는 데 일반적으로 겪는 어려움이 무엇인지 알고 해결 능력 기르기 • 활동 – 브레인스토밍 세션: 일반적인 어려움(예: 비용, 준비 시간, 맛 선호도) 인식하기 – 워크숍: 인지된 행동변화의 어려움을 극복하기 위한 전략(예: 예산 절감 팁, 간단한 레시피, 양념 아이디어) 논의 – 자료 배포: 지역 자원 목록(예: 농산물 직거래 장터, 지역사회 텃밭) 제공 • 자료: 화이트보드, 마커, 지역 자원 목록	인지된 행동 변화의 어려움
5주	**[행동 계기 개발]** • 목적: 식사에 더 많은 채소를 포함하도록 상기시킬 수 있는 계기 개발 • 활동 – 공예 세션: 시각적 상기물 제작(예: 냉장고 자석, 포스터) – 기술 통합: 식사 계획 및 섭취량 추적을 위한 앱 및 도구 소개 – 약속 서약: 참가자가 개인 행동 계획을 작성하고 섭취를 늘리기로 서약 • 자료: 공예용품, 추천 앱 목록, 서약서 양식	행동 계기
6주	**[자신감 구축]** • 목적: 채소를 준비하고 섭취할 수 있는 자신감 높이기 • 활동 – 요리 수업: 간단하고 건강한 레시피를 준비하는 실습 수업	인지된 자기효능감

주차	프로그램 내용	건강신념모델 구성요소
6주	– 동료 지원: 조리법을 공유할 수 있는 동아리 활동 – 자체 평가: 진행 상황을 논의하고 남은 우려 사항 해결 • 자료: 요리 실습재료, 레시피 카드, 피드백 양식 **[프로그램 평가 및 후속 조치]** • 목적: 프로그램의 효과 평가 및 지속적인 지원 제공 • 활동 – 프로그램 사후 평가: 참가자의 지식(6주간의 학습 내용 포함), 태도(건강신념 모델의 구성요소 포함), 행동(현재 채소 섭취량 포함)을 평가하는 설문지 작성 – 후속 조치: 조리법 및 성공 사례를 포함한 월간 뉴스레터 제공 – 재회 모임: 진행 상황을 공유하고 성과를 축하하기 위한 선택적 후속 모임 • 자료: 설문지, 뉴스레터 템플릿, 이벤트 기획 자료	인지된 자기효능감

(2) 계획된 행동이론

계획된 행동이론을 이용하여 지역사회 성인을 대상으로 영양교육을 계획한다면 아래와 같은 구성요소를 고려하여 프로그램을 구성할 수 있다. 아래에 제시된 영양교육 프로그램 표 4-4 내용은 참가자들이 자신의 태도, 경험하는 사회적 영향과 지지, 식습관에 대한 통제 능력을 성찰하도록 유도하여, 건강한 식습관의 행동 의도를 높여 지속가능한 변화를 촉진하도록 돕고자 계획한 것이다.

표 4-4 계획된 행동이론을 이용한 성인 대상의 건강한 식생활 증진 프로그램

계획된 행동이론 구성요소	프로그램 내용
태도	건강한 식습관의 이로운 점(예: 만성질환 예방, 체중 관리 등), 잘못된 믿음(예: 건강한 식사는 비싸거나 포만감을 주지 않음)의 수정, 식사 변경에 관한 개인적 우려의 해소 등을 위한 정보 제공
주관적 규범	건강한 식습관을 위한 사회적 영향(예: 가족, 친구, 동료, 매스미디어 등의 영향)을 이해하고 사회적 지지 환경(예: 동아리 활동, 지역사회 참여를 위한 소셜미디어 캠페인이나 챌린지) 강화

계획된 행동이론 구성요소	프로그램 내용
인지된 행동통제력	건강한 식습관 실천을 위한 자원 접근성(예: 저렴한 건강식품을 구매할 수 있는 정보나 구매처, 텃밭 등의 정보 제공) 이나 기술(예: 식사 준비나 조리 기술, 영양 정보 읽기, 장보기 팁, 쉽고 건강한 레시피 제공 등) 향상을 통한 자신감 향상
행동 의도	건강한 식습관을 실천하기 위한 구체적이고 실행가능한 행동 목표 설정(예: 목표 설정 워크숍, 행동 실천 서약서 작성)

위의 계획을 기반으로 지역사회에서 '건강한 식생활 증진'을 주제로 4주간의 영양교육 프로그램을 구성해 본 예시가 표 4-5 에 제시되어 있다. 이 영양교육의 목적은 참가자들이 올바른 정보에 기반한 식사 선택을 할 수 있는 능력을 함양하고 지속적인 행동변화를 이룰 수 있도록 함에 있다.

표 4-5 계획된 행동이론을 이용한 성인 대상 건강한 식생활 증진을 위한 4주간의 영양교육 프로그램 예시

주차	프로그램 내용	계획된 행동이론 구성요소
1주	**[사전평가, 프로그램 소개 및 건강한 식사의 장단점에 관한 이해]** • 목적: 건강한 식사의 장점을 강조하고 단점과 관련된 오해를 해소함으로써 건강한 식사에 관한 긍정적인 태도 촉진 • 활동 – 프로그램 사전 평가: 참가자의 지식(4주간의 학습 내용 포함), 계획된 행동이론의 구성요소(태도, 주관적 규범, 인지된 행동통제력, 행동의도), 행동(건강한 식생활 관련 식사 섭취량 포함)을 평가하는 설문지 작성 – 프레젠테이션: 프로그램 개요 및 건강한 식사의 장점(예: 체중 관리, 만성질환 예방, 기분 및 활력 개선) – 그룹 토론: 건강한 식습관에 관한 잘못된 믿음(예: 건강한 식사는 비싸거나 맛이 없고 포만감을 주지 않음)의 수정, 식사 변경에 관한 개인적 우려의 해소 등을 위한 그룹 토론 • 자료: 파워포인트 슬라이드, 설문지, 건강한 식사에 대한 교육 팸플릿, 건강한 식사 장점에 대한 팩트 시트, 잘못된 믿음 해소 자료	태도

주차	프로그램 내용	계획된 행동이론 구성요소
2주	**[사회적 관계를 통한 건강한 식습관 동기 부여]** • 목적: 사회적 지지(가족, 친구, 동료 등)를 효과적으로 이용하여 식습관을 개선할 수 있도록 동기 부여 및 독려 • 활동[사회적 영향 워크숍] – 그룹 토론: 참가자의 사회적 환경(가족, 친구, 직장)이 식습관 형성에 어떤 긍정적/부정적 영향을 미쳤는지에 관한 경험 공유 – 역할극: 긍정적/부정적 사회적 영향을 다루는 다양한 시나리오를 사용한 역할극 진행(예: 모임에서 건강하지 않은 식품 선택을 권할 때 거부하기, 건강한 레시피를 권하는 친구 등)을 통해 사회적 압력을 다루는 전략 연습 – 지원 소모임 만들기: 건강한 식습관을 독려하는 소그룹 모임(다이어트 버디, 레시피 공유를 위한 그룹 채팅 등) 만들기 – 사회적지지 환경 구축: 버디 시스템, 지역사회 참여를 위한 소셜미디어 캠페인이나 챌린지 실시 • 자료: 토론 가이드, 역할극 스크립트, 지원 시스템 계획 워크시트(템플릿)	주관적 규범
3주	**[다양한 상황에서 건강한 식사 선택하기]** • 목적: 다양한 상황에서 건강한 식사를 선택할 수 있는 자신감 상승 • 활동 – 조리 실습: 간단하고 빠른 건강한 식사 준비에 중점을 둔 조리 실습 및 시식 – 식사 계획 워크숍: 시간 제약, 예산, 자원 접근성과 같은 일반적인 장애물을 극복하기 위해 저렴한 신선식품을 구매할 수 있는 구매처, 텃밭 등의 정보를 포함한 식사 계획 및 준비 워크숍 • 자료: 조리실습 재료 및 도구, 레시피 카드, 식사 계획 템플릿	인지된 행동 통제력
4주	**[일상에서 건강한 식사를 실천하기 위한 목표 설정]** • 목적: 일상에서 건강한 식사를 실천하기 위한 목표 설정 및 지속적인 실천을 위한 약속 • 활동 – 목표 설정 워크숍: 식단과 관련된 SMART 목표 설정 워크숍 – 행동 계획 작성: 식습관 변경에 대한 구체적인 약속을 포함하는 개인 행동 계획 작성 – 피드백 세션: 진행 상황을 논의하고 남은 우려 사항 해결 • 자료: SMART 목표 작성 워크시트, 행동 계획 템플릿 **[프로그램 평가 및 후속 조치]** • 목적: 프로그램의 효과 평가 및 지속적인 지원 제공 • 활동 – 서약식: 목표 및 도전과제 점검 후 건강한 식사 목표에 대한 서약식	행동 의도

주차	프로그램 내용	계획된 행동이론 구성요소
4주	– 프로그램 사후 평가: 참가자의 지식(4주간의 학습 내용 포함), 계획된 행동이론의 구성요소(태도, 주관적 규범, 인지된 행동통제력, 행동의도), 행동(건강한 식생활 관련 식사 섭취량 포함)을 평가하는 설문지 작성 – 사후 관리: 프로그램 종료 후 장기간 건강한 식습관 유지 여부(3개월, 6개월, 1년 등) 추적 조사, 프로그램 평가를 위한 포커스 그룹 인터뷰 실시 – 재회 모임: 진행 상황을 공유하고 성과를 축하하기 위한 선택적 후속 세션 • 자료: 목표 진행 상황 검토 시트, 서약서, 추적 조사지, 포커스 그룹 인터뷰 가이드 및 질문지	

(3) 범이론적 모델

대상자의 진단을 통해 행동변화 단계가 파악이 되면 다음 단계로 이동하기 위한 구성요소를 활용하여 영양교육을 계획하고 수행할 수 있다 표 4-6.

표 4-6 범이론적 모델의 행동변화단계에 따른 영양교육 내용

행동변화 단계	영양교육 목적	영양교육 내용	범이론적 모델 구성요소
고려 전	건강한 식습관의 중요성에 관해 인식을 높이되, 즉각적인 변화를 기대하지 않음	• 균형 잡힌 영양섭취의 전반적인 건강에 관한 이득 • 불건강한 식사의 장기 건강결과(예: 심장병, 비만, 당뇨병)에 관한 영향(예: 동영상, 인포그래픽 등) • 자신의 식생활이 가족, 배우자, 자녀, 동료 등에 미치는 영향 토의	• 인식 높이기 • 정서적 안도 • 환경 재평가
고려	가까운 미래에 식습관을 바꿀 것을 고려하도록 동기 부여	• 자기 이미지와 건강 간의 연결점에 대한 글쓰기 또는 그룹 토론(예: 건강한 식습관이 자아상에 미치는 영향, 건강한 식습관이 자신감이나 자존감에 미치는 영향 등) • 현재 식단의 장단점을 평가할 수 있는 퀴즈나 의사결정 균형 분석표 같은 인터랙티브 도구	• 자기 재평가 • 의사결정 균형
준비	변화를 향한 계획 및 작은 변화를 시도하는 초기 단계 지원	• 행동변화에 관한 실천계약서 쓰기 • 도달 가능한 목표 설정(예: 모든 식사에 채소 1가지씩 추가하기) • 식단 변화를 시작하는 방법 교육(예: 채소와 과일 더 많이 섭취하는 방법) • 건강한 식료품 장보기 및 식사 준비 팁 알려주기	• 자기 결심 • 자기효능감 • 자기효능감 • 자기효능감

행동변화 단계	영양교육 목적	영양교육 내용	범이론적 모델 구성요소
행동	새로운 식습관을 강화하고 더 넓은 범위의 변화를 구현함	• 건강한 식습관 지원 그룹 활동 촉진(예: 온/오프라인 건강 식습관 동호회 소개 및 참여 방법 안내) • 다양한 상황에서 건강한 식습관을 지속하는 방법에 대한 워크숍 • 집과 직장에서의 식품 배치 재구성 실습 • 개인 맞춤 보상 계획 설정을 위한 워크숍 • 지역사회 내 건강한 식습관을 지원하는 자원 소개 및 활용방법에 관한 토론	• 지지관계 형성 • 대체행동 형성 • 자극조절 • 강화관리 • 사회적 지원
유지	재발 방지 및 바뀐 건강한 식습관을 공고히 함	• 경험과 전략을 공유할 수 있는 지역사회 지원 동아리 • 오래된 습관을 유발할 수 있는 실제 고위험 상황을 다루는 워크숍	• 지지관계 형성 • 대체행동 형성

대상자의 행동변화단계를 다음 단계로 진전시키기 위해 매개요인인 의사결정 균형을 이용할 수 있다. 이때, 문제행동을 유지할 때와 행동을 변화(예: 채소 섭취량 증가, 지방 섭취량 감소, 인스턴트 식품 섭취 감소 등)시킬 때의 각각의 장단점을 대상자가 직접 작성해 보게 한다 표 4-7 .

표 4-7 의사결정 균형 분석표

변화에 대한 장단점 분석			
문제행동을 유지할 경우		행동을 변화시킬 경우	
장점	단점	장점	단점
• 즐거움 • 편안함 • 쉬움 • 외로움 감소	• 건강을 해침 • 가족에게 좋지 않은 예	• 건강이 좋아짐 • 기분이 나아짐 • 체중 감소	• 변화의 어려움 • 친구 · 동료와의 회식에 참석하기 어려움 • 노력 필요

(4) 사회인지이론

대상자의 진단을 통해 식행동 문제 요인에 영향을 미치는 사회인지이론의 구성요소 요인이 파악되면 문제 요인을 개선하기 위한 교육 프로그램을 계획해야 하는데, 프로그램에 포함되는 내용은 곧 사회인지이론의 구성요소가 된다. 그러나 교육 프로그램을 구성함에 있어서 진단에서 개선이 필요한 사회인지이론 구성요소만을 활용할 필요는 없다. 진단에서는 나타나지 않았으나 식행동 개선에 도움이 될 수 있는 다양한 사회인지이론 구성요소를 적용하여 교육 프로그램을 구성할 수도 있다. 앞 장의 아동을 대상으로 채소 섭취에 영향을 미치는 요인의 진단 사례와 연결하여 이들의 채소 섭취 증진을 위한 학교에서의 교육 프로그램 내용을 구성해 보면 다음과 같다 표 4-8.

표 4-8 사회인지이론을 활용한 아동 대상의 채소 섭취 증진을 위한 학교 영양교육 프로그램

<table>
<tr><th colspan="2">사회인지이론 구성요소</th><th>프로그램 내용</th><th>비고</th></tr>
<tr><td rowspan="2">개인적인 인지 요인</td><td>지식</td><td>채소 섭취 부족의 문제점 관련 영양교육, 채소의 일일권장섭취량</td><td></td></tr>
<tr><td>결과 기대</td><td>채소 섭취 시 학교에서의 학업능률 향상, 건강상의 이점에 대한 교육</td><td></td></tr>
<tr><td rowspan="5">물리적 및 사회적 환경 요인</td><td>관찰 학습</td><td>식사 상황에 대한 역할극</td><td rowspan="4">자기효능감 (개인적인 인지 요인) 구성요소 추가 적용</td></tr>
<tr><td rowspan="2">사회적 지지</td><td>학교 교사 대상의 섭취 증진 프로그램 운영</td></tr>
<tr><td>부모에게 채소 섭취 증진에 대한 가정통신문 제공</td></tr>
<tr><td rowspan="2">장애와 기회 환경</td><td>학교 텃밭 설계 및 가꾸기</td></tr>
<tr><td>학교급식에 채소 반찬 추가 제공</td><td></td></tr>
<tr><td rowspan="5">지지적 행동 요인</td><td rowspan="2">행동기술 (행동수행력)</td><td>채소를 활용한 조리 실습</td><td rowspan="5">자기효능감 (개인적인 인지 요인) 구성요소 추가 적용</td></tr>
<tr><td>영양표시 읽기 교육 및 실습</td></tr>
<tr><td rowspan="2">자기조절/ 의도</td><td>채소 섭취 일일목표 설정</td></tr>
<tr><td>채소 섭취에 대한 다이어리 작성</td></tr>
<tr><td>강화</td><td>채소 섭취 목표 달성 시 보상</td></tr>
</table>

성인을 대상으로 나트륨 섭취 감소를 위한 교육 프로그램 개발을 위하여 사회인지이론을 적용한 사례도 있다. 성인 중에서도 직접 식품을 구매 및 결정하고 가정에서 실제 조리를 담당하는 역할을 하여 가족 구성원의 식사에 실질적인 영향을 미칠 수 있는 주부를 대상으로 한 영양교육 프로그램 예시이다. 교육 프로그램은 12주차로 구성되었으며, 각 주차별로 사회인지이론의 구성요소를 적용하여 프로그램 내용을 구성하여 진행하였다 표 4-9 .

표 4-9 사회인지이론을 활용한 주부 대상의 나트륨 섭취 감소를 위한 영양교육 프로그램 예시

주차	프로그램 내용	사회인지이론 구성요소
1주	• 프로그램 운영 안내 • 식사섭취조사(나트륨 섭취량 포함) • 나트륨 줄이기 인식 교육 – 나트륨 섭취를 줄여야 하는 이유, 하루 섭취 권고량 – 나트륨 섭취 기여 음식, 장소 안내 – 나트륨 섭취 식행동 요령 제시 • 염도계 사용 방법 실습 활동 • 나트륨 줄이기 실천 서약	• 결과 기대 • 지식 • 행동기술 • 자기조절 • 자기효능감
2주	• 식품 구매방법 교육: 영양표시 확인하고 저나트륨 제품 선택 – 저염제품 VS 일반제품 시식하기: 선호도 검사 – 저염간장 VS 소금 간으로 본 염도 함량: 맛보기 체험 • 저염조미료 활용하기(양념류, 소스 별도 사용), 소금 1 g 양 알기 – 향신료, 나트륨 대체조미료 사용방법 제시 – 천연조미료 조리법, 저염조리를 위한 원재료 선택 방법	• 지식 • 행동기술 • 자기효능감
3주	• 제철식재료를 활용한 푸드페어링 교육 – 맛(보완), 향(개선), 영양(강화)의 조화를 이룬 음식 구성 정보 • 식품의 조리방법 소개: 저염식 조리법 제공 – 국류/ 탕류/ 찌개류별 조리법 제공 – 조림보다는 구이음식 선택 방법 – 짠맛을 약하게 보정하는 조리법(짠맛 + 감칠맛)	• 행동기술 • 자기조절
4주	• 오감 · 오미를 활용한 미각구조 교육(미각력 참조) – 뇌가 맛을 인식하는 구조 영역 – 나의 미각 유형 알아보기(5가지 유형) • 식사방법: 국이나 찌개는 조리 후 먹기 직전에 간을 하는 방법 – 온도에 따른 염도 변화 및 맛 평가(100℃→65℃→25℃): 3분 컵라면 – 밑간은 간장을 하고 먹기 직전에 소금 간	• 지식 • 행동기술 • 자기조절

주차	프로그램 내용	사회인지이론 구성요소
5주	• 외식방법: 저염실천음식점 찾아가기, 음식 주문 시 짜지 않게 요구하기 방법 실습 – 건강식당 지도 배부 – 서울시 저염실천음식점 기준안 및 업소 소개 – 패스트푸드, 배달음식 섭취 방법 – 주문식단 방법 • 대상별(유아, 학교, 성인) 1회 섭취량 알기(음식문화 개선)	• 장애와 기회 환경 • 행동기술 • 자기조절 • 자기효능감
6주	• 지금까지 배운 프로그램 총정리(빙고게임) – 퀴즈로 본 설문평가(자가진단) – 1일 소금 섭취 권고량 VS 나와 비교하기(24시간 회상법) • 나만의 식단 작성하기 실습: 식품교환표 활용	• 행동기술 • 자기조절 • 자기효능감
7~9주	• 조리법(저염밑반찬 만들기) 또는 이론교육(음식의 인문학적 접근) • 건강 변화 성공사례 공유 • 서약 내용에 대한 확인(서약 실천도) • 자가 건강평가 및 설문평가	• 행동기술 • 자기조절 • 관찰학습 • 자기효능감
10~12주	• 조리법(저염밑반찬 만들기) 또는 이론교육(음식의 인문학적 접근) • 건강변화 성공사례 공유 • 자가 건강평가 및 설문평가	• 행동기술 • 자기조절 • 관찰학습 • 자기효능감

4. 영양교육 과정의 설계

영양교육 과정을 설계할 때는 교육 내용, 방법, 자료의 선택 등을 구체적으로 계획해야 한다. 다음은 이를 효과적으로 구성하는 방법이다.

1) 교육 내용

영양교육의 목표와 최종 목적에 도달하도록 교육 내용을 구성한다. 교육 내용은 문헌에 근거하여 내용의 타당성, 정확성, 최신성을 확보하는 것이 필요하다. 내용 순서는 간단한 것에서 복잡한 것으로, 일반적인 것에서 전문적인 내용으로 전개되도록 구성한다. 영양교육 과정 설계의 효과성, 효율성을 위하여 표준화된 수업 과정 양식으로 교수 · 학습 과정안을 활용하여 교육할 수 있다. 자세한 내용은 5장에서 학습한다.

2) 교육 방법

교육 방법은 강의, 토의, 시연, 실험형 지도, 게임, 역할극 등 다양한 방식을 활용할 수 있다. 구체적인 내용은 6장에서 학습한다.

3) 교육 자료의 선택 및 개발

교육 자료는 교육의 효과를 높이는 중요한 요소이다. 적절한 자료를 선택하고 개발하는 방법은 7장에서 학습한다.

4) 사전 평가

교육을 시작하기 전에 사전 평가를 실시하여 대상자의 현재 상태와 요구를 파악한다. 이를 통해 교육의 방향을 설정하고 맞춤형 교육을 제공할 수 있다.

5) 기타 고려 사항

- 대상자 예상 인원, 연령 분포, 교육 수준을 고려해야 한다.
- 적절한 교육 시간을 정한다. 미취학 아동은 15분 이내, 초등학생과 노인은 30분 이내, 일반인은 50분 이내로 구성한다.
- 내용 구성별 적절한 교육 시간은 도입 부분은 10%, 주 내용 전개는 80%, 요약 및 마무리는 10%로 나누어 진행한다.
- 참여도를 높일 수 있는 시간 및 장소를 선택한다.
- 교육에 필요한 인적 자원과 물적 자원을 고려하여 계획한다.

6) 교육 홍보

교육 프로그램을 성공적으로 실행하기 위해서는 사전 홍보가 필요하다. 효과적인 홍보를 통해 대상 집단의 참여도를 높일 수 있다.

5. 영양교육의 평가 계획

영양교육의 효율성 및 효과성에 대한 결론을 도출하기 위해 평가는 반드시 수행되어야 하며, 이를 위해 영양교육을 계획하는 단계에서 평가에 대한 계획을 상세히 세우고, 그에 따라 평가를 실행해야 한다. 평가 계획 시, 평가 종류별 측정 항목 지표를 선정하고, 평가를 위한 연구 설계와 자료 수집의 방법 등을 결정한다. 영양교육자, 교육대상자, 현장 전문가 등은 평가 결과를 다양하게 활용할 수 있다.

1) 평가의 개념 및 목적

영양교육의 평가는 1) 영양교육에 활용한 자원이 적절하였는지, 2) 영양교육의 과정이 계획대로 수행되었는지, 3) 영양교육의 목적과 목표를 어느 정도 달성하였는지를 확인하는 체계적인 의사결정 과정을 일컫는다. 영양교육의 평가는 교육이 종료된 이후에만 수행하는 것이 아니라, 영양교육의 전 과정에 걸쳐 진행할 수 있다. 이와 같이 영양교육의 자원, 과정, 결과를 평가하는 것은 교육의 효율적 운영을 도모하며, 교육의 효과를 높이는 데 중요한 역할을 한다. 따라서 영양교육을 계획하는 과정에서 평가에 대한 자세한 계획이 수립되어야 하며, 이를 바탕으로 평가가 적절히 실행되어야 한다.

영양교육의 평가 절차는 대략적으로 영양교육의 관계자들이 함께 영양교육의 내용과 활동 등을 검토한 뒤, 평가의 목적을 결정하고 그에 맞게 평가의 내용, 평가 항목과 측정 방법, 평가의 주체와 시기 등을 설계한다. 설계에 따라 자료를 수집하고, 분석한 뒤에 결과를 해석하여 결론을 도출하고 평가 결과를 다양하게 활용, 공유하는 순으로 진행할 수 있다. 영양교육 평가의 계획 및 실행을 위해서는 평가의 목적이 명확하여야 하며, 평가 결과를 누가 어떻게 활용할 것인지 고려하여야 한다. 또한 이해관계자의 관심 부분이 반영될 수 있도록 하며, 평가에 활용할 수 있는 자원, 인력, 일정 등을 고려한다.

영양교육의 평가 목적은 다양하다. 영양교육을 수행하는 동안 자원이 적절히 활용되었는지 파악하거나 영양교육의 운영이 계획대로 수행되었는지, 영양교육의 내용이나 방법이 대상자에게 적절한지 확인하기 위해 평가를 수행할 수 있다. 영양교육의 목적과 목표를 달성하였는지 확인하는 것뿐만 아니라 예산 대비 영양교육의 효과가 어느 정도 인지 파악하기 위해 평가를 수행할 수도 있다. 이러한 평가의 목적에 따라 평가 내용 및 방법, 측정 항목 등이 달라질 수 있으며, 평가 결과는 계속하여 축적 및 관리되어야 한다.

2) 평가의 종류 및 측정 항목

(1) 평가의 종류

영양교육의 목적과 목표, 대상이나 기간에 따라 수행할 평가의 종류 및 측정 항목이 달라질 수 있으나 대체로 영양교육 평가의 종류는 사용된 자원에 대한 평가(자원평가), 영양교육의 과정에 대한 평가(과정평가), 영양교육의 효과에 대한 평가(효과평가)로 구분할 수 있다. 주로 자원평가와 과정평가는 영양교육 운영의 효율성을 도모하고, 효과평가는 영양교육의 목표 달성(효과)을 검증하기 위해 실시한다. 영양교육의 평가는 교육을 실행하는 중이나 실행한 후에 수시로 이루어질 수 있으며, 각 평가 종류별 자세한 내용은 다음과 같다 표 4-10.

① 자원평가

자원평가는 영양교육을 수행하는 동안 투입된 인적, 물적 자원에 대한 정보를 수집하여 계획한 대로 자원이 활용되었는지 또는 적절한 시기에 적절한 정도의 자원이 활용되었는지 평가한다. 이를 통해 인적 · 물적 자원의 사용, 공간 · 시설 · 장비 등의 확보 및 적절성을 평가한다.

② 과정평가

과정평가는 영양교육의 내용, 활동, 운영 등이 계획대로 수행되었는지 평가한다. 과정

평가를 통해 계획한 대상자 인원, 교육 횟수, 교육 범위 등을 달성하였는지 파악하며, 영양교육이 계획대로 수행되지 않을 시 그 원인을 찾아 수정 · 보완할 수 있다. 또한 영양교육의 내용이나 방법이 대상자에게 적합한지 또는 대상자들이 영양교육에 어떻게 참여하고, 이해하는지도 확인할 수 있다. 과정평가는 대상자의 영양교육에 대한 참여도 및 만족도 평가, 영양교육의 홍보 과정, 영양교육의 관리 등에 대한 평가도 포함한다.

③ 효과평가

효과평가는 영양교육의 목적과 목표가 달성되었는가에 대한 평가로서, 영양교육으로 인해 나타나는 결과 및 영향에 대한 평가이다. 주로 영양교육으로 인한 영양지식, 영양태도, 식행동 및 그에 영향을 미치는 요인, 건강 상태(신체계측 지표, 생화학 지표, 질병 상태 등) 등의 변화를 측정한다. 이러한 효과평가는 대상자에서 측정 항목의 변화가 나타나는데 소요되는 시간에 따라 단기평가, 중기평가, 장기평가로 구분할 수도 있다. 단기평가에서는 영양과 관련한 지식이나 태도의 변화, 식행동에 영향을 미치는 동기 부여 요인이나 행동 촉진 요인의 변화를 살펴볼 수 있고, 중기평가에서는 실제 식행동에 변화가 나타났는지 확인할 수 있다. 장기평가에서는 식행동의 변화에 따라 건강 상태나 질병 상태에 변화가 나타났는지 평가할 수 있다.

표 4-10 영양교육 평가의 종류 및 내용

구분	자원평가	과정평가	효과평가
목적	• 영양교육에 투입된 자원 활용의 적절성에 대해 파악	• 영양교육이 계획에 따라 순조롭게 수행되었는지 파악	• 영양교육의 목표가 달성되었는지 파악
평가 내용	• 영양교육 시 자원이 계획한 대로 활용되었는지 파악 • 자원 활용이 적절하였는지 파악	• 영양교육의 내용이나 분량이 계획한대로 제공되었는지 확인 • 영양교육의 내용이나 방법이 대상자에게 적절하였는지 파악 • 대상자의 영양교육에 대한 참여도와 만족도가 어떠하였는지 파악	• 영양지식, 영양태도의 변화 측정 • 식행동의 변화 측정 • 영양 문제 및 건강 상태 변화 측정 • 질병 발생 및 위험의 변화 파악

더 알아보기

로직모델logic model을 활용한 영양교육의 평가

로직모델은 영양교육의 평가를 계획하고, 그에 따라 실행하는 데 유용하게 활용할 수 있는 모델이다. 로직모델은 영양교육의 투입, 활동, 산출, 결과(단기, 중기, 장기)의 요소를 도식적으로 기술하며, 영양교육에 투입된 자원과 활동을 통한 단기, 중기, 장기적 효과를 논리적으로 설명한다. 아래 그림과 같이 로직모델에 기반하여 영양교육의 구조평가, 과정평가, 결과평가를 계획할 수 있다. 구조평가는 자원의 투입에 대해 평가하는 것으로 인력이나 예산, 시설, 장비 등의 적절성을 평가한다. 과정평가는 활동과 산출에 대한 평가이다. 교육의 진행 정도, 대상자의 참여, 교육의 내용, 교육의 홍보, 대상자의 만족도 등에 대해 평가한다. 결과평가는 영양교육의 효과 및 영향을 측정하는 것으로, 대상자의 영양상태와 관련한 단기, 중기, 장기적 변화를 평가한다.

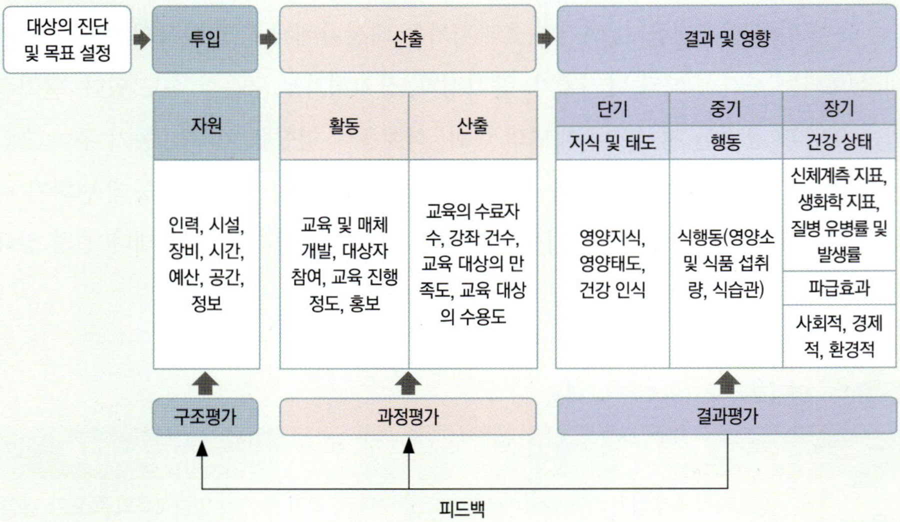

(2) 평가의 종류별 측정 항목

영양교육의 대상자 특성, 기간과 횟수, 범위, 내용 등에 따라 수행할 평가의 종류와 측정 항목이 달라질 수 있으며 평가 종류에 따라 측정할 항목과 지표를 선정해야 한다. 이를 측정할 때, 측정 도구는 타당성과 신뢰성이 높아야 하며, 측정 기준을 분명하게 명시함으로써 정확한 평가가 수행될 수 있어야 한다.

① 자원평가의 측정 항목

자원평가의 측정 항목으로는 인력의 활용(투입 인력 수, 교육·훈련 이수 담당자 수, 최소 배치 기준 충족 정도 등), 예산 사용(교육 예산, 교육 활동별 예산, 담당자의 교육·훈련을 위한 예산 등), 시설 및 장비의 보유 여부, 공간의 적절성 등이 고려될 수 있다.

더 알아보기

자원평가 측정 항목의 실제

우리나라 노인을 대상으로 한 식품안전 및 영양관리에 대한 교육 사업의 평가 도구를 개발한 결과, 사업의 자원(구조)평가를 위한 총 17개의 문항을 개발하였으며, 그중 측정 문항의 일부 예시는 아래와 같다.

- 인적 자원 및 역량 영역
  - 프로그램을 전담하는 직원의 배치 여부
  - 프로그램을 운영하는 직원의 전문성
- 조직 구조 영역
  - 프로그램 수행 조직의 명확성
- 시간 영역
  - 프로그램의 계획 및 운영에 투여되는 시간의 적정성
- 물적 지원 및 시설·장비 영역
  - 프로그램 운영을 위한 공간 및 시설의 우수성(예: 강의실, 조리실, 관련 시설 등)
  - 프로그램 운영을 위한 장비의 충분성
- 재정 확보 영역
  - 프로그램 개발비의 적정성
  - 프로그램 운영비의 적정성
  - 프로그램 운영 예산 집행률
- 제도 영역
  - 직원의 역량 개발을 위한 지원 제도 유무

출처: 장혜자 외, 2015

② 과정평가의 측정 항목

과정평가를 위해서는 영양교육의 진행 중 또는 교육 후에 영양교육의 진행 정도, 영양교육의 도달 범위(계획한 교육 대상자 수와 의도된 대상에게 제공되었는지 여부 등), 영양교육의 내용 및 방법의 적절성(계획한 내용 및 자료 등을 얼마나 전달하였는지, 대상자의 수용도 등), 대상자 만족도(교육 내용이나 방법 등에 대한 만족도, 교육의 흥미도나 유용도, 개선이 필요한 점 등) 등을 측정할 수 있다.

더 알아보기

과정평가 측정 항목의 실제

과체중 및 비만 직장인 대상 모바일 건강관리 프로그램에서는 과정평가를 위한 측정 항목으로 대상자의 프로그램 참여도, 프로그램에 대한 만족도, 프로그램 내 과제 수행의 난이도 등에 대해 조사하였다.

- **프로그램 내 과제 수행 참여율**

주 2일 이상 식사를 기록하는 과제는 첫 주에는 98%의 대상자가 참여하였지만 12주에는 50%로 감소하였고, 스마트밴드를 매일 착용하여 앱에 연동시키는 과제는 대상자의 84%에서 43%, 주 1회 이상 체지방을 측정하는 과제는 대상자의 76%에서 32%로 시간이 지남에 따라 지속적으로 감소하였다.

- **대상자 만족도 조사 점수**

프로그램 만족도 평가 문항은 프로그램 전체, 식생활코칭 앱 활용, 스마트밴드 활용에 대한 3문항으로 구성하였으며, '매우 불만족한다', '불만족한다', '보통이다', '만족한다', '매우 만족한다'의 응답 보기 중 선택하도록 하여 5점 만점의 Likert 척도로 평가하였다. 프로그램에 대한 전반적인 만족도는 3.6점, 식생활코칭 앱 활용에 대한 만족도는 3.7점, 스마트밴드 활용에 대한 만족도는 3.5점이었다.

- **프로그램 내 과제 수행 난이도**

프로그램의 과제별 수행 난이도를 알아보기 위하여 식생활코칭 앱 활용 중 식사기록, 코치와의 1:1 대화, 그룹활동, 전반적인 활용에 대한 4문항과 스마트밴드의 활용 중 매일 밴드 착용, 하루 한 번 스마트폰과의 연동, 주 1회 체지방 측정에 대한 3문항으로 구성하였다. 프로그램에서 앱을 사용하도록 한 과제의 난이도를 묻는 질문에 대해 9.8%만이 '쉬웠다'고 응답하였고, 46.4%는 '어려웠다'고 응답하였다.

출처: 손임휘 외, 2023

③ 효과평가의 측정 항목

효과평가에서는 영양교육의 목표를 달성하였는지 평가할 수 있는 항목들을 측정한다. 효과평가를 위한 측정 항목에는 영양지식 및 태도의 변화, 식행동의 변화, 신체계측치의 변화, 생화학적 수치의 변화, 질병 상태의 변화 등이 포함된다 표 4-11 . 특히, 영양교육의 기간이나 횟수에 따라 효과평가의 측정 항목이 달라질 수 있으며, 영양교육의 기간이 짧거나 횟수가 적은 경우(예: 1회성 교육이나 단기 교육)에는 단기간에 변화가 나타날 수 있는 지표를 주로 측정하며, 영양교육의 기간이 비교적 길고, 연속적으로 진행되는 경우에는 중 · 장기적으로 변화가 나타날 수 있는 지표까지 측정할 수 있다.

표 4-11 영양교육 효과평가의 측정 항목 및 지표

평가 항목	평가 지표	예시	효과가 나타나는 기간
영양지식 및 태도	영양지식	• 칼슘의 급원식품 • 식품위생 관련 지식	단기 효과
	영양태도	• 채소, 과일 섭취의 중요성 인식 정도	↓
	자기효능감	• 채소를 활용한 음식 조리에 대한 자신감	↓
식행동	영양소 섭취량	• 영양소 섭취기준 대비 칼슘 섭취량 • 나트륨 섭취량 감소 정도	↓
	식품군 섭취량	• 채소, 과일 섭취량 • 가당음료 섭취 빈도	↓
	식행동	• 아침식사 섭취 횟수 • 야식 섭취 횟수	↓
	식사의 질	• 건강식사지수 점수	↓
건강 상태	신체계측 지표	• 체중, BMI, 허리둘레, 체지방 등	↓
	생화학 지표	• 혈당, 혈중 콜레스테롤 등	장기 효과
	질병 상태	• 당뇨, 고혈압, 비만 유무 등	

더 알아보기

효과평가 측정 항목의 실제

취약계층 어르신 맞춤 영양관리사업은 영양교육 및 상담, 보충식품 제공의 중재 활동으로 구성되어 있으며, 이 사업에서는 로직모델을 기반으로 효과(결과) 평가를 수행하였다. 단기, 중기, 장기 결과로 나누어 대상자의 식품안정성 및 영양소 섭취 개선, 만성질환과 허약의 개선, 삶의 질 향상 등을 측정하고, 영양중재의 효과를 파악하였다.

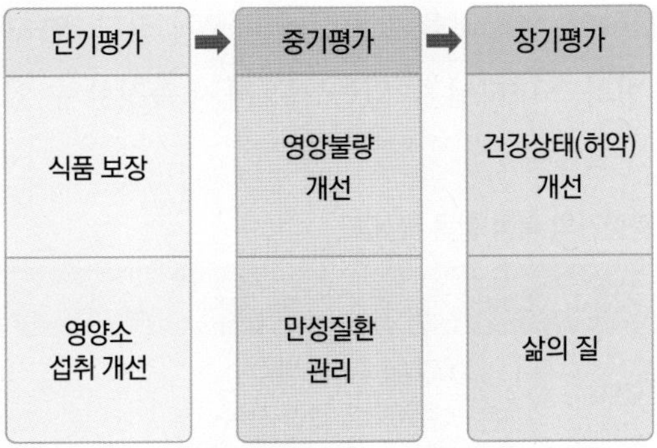

〈취약계층 어르신 맞춤 영양관리사업의 효과평가 프레임〉

〈효과평가를 위한 측정 지표 및 내용〉

평가 항목	평가 지표	평가 내용	평가 시기
영양소 섭취 개선	24시간 회상법에 의한 9가지 영양소(에너지, 단백질, 칼슘, 철, 비타민 A, 리보플라빈, 니아신, 티아민, 비타민 C) 섭취량	에너지 섭취량이 필요추정량의 75% 이상이면서 단백질, 칼슘, 철, 비타민 A, 리보플라빈, 니아신, 티아민, 비타민 C 섭취량이 평균필요량 이상으로 증가	사업 참여 전후 및 주기적인 중간평가(매 6개월)
영양불량 개선	영양상태 간이조사(mini nutritional assessment, MNA) 결과 및 혈중 헤모글로빈 수치	영양상태 개선 또는 혈중 헤모글로빈 수치가 기준 범위 내로 개선	사업 참여 전후
만성질환 관리	혈압 및 혈당 수치	혈압 및 혈당 수치가 정상 기준 범위 내로 개선	사업 참여 전후

출처: 이경은 외, 2017

3) 효과평가의 방법

영양교육의 효과평가를 위해서는 측정 항목에 따라 누가, 언제, 어떻게 정보를 수집하여 분석할 것인지 결정해야 하며, 이를 위한 연구 설계가 밑바탕이 되어야 한다. 또한 건강행동 이론을 적용하여 체계적인 효과평가를 계획하고, 수행할 수 있다.

(1) 효과평가를 위한 연구 설계

영양교육의 효과를 평가하기 위해 필요한 자료를 수집하고, 평가 항목을 측정하기 위한 조사의 설계 방법은 아래와 같다.

① 진실험 설계true experimental design

진실험 설계의 대표적인 방법은 무작위비교 실험randomized controlled trial, RCT이다. 즉 대상자를 실험군(교육군)과 대조군(비교군)으로 무작위 배정한 뒤, 교육 전후의 효과를 비교하는 방법이다. 무작위 배정을 통하여 영양교육의 효과에 영향을 줄 수 있으나 측정할 수 없는 변수들을 통제함으로써 교육의 효과를 적절히 측정할 수 있다. 또는 무작위 배정한 실험군과 대조군에 대해 사후 평가만 실시하는 조사 설계도 있다.

② 준실험 설계quasi-experimental design

영양교육에 참여하는 그룹과 참여하지 않는 유사한 그룹을 무작위 할당이 아닌 다른 방법으로 구성하여 교육 전후의 평가를 실시하는 방법이다. 무작위 배정이 어려운 경우에 적용할 수 있는 설계이며, 이때 유의할 점은 영양교육에 참여하는 집단과 참여하지 않는 집단의 특성을 비교 가능한 수준으로 구성하여야 두 집단의 차이를 교육 효과로 해석할 수 있다.

③ 비실험 설계pre-experimental design

대조군이나 다른 비교 집단이 없이 교육군 단일 집단에서만 교육 전후의 평가를 실시하여 비교하거나, 교육 후에만 평가를 실시하는 방법이 해당된다. 대조군을 모집하기 어려운 경우, 교육 기간이 짧은 경우 등에 활용할 수 있는 연구 설계이나 대조군이 없으므로 교육 효과에 대한 결론을 내리기에는 한계가 있다.

④ 정성적 설계qualitative study design

정성적 평가는 대상자에 대한 관찰이나 인터뷰, 포커스 그룹 인터뷰, 기록 등을 통해 대상자에게 나타나는 변화 및 영향을 보다 심층적으로 조사하는 방법이다. 최근에는 영양교육의 평가 시, 이러한 정성적 설계와 실험 설계 방법을 병행하여 활용하기도 한다.

(2) 효과평가를 위한 자료 수집 방법

영양교육의 효과를 평가하기 위한 측정 항목과 시점이 설계되었다면 조사 자료를 수집하기 위한 방법, 즉 측정 도구를 결정해야 한다. 주로 설문조사, 식사섭취조사, 신체계측 및 생화학 조사를 통하여 효과평가에 필요한 자료 수집이 이루어진다.

① 설문조사

영양지식이나 태도, 자기효능감, 식품 선호도, 식습관/식행동 등을 측정하기 위해 설문조사를 활용할 수 있다. 영양교육의 효과평가 시, 자료 수집을 위해 활용될 수 있는 구체적인 설문조사 도구의 예시는 다음과 같다.

가. 영양플러스 사업의 임신부 대상 영양지식 및 태도를 평가하기 위한 설문조사 예시(일부)

영양지식 관련 문항 예시

다음의 사항들이 옳다고 생각하면 ○, 옳지 않다고 생각하면 ×로 대답해 주십시오.

1. 임신부에게 권장되는 칼슘의 양을 채우기 위해서는 하루에 우유 1컵을 마시면 된다. (　　)
2. 임신 · 수유부의 빈혈 예방을 위해 권장되는 식품은 살코기와 달걀 등이다. (　　)
3. 채소와 과일은 모두 같은 영양소를 가지고 있으므로 한두가지만 섭취하면 된다. (　　)
4. 임신 중 술을 많이 마실 경우 유산이나 기형아 출산 등을 가져올 수 있다. (　　)
5. 엄마와 아기의 튼튼한 뼈와 치아를 위해서는 칼슘의 섭취가 중요하다. (　　)

영양태도 관련 문항 예시

다음의 사항에 대해 당신은 어디에 해당된다고 생각하십니까? (1: 전혀 아니다, 2: 아니다, 3: 약간 아닌 편이다, 4: 약간 그런 편이다, 5: 그렇다, 6: 매우 그렇다, 0: 해당 없음)

1. 모유수유를 하는 것이 자신과 아기의 건강을 위해 매우 중요한 일이라고 생각한다. (　　)
2. 자신과 아기의 건강을 위해 다양한 음식을 섭취하려고 노력한다. (　　)
3. 하루에 우유를 3컵 이상 마시려고 노력한다. (　　)

4. 매끼 식사에 곡류, 채소류 및 단백질 식품(고기, 생선, 달걀, 콩제품)을 함께 섭취하여 균형 있는 식사가 되도록 노력한다. (　　)
5. 가능한 한 짠 음식을 피하고 싱겁게 먹으려고 노력한다. (　　)

출처: 보건복지부, 한국건강증진개발원, 2021

나. 유아의 식생활 평가를 위한 설문조사 예시(일부)

〈식품 선호도 관련 문항 예시〉

〈영양지식 관련 문항 예시〉

〈식행동 관련 문항 예시〉

〈위생 관련 문항 예시〉

출처: 식품의약품안전처, 중앙급식관리지원센터, 어린이급식관리지원센터, 2021

다. 성인 대상 식행동 평가를 위한 영양지수Nutrition Quotient, NQ 설문조사 예시(일부)

▶ 본 조사는 귀하의 영양상태와 식행동을 간단하게 평가하기 위한 영양지수 계산에 사용될 것입니다. 가정에서는 물론, 단체급식이나 외식에서 드시는 것도 모두 포함해서 답해 주시기 바랍니다.

1 귀하는 한 번 **식사할 때** 김치를 제외한 **채소류**를 몇 가지나 드십니까?

① 거의 먹지 않는다
② 1가지
③ 2가지
④ 3가지
⑤ 4가지 이상

2 귀하는 **과일**을 얼마나 자주 드십니까?

① 2주일에 1번 이하
② 일주일에 1~3번
③ 일주일에 4~6번
④ 하루에 1번
⑤ 하루에 2번 이상

3 귀하는 **우유 또는 유제품**을 얼마나 자주 드십니까?

① 2주일에 1번 이하
② 일주일에 1~3번
③ 일주일에 4~6번
④ 하루에 1번
⑤ 하루에 2번 이상

4 귀하는 **생선류**를 얼마나 자주 드십니까?

① 거의 먹지 않는다
② 2주일에 1번
③ 일주일에 1~3번
④ 일주일에 4~6번
⑤ 하루에 1번 이상

5 귀하는 **콩이나 두부**를 얼마나 자주 드십니까?

① 2주일에 1번 이하
② 일주일에 1~3번
③ 일주일에 4~6번
④ 하루에 1번
⑤ 하루에 2번 이상

6 귀하는 **견과류**를 얼마나 자주 드십니까?

① 거의 먹지 않는다
② 2주일에 1번
③ 일주일에 1~3번
④ 일주일에 4~6번
⑤ 하루에 1번 이상

7 귀하는 **전곡이나 잡곡류(현미밥, 잡곡밥, 통밀빵 등)**를 얼마나 자주 드십니까?

① 거의 먹지 않는다
② 일주일에 1~3번
③ 일주일에 4~6번
④ 하루에 1번
⑤ 하루에 2번 이상

8 귀하는 **기름진 빵(꽈배기, 생크림빵 등)이나 스낵 과자류(감자칩, 고구마칩 등)**를 얼마나 자주 드십니까?

① 거의 먹지 않는다
② 2주일에 1번
③ 일주일에 1~3번
④ 일주일에 4~6번
⑤ 하루에 1번 이상

출처: 한국영양학회

라. 성인 대상 만성질환 위험 관련 식행동 평가를 위한 설문조사 예시(일부)

1. 평소 과일을 얼마나 자주 드십니까?
   ① 거의 먹지 않는다 ② 주 1~6회 ③ 하루 1회 ④ 하루 2회 이상
2. 하루에 평균적으로 김치를 제외한 채소 반찬을 몇 번 드십니까?(한 끼니당 채소 반찬 1가지는 1회로 간주함)
   ① 하루 2회 이하 ② 하루 3~5회 ③ 하루 6회 이상
3. 평소 라면과 같은 인스턴트 면류를 얼마나 자주 드십니까?
   ① 거의 먹지 않는다 ② 주 1~2회 ③ 주 3회 이상
4. 삼겹살을 즐겨 드십니까?
   ① 거의 먹지 않는다 ② 가끔 먹는다 ③ 즐겨 먹는다
5. 평소 아침식사를 하십니까?
   ① 거의 먹지 않는다 ② 주 3~4회 먹는다 ③ 거의 매일 먹는다
6. 평소 외식은 얼마나 자주 하십니까?
   ① 거의 하지 않는다 ② 하루 1회 ③ 하루 2회 이상

출처: 한국보건산업진흥원

② 식사섭취조사

식사기록법, 24시간 회상법, 식품섭취빈도법 등의 식사섭취조사 방법을 활용하여 영양교육 대상자들의 식사 내용 및 양을 조사하고, 그 변화를 파악할 수 있다. 식사섭취조사 자료를 분석하여 영양소 섭취량, 영양소 섭취 밀도, 식품(군) 섭취량 등을 산출할 수 있다. 또한 식사의 질을 판정할 수 있는 점수를 산출할 수도 있다.

③ 신체계측 및 생화학 조사

영양교육의 비교적 중장기적 효과를 측정하기 위해 신체계측치의 변화나 생화학 지표의 변화를 측정할 수 있다. 또한 이러한 지표들을 바탕으로 만성질환 유무를 진단하고, 개선 여부를 확인함으로써 질병 상태의 변화를 파악할 수도 있다. 예를 들어 체중 조절을 위한 영양교육의 경우 체중이나 체질량지수, 허리둘레 등을 측정할 수 있고, 당뇨 또는 심혈관질환 관리를 위한 영양교육의 경우 공복 시 혈당의 조절, 혈중 총콜레스테롤 농도의 변화 등을 조사할 수 있다.

더 알아보기

평가 도구의 타당도 및 신뢰도

정확한 평가 자료를 수집하기 위해서는 평가를 위한 조사 도구의 타당도validity와 신뢰도 reliability가 높아야 한다. 타당도란 해당 도구가 영양지식이나 태도, 식행동 등의 지표들을 적절하고 정확하게 측정하는지를 나타낸다. 즉, 정확도와 같은 의미로 사용된다. 신뢰도란 재현성 reproducibility 또는 반복성repeatability을 의미하며, 도구가 측정하고자 하는 것을 일관되게 측정하는지를 나타낸다.

평가 도구	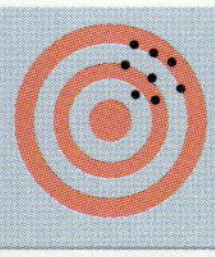		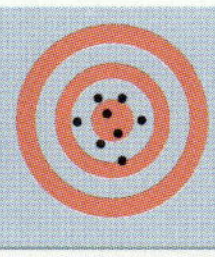	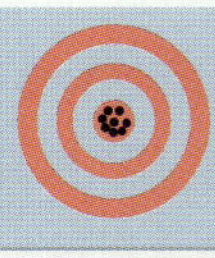
타당도	낮음	낮음	보통	높음
신뢰도	낮음	높음	낮음	높음

(3) 건강행동 이론을 활용한 효과평가

2장에서 영양교육에 적용할 수 있는 건강행동 이론으로 건강신념 모델, 계획된 행동이론, 범이론적 모델, 사회인지이론에 대해 학습하였다. 이러한 건강행동 이론은 영양교육의 평가를 계획할 시에도 활용될 수 있다. 효과평가를 위한 설문 문항에 해당 이론의 구성요소를 포함함으로써 대상자의 지식, 태도, 행동의 변화를 파악할 뿐만 아니라 이러한 영양교육의 효과가 왜 나타나게 되었는지를 이해할 수 있게 된다.

① 건강신념 모델을 활용한 평가

영양교육에 적용된 건강신념 모델의 구성요소를 설문지의 문항 내용에 포함하여 평가할 수 있다. 예를 들면, 영양교육에 참여한 후 인지된 행동변화의 이득을 얼마나 인식하게 되었으며 인지된 행동변화의 어려움을 얼마나 극복하게 되었는지, 자기효능감이 얼마나 향상되었는지, 본인이 스스로 설정한 목표에 도달하였는지를 설문 문항으로 구성하여 평가할 수 있다 표 4-12.

표 4-12 건강신념 모델을 적용한 설문조사 평가 문항 예시

질문 문항	건강신념 모델 구성요소
• 프로그램에 참여한 이후 식사 관련 건강 문제에 대한 위험 인식이 어떻게 변화했습니까?	인지된 발병 가능성
• 프로그램에 참여한 이후 채소를 충분히 섭취하지 않는 것과 관련된 건강 위험에 대해 더 인식하게 되었습니까?	
• 프로그램에 참여한 이후 채소를 충분히 섭취하지 않는 것의 심각성에 관한 이해가 증가했습니까?	인지된 질병 심각성
• 프로그램에 참여한 이후 채소가 부족한 식사의 장기적인 건강 결과에 대해 어떻게 생각하십니까?	
• 프로그램이 채소 섭취의 이점에 대한 신념에 어떻게 영향을 주었습니까?	인지된 행동변화의 이득
• 프로그램에 참여한 이후 채소의 건강상 이점에 대해 더 강하게 믿게 되었습니까?	
• 프로그램을 통해 극복한 채소 섭취의 어려움은 무엇입니까?	인지된 행동변화의 어려움
• 채소 섭취를 늘리는 데 있어 남아 있는 도전 과제가 있습니까?	
• 프로그램에서 제공한 내용 중 채소 섭취를 독려하는 데 가장 효과적이었던 것은 무엇입니까?	행동 계기
• 프로그램에서 제공한 내용이 건강한 식습관에 어떤 영향을 주었습니까?	
• 프로그램이 채소가 포함된 식사를 준비하는 자신감에 어떻게 영향을 주었습니까?	인지된 자기효능감
• 프로그램에 참여한 이후 다양한 채소를 선택하고 사용하는 데 더 자신감이 생겼습니까?	
• 평소 한 번 식사할 때 채소류(나물 반찬류, 생채소류, 샐러드, 김치, 버섯, 미역, 김 등 포함)를 모두 합하여 얼마나 섭취하십니까?	개인의 행동

② 계획된 행동이론을 활용한 평가

평가를 위한 설문 문항에 계획된 행동이론을 적용하여 영양교육 활동에서 활용한 이론의 구성요소에 대해 평가할 수 있다. 예를 들면, 영양교육에 참여한 후 인지된 행동통

제력이 얼마나 향상되었는지, 행동 의도는 얼마나 커졌는지 등을 설문 문항 표 4-13 으로 평가할 수 있다.

표 4-13 계획된 행동이론을 적용한 설문조사 평가 문항 예시

질문 문항	계획된 행동이론 구성요소
• "건강한 식사는 나의 전반적인 건강을 향상시킨다."에 얼마나 동의하십니까?	태도
• 가족, 친구, 동료 등이 건강한 식사를 하고자 하는 당신의 노력을 얼마나 지지한다고 느끼십니까?	주관적 규범
• 가족, 친구, 동료 등이 건강한 식습관에 대해 얼마나 자주 이야기합니까?	
• 휴일이나 회식 같이 건강하게 식사하기 어려운 상황에서 건강한 식사를 지속할 수 있는 자신감이 얼마나 있습니까?	인지된 행동통제력
• 프로그램 종료 후 건강한 식사를 계속할 계획이 있습니까?	행동 의도

③ 범이론적 모델을 활용한 평가

범이론적 모델을 바탕으로 영양교육 이전과 이후에 대상자의 행동변화단계가 어떻게 변화되었는지 평가할 수 있다 표 3-7 . 이 문항을 진단에 사용하였다면 동일하게 효과평가 지표로도 활용할 수 있다.

④ 사회인지이론을 활용한 평가

평가 설문지의 문항 내용에 사회인지이론을 적용하여 그 구성요소에 대해 평가할 수 있다. 예를 들면, 표 4-14 와 같은 설문조사 평가 문항을 활용하여 영양교육을 받은 이후 영양지식 수준, 자기효능감, 식행동 기술 등이 얼마나 향상되었는지, 본인이 스스로 설정한 목표에 도달하였는지를 측정함으로써 효과평가가 가능하다.

표 4-14 사회인지이론을 적용한 설문조사 평가 문항 예시

질문 문항	사회인지이론 구성 요소	
• 고나트륨 섭취 시 건강에 어떤 영향을 미치는지 알고 계십니까?	결과 기대	개인적인 인지 요인
• 나트륨 함량이 적은 가공식품을 선택할 수 있습니까?	자기효능감	
• 나트륨의 일일 적정 섭취량을 알고 계십니까?	지식	
• 우리 동네에 저염식을 제공하는 음식점을 본 적이 있으십니까?	장애와 기회 환경	물리적 및 사회적 환경 요인
• 나트륨 관련 영양교육 프로그램에 참여해 본 경험이 있으십니까?		
• 가공식품을 살 때 영양표시의 나트륨 함량을 확인하고 선택하십니까?	행동기술 (행동수행력)	지지적 행동 요인
• 저염식의 조리법을 알고 계십니까?		
• 스트레스를 받았을 때 달고 짠 음식을 절제할 수 있습니까?	자기 조절/의도	
• 조리된 음식에 추가로 간을 하지 않을 수 있습니까?		

더 알아보기

주부 대상 나트륨 섭취 감소를 위한 사회인지이론 기반의 영양교육 효과평가

- 대상자: 서울에 거주하는 19세 이상 주부 140명
- 영양교육 기간: 2015년 11월부터 2016년 1월까지 총 12주
- 영양교육 내용: 식품의약품안전처에서 제안한 나트륨 줄이기 국민 참여 12대 건강 실천 내용을 바탕으로 사회인지이론의 구성요소 적용
- 효과평가를 위한 연구 설계: 교육군 단일 집단에서 교육 전 · 후의 평가 실시
- 평가 항목:
  ① 나트륨 섭취 관련 지식 및 인식
  ② 나트륨 섭취 관련 환경 및 상황
  ③ 나트륨 섭취를 줄이기 위한 행동수행력
- 측정 도구: 평가 항목이 포함되어 있는 설문조사지 활용

• 평가 결과 예시

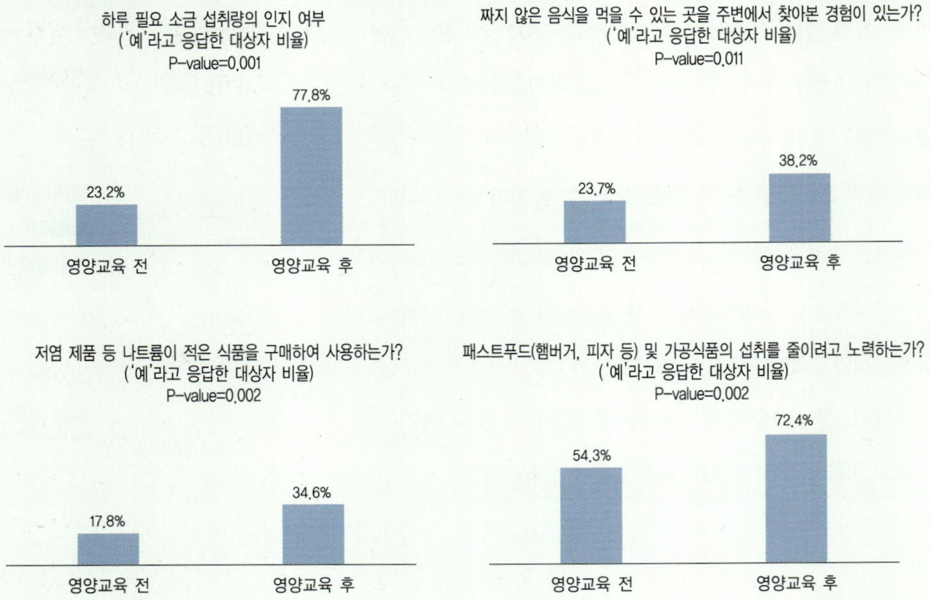

출처: 백재연 외, 2017

4) 평가 결과의 활용

영양교육의 평가를 통해 얻어진 내용들은 현재 진행 중인 영양교육의 개선 및 보완을 위하여 즉각적으로 반영할 수 있고, 또는 향후의 영양교육 계획 및 실행에 반영할 수 있다. 이를 위해 영양교육의 평가 결과를 다양한 방식과 경로를 통해 현장 전문가들에게 공유해야 한다. 예를 들면 결과보고서 작성, 결과보고회 개최, 소식지 발행, 대중매체를 통한 보도 등을 통하여 영양교육의 평가 결과를 전달할 수 있다. 평가 결과의 적절한 활용은 영양교육을 계획하고 실행하는 데 필요한 시간이나 경비 감소 등을 꾀할 수 있으며, 영양교육의 효과를 높이고, 향후 영양교육의 적절한 방향을 제시할 수 있다.

연습문제 1 영양교육의 평가 유형

다음은 '저당 영양교육 프로그램'을 준비 중인 영양교사들의 대화 내용 일부이다. 밑줄 친 ㉠~㉣의 내용이 각각 어떤 평가 유형에 속하는지 답하시오.

A 교사: 오늘은 영양교육 프로그램 실시 전 각 학교의 준비 상황을 점검하고, 평가에 대한 의견을 나누겠습니다.
B 교사: 저는 학생들이 ㉠ 매 차시 저당 영양교육 프로그램에 얼마나 만족하는지 평가하고자 합니다.
C 교사: 저는 교육 후 학생들에게 ㉡ 당이 함유된 주요 식품의 섭취횟수가 바뀌었는지 평가하기 위해 식품섭취빈도조사지를 준비하였습니다. 또한 교육 후에 ㉢ 당이 적은 식품을 고를 수 있는 자신감이 증가하였는지 평가하고자 합니다. 조사는 교육 전과 후 각 1회씩 실시하려고 합니다.
D 교사: ㉣ 영양교육 프로그램에 투입된 예산 및 인력의 적정성에 대해서도 평가하는 것은 어떨까요?

출처: 영양교사 기출문제 변형

연습문제 2 과정평가의 측정 항목

'청소년의 가당음료 섭취 줄이기'라는 주제로 영양교육을 실시하고자 한다. 설문조사를 이용한 과정평가 계획 시, 조사지에 포함할 과정평가를 위한 질문을 2개 이상 만들어 보시오.

출처: 영양교사 기출문제 변형

CHAPTER

5

영양수업 설계

말해주면 잊어버립니다. 가르쳐주면 기억합니다. 참여하게 하면 배웁니다.

- 벤자민 프랭클린 -

학습목표

- 좋은 수업의 조건과 좋은 교수자의 자질을 설명할 수 있다.
- 전반적인 교수이론의 흐름에 대해 설명할 수 있다.
- 다양한 수업설계 전략을 활용하여 영양교육을 계획할 수 있다.
- 체계적인 교육을 위해 교수 · 학습과정안을 작성할 수 있다.

1. 좋은 수업과 교육자의 조건

세부적인 영양교육안을 계획하기에 앞서, 영양교육을 수행하는 교육자로서 기본적으로 알아야 할 좋은 수업의 조건과 좋은 교육자의 자질을 학습하고 체화하는 것이 중요하다. 또한 학습이론과 교수이론의 흐름 및 다양한 교수계획 전략을 학습함으로써 교육 목표와 대상자 및 교육 환경에 맞는 교수법을 선택할 수 있다. 이 장에서는 수업설계에 활용할 수 있는 다양한 모형을 학습하고, 실제 영양교육 예시를 바탕으로 영양교육 수업을 계획하기 위해 작성하는 교수 · 학습과정안에 대해 학습한다.

1) 좋은 수업이란?

좋은 수업을 하나의 잣대로 평가할 수는 없지만 교육내용, 교육방법, 교육환경 및 분위기, 교육평가의 네 가지 차원에서 설명할 수 있다. 첫 번째, 교육내용에서 좋은 수업의 특징은 이해하기 쉽게 구성한 내용, 교육 대상자의 흥미를 자극하는 내용, 실생활과 밀착된 내용, 개개인에게 의미가 있는 내용, 학교 안에서라면 교과 간 통합적 접근이 이루어지는 내용 등이다. 둘째, 교육방법에서 좋은 수업의 특징 중 가장 중요한 것은 교육자가 교육 대상자의 능력과 적성을 고려한 방법으로 수업을 하는 것이다. 대상자들의 협동학습을 지원하고, 학습동기 유발이 확실히 이루어진 수업, 활동 위주의 학습방법, 시대정신을 반영하여 영상매체나 컴퓨터 등 다양한 첨단매체를 활용한 수업이 좋은 수업의 방법으로 꼽힌다. 또한 최근 학습자 중심의 교수 · 학습이 강조되면서 좋은 수업의 방법으로 교육자와 대상자, 대상자들 간의 다양한 상호작용이나 협동 등이 중요한 수업 전략으로 꼽힌다. 셋째, 교육환경 및 분위기와 관련하여 물리적인 환경으로는 다양한 학습자료를 이용할 수 있는 환경, 충분한 공간이 확보된 수업을 꼽을 수 있다. 심리적 환경으로는 대상자의 질문이 장려되고 공평함을 느끼는 분위기, 민주적이고 허용적인 분위기 등을 꼽을 수 있다. 마지막으로, 교육평가는 학습목표와 잘 연계되고 지식 위주의 평가보다 다양한 수행평가를 체계적으로 하는 것이 좋은 수업의 특징이다.

좋은 수업의 특징

1. 교육내용
   - 대상자가 이해하기 쉬운 내용
   - 흥미를 자극하고 실생활과 밀착된 내용
   - 개인에게 의미가 있는 내용
2. 교육방법
   - 대상자의 능력과 적성을 고려한 방법
   - 학습동기 유발이 확실한 방법
   - 다양한 매체를 활용한 활동 위주의 방법
   - 참여자의 다양한 상호작용이나 협동이 가능한 방법
3. 교육환경 및 분위기
   - 다양한 학습자료와 충분한 공간이 확보된 수업
   - 민주적이고 허용적인 분위기
4. 교육평가
   - 학습목표와 잘 연계된 평가
   - 지식위주의 평가보다는 다양한 수행평가

영양교육에 적용하여 위의 좋은 수업의 특징을 요약하면, 좋은 식생활 · 영양 수업은 최적의 학습활동이 일어날 수 있는 좋은 물리적 · 심리적 환경에서 교육 대상자가 이해하기 쉽고, 대상자의 흥미를 유도할 수 있으며, 실생활과 밀착된 내용을 대상자의 능력과 적성을 고려하여 다양한 교육방법을 활용하여 계획하고 실행하는 것이다. 교육의 결과를 평가하기 위해 단순한 영양지식을 묻는 것보다는 교육활동과 연계하여 적절한 방식의 평가 체계를 갖는다면 더욱 좋다.

더 알아보기

좋은 수업을 계획한다는 것은 어떤 것일까?

좋은 수업을 계획한다는 것은 교육 대상자들이 적극적으로 참여하고engaging 효과적인effective 수업을 하기 위해 수업의 내용을 구성하는 것을 의미한다.

- 참여하는 수업 설계engaging lesson planning: 교육 대상자들이 적극적으로 참여하며, 수업 내용에 대해 자극을 받고, 매력적이라고 느끼며, 실제로 활력을 받는 수업 내용을 의미한다. 단편적이고 이론적인 내용이 아니라 실제로 자신의 삶과 관련이 있는 흥미롭고 의미있는 내용이라고 느껴야 한다. 모든 참여자들을 활발히 참여시키는 것이 중요하다.
- 효과적인 수업 설계effective lesson planning: 효과적인 수업 설계는 해당 학습에 참여함으로써 특정한 일을 더 높은 수준에서 유능하게 할 수 있음을 의미한다. 교육의 목적과 목표에 도달하면서, 관련된 기술, 이해력, 더 큰 지적 능력과 자기 성찰을 발달시키는 것이다.

2) 좋은 교수자의 자질

좋은 수업을 구성하고 진행하기 위해서는 교육을 진행하는 교수자의 자질이 매우 중요하다. 교수자는 효과적인 수업을 설계하고 실행하는 가장 중요한 책임을 갖고 있는 사람으로 학습상황에 적합한 수업설계를 적용할 수 있는 전문적인 지식을 갖추고 있어야 한다. 그러나 전문적인 지식이 있다고 해서 모두 좋은 교수자가 되는 것은 아니다. 교육의 내용 만이 아니라 교수자로서 계속해서 발전하고자 하는 자질이 필요하다. 좋은 교수자는 '통찰력이 있는 교육자'perceptive teachers로 볼 수 있으며, 다음과 같은 두 가지 영역에서 특징을 나누어 볼 수 있다.

먼저, 교수자 자체의 기질로 개방성open-mindedness, 높은 인식 수준heightened sense of awareness, 배려심caring, 진정성authenticity을 들 수 있다. 그리고 교수자가 하는 교육행위로 교육경험을 개인화하는 능력personalizing the educational experience, 전인적으로 가르치는 능력teaching the whole person, 의도를 가지고 가르치는 능력teaching with intention, 교육 대상자의 자율성을 발전시키는 능력developing automony을 들 수 있다. 영양교육은 학교 환경이나 학령기 아동에 국한하여 이루어지는 것은 아니지만, 위와 같은 교수자로서의 좋은 자질을 갖추도록 노력하고 준비했을 때 더욱 효과적인 영양교육 활동을 진행할 수 있다.

2. 수업설계와 영양교육

1) 수업설계의 필요성

수업설계lesson planning 혹은 교수설계instructional design는 교수자, 교육내용, 교육 대상자의 수업 구성 요소의 상호작용을 통하여 교육 대상자가 의도한 학습목표를 최대한 성취할 수 있도록 다양한 수업방법을 적용하는 과정이다. 수업설계는 교육공학 분야에서 설계 영역만을 의미하는 좁은 의미로 사용되기도 하고, 설계, 개발, 평가의 모든 영역을 포함하는 넓은 의미로 사용되기도 한다. 구체적이고 좁은 의미에서의 수업설계는 교수·학습 과정을 구성하는 수업의 교수·학습과정안, 즉 청사진을 작성하는 것이다. 건축물을 지을 때 도면이 필요한 것처럼 수업을 계획할 때도 구체적인 계획안이 필요하다.

더 알아보기

수업설계와 교수설계

교육학 분야에서는 수업설계보다 교수설계라는 용어를 널리 사용한다. 학자마다 수업과 교수라는 개념에 대해 다양하게 해석하기는 하지만 수업에 비해 교수가 보다 광범위한 개념이라는 점에서는 대부분 의견이 일치한다.

이 장에서는 현장의 교수자들에게 좀 더 가까이 다가가기 위해 교수설계보다는 수업설계라는 용어를 주로 사용하였다. 구체적이고 객관적인 실체가 있는 수업보다 교수라는 개념이 좀 어렵고 추상적으로 느껴질 수 있기 때문이다. 그러나 대부분의 문헌에서 교수설계로 표현하는 개념(예를 들어, 체제적 교수설계, 딕과 캐리의 교수설계모형)은 다른 문헌과의 일치를 위해 교수설계라는 용어를 그대로 사용하였다. 따라서 이 교과서에서는 수업설계와 교수설계를 서로 교환가능한 개념으로 사용하였다.

수업설계가 잘 이루어졌을 때는 다음과 같은 장점이 있다. 첫째, 교육 대상자가 교육의 목표를 성취하는 데 도움이 되는 효과적인 수업이 된다. 둘째, 투입되는 노력이나 비용, 시간을 줄이면서 목표에 달성할 수 있는 효율적인 수업이 이루어질 수 있다. 셋째, 교육 대상자의 흥미를 유발하고 계속해서 관심을 지속시키는 매력적인 수업, 좋은 수업을 만들 수 있다. 넷째, 교육 대상자들이 반드시 알아야 하는 지식이나 기술들을 배우는 데 도움이 되는 수업을 진행할 수 있다. 마지막으로 교육의 목적, 방법, 평가 등을 일관성 있게 전개할 수 있다.

2) 영양교육에서 수업설계

영유아 대상의 보육기관에서 이루어지는 교육이나 학교에서 창의체험활동이나 실과 교과목의 일환으로 이루어지는 영양교육뿐 아니라, 지역사회의 다양한 주민을 대상으로 이루어지는 영양교육에도 수업설계는 반드시 필요하다. 앞 장에서 다룬 교육 요구도와 대상자 진단을 통해 구체적인 교육의 목표(교육 후에 기대되는 결과)가 설정되었다면, 영양 전문가로서 대상자에게 그러한 결과를 내기 위해 어떤 수업 내용과 방식, 매체를 사용할 것인지 계획하는 구체적인 수업설계를 할 필요가 있다.

3. 교수·학습이론과 수업설계

수업설계는 교수teaching와 학습learning 과정을 설명하는 이론에 바탕을 두고 있기 때문에 수업설계 이론을 설명하는 데 앞서 간단하게 학습이론과 교수이론에 대해 설명한다.

1) 학습이론의 개괄

학습이론은 학습이 일어나는 과정을 설명함으로써 학습이 일어나기 위한 경험과 과정을 설명하고 연구한다. 교과서 8장에서 상담이론을 설명하면서 주요한 학습이론을 다루기 때문에 이 장에서는 학습이론을 간단하게 설명한다. 학습이론을 가장 간단하게 보면 행동주의behavioral learning theory, 인지주의cognitive learning theory, 구성주의constructive learning theory로 구분하는 것이다. 수업을 설계할 때 어떤 학습이론을 적용하느냐에 따라 주요한 학습 내용과 방법이 달라진다 표 5-1 .

(1) 행동주의 학습이론behavioral learning theory

학습을 설명하는 이론 중 가장 오래된 역사를 갖는 이론으로, 학습의 결과로 교육 대상자의 행동이나 기술에 변화가 있었다면 학습이 이루어진 것으로 본다. 따라서 행동변화가 이루어질 수 있는 요건에 초점을 맞추어 학습과정을 설명하며, 행동변화를 유발할 수 있는 외적인 요인을 적절하게 통제하는 것이 중요하다. 행동주의 학습이론에서는 학습을 촉진하기 위해서 자극–반응의 연결이 더 촘촘하게 이루어질 수 있도록 수업을 계획한다. 대표적으로 교수자가 중심이 되는 강의식 학습은 대부분 이 행동주의 학습이론을 근간으로 한다.

(2) 인지주의 학습이론cognitive learning theory

교육 대상자가 내적으로 처리하는 정보에 초점을 맞춘 이론으로, 외부에서 들어온 새로운 정보가 대상자의 사전지식과 연결되어 장기기억에 저장되는 것을 학습으로 정의한다. 대상자의 사전 지식이 새로운 지식의 습득에 중요한 역할을 한다고 보고 있다. 따라서 학습 과정에서도 주의 집중이나 관련된 정보를 연결시키기 위한 노력이 있어야 학습이 잘 진행된다고 본다. 비슷한 맥락에서 교육 대상자의 사전 지식이 풍부하다면, 새로운 지식에 대한 학습이 촉진된다고 생각하기 때문에, 수업을 구성할 때도 사전 지식이 새롭게 배울 내용과 잘 연계될 수 있도록 활동을 구성하는 것이 중요하다. 따라서 이 이론에 바탕을 두고 학습계획안을 작성한다면 학습목표를 매 차시에 명확하게 제시하고, 수업 차시를 위계적으로 구성할 필요가 있다.

위의 행동주의 학습이론이 관찰할 수 있는 객관적인 행동에 집중한다면, 인지를 강조하는 이 이론에서는 학습과정에서 사고의 과정과 탐구기능을 강조한다. 따라서 교육대상자의 내적인 인지과정을 촉진하는 교육방법과 매체를 사용하여 독자적으로 문제를 해결하고 탐구하는 수업을 설계하는 것이 중요하다. 따라서 강의식 교육보다는 학습과제 중심인 탐구식 교육방법을 중요시 한다.

(3) 구성주의 학습이론constructive learning theory

구성주의는 위의 행동주의나 인지주의 학습이론과 근본적으로 차이가 있다. 행동주의나 인지주의 학습이론이 지식을 인간의 외부에 있는 객관적인 사실로 생각한다면, 구성주의에서는 지식이 객관적으로 외부에 존재하는 것이 아니라 개별 인간에 의해 의미가 부여되는 것이며, 학습은 능동적으로 의미를 부여하면서 지식을 구성하는 과정이라고 주장한다. 교육 대상자가 환경이나 주변 사람과의 상호작용을 위해 자신의 지식을 활용하면서 새로운 지식을 학습한다고 보기 때문에 지식이 형성되는 과정을 중요하게 생각하며, 학습자의 적극적인 개입을 통해 학습상황에 참여하는 것을 강조한다.

표 5-1 주요 학습이론과 수업설계

구분	행동주의 (행동과학)	인지주의 (전통적 인지과학)	구성주의 (구성적 인지과학)
철학적 배경	객관주의	객관주의	구성주의: 내부적으로 구성된 현실
학습목표	외현적 행동변화	인지구조의 변화	주관적 경험에 근거한 개인적 의미 창출
교수자 역할	바람직한 행동변화 유도와 정보제시자	새로운 정보와 기존의 인지구조 연결 활동 촉진자	학습환경 조성자(facilitator)
학습방법	자극 · 반응의 연결과 강화	정보의 입수, 조직, 저장 및 인출활동 강조	개인적 경험에 근거한 세계에 대한 의미 창조, 환경 또는 동료들과의 사회적 상호작용
교수 · 학습 전략	외현적 교수전략	학습자의 내적 사고전략, 교사의 부호화 전략, 정보처리 전략	학습환경 조성 및 상황적 맥락과 과제 제공
효과적인 학습형태	변별, 간단한 사실의 기억, 개념의 습득 및 일반화, 적용	문제해결, 정보처리, 추론	복잡하고 비구조화된 학습과제 및 문제
수업설계 관련성	• 관찰 또는 측정 가능한 행동 목표의 강조 • 학습자의 선수지식 및 출발점 행동진단을 위한 학습자 분석 강조 • 강화를 통한 가시적 보상 체제 활용 및 즉각적인 피드백 강조	• 학습자의 적극적 참여 • 정보처리과정 촉진을 위한 정보의 구조화, 계열화 강조 • 이미 습득된 학습결과의 효과적인 전이를 위한 학습환경 창출	• 학습상황 및 적용 상황의 분석 강조 • 일반적 학습내용의 영역 제시 및 학습과제의 맥락화 • 다양한 관점의 제시 • 협력적 학습환경 조성

출처: 이성흠 외, 2017

구성주의이론에 기반을 둔 학습에서는 교수자가 주인공이 아닌, 교육의 대상자가 학습의 주체, 주인공이 된다. 교수자는 조언자나 촉진자로서 역할을 하며, 학습이 잘 이루어질 수 있는 맥락을 제공하는 것이 중요하다.

2) 교수이론의 흐름

위에 설명한 학습이론이 학습이 일어나는 과정에 대한 설명이라면 교수이론은 학습목표를 효과적으로 달성하기 위한 방법을 연구하는 것이다. 교육의 대상이 되는 학습자, 학습과제, 학습환경, 학습상황을 포함하여 바람직한 학습 결과를 얻기 위한 최적의 학습환경을 구현하는 틀을 제공하는 것이 교수이론이다. 제2차 세계대전을 거치면서 교수이론이 발달하게 되었는데, 전쟁을 거치면서 훈련의 효과성을 높이기 위한 다양한 접근이 이루어졌다. 1940년대와 1950년대를 거치면서 행동주의의 영향을 받은 교수이론들이 나타났고, 현재까지의 전반적인 흐름은 **그림 5-1** 과 같다. 교수이론은 위에 소개한 3가지 학습이론과 큰 맥락을 같이 한다.

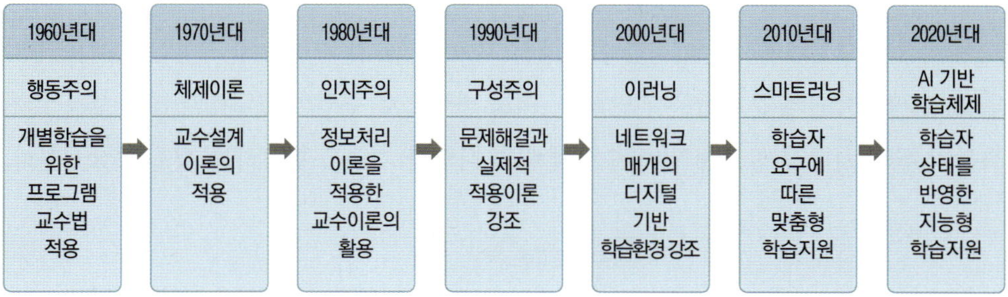

그림 5-1 교수이론의 발달 역사

출처: 류지헌 외, 2023

(1) 행동주의 교수이론

세계대전 이후 시작된 행동주의 이론은 1960년대에도 지속되었는데, 이 시기에는 개별학습을 위한 프로그램 교수법programmed instruction에 대한 연구가 활발하게 진행되었다. 개별학습자의 학습속도에 따라 진행할 수 있도록 교육과정을 구성한 교수법으로 행동의 결과에 입각한 교육 목표 진술과 학습내용의 분석, 학습목표 상세화, 준거지향 평가 등의 개념이 중심이 되었다. 준거지향 평가는 사전에 설정된 학습목표에 비추어 학습자의 목표도달 여부를 평가하는 방식이다.

(2) 체제이론

기존의 교육 현장에서 교사 주도의 단일 교과서를 사용한 강의형태가 대부분이었다면 사회과학의 체제이론system theory이 교육학에 들어오면서 교육방법이 다양해졌다. 체제이론은 우리 몸과 같은 유기체를 설명하는 생물학에서 출발하였다. 유기체는 기계와 달리 복잡한 조직체이기 때문에 단순한 몸의 구성 성분의 합으로만 설명할 수 없고, 유기체 전체를 지배하는 어떤 생명현상의 존재를 가정한다.

사회과학에서의 체제이론은 사회의 각 조직이나 단체, 공동체와 같은 다양한 구성요소들이 역동적인 상호작용을 하며, 그 구성성분이 질서를 유지하며 상호작용하는 요소들의 전체totality가 중요함을 강조한다. 쉽게 말하면, 독립적인 요소들이 유기적으로 연결되어 전체 기능을 이루는 것이 체제system이다. 교육문제를 포함하여 다양한 사회문제를 바라보는 데에도 이러한 체제이론을 적용하여 설명한다.

체제적 교수설계에서는 이러한 관점에서 교수·학습의 과정을 유기적인 체제로 파악하고, 교수·학습의 문제점을 진단한다. 이를 바탕으로 수업의 효과성과 효율성을 극대화하기 위한 처방적 접근을 위해 수업설계 및 다양한 기술을 활용하는 것을 중요시한다.

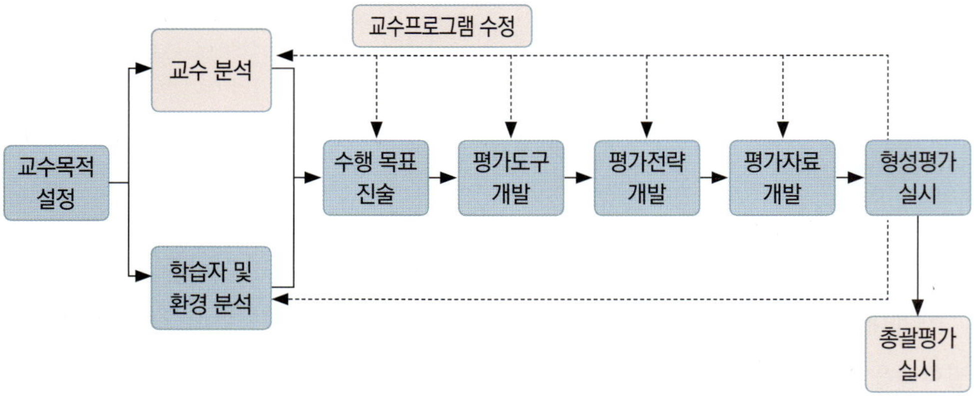

그림 5-2 딕Dick과 캐리Carey의 체제적 교수설계 모형

1970년대에 이러한 체제적 교수설계이론에 기반한 다양한 수업설계모형이 개발되었다. 이 중 가장 대표적인 모형이 딕Dick과 캐리Carey의 교수설계모형이다 그림 5-2. 딕과 캐리의 교수설계모형은 효과적인 교수 프로그램을 위해 일련의 단계들이 유기적이며 역동적으로 상호작용이 이루어져야 함을 강조한다. 딕과 캐리의 교수설계모형은 이 장의 뒤쪽 수업설계모형에서 더 자세하게 설명한다.

(3) 인지주의 교수이론

1970년대 체제적 관점이 적용되기 시작하였으나, 행동주의적 관점에서의 교수이론이 현장에서는 여전히 우세하였다. 그러나 1980년대에 들어서며 정보처리 이론이나 인지주의적 관점이 널리 적용되기 시작하였다. 특히 피아제의 인지발달이론이 교수이론에도 영향을 미쳤다.

(4) 구성주의 교수이론

1990년대를 거치며 수업설계에 구성주의 관점이 등장하였는데, 위에 설명한 것과 같이 행동주의나 인지주의와는 근본적으로 지식이나 배움에 대한 이해가 달랐다. 구성주의적 관점을 적용한 수업설계 이론이나 모형에서 강조한 점은 복잡한 학습과제의 제공, 학습자에 의한 학습과정 촉진, 문제해결력의 증진, 협력학습에 대한 중요성 등이다. 교육 대상자들이 스스로 지식을 구성할 수 있도록 교수학습 상황을 최적화해야 한다고 강조하였으며, 이러한 관점은 수업설계 절차에 큰 영향을 미쳤다. 현재까지도 수업설계를 위한 중요한 이론으로 사용되고 있다.

(5) 이러닝, 스마트러닝, AI 기반 학습체제

2000년대에 들어서며 위의 행동주의, 체제이론, 인지주의, 구성주의 교수이론이 크게 바뀌지는 않았지만, 교육 매체의 변화로 인해 다양한 형태의 교수법이 등장하였다. 전통적인 교수이론이라고 볼 수는 없지만, 이러한 교육 매체의 사용이 학습에 대한 물리적, 시간적 제약을 낮춤으로써 다양한 형태의 수업활동을 가능하게 한 원동력이 되었다. 2000년대 이후의 흐름을 이러닝, 스마트러닝, AI 기반 학습체제로 설명할 수 있다.

2000년대에는 다양한 통신기술의 발달로 인해 인터넷과 디지털 매체의 활용이 교육 분야에서 활발해졌다. 이러닝e-learning은 온라인 학습이 대표적인 학습형태로 온라인 학습 방식을 통해 학습형태 또한 다양화되었다. 2010년에는 개인 모바일 기기의 보편화로 인해 스마트 기기를 통한 학습이 더욱 활발해졌다. 스마트러닝은 이러한 스마트 기기를 활용한 학습형태로 이동성과 휴대성이 높은 점을 이용하여 학습자 맞춤형 학습 지원이 가능하게 되었다. 마지막으로 2020년대에 이르러서는 인공지능artificial intelligence, AI을 이용한 학습이 더욱 활발해질 것으로 전망된다. 교육 대상자의 상황과 수준에 따라 적절한 수준의 적응형 학습 지원이 가능해졌으며, 현재 언어교육뿐 아니라 다양한 교육분야에서 활발하게 사용되고 있다.

3) 교수이론과 영양교육

현재 영양교육 분야에서는 교육자들이 행동주의, 인지주의, 구성주의 교수이론을 혼합하여 사용하고 있다. 대부분 대면 교육이 주를 이루었던 영양교육 분야에 2020년부터 시작된 코로나19 팬데믹 상황은 큰 변화를 가져왔는데, 사회적 거리 두리로 인해 다양한 이러닝이나 스마트러닝 방식의 영양교육도 활발히 이루어졌다. 최근 지역사회에서는 아직 AI 기반의 적응형 교육이 보편적으로 이루어지고 있지는 않지만, 스마트폰을 활용한 영양진단을 바탕으로 개인 맞춤형 영양교육 및 상담 서비스를 제공하는 산업 분야가 현재 활발히 사업을 확장하고 있기 때문에 향후 이 분야의 발달이 가속화될 전망이다.

4) 5가지 수업설계 전략과 영양교육에의 활용

어떤 교육 방법이 가장 효과적인지에 대해서는 오랜 기간 동안 많은 연구가 이루어졌지만, 모든 연령을 대상으로 모든 주제와 교육 환경에 맞는 전략을 한 가지 답으로 정하기는 어렵다. 따라서 교육을 담당하는 사람은 다양한 교수이론과 전략을 교육의 주제와 대상, 그리고 대상자의 발달 시기에 따라 적절하게 사용할 수 있어야 한다. 다양한 수업심리학을 배경으로 발달한 수업설계 이론은 특정 학습내용과 특정 교육대상자가 주어졌을 때, 대상자의 변화를 일으킬 수 있는 최적의 수업방법을 결정하는 과정이다. 위의 학습이론과 교수이론을 바탕으로 실제 영양교육 수업설계에 활용할 수 있는 5가지 전략을 소개한다.

표 5-2 5가지 수업설계 전략과 중요 학습 목표 및 영양교육 활용 방안 예

수업설계 전략	중요 학습 목표	영양교육 활용 방안 예
행동주의적 전략	지식과 기술 함양	다양한 영양소의 기능과 같은 영양학적 지식을 전달하는 강의식 수업 설계
구성주의적 전략	개인적인 의미 만들기	건강한 식사를 구성하는 식품군에 대해 학습하고 모둠별로 자신들에게 맞는 건강한 식사안을 개발해보는 참여형 수업 설계
미적 전략	다양한 감각을 활용하여 창의력과 기억력 기르기	오감을 이용한 채소 탐색하기, 오감을 이용한 음식 명상 등을 체험하는 수업 설계
생태적 전략	장소 기반으로 실생활과의 연결	지역사회, 학교, 자신이 속한 장소의 푸드시스템에 대해 확인하고 지속가능한 농업과 개인의 건강한 식생활을 연결하는 수업 설계
사회-정서 통합 전략	관계 형성과 전인적 발달	텃밭 가꾸기 활동을 통한 관계 형성과 정서 함양 및 채소 섭취 증진을 목적으로 하는 수업 설계

(1) 행동주의적 전략

행동주의적 전략behaviorist approach은 정해진 교육의 결과물이 아주 뚜렷할 때 적용하기 좋은 전략이다. 특히 어떤 행동이나 기술을 대상자들이 수업 후 달성하기를 바란다면, 그에 맞는 교육 활동을 정하고 교육 후에는 그 목표가 얼마나 달성되었는지 간단한 평가를 통해서 확인해 볼 수 있다. 교육 활동의 평가는 주로 관찰이나 측정이 가능한 지표로 정하는 경우가 많다. 단점으로는 좁은 의미에서의 학습 과정만을 의미할 수 있다.

영양교육의 이론 수업에 활용할 수 있는데, 다양한 영양소의 기능과 건강한 식생활을 구성하는 요소, 조리 기술 등을 강의하여 이러한 지식과 기술이 높아졌는지 평가할 수 있다.

(2) 구성주의적 전략

구성주의적 전략constructivist approach은 학습을 통해 교육 대상자들이 개인적으로 교육 내용의 의미를 만들어가는 과정에 집중한다. 기존 지식을 바탕으로 새로운 학습 내용이 어떻게 연결되는지 파악하고, 이러한 연결이 자신에게 어떤 의미가 있는지 이해하고 적용해

보는 것이다. 따라서 행동주의적 전략과 다르게, 실습 위주의 수업이나 문제해결형 수업을 진행하는 경우가 많고, 그룹으로 다양한 활동을 하는 경우도 있다. 수업의 평가를 위해서 정해진 지표나 기술이 있지 않고 다양한 과정 평가 방법을 통해 수업을 평가할 수 있다.

예를 들어, 건강한 식사를 구성하는 다양한 식품군에 대해 학습한다면, 실제 교육 대상자가 그룹 작업으로 건강한 식사안을 제시하는 것, 다른 그룹의 식사안을 평가하는 것을 수업의 결과로 설정할 수 있다. 단점으로는 시간의 소요가 많을 수 있고, 교육 과정에서 절대적인 참값facts 혹은 사실을 소홀히 할 수 있다.

(3) 미적 전략

미적 전략aesthetic approach은 다양한 감각을 활용하여 교육 대상자들이 실제 경험함으로써 창의력과 기억력을 길러낼 수 있는 수업을 계획하는 것이다. 학습의 결과물보다는 수업을 기획하고 준비하는 과정에서 교육자 또한 대상자 못지않게 많은 즐거움과 배움이 일어날 수 있다. 또한 교육 대상자들 역시, 수업을 하는 과정 중에 경험하는 다양한 감각과 경험, 즐거움 등이 더 나은 학습으로 이어질 것이라고 생각하는 학습 전략이다.

영양 교육에서는 다양한 식품 현물을 실제 느끼고 경험할 수 있는 수업을 계획하는 데 활용할 수 있다. 영유아뿐 아니라 성인이라도 평소에 지나칠 수 있는 감각과 경험을 느낌으로써 지식 위주의 영양교육과는 다른 차원의 경험을 할 수 있다.

(4) 생태적 전략

생태적 전략ecological approach은 장소 중심의 교육place-based lesson으로 지역사회, 학교, 자신이 속한 장소를 탐색하는 것에서 수업을 시작한다. 위의 구성주의적 전략이나 미적 전략과 마찬가지로 다양한 경험이 중심이 되는 교육이다. 학습 목표 역시 경험 중심적으로 설정할 수 있으며, 교육의 목적은 가치와 행동을 발달시키는 것이다. 그러나 수업시간에 외부로 나가서 경험하는 것이 어려운 상황도 있을 수 있어 언제나 이 전략을 사용할 수 있는 것은 아니다. 그러나 식생활교육이나 영양교육에서는 식품과 관련한 다양한 지역사회의 장소에 찾아가 그것을 바탕으로 다학제적인 교육을 수행할 수 있다는 장점이 있다.

(5) 사회-정서 통합 학습전략

마지막으로, 사회-정서 통합 학습전략integrated social-emotional learning approach은 최근 전 세계적으로 학령기 아동과 청소년, 청년층의 정신건강 지표가 좋지 않은 시기에 더욱 중요해진 전략이다. 다른 전략에 비해서는 비교적 최근에 나온 전략이기는 하지만, 19세기 중반의 유명한 교육자였던 존 듀이John Dewey나 마리아 몬테소리Maria Montessori의 전인적인 교육 방식 흐름에 그 뿌리를 두고 있다. 학습적인 교육이 중심이 되었던 근현대에도 다양한 교육학자들이 감성지능emotional intelligence의 중요성을 강조하고, 인지지능cognitive intelligence이 감성지능과 따로 발달하지 않는다고 주장하였다.

이러한 이유로 1990년대 이후 많은 공공교육기관에서 학령기 아동과 청소년의 사회-정서 학습 기준social-emotional learning standards을 교과 과정에 포함시키고 있다. 사회-정서 통합 학습 전략은 정신건강의 증진을 위해서뿐 아니라 대상자의 인지적, 정서적, 사회적 학습을 최대화하는 전략으로도 사용할 수 있다. 이러한 전략으로 학습이 계획되었을 때 실제 대상자들의 학습적 교육효과도 더 높았다는 연구 결과들도 있다. 사회-정서 역량으로 가장 중요시되는 개념은 자기관리self-management, 자기인식self-awareness, 관계기술relationship skills, 사회적 인식social awareness, 책임 있는 의사결정decision-making으로, 특히 미디어 중심의 놀이 문화만을 주로 갖는 현재의 성장기 아동들에게 꼭 필요한 역량이다.

식생활과 영양교육은 이러한 사회-정서 통합 학습 전략을 이용하여 학습을 계획하기 적절한 분야이다. 실제로 텃밭 가꾸기 활동이 유아의 행복감과 사회정서능력 발달(내적 통제, 또래와의 상호작용, 안정감, 호기심 등)에 긍정적인 효과가 있었다는 교육학 분야의 연구도 있고, 텃밭 가꾸기 활동을 통해 실제 과일 채소 섭취량이 늘어난다는 영양학 분야의 연구도 많다.

4. 수업의 구성과 절차

수업의 구성과 절차를 설명할 때 가장 많이 사용하는 것은 가네R.M. Gagné가 정립한 수업사태events of instruction이다. 이는 인지주의 학습이론, 정보처리이론 등에 기반을 둔 수업설계 이론에 바탕을 두고 있다. 인지주의 학습이론에 따르면 학습이란 일정 정보가 장기기억에 저장되고 인출되는 일련의 과정이며, 이렇게 저장되는 정보의 유형은 다양하다고 보았다. 가네는 이를 학습결과learning outcome 혹은 학습능력learning capability이라고 하고 학습을 통해 획득할 수 있는 학습 결과의 영역을 언어정보, 지적기능, 인지전략, 운동기능, 태도의 다섯 가지로 구분하였다. 위 다섯 가지 영역의 학습 결과를 얻기 위한 가네의 아홉 가지 학습영역을 정리하면 다음과 같다 표 5-3 .

표 5-3 가네의 학습영역과 영양교육에서의 예시

학습영역		영양교육에서 사용할 수 있는 예시
언어정보	정보의 단순 기억 및 저장	열량을 내는 영양소 진술하기
지적기능	환경과 상호작용을 통해 획득	
변별	사물의 차이 구별	동물성 식품과 식물성 식품 구별하기
개념	사물의 공통점 찾기	필수영양소 개념 정의하기
규칙	개념 간 관계 이해	에너지 소비와 에너지 섭취의 관련성 설명하기
문제해결	원리 적용을 통한 문제 해결	나의 식생활에서 부족한 영양소를 찾아 섭취를 늘릴 수 있는 방법 생각해보기
인지전략	학습 및 사고에 대한 방법	*
운동기능	인지를 포함한 신체적 활동	자르기, 끓이기 등 기본 조리기능 키우기
태도	일관성 있는 선택	건강한 식생활을 선택하기

* 학습영역에서 인지전략은 주의 집중, 학습과정, 사고과정 등 내적 과정을 조정하는 능력으로 영양교육의 학습영역과 밀접한 관련은 부족함

가네에 따르면 효과적인 수업은 학습자의 내적 과정에 맞게 이루어져야 하며, 이러한 내적 조건(선수 지식 및 학습 동기 수준 등)에 적합한 외적 조건(수업방법 및 내용)을 제공해야 한다. 이러한 점이 전반적인 수업과정 중에 어떻게 이루어질 수 있는지 아홉 가지 단계로 구체화한 내용은 표 5-4 에 정리하였다.

'주의 집중'은 질문을 던지거나 시청각 자료를 통한 자극을 통해 학습자의 흥미를 유발하고 주의력을 얻는 단계이다. '학습목표 제시'는 수업이 이루어진 후에 교육 대상자가 어

떤 변화를 나타낼 수 있는지에 대해 제시하는 과정이다. '선수학습 재생 자극'에서는 대상자에게 새로운 정보를 제시하기 전에 그와 관련된 선수학습을 회상시키는 것이다. '학습내용 제시'는 학습할 내용을 직접 강의나 시청각 자료를 통해 전달하는 것이다. '학습 안내 제공'은 제시한 정보를 학습자의 장기기억에 유의미하게 저장할 수 있도록 안내하는 것이다. '수행 유도'는 질문이나 연습문제 풀이, 과제수행 등을 통해 교육 대상자가 실제 학습한 내용을 수행, 실천해 볼 수 있게 하는 것이다. '피드백 제공'은 수행이 성공적이었다면 긍정적인 피드백(강화)을 제공하고, 개선이 필요한 대상자들에게 추가의 보충학습을 제공하는 과정이다. '성취행동의 평가'는 제시한 학습목표를 달성하였는지 확인하는 것이며, '파지 및 전이 증진'은 학습한 지식을 다양한 상황에 적용할 수 있는 발판을 제시하는 것이다. 파지는 선행 경험이나 반응 행동이 재생되는 것이고 전이는 특정 정보, 기능 및 태도가 다른 영역의 활동에까지 영향을 미치는 것이다. 이와 같은 가네의 수업사태는 다양한 학교교육과 영양교육, 그 밖의 교육과 훈련 프로그램의 설계에 널리 활용되고 있다.

표 5-4 가네의 수업사태

학습과정 (학습자의 내적 조건) ⟵	수업사태 (학습자의 외적 조건)	실행 예시
수용	(1) 주의 집중	자극을 극적으로 준다.
기대	(2) 학습목표 제시	수업 후에 무엇을 할 수 있는지 말해 준다.
작동기억으로 인출	(3) 선수학습 재생 자극	이전에 학습한 지식을 회상시킨다.
선택적 지각	(4) 학습내용 제시	특징적으로 내용을 제시한다.
의미적 부호화	(5) 학습 안내 제공	유의미한 조직화를 제시한다.
반응	(6) 수행 유도	학습자에게 수행을 요구한다.
강화, 오류 수정	(7) 피드백 제공	정보적 피드백을 준다.
인출 및 강화	(8) 성취행동의 평가	추가적 수행을 요구하고 피드백한다.
인출 및 일반화	(9) 파지 및 전이 증진	다양한 연습과 함께 시간 간격을 두고 복습하도록 한다.

출처: 이성흠 외, 2017

더 알아보기

학습목표의 위계구조

교수자는 수업을 통해 달성하고자 하는 학습목표를 위계적인 구조와 순서를 고려하여 제시하여야 한다. 이를 학습목표의 위계구조라고 하는데, 지식이나 인지과정에서 낮은 수준의 학습목표가 달성된 이후에 더 높은 수준의 학습목표가 달성될 수 있다. 블룸Bloom이 1956년에 학습목표를 위계적으로 구조화해야 한다고 제시한 이후, 거의 반세기 동안 블룸의 분류체계가 활용되다가 2001년에 앤더슨Anderson과 크라스울Krathwohl에 의해 개정된 분류체계가 제시되었다. 아래 그림은 개정된 학습목표 위계구조를 정리한 것으로 초기 블룸이 제시한 위계구조와 비슷하지만 인지과정 차원에 있던 '종합'을 삭제하고 '창조'를 새롭게 추가하였다.

인지과정 차원에서 여섯 가지의 학습과정을 피라미드 모양으로 나열한 것으로 '기억' → '이해' → '적용' → '분석' → '평가' → '창조'의 순서로 정리하였다. 일반적으로 간단한 것에서 복잡한 것으로, 구체적인 것에서 추상적인 것의 순서로 구조화되었다. 아래 단계의 학습목표가 이루어져야 위 단계의 학습을 수행할 수 있으며, 반대로 말한다면 위계적으로 낮은 수준의 인지과정이나 지식을 학습하지 못했다면 상위 수준의 학습활동을 수행하거나 이해하는 것이 매우 어렵다는 것이다. 따라서 수업계획을 할 때, 아래의 위계적인 순서를 고려하여 순차적인 학습활동을 기획하는 것이 중요하다.

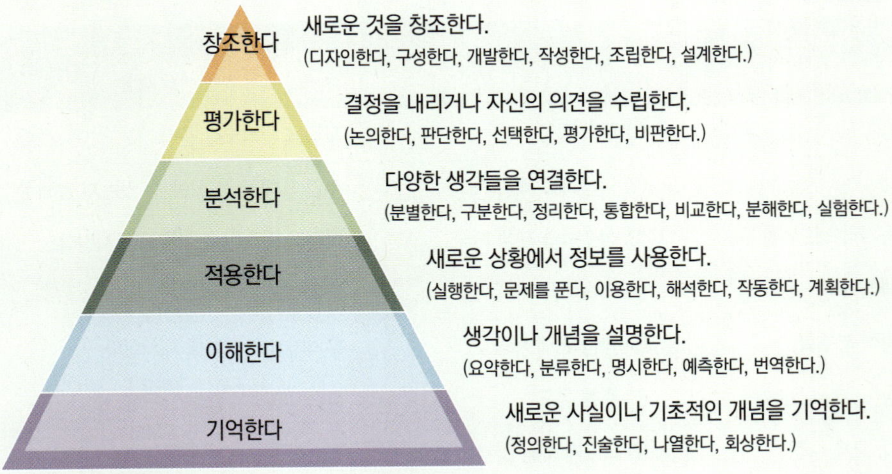

* 괄호 안의 동사는 학습목표에 사용할 수 있는 예시이다.

출처: 류지헌 외, 2023

5. 영양교육 계획에 활용할 수 있는 수업설계모형

1) 수업설계모형 개괄

위의 교수이론에서 소개한 것처럼 수업설계는 일반적으로 체제이론에 기반을 두고 체제적 접근systematic approach을 하고 있다. 체제적 접근은 공통의 목적을 달성하기 위해서 체제를 이루는 모든 구성요소가 유기적으로 연결되어 상호 협력해야 한다는 것을 의미한다.

수업설계모형은 교수이론과 학습이론의 근거에 따라 여러 가지 종류가 있으나, 모든 수업설계모형은 기본적으로 분석analysis, 설계design, 개발development, 실행implementation, 평가evaluation 요소를 포함한다. 또한 다양한 모형이 각각의 특징이 있지만 대체로 다음과 같은 3가지의 공통점을 갖는다.

첫째, 수업설계모형은 수업목표를 구체적으로 제시한다. 구체적이라는 것의 의미는 항상 측정가능한 행동적인 용어를 사용해야 한다는 의미라기보다는, 하나의 수업목표를 보는 모든 사람들이 같은 의미로 해석할 수 있어야 한다는 뜻이다. 이렇게 학습목표가 명확할 경우 교수자는 어떤 것을 가르쳐야 하는가에 대해 명확하게 알 수 있다. 둘째, 수업목표를 효과적으로 달성하기 위해 학습내용, 교수내용을 조직화한다. 이러한 교수내용은 모두 교육의 목표 달성을 위해 의도적으로 조직화된 일련의 활동이어야 한다. 교육학에서는 이러한 조직적인 활동을 '처방적'이라고 표현한다. 학습설계의 목적은 교육 대상자가 성취해야 할 목표에 도달할 수 있도록 만들어주는 것이기에 목표 달성과 관련이 없는 내용은 교수 내용에 포함되지 않아야 한다. 셋째, 수업설계모형은 교육의 효과를 최대화시킬 수 있는 교수매체와 교수방법을 선택한다. 모든 상황에서 효과적인 매체와 방법은 없기 때문에 교육 대상자의 특성과 교육의 상황에 적합한 교수매체와 방법을 선택해야 교육의 효과가 높아질 수 있다.

수업설계모형 중 현장에서 많이 사용하는 모형에는 ADDIE 모형과 체제적 교수설계모형, ASSURE 모형 등이 있다. ASSURE 모형은 교육매체의 개발과 활용에 주안점을 두는 모형이므로 7장 교육매체에서 더 자세하게 설명하고, ADDIE 모형과 체제적 교수설계모형은 비슷한 점이 많으므로, 좀 더 단계가 세분화되어 있는 체제적 교수설계모형을 중심으로 설명한다. 마지막으로 영양교육의 분야에서 개발되어 현장에서 구체적인 영양교육 계획을 세우는 데 사용할 수 있는 DESIGN 방법도 함께 소개한다.

2) 체제적 교수설계모형

다양한 수업설계 모형 중에서 딕W. Dick, 캐리L. Carey, 캐리J. Carey의 체제적 교수설계모형은 전형적인 체제지향 모형이다. 이 교수설계모형은 10개의 단계로 구성되어 있는데, 수업설계의 경험이 많지 않은 교수자가 쉽게 이용할 수 있도록 시간적 순서에 따라 설명해주고 있다. 10개 단계를 간략하게 소개하면 아래와 같다.

(1) 교수목적 설정identify instructional goals

교육과정을 마쳤을 때 교육 대상자가 획득하기를 기대하는 정보와 기술을 결정하는 단계이다. 대상자의 요구분석을 실시하거나 실제로 기존에 교육을 담당했던 교수자들을 분석하여 목적을 도출할 수 있다. 다양한 문제 중 교육을 통해 해결하는 것이 가장 효과적인 내용을 교수목적으로 설정한다.

(2) 교수분석conduct instructional analysis

교수분석은 교육의 목적을 달성하기 위해 수업목표의 유형을 분석하고 세부 과제를 도출한다는 의미에서 과제 분석 혹은 내용 분석이라고도 한다. 수업목표 유형 분석은 가네의 수업이론에 기초하여 그 목표가 어떤 종류의 학습영역인가를 분석하고, 학습자가 무엇을 할 수 있을 때 목표를 성취했다고 판단할 것인가를 구체화한다. 학습영역의 특성에 따라 적합한 분석방법을 선택하고 적용해야 한다.

(3) 학습자 및 환경 분석analyze learners and contexts

수업전략에 영향을 미치는 교육 대상자의 특성을 분석하는 단계이다. 현재의 대상자의 수준을 파악하기 위해 선수학습에 대해 분석하기도 하고 대상자에게 적합한 수업전략을 설계할 수 있도록 적성, 지능, 동기, 태도 등의 특성을 파악한다.

(4) 수행목표 진술write performance objectives

개별 교육프로그램을 마친 후, 교육 대상자가 할 수 있을 것으로 기대하는 성과를 구체적으로 진술한다. 수행목표는 대상자가 할 수 있는 행동behavior, 이러한 행동이 수행될 상황이나 조건condition, 행동의 성취 기준degree 등을 구체화한다.

(5) 평가도구 개발develop assessment instruments

교육의 목표에 도달했는지를 확인해 볼 수 있는 평가도구를 개발하는 단계이다. 수행목표를 기준으로 하는 평가도구를 개발하게 되는데, 가르치고자 했던 기능들을 대상자가 성취했는지 알아볼 수 있도록 검사 문항을 개발하는 것이 중요하다. 교육 전의 사전평가pretest와 교육 후의 사후평가posttest, 수업 중간에 수업 과정에 대한 피드백feedback을 받을 수 있는 학습증진검사embedded test 등이 포함된다.

(6) 교수전략 개발develop instructional strategy

이전 단계까지 수집된 자료를 바탕으로 학습목표를 성취하기 위해 필요한 수업운영 방법을 결정하는 단계이다. 위의 단계에서 개발한 평가검사 문항에 대해 적절하게 응답할 수 있도록 전략을 개발하는 것이 중요하다. 수업을 전개할 방법과 절차를 개발하고 교수매체의 활용 계획을 세우는 단계이다.

(7) 교수자료 개발 및 선정develop and select instructional materials

앞 단계에서 계획한 전략에 맞는 교수 자료를 실제로 개발하는 단계이다. 교수전략에 따라 수업에 사용될 모든 자료, 교사 안내서, 각종 평가지, 기타 필요한 교육 자료들이 모두 포함된다. 매체는 학습목표, 내용, 학습자의 특성을 고려하여 개발한다. 기존의 자료가 지금까지 계획한 교수목표와 전략에 부합한다면 기존 자료를 사용할 수도 있다.

(8) 형성평가 설계 및 실시design and conduct formative evaluation of instruction

위에서 만들어진 교수자료와 프로그램은 이 단계의 형성평가를 통해 수정 및 보완할 수 있다. 일대일 평가one-to-one evaluation, 소집단 평가small-group evaluation, 현장평가field testing 등의 방법을 통해 평가할 수 있다.

(9) 교육프로그램 수정revise instruction

형성평가 결과를 바탕으로 수업 실행과정에서 학습목표 달성에 문제가 될 부분을 확인하고 수정, 보완하는 단계이다. 앞의 단계로 돌아가 학습의 목표가 적절하게 진술되었는지, 평가문항이 타당하게 개발되었는지, 교수전략이 효과적이었는지 등을 통합적으로 검토하고 수정할 수 있다. 이 과정을 통해 더욱 효과적이고 효율적인 수업을 계획할 수 있다.

(10) 총괄평가 설계 및 실시design and conduct summative evaluation of instruction

개발된 교수 프로그램의 효과를 검증하는 단계로, 수업의 총괄적인 평가를 실시한다. 총괄평가는 프로그램을 개발하거나 운영에 참여한 사람을 제외하고 외부의 독립적인 평가자가 실시한다.

더 알아보기

과정중심 평가체계

영양교육에서는 과정중심의 평가가 더욱 중요할 수 있는데, 과정중심 평가에서는 무엇을 '아느냐'보다는 '할 수 있는가'가 중요하기 때문이다. 많은 영양 관련 지식을 아는 것과 건강한 식생활을 실천하는 것은 다른 교육 접근 방법이 필요하다. 건강 관련 지식과 영양학적 지식을 학습하는 것이 기본이 되어야겠지만, 지식을 학습한다고 건강한 식생활을 바로 실천하는 것은 어렵기 때문이다. 따라서 연령에 맞는 다양한 건강 식생활 관련 태도와 기술, 실천 역량을 높일 수 있는 교육전략을 계획하는 것이 중요하다.

영유아나 어린이를 대상으로 지역사회에서 영양교육이 많이 이루어지고 있는데, 이때에 특히 과정중심 평가가 접목된 교수학습계획안을 작성하는 것이 도움이 된다. 영유아나 어린이들 대상으로 수업을 할 때는 지식 전달에 집중하는 강의형 수업이 어렵기 때문에 자연스럽게 프로젝트 활동 중심 수업이 이루어지기 때문이다. 활동 중심으로 수업을 설계한다면, 단순히 지식을 암기하는 것은 의미가 없기 때문에 자연스럽게 교육대상자의 수업 참여 태도와 성실성 등이 과정 평가 지표에 포함될 수 있다. 그리고 이러한 과정중심 평가가 수업에 효과적으로 포함되었을 때, 기대하는 교육목표를 효율적이고 효과적으로 달성할 수 있다.

학교의 2015년 개정 교육과정에서도 기존의 지필고사가 아닌 과정평가 중심의 수행평가를 확대하였다. 모든 수행평가가 과정중심 평가는 아니지만 학생들의 학습 상태를 지속적으로 확인하며 피드백을 제공하는 방향으로 변화하고 있다. 이러한 과정중심의 평가를 수업계획 과정에서 함께 생각하는 것이 중요하다.

더 알아보기

역행설계Backward Design 교육과정과 영양교육에서의 활용

기존의 많은 수업은 학습목표가 정해져 있고, 교수자는 이러한 학습목표에 어떤 재미있는 활동을 포함할 것인가 생각하고, 수업이 모두 이루어진 후에 평가를 시행했다. 위긴스Wiggins와 맥타이McTighe는 이러한 단계를 반대로 하는 이해중심 교육과정Understanding by Design, UBD 설계모형을 제안하며 '역행설계'라는 별칭을 제시하였다.

역행설계에 따르면 교수자들이 수업 전에 먼저 수업의 '중요한 내용'이 무엇인지 핵심 개념과 원리를 끌어내고, 교육의 대상자가 그 내용을 제대로 이해했는지 평가할 수 있는 과제를 개발한다. 그런 다음, 대상자가 평가 과제를 성공적으로 수행할 수 있도록 도울 수 있는 방식으로 학습활동을 계획하고 구성한다. 이러한 방식으로 수업을 설계한다면, 교육내용과 평가내용, 수업 간의 일관성을 유지하고 학습자들의 이해를 보장할 수 있다는 것이 역행설계 교육과정의 핵심이다.

특히 영양교육은 비교적 뚜렷하게 교육의 평가내용을 정할 수 있다. 이 책의 3장에서 소개한 다양한 영양판정과 식생활조사를 통해 문제를 파악하고, 교육 대상자의 요구진단 과정을 통해 이루고자 하는 결과가 정해진다면identify desired results, 4장에서 소개한 계획 단계를 거쳐 이론에 기반한 교육내용을 정할 수 있다determine acceptable evidence. 이를 이번 5장에서 소개하는 다양한 수업설계이론을 활용하여 구체적이고 실질적인 학습활동 경험을 통해 달성할 수 있도록 설계한다면plan learning experiences and instruction, 효과적이고 대상자의 참여가 활발한 수업을 기획할 수 있을 것이다.

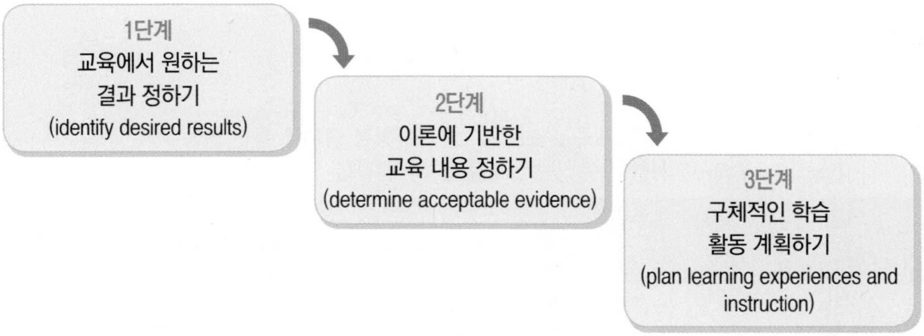

〈역행 설계의 단계〉

출처: Wiggins and McTighe, 2005

3) DESIGN 방법

지금까지의 모형들은 모두 교육학에서 학습설계에 필요한 모형으로 가장 기본적이고 중요한 것들을 소개한 것이다. 전반적인 흐름은 비슷하지만 영양교육 분야에서 수업을 계획하는 체제적인 모델로 콘텐토Contento와 코흐Koch가 정리한 DESIGN 방법이 있다. 위의 모형과 비슷하게 각 단계의 영문 첫글자를 조합하여 DESIGN 방법이라 명명하였고, 영양교육의 현장에서 교수자가 각 단계별로 따라가며 영양교육을 계획하고 실행, 평가할 수 있는 매우 실용적 도구이다.

DESIGN 방법의 6가지 단계 중 첫 번째 단계는 목표행동을 결정하는 것이다decide behaviors. 두 번째는 행동에 영향을 미치는 결정요인을 탐색하는 단계이다explore determinants. 다음으로 셋째, 이론에 기반을 둔 모델을 선택하고select theory-based model, 넷째, 교육목표를 정하고indicate obejctives, 다섯째, 영양교육 활동을 계획하고generate plans, 마지막으로 평가계획을 확립한다nail down evaluation.

콘텐토와 코흐는 DESIGN 방법을 두 가지 모델로 나누었는데 첫 번째는 개인의 직접적인 행동 수정에 영향을 미치는 동기부여 요인과 촉진요인을 중점적으로 다루는 학습설계educational plans를 위한 모델이다. 두 번째 모델은 환경적 지지를 통한 행동 수정에 집중하는 설계environmental support plans이다. 앞의 다른 학습이론이나 계획과 다른 점은 영양교육이 중요시하는 두 가지 전략을 명백하게 구분지었다는 점이다. 각 단계별 활동과 결과물은 표 5-5 와 같다.

표 5-5 DESIGN 방법: 수업설계educational plans와 환경 중재를 통한 행동수정전략environmental support plans에 사용할 수 있는 단계별 활동과 결과물

단계			학습설계 모델의 과정과 단계별 결과물	환경변화 계획 모델의 과정과 단계별 결과물
진단	D	1. 목표행동 결정	• 교육 대상자 분석을 통해 행동수정 목표를 정함 • 앞장의 진단에서 나온 다양한 자료 수집과 분석 방식을 활용할 수 있음. 문헌검색, 통계자료, 설문조사, 관찰, 개별 인터뷰와 포커스 그룹을 통해 영양교육을 통해 바꾸고자 하는 주요 목표행동과 우선순위를 정함	
	E	2. 결정요인 탐색	• 목표행동에 영향을 미치는 동기부여 요인과 촉진 요인을 탐색함	목표한 행동수정에 도움이 되거나 방해가 되는 환경적 요인 탐색
중재	S	3. 이론에 바탕을 둔 모델 선택	이론 기반의 모델과 교육철학이나 관점을 정함(앞 장의 건강 관련 이론과 학습이론, 교수이론 등을 참고)	환경변화(환경적 지지)를 개발하고 평가할 로직모델 활용(4장의 평가계획 부분 참고)

단계			학습설계 모델의 과정과 단계별 결과물	환경변화 계획 모델의 과정과 단계별 결과물
중재	I	4. 목표 설정	위에 정한 이론 기반의 행동결정요인을 어떻게 교육에 활용할 것인지 교육 목표를 정함	로직모델의 각 단계에서 목표로 하는 결과 목표를 정함
	G	5. 계획 수립	실제 수업에 활용할 수 있는 교수학습안 작성	환경변화 목표를 달성할 수 있는 구체적인 계획 작성
평가	N	6. 평가계획 수립	목표행동, 결정요인들의 변화를 측정할 평가계획 수립(4장의 평가계획 부분 참고)	환경변화가 대상자의 행동변화 목적을 달성하게 했는지 확인할 수 있는 평가계획 수립

더 알아보기

학교 현장에서 이루어지는 영양교육 수업 형태

현재 학교 현장에서 수행되는 영양교육 수업에는 크게 2가지가 있다. 첫째, 2022년 개정 교육과정의 자율 · 자치활동에 포함되는 창의적 체험활동 시간에 수업을 하는 경우가 있고, 둘째, 기존 교과와 연계하여 수업이 이루어지는 경우이다.

창의적 체험활동 시간에 수업을 진행하는 경우, 1차시 단발성 수업이라면 영양교사가 해당 수업의 목표를 설정하고, 그 목표를 이루도록 수업을 설계하고 지도안을 작성하는 것이 중요하다. 만약 1차시 단발성 수업이 아닌 여러 차시 수업이 하나의 작은 프로젝트로 연결된다면, 그 프로젝트의 목표를 설정하는 것이 중요하다. 이 경우에는 특별한 수업설계 모형을 적용하는 것이 아주 필수적이지는 않다.

교과와 연계하여 이루어지는 수업이라면 수업의 목표는 성취기준이 무엇인지부터 결정하는 것이 중요하다. 초등학교 5학년, 6학년 실과 교과가 아니라 저학년의 경우에는 다양한 교과와 연계가 가능하기 때문에, 이러한 경우에는 해당 교과의 해당 성취기준으로부터 수업 혹은 작은 프로젝트 목표를 세워 교수설계지도안을 작성하는 것이 필요하다. 이 경우에는 수업설계 모형도 해당 교과의 모형과 연계한다면 더 수월하게 체계적인 수업을 설계할 수 있다.

표 5-6 결정요인별 활동의 교육목표 예시

결정요인		교육목표
동기부여요인	인지된 위험	대상자들은 그들의 채소 · 과일 섭취량이 권장섭취량 대비 부족하다는 것을 인식할 수 있다.
	인지된 이익	대상자들은 다양한 채소 · 과일 섭취의 중요성을 서술할 수 있다.
	식품선호도	대상자들은 다양한 채소 · 과일의 맛을 평가할 수 있다.
	인지된 장애	대상자들은 채소 · 과일 섭취의 장애요인 극복 전략을 말할 수 있다.
	인지된 사회적 규범	대상자들은 간식을 선택할 때 친구들의 영향을 인식할 수 있다.
행동촉진요인	식품영양 기술	대상자들은 먹음직스러운 채소 · 과일 간식을 준비할 수 있다.
	행동능력	대상자들은 채소 · 과일 섭취를 증가시키고 다양하게 섭취할 수 있는 방법을 말할 수 있다.
	목표수립	대상자들은 다양한 채소 · 과일 섭취를 목표로 하고 모니터할 수 있다.
	자기효능감	대상자들은 다양한 채소 · 과일 섭취에 대한 자신감을 가질 수 있다.

출처: Contento I, 2020

표 5-7 영역별 교육목표에서 사용할 수 있는 동사

영역		동사형	예시
인지영역	지식	나열한다. 기억한다. 명명한다. 정의한다. 서술한다. 표시한다. 기록한다. 말한다.	비만을 정의한다.
	이해	묘사한다. 설명한다. 요약한다. 비교한다. 토론한다. 식별한다. 분류한다. 검토한다. 찾는다.	칼슘의 역할을 설명한다.
	적용	적용한다. 사용한다. 입증한다. 해석한다. 수정한다. 예측한다. 해결한다. 운영한다.	식사지침을 식생활에 적용한다.
	분석	분석한다. 계산한다. 검사한다. 비교한다. 반박한다. 비판한다. 구별한다. 조사한다. 구분한다. 토론한다. 관련시킨다. 도표를 그린다.	자신의 비만도를 계산한다.
	평가	평가한다. 비교한다. 판단한다. 선택한다. 측정한다. 비판한다. 가치를 매긴다.	영양상태를 판정한다.
	종합	작곡한다. 창조한다. 계획한다. 디자인한다. 배열한다. 구성한다. 분류한다. 제안한다.	식단을 계획한다.

영역	동사형	예시
태도영역	수용한다. 인식한다. 답한다. 선택한다. 따른다. 태도를 가진다. 돕는다. 토론한다. 참여한다. 관심을 가진다. 흥미를 보인다. 영향을 끼친다. 수정한다. 실행한다. 질문한다. 해결한다. 증명한다.	비만의 심각성을 인식한다.
행동영역	선택한다. 관찰한다. 준비한다. 모방한다. 만든다. 수행한다. 측정한다. 적용한다. 수정한다.	저열량 샌드위치를 만든다.

출처: Bauer K & Lou D, 2016

더 알아보기

성공적인 영양교육을 계획하고 수행하기 위한 중요 요소

성공적인 영양교육을 계획하기 위해 유념해야 하는 중요한 요소로 콘텐토와 코흐는 5가지 주안점을 제안하였다.

1. **행동의 변화에 집중할 것**
   교육 대상자의 관찰 가능한 특정 행동을 변화시키는 데 교육을 집중해야 효과적인 교육 결과를 가져올 수 있다.
2. **행동의 변화에 영향을 미치는 요인들을 교육에서 다룰 것**
   교육 대상자의 수정하고자 하는 특정 행동에 영향을 미치는 동기부여요인과 촉진요인들에 교육 내용을 집중해야 효과적인 결과를 가져올 수 있다. 대표적인 동기부여요인은 인지된 장점과 장애물, 사회적 규범, 자기효능 등이 있으며, 대표적인 촉진요인으로는 특정 행동변화와 관련이 깊은 식품영양학적인 지식과 기술 등이 있다.
3. **이론을 활용할 것**
   근거기반의 이론이나 이론에 기반을 둔 모델을 활용한다면 실제 어떤 교육을 해야 원하는 행동변화를 더 효과적으로 가져올 수 있는지 알 수 있다.
4. **영양교육을 계획할 때 이론이나 근거기반의 행동변화 전략을 사용할 것**
   영양교육을 계획할 때 이론이나 근거기반의 행동변화 전략을 사용한다면 행동에 영향을 주는 다양한 결정요인이나 환경적인 맥락을 더 잘 찾아낼 수 있다.
5. **행동변화를 가져오기 위해서는 다양한 영향 요인을 오랜 시간과 충분한 강도의 교육 활동을 수행할 것**
   사회생태적 요인에 따라 개인의 행동에 영향을 미치는 다양한 수준의 요인들을 찾아 긴 시간과 충분한 양의 교육활동을 투입할 필요가 있다.

출처: Contento and Koch, 2021

6. 체계적인 교육을 위한 교수 · 학습과정안 작성

지금까지 교육학 분야에서, 그리고 영양교육 분야에서 사용하는 다양한 학습이론과 교수이론, 수업의 구성과 절차에 대해 학습하였다. 교육현장에서 대상자를 바탕으로 영양교육 수업을 수행하기 위해서는 위에서 학습한 내용을 바탕으로 실제 수업시간에 사용할 수 있는 지도, 설계안과 같은 교수 · 학습과정안을 작성하여 수행할 수 있는데, 특히 교육의 경험이 많지 않은 교수자들이 구체적인 교수 · 학습과정안을 작성하였을 때 수업목표를 가장 효과적, 효율적, 매력적으로 달성할 수 있다. 이전에는 '학습지도안', '수업지도안'이라는 용어를 주로 사용하였으나 최근에는 전체적인 수업과정에서 교수자와 교육 대상자의 능동적 참여를 강조한 교수 · 학습과정안을 주로 사용한다.

1) 교수 · 학습과정안 형식과 내용

교육기관에서 사용하는 교수 · 학습과정안의 형식과 내용은 다양하지만 대체로 (1) 교재와 단원명, (2) 단원 설정의 이유, (3) 학습 목표, (4) 차시별 교수 · 학습 계획, (5) 지도상의 유의점, (6) 수업용 교수 · 학습과정안 등의 요소를 포함하고 있다. 특정 수업을 위한 교수 · 학습과정안에는 교과서, 단원, 차시, 수업모형, 학습목표, 자료 활용, 교사와 학생의 활동 등에 대한 내용이 구체적으로 들어가 있다. 교수 · 학습과정안을 작성할 때 유의해야 할 점은 다음과 같다.

- 학습목표는 수업에서 달성하고자 하는 목표를 구체적이며 명시적으로 기술한다.
- 수업목표 달성을 위해 수업모형 또는 진행단계에 따라 학습 내용과 활동을 구성하고 교수자 활동과 학생 활동을 구체적으로 작성한다.
- 교수 · 학습 과정에서 교사의 발문(질문하기)과 예시를 준비한다.
- 수업 진행 단계에 따라 시간을 적절하게 배분한다.
- 교수 · 학습 매체와 자료의 사용 시기와 방법을 계획하여 작성한다.
- 교수 · 학습 활동, 매체와 자료 사용 시 유의점을 미리 예측하여 기술한다.
- 수업목표 달성을 확인할 수 있는 형성평가의 방법과 내용, 기준을 준비한다.
- 칠판이나 화이트보드 등에 글을 쓰는 내용을 미리 계획한다.
- 작성된 교수 · 학습과정안은 책임자나 동료의 검토와 조언을 받아 수정 및 보완한 후 최종적으로 완성한다.

최근에는 학교에서 영양교육이 활발히 이루어지면서 다양한 교수 · 학습과정안을 찾아볼 수 있다. 이 장에서는 기존에 개발된 교수 · 학습과정안의 예시를 소개함으로써 앞에서 다룬 진단과 교육계획 과정을 포함하는 자신만의 교수 · 학습과정안을 작성하는 데 참고하도록 하였다.

2) 영양 · 식생활교육의 교수 · 학습과정안 예시

2021년에 교육부에서 유 · 초 · 중 · 고등학교 영양 · 식생활 교육 가이드라인을 개발하였다. 학년별 교사용 지침서와 학생용 교과서를 잘 살펴본다면, 실제 위의 학습이론과 교수이론을 활용하여 우리나라의 학교 영양교육이 어떻게 이루어지는지 확인할 수 있다. 뒤에 13장의 생애주기별 영양교육 및 상담에 다양한 교육의 구성과 내용이 소개되어 있다. 이 장에서는 교사용 지침서에 나오는 교육과정 개요와 학습 및 평가 설계, 교수 · 학습과정안을 소개한다.

영양 · 식생활 교육 교사지침서, 교수 · 학습과정안
(초등학교 1학년)

■ 1학년 대상의 교수 · 학습과정안 (예시)

학교급식을 먹어요

1. 교육과정 개요

<table>
<tr><th colspan="2">영역</th><td>식생활과 문화</td><th>핵심 개념</th><td>개인과 사회</td></tr>
<tr><th colspan="2">성취 기준</th><td colspan="3">식사 예절의 필요성을 이해하고 가정과 학교에서 식사 예절을 지킨다.</td></tr>
<tr><th colspan="2">학습 목표</th><td colspan="3">학교급식 시간에 지켜야 할 바른 행동을 알고 실천할 수 있다.</td></tr>
<tr><th colspan="2">차시 분량</th><td colspan="3">1차시 (선택활동 +1차시)</td></tr>
<tr><th rowspan="10">교과 연계 성취 기준</th><th>국어</th><td colspan="3">자신의 생각이나 겪은 일을 시나 노래, 이야기 등으로 표현한다.</td></tr>
<tr><th rowspan="4">바른생활</th><td colspan="3">학교생활에 필요한 규칙과 약속을 정해서 지킨다.</td></tr>
<tr><td colspan="3">공공장소의 올바른 이용과 시설물을 바르게 사용하는 습관을 기른다.</td></tr>
<tr><td colspan="3">사람들이 많이 모이는 곳에서 질서와 규칙을 지키며 생활한다.</td></tr>
<tr><td colspan="3">상대방을 배려하며 서로 돕고 나누는 생활을 한다.</td></tr>
<tr><th rowspan="2">슬기로운 생활</th><td colspan="3">학교 안과 밖, 교실을 둘러보면서 위치와 학교생활 모습 등을 알아본다.</td></tr>
<tr><td colspan="3">여러 친구의 다양한 특성을 이해하고 친구와 잘 지내는 방법을 알아본다.</td></tr>
<tr><th>즐거운 생활</th><td colspan="3">가족 구성원이 하는 역할을 고려하여 고마운 마음을 작품으로 표현한다.</td></tr>
<tr><th>안전한 생활</th><td colspan="3">교실과 특별실에서 활동할 때 질서를 지켜 안전하게 생활한다.</td></tr>
</table>

2. 학습 및 평가 설계

가. 학습 설계

핵심 질문	• 학교급식 시간에 지켜야 할 바른 행동은 무엇일까요? • 즐거운 급식 시간을 위해 어떻게 행동해야 할까요?
기대하는 학습의 결과	• 학교급식 시간에 지켜야 할 바른 행동을 알 수 있다. • 학교급식 시간에 지켜야 할 바른 행동을 실천할 수 있다.
학습 내용	• 학교급식 시간에 지켜야 할 바른 행동을 알고 실천하기 – [기본] 학교급식 시간에는 무엇을 해야 할까요? – [기본] 즐거운 급식 시간을 위해 어떻게 행동해야 할까요? – [활동] 학교급식에서 바른 행동을 알아봅시다.

나. 평가 설계

<table>
<tr><th colspan="2">성취 기준</th><td>식사 예절의 필요성을 이해하고 가정과 학교에서 식사 예절을 지킨다.</td></tr>
<tr><th colspan="2">평가 목표</th><td>학교급식 시간에 지켜야 할 바른 행동을 알고 실천할 수 있다.</td></tr>
<tr><th rowspan="3">평가 기준</th><th>상</th><td>학교급식 시간에 지켜야 할 바른 행동을 알고 실천할 수 있다.</td></tr>
<tr><th>중</th><td>학교급식 시간에 지켜야 할 바른 행동은 알지만 실천할 수 없다.</td></tr>
<tr><th>하</th><td>학교급식 시간에 지켜야 할 바른 행동을 알지 못하고 실천할 수 없다.</td></tr>
<tr><th colspan="2">평가 방법</th><td>관찰 평가, 자기 평가</td></tr>
</table>

3. 교수 · 학습 과정안

<table>
<tr><th colspan="2">단원명</th><td colspan="3">학교급식을 먹어요</td></tr>
<tr><th colspan="2">학습목표</th><td colspan="3">학교급식 시간에 지켜야 할 바른 행동을 알고 실천할 수 있다.</td></tr>
<tr><th colspan="2">단계</th><th>학습내용</th><th>교수 · 학습 활동</th><th>자료(■)
및 유의점(*)</th></tr>
<tr><td>도입</td><td>준비</td><td>경험
나누기</td><td>■그림을 보고 생각나는 것들을 자유롭게 이야기해 볼까요?
* 단원 첫 페이지의 그림을 보고 무엇을 하는 장소인지 이야기하기
* 급식시간에 느꼈던 기분이나 경험 이야기하기
■학습 문제
* 학교급식시간에 지켜야 할 바른 행동 알아보기</td><td></td></tr>
<tr><td rowspan="3">전개</td><td>기본</td><td>급식 순서
및
예절 알기</td><td>■학교급식 시간에 하는 일이 무엇일까요?
* 실제 급식시간에 하는 일 생각해 보기
* 급식시간에 하는 일 순서 이야기하기
■즐거운 급식 시간을 위해 어떻게 해야 할까요?
* 급식시간에 즐거웠거나 그렇지 않았던 이유 이야기하기
* 급식시간에 지켜야 할 예절 알아보기</td><td></td></tr>
<tr><td>활동</td><td>급식 시간
바른 행동
알기</td><td>■학교급식에서 바른 행동이 무엇인지 알아볼까요?
* 그림에서 급식시간에 바르지 못한 행동 찾기
* 바르지 못한 행동을 했을 때 생기는 일 생각해 보기</td><td>■활동 자료 1-1</td></tr>
<tr><td>선택
활동
(심화)</td><td>학교급식
왕 되기</td><td>■학교급식왕이 되어 볼까요?
* 급식시간에 바른 행동을 실천하고 보석을 모아 왕관 만들기</td><td>■활동 자료 1-2
■활동 자료 1-3
■고무줄 혹은 벨크로 테이프</td></tr>
<tr><td>정리</td><td colspan="2">학습내용 정리</td><td>■학교급식 시간에 해야 하는 바른 행동을 찾아볼까요?
* 급식 시간에 해야 하는 바른 행동을 찾아 색칠하기</td><td></td></tr>
<tr><td>가정
연계</td><td colspan="2">생활에 적용하기</td><td>■가족들과 식사할 때 나의 행동을 생각해 볼까요?
* 집에서 가족들과 식사할 때 내 모습을 생각하며 그림으로 표현하기</td><td></td></tr>
</table>

■ 6학년 대상의 교수 · 학습과정안 (예시)

고열량 · 저영양 식품의 섭취를 줄여요

1. 단원 개요

<table>
<tr><td colspan="2">영역</td><td>식생활과 건강</td><td>핵심개념</td><td>식품</td></tr>
<tr><td colspan="2">성취 기준</td><td colspan="3">고열량 · 저영양 식품의 특징과 올바른 식품 선택 방법을 탐색하여 적용한다.</td></tr>
<tr><td colspan="2">학습 목표</td><td colspan="3">고열량 · 저영양 식품의 특징을 알고 섭취를 줄이는 방법을 찾을 수 있다.</td></tr>
<tr><td colspan="2">차시 분량</td><td colspan="3">1차시 (선택활동 +1차시)</td></tr>
<tr><td rowspan="5">교과 연계 성취 기준</td><td>국어</td><td colspan="3">적절한 근거와 알맞은 표현을 사용하여 주장하는 글을 쓴다.</td></tr>
<tr><td>사회</td><td colspan="3">우리 생활 속에서 법이 적용되는 다양한 사례를 제시하고, 법의 의미와 성격을 설명한다.</td></tr>
<tr><td rowspan="2">실과</td><td colspan="3">건강을 위한 균형 잡힌 식사의 중요성과 조건을 알고 자신의 식사를 평가한다.</td></tr>
<tr><td colspan="3">다양한 식재료의 맛을 비교 · 분석하여 올바른 식습관 형성에 적용한다.</td></tr>
<tr><td>체육</td><td colspan="3">성장에 따른 신체적 변화를 수용하고 건강한 성장과 발달을 저해하는 생활양식(흡연, 음주, 약물 오남용) 등의 위협성을 인식한다.</td></tr>
</table>

2. 학습 및 평가 설계

가. 학습 설계

<table>
<tr><td>핵심 질문</td><td>• 고열량 · 저영양 식품이란 무엇일까요?
• 고열량 · 저영양 식품의 섭취를 줄이는 방법은 무엇일까요?</td></tr>
<tr><td>기대하는 학습의 결과</td><td>• 고열량 · 저영양 식품에 관심을 갖고 식품을 구별할 수 있다.
• 고열량 · 저영양 식품의 섭취를 줄이는 방법을 찾아 실천할 수 있다.</td></tr>
<tr><td>학습 내용</td><td>• 고열량 · 저영양 식품 알아보기
– [기본] 고열량 · 저영양 식품을 알아보아요.
• 고열량 · 저영양 식품 섭취 줄이기
– [활동] 고열량 · 저영양 식품의 섭취를 줄이는 방법을 찾아보아요.</td></tr>
</table>

나. 평가 설계

<table>
<tr><td colspan="2">성취 기준</td><td>고열량 · 저영양 식품의 특징과 올바른 식품 선택 방법을 탐색하여 적용한다.</td></tr>
<tr><td colspan="2">평가 목표</td><td>고열량 · 저영양 식품의 특징을 알고 섭취를 줄이는 방법을 찾을 수 있다.</td></tr>
<tr><td rowspan="3">평가 기준</td><td>상</td><td>고열량 · 저영양 식품의 특징을 정확히 알고 있으며 줄여야 하는 이유와 방법을 찾을 수 있다.</td></tr>
<tr><td>중</td><td>고열량 · 저영양 식품의 특징을 일부 알고 있으며 줄여야 하는 이유와 방법을 찾으려고 노력한다.</td></tr>
<tr><td>하</td><td>고열량 · 저영양 식품의 특징, 섭취를 줄여야 하는 이유와 방법을 찾는 데 도움이 필요하다.</td></tr>
<tr><td colspan="2">평가 방법</td><td>관찰 평가, 자기 평가</td></tr>
</table>

3. 교수 · 학습 과정안

<table>
<tr><td colspan="2">단원명</td><td colspan="3">고열량 · 저영양 식품의 섭취를 줄여요</td></tr>
<tr><td colspan="2">학습 목표</td><td colspan="3">고열량 · 저영양 식품의 특징을 알고 섭취를 줄이는 방법을 찾을 수 있다.</td></tr>
<tr><td colspan="2">단계
(시간)</td><td>학습내용</td><td>교수 · 학습 활동</td><td>자료(■)
및 유의점(*)</td></tr>
<tr><td>도입</td><td>준비</td><td>고열량
저영양
식품
엿보기</td><td>■고열량 · 저영양 식품의 섭취를 줄여볼까요?
* 고열량 · 저영양 식품의 종류 알아보기
* 고열량 · 저영양 식품의 섭취 횟수 생각해보기
■학습 문제
* 고열량 · 저영양 식품의 특징을 알고 섭취를 줄이는 방법을 찾아봅시다.</td><td></td></tr>
<tr><td rowspan="3">전개</td><td>기본</td><td>고열량
저영양
식품
알아보기</td><td>■어떤 식품을 고열량 · 저영양 식품이라고 할까요?
* 고열량 · 저영양 식품의 개념 알아보기
* 고열량 · 저영양 식품 찾아보기 (아이디어 계통도)
■고열량 · 저영양 식품은 우리 몸에 어떤 영향을 줄까요?
* 고열량 · 저영양 식품의 문제점 찾아보기</td><td>■아이디어 계통도
(지침서 p. 59)</td></tr>
<tr><td>활동</td><td>고열량
저영양
식품 섭취
줄이기</td><td>■어떻게 고열량 · 저영양 식품의 섭취를 줄일 수 있을까요?
* 고열량 · 저영양 식품을 대체할 수 있는 식품 생각하기 (스캠퍼)
* 내가 섭취를 줄여야 하는 고열량 · 저영양 식품의 대체 식품 찾아보기</td><td>■스캠퍼
(지침서 p. 60)</td></tr>
<tr><td>선택
활동</td><td>고열량
저영양
식품 관련
법률
제안하기</td><td>■고열량 · 저영양 식품의 섭취를 줄일 수 있는 법률 제안서를 작성해 볼까요?
* 고열량 · 저영양 식품의 광고를 제한 · 금지하는 법률 알아보기
* 고열량 · 저영양 식품의 섭취를 줄일 수 있는 법 제안하기</td><td></td></tr>
<tr><td>정리</td><td colspan="2">학습내용
정리</td><td>■고열량 · 저영양 식품에 대해 정리해 볼까요?
* 알맞은 단어를 보기에서 찾아 고열량 · 저영양 식품과 관련된 기사를 완성하기</td><td></td></tr>
<tr><td>가정
연계</td><td colspan="2">생활에
적용하기</td><td>■고열량 · 저영양 식품을 확인하고 구매를 결정해 볼까요?
* 고열량 · 저영양 식품을 확인하고 선택 방법 결정하기 (구매/보류/대체 등)</td><td>■고활동 자료
3-1</td></tr>
</table>

CHAPTER

6

영양교육의 방법

모든 사람이 자신이 생각하고 싶은 것을 생각할 수 있는 내재된 힘을 갖고 있지만, 원하는 것을 만드는 생각을 할 수 있는 힘에는 노력이 필요합니다.

- 월러스 워틀스 -

학습목표

- 영양교육에 사용 가능한 교육방법의 종류를 설명할 수 있다.
- 영양교육 대상자별 상황에 맞춰 적절한 교육방법을 선택할 수 있다.
- 영양교육방법 종류별 특징을 설명할 수 있다.

영양교육은 교육대상자들이 필요로 하는 식생활 내용에 대해 대상자들의 인지 및 수용 수준에 따라 효과적으로 전달하여야 한다. 교육방법은 교육목표를 달성하기 위하여 선정된 교육내용을 학습자에게 효과적으로 제공하고 전달하는 학습활동을 지원하는 방법이다. 영양교육의 주제와 내용, 교육대상자 및 교육 환경에 맞춰 교수·학습의 효과를 높이기 위하여 적합한 교육방법을 적용하여야 한다. 이 장에서는 영양교육에서 활용할 수 있는 교육방법의 종류에 대해 알아보고, 교육방법별 특징과 실제 예시를 알아본다.

1. 교육방법의 개념과 유형

교육방법은 광의의 개념으로는 교육의 전체 과정을 의미한다. 보통 수업계획에는 교육방법, 교수매체, 학습환경, 평가, 목표, 교수자료, 학습자, 테크놀로지 도구tools 및 교수활동을 포함하여야 하므로, 구체적인 교육방법을 계획할 때도 전체적인 교육과정에 맞춰 선택해야 한다.

교육은 교육자와 교육 대상자 간에 서로의 지식, 태도를 공유하여 행동의 방향을 습득하는 의사소통 과정이다. 교육방법은 각각의 특징과 역할이 있으므로 영양교육자는 영양교육의 목적과 목표를 설정한 후, 이의 효과적인 달성을 위하여 다양한 교육방법을 활용하는 것이 좋다. 즉, 교육방법은 장소, 환경, 대상자의 특성 및 교육 내용에 따라 다양한 유형이 가능하다. 교수학습의 주체가 누구인지, 학습 목표가 지식 습득인지 문제해결인지, 학습이 개별적 혹은 그룹으로 이루어지는지, 학습 내용의 제시 형태가 무엇인지, 학습 집단의 크기 및 교육환경이 어떠한지(면대면, 원격)에 따라 다르게 설계되어야 한다.

교육방법은 다양한 유형으로 분류된다. 일반적으로 현장에서 쉽게 도입할 수 있고, 학습을 촉진하는 데 유용한 교육방법으로는 강의형, 토의형, 개인교수형, 독자적 학습형, 협동학습형, 발견형 경험학습형, 문제해결형 교육방법 등이 있다. 교육방법의 유형은 교수학습을 보는 두 가지 관점인 '지식의 수용'과 '지식의 발견'을 기반으로 구분하기도 한다. '지식의 수용'은 교수자가 학습자에게 전달하고 학습자는 전달된 지식을 수용하여 학습하는 것으로 강의법, 시범, 프로그램학습이 포함된다. '지식의 발견'은 교수자, 학습자 모두가 새로운 지식을 발견하는 방법으로 발견형 경험학습, 토론학습, 문답법이 해당되는데, 영양교육 현장에서 많이 쓰이는 교육방법을 교수학습의 관점으로 분류해 보면 표 6-1 과 같다.

기존의 교육방법에 더하여 최근에 기술의 발전이 교육방법에 적용되면서 교수 · 학습 과정에 전자매체 및 컴퓨터 테크놀로지를 중심으로 하는 뉴미디어 활용의 새로운 교육방법의 발전이 활발하게 이루어지고 있다. 테크놀로지의 활용으로 교수자 중심의 수업에서 벗어나 방송매체와 인터넷을 활용한 원격교육distance learning, 사이버 공간에서의 가상학습virtual learning, 컴퓨터 온라인학습을 병행하는 블랜디드 교육의 교육방법이 나타났다.

따라서 최근에는 어떤 한 가지 유형으로 교육을 구성하기보다는 교육의 효과 증진을 위하여 다양한 교육방법을 혼합하여 구성하고 있으므로 주제와 대상자 및 교육환경에 따라 여러 가지 교육방법을 적용, 시도하고 있다. 사회 변화 속의 교육방법의 발전을 영양교육에서도 목적에 맞게 도입하여 대상자들의 교육환경에 맞춰 영양교육의 효과를 높이도록 적절히 적용해야 하겠다 표 6-1 .

표 6-1 교수학습 관점으로 본 교육방법의 유형

교수학습 관점	지식의 흐름	교육방법 유형
지식의 수용	교육자(지식 전달) → 학습자(전달된 지식의 수용, 학습)	강의법, 시범, 프로그램학습
지식의 발견	교육자, 학습자 모두 새로운 지식을 발견	개인교수형, 토의형, 독자적 학습형, 협동학습형, 경험학습형(실험형), 문제해결형, 문답법

영양교육은 개인지도와 집단지도가 가능하며, 보통 집단지도가 많이 실행된다. 개인지도는 가정방문이나 보건소, 병원 및 상담소 방문 및 전화, 인터넷 지도 등의 방법으로 실시하는 교육으로 교육자와 대상자가 직접 대화하며 상호작용을 통하여 대상자의 영양문제에 초점을 맞춰 교육목표를 달성할 수 있는 장점이 있다. 실행과정에서 교육자는 대상자와 주로 대화를 통하여 상호작용을 하며 조력자의 역할을 하면서 대상자가 스스로 식행동을 개선할 수 있도록 돕는다. 그러나 시간과 노력, 경비가 많이 요구된다는 단점이 있다.

집단지도는 공통적인 영양문제를 가진 집단을 대상으로 실시하며, 다수의 대상자에게 교육내용을 동시에 전달 가능하므로 시간과 노력 면에서 효율적이고, 대상자 간의 공동체 심리를 통하여 교육효과가 증진될 수 있는 장점이 있다. 그러나 개인지도에 비해 대상자의 개별적인 영양문제의 지도가 어려운 단점이 있다. 따라서 집단지도에서는 기본적인 식생활의 개념이나 공통적으로 필요한 식생활 방법을 교육하고, 집단지도를 하면서 개별적으로 필요한 경우에 개인지도를 병행·보완하여 영양교육의 효과를 증진시키도록 한다. 개인지도와 집단지도의 특징을 요약하면 표 6-2 와 같다.

표 6-2 개인 영양교육과 집단 영양교육의 특징

구분	개인지도	집단지도
방법	• 가정방문이나 보건소, 병원, 상담소 방문 및 전화, 인터넷 지도 등	• 공통적인 영양문제를 가진 집단을 대상으로 실시 • 학교, 보건소, 병원 등 다양한 곳에서 실시 가능
특징	• 대상자의 영양문제에 초점을 맞춰 교육목표를 달성할 수 있음 • 시간과 노력, 경비가 많이 요구되는 단점	• 다수의 대상자에게 교육내용을 동시에 전달 가능 • 시간과 노력 면에서 효율적 • 대상자의 개별적인 영양문제의 지도가 어려운 단점

2. 교육방법의 종류와 특징

1) 강의형 교육방법

강의형 교육방법은 강의, 강연 등 가장 보편화된 교육방법으로 교육자가 주도적으로 교육 내용을 설명하거나 시범적으로 보여주는 방법이다. 강의lecture는 가르칠 내용이 많거나 주어진 시간이 짧을 때 다수의 대상자를 대상으로 효율적으로 활용할 수 있는 방법이다. 한번에 많은 교육대상자에게 정보를 제시할 수 있고, 프리젠테이션을 위해 다양한 매체가 활용될 수 있으며, 교육대상자들이 필기를 할 수 있다면 이해를 더 높일 수 있는 이점이 있다. 정보제시 위주의 강의는 교육대상자에 따라서는 내용의 이해가 어려울 수 있고, 상호작용이 부족한 경우에는 교육이 지루해질 수 있으며, 강의 시간이 길면 집중이

어려워진다는 제한점이 있다 표 6-3 .

강의의 대상자 수는 70~200명 이내가 적절하고, 대상자에 따라 다르지만 40분 강의 후 휴식 시간을 가지는 것이 좋다. 대상자의 개인차를 고려하기 어려운 방법이므로 대상자의 교육 습득력 차이에 효율적으로 적용 가능한 다른 방법을 혼용하여 활용하면 좋다. 강의, 강연의 효과를 높이기 위한 교육자의 유의사항은 다음과 같다.

강의형 교육의 유의사항

- 강의 시작 시에 자기소개와 가벼운 이야기로 교육장의 분위기를 부드럽게 한다(ice breaking).
- 교육의 목표를 명확히 설정하여 목표에 맞는 내용으로 구성한다.
- 강의 처음에 학습목표를 구체적으로 설명하고 주제에 대해 간단히 설명하고 본론으로 들어간다.
- 교육 내용은 사실에 근거를 두고, 사실을 과장하거나 축소하는 등 교육자의 주관적인 내용으로 구성되지 않도록 주의한다.
- 대상자의 흥미를 끌 수 있는 내용으로 구성 : 교육효과를 위해 구체적인 사례, 이해를 증진시킬 수 있는 다양한 교육자료를 교육안 내에 포함한다.
- 교육 내용은 쉬운 것에서 시작하여 점점 난이도를 높인다.
- 강의 종료 시에 교육 내용을 간략하게 요약하고 결론을 내린다.
- 대상자와 상호작용에 노력 : 강의 중 답을 강요하지 않는 질문을 자주 하여 대상자에게 동기를 부여하고, 짧은 토의 등을 활용한다.
- 신체언어를 적당히 활용 : 강의 시 자세, 속도, 음성, 음량, 표정, 태도 등에 주의한다.

표 6-3 강의형 교육의 특징

장점	단점
• 단시간에 많은 교육대상자에게 다량의 지식과 정보를 전달함 • 교육자가 원하는 대로 진행하며, 시간을 조정하기 쉬움 • 반복 교육이 가능함 • 체계성이 있는 내용의 교육이 가능함 • 간단하고 단순한 내용의 전달에 좋음	• 심화 내용보다 개략적 설명으로 내용 수준이 낮아짐 • 대상자의 개인 수준을 고려하지 못한 일방적인 교육이 되기 쉬움 • 교육대상자의 자발적 참여동기가 부족 • 교육자와 대상자 간의 상호작용이 부족 • 교육대상자가 내용을 잊기 쉬워 행동 개선효과가 낮음

2) 토의형 교육방법

토의(토론)형discussion 교육은 진행 과정에서 교육자와 교육대상자, 교육대상자 간에 서로의 아이디어와 의견을 교환하는 활동을 중심으로 진행된다. 토론은 교육목표에 따라 소집단, 대집단 등으로 다양한 형태로 운영될 수 있고, 운영이 잘되면 교육대상자에게 주도적 생각으로 동기부여가 된다. 집단토의에서 사회자(좌장)는 토의가 주제에서 벗어나지 않도록 유의하고, 대상자가 토의에 골고루 참여할 수 있도록 진행한다.

그러나 구성원들의 지식 수준, 대화 능력 등에 차이가 큰 경우 교육효과가 낮을 가능성이 커지므로 교육대상자의 특성에 대해 사전 검토와 대비가 필요하다. 토론 시간이 부족한 경우에는 모든 교육대상자의 참여가 쉽지 않고, 토의를 위한 질문이 교육대상자의 수준에 비해 어려운 경우에는 토의가 진행되지 않을 수 있다. 특히 토의 훈련이 안 된 교육대상자에게는 토의 진행방법에 대해 교육자의 지도가 적절히 병행되어야 한다.

토의 유형은 다양하지만, 특히 영양교육 현장에서 활용 가능한 토의형 교육방법의 특징은 표 6-4 와 같다.

표 6-4 토의형 교육의 특징

장점	단점
• 대상자들이 토의를 통해 교육 참여 기회를 가짐 • 토의를 통해 동기가 유발되어 참가 의욕이 높아짐 • 대상자들의 상호작용이 높아지고 토의를 통해 결론을 만들어 내므로 교육내용에 대한 이해도가 높음 • 자신의 의견을 타인의 의견과 비교하며 사고가 확장될 수 있음	• 토의를 활발하게 만들기 위한 시간과 노력이 필요함 • 특정 대상자의 발언이 많아지면 지루해짐 • 대상자 간에 상호작용이 부족한 경우 잘못된 결론이 만들어질 수 있음 • 다양하고 많은 정보를 짧은 시간에 토의하기는 어려움 • 토의 안건에 대해 사전지식이 없으면 효율적인 토의가 어려움

(1) 강의식 토의

강의식 토의lecture forum는 영양교육에서 많이 사용되는 방법으로 발표자가 특정 주제에 대해 강의하고, 강의 사이나 끝난 후에 참가자들의 질문을 받으면서 토론을 하는 것이다(그림 6-1 의 1). 발표자는 보통 1인이고, 교육대상자는 많아도 되지만 토의를 위해서

50~60명 정도로 하고, 강의는 30분 정도로 한다. 파워포인트 자료, 인터뷰 동영상, 영화, 실물 등을 이용해 청중의 흥미를 유발하면 교육효과가 커지고, 좌장은 참가자에게 질문을 받아 발표자에게 전달하고, 결론은 발표자가 내린다.

강의식 토의의 예

주제 : 중장년의 건강수명을 위한 영양관리

질문 :

- 과일과 채소를 챙겨 먹으라고 하는데, 당뇨병이라 먹을 수 있는 과일이 없어요.
- 우유를 먹으면 속이 불편한데, 어떡하면 좋을까요?

(2) 심포지움(강단식 토의)

심포지움symposium은 특정 주제와 관련하여 전문성을 가진 3~5명의 연사가 주제의 다각적 측면의 소주제에 대해 의견을 발표한 후, 연단에 연사들이 함께 앉아 참가자들의 질문에 응답하는 방식이다(그림 6-1의 2). 사회자 또는 좌장이 연사의 강연 내용을 요약해서 참가자들의 이해도를 높이고, 참가자의 질문이 한 연사에게 집중되지 않도록 한다. 연사들 간에는 서로 토의하지 않는다.

강단식 토의의 예

주제 : 노인복지센터 어르신의 건강관리 증진

- 연사1 : 어르신들의 활동량 증진 방법
- 연사2 : 혈당과 혈압관리 식사방법
- 연사3 : 어르신들 조리능력 높이기–쉬운 조리방법 배우기

(3) 배석식 토의(패널 토의)

배석식 토의panel discussion는 전문가 또는 참가자 중에서 4~8명의 패널이 단상에서 특

정 주제에 대해 20~30분간 토의를 한 후, 토의내용을 중심으로 다시 청중들과 질의토의를 10~15분간 하는 방법이다(그림 6-1의 3). 참가자들은 토의 중간에 여러 시점에서 참여 가능하고, 토의 진행보조자에게 질문을 종이에 써서 전달할 수도 있다. 패널들 간, 패널과 참가자 간의 토의를 반복하며, 전체 토의 시간은 1.5~2시간 정도 진행하면 좋다.

좌장은 토의 시작 시에 주제와 토의 진행방법 및 패널을 소개하고 패널 간에 토의가 잘 이루어질 수 있도록 조정한다. 토의 종료 15분 전에 진행된 토의내용을 간단히 요약하고 각 패널에게 토의내용의 중요한 요점을 발언할 기회를 준 후, 최종적으로 토의내용을 종합 정리한다. 배석식 토의는 참여한 청중과 함께하는 전체 토의방식에 의해 결론을 만들게 되므로 어느 개인의 주장에 치우치지 않는 장점이 있고, 심포지움과는 다르게 패널들 간에 토의가 진행되는 차이가 있다.

(4) 공론식 토의

공론식 토의debate forum는 '공청회'와 같은 방식으로, 새로운 기준, 법, 시행규칙, 조직 개편 등의 논의에 쓰인다. 한 가지 주제에 대해 서로 의견이 다른 3~4명의 연사가 자신의 의견을 먼저 발표하고, 그다음에 참가자들의 질문을 받고 의견을 나누며, 찬반의 의견을 모두 모아 토론을 정리하는 방식이다(그림 6-1의 4). 연사들은 서로 다른 상반된 입장을 제시하고 설득하려고 하며, 청중은 각자의 이익에 따라 첨예하게 대립하는 경우가 많아 토의가 격하게 끝나기도 한다.

공론식 토의에서 좌장의 역할은 매우 중요하다. 좌장은 연사의 소개뿐만 아니라 서로 의견이 다른 연사들의 발표내용을 정리해서 최종적인 결론을 요약하는 역할을 한다.

공론식 토의의 예

주제 : 외식업체 메뉴의 나트륨 함량 표시 의무화

토의 참가자 구성 : 서로 다른 의견을 가진 전문가(찬성, 반대)

- 주제에 대한 찬성 또는 반대 입장과 근거 및 장단점 제시
- 참가자와 토론자 간의 질의응답 및 토의 반복
- 좌장은 토의내용 요약 및 정리

(5) 원탁식 토의(좌담회)

원탁식 토의round table discussion는 보통 10명 정도의 인원이 둘러앉아 규칙에 구속되지 않고 자유롭게 의견이나 태도를 이야기하는 토론 방식이다. 교육 참여자 간에 지식이나 정보를 상호 제공하고 교환하며 집단의 의견을 요약해 나가는 토론 방법이다(그림 6-1의 5).

비슷한 수준의 참가자들이 좌장의 사회로 토의 주제와 관련된 자신의 경험과 의견을 발표한 후, 좌장이 전체 의견을 종합한다. 참가자 전원이 발언 기회를 가져 종합 의견에 공감되는 정도가 높다. 좌장은 참가자 모두가 발언할 수 있도록 유도하고, 1회 토의 시간은 2시간 정도가 적절하다. 서기가 참가자의 의견 요점을 기록한다. 원탁식 토의에서 교육자(좌장, 사회자)의 유의사항은 다음과 같다.

원탁식 토의(좌담회) 진행 시 유의사항

- 강의에 비해 시간이 많이 소요되므로 토론 시간 배정과 진행에 유의한다.
- 참가자 모두에게 발언의 기회를 적절히 제공한다.
- 참가자의 관련성 없는 의견 등으로 토론의 질이 떨어질 수 있으므로 교육자가 토론 진행에 대한 사전 준비를 철저히 한다.
- 사회자(좌장, 교육자)는 토의가 진행될 때 발언이 특정인에게만 편중되지 않도록 하고, 소외되는 참여자도 없어야 하며 주제에서 벗어나지 않도록 주의한다.
- 토의가 교육효과를 가질 수 있도록 성공적으로 이루어지기 위해 충분한 경험을 지닌 사회자(교육자)가 필요하다.

원탁식 토의(좌담회)의 예

주제 : 대학생의 아침식사 습관의 중요성

토의 참가자 구성 : 여러 전공의 대학생들 10명

- 원탁 토의 : 자신의 아침식사 습관, 아침결식 이유, 아침식사 형태, 균형식 여부, 건강의 불편함 등에 대한 토의
- 참가자 모두가 발표하게 유도하고, 토의 후 아침식사를 개선할 수 있는 방법들을 정리함

(6) 버즈세션(모둠활동, 6 · 6식 토의, 분단토의)

버즈세션buzz session은 교육대상자를 소집단으로 편성하여 참가자 모두가 참여하여 특정 주제나 문제점에 대해 토론하도록 진행하는 교육방법이다(그림 6-1의 6). 시간적 제약이 있거나 다수인이 대상이라 모든 참가자가 발언하기 어려울 때, 여러 참가자를 토의에 참여시키기 위하여 6명씩 소집단을 구성하고 6분간 토의하는 6 · 6방식을 권장하고 있다. 꼭 6명씩 6분간 토의하는 방식은 아니고, 많은 인원을 효율적으로 나누어 토의하게 하는 방식이다. 버즈세션은 강의 등과 결합하여 사용하면 효과적이다.

버즈세션을 활용한 토의 방법을 운영할 때는 다음의 순서로 진행한다.

① 토론 참가자 전원을 6명 정도의 소그룹으로 구성

② 소그룹의 리더 선정

③ 주어진 주제에 대해 소그룹에서 5~20분 정도에 걸쳐 자유토의를 하게 한 후 결론 도출

④ 소그룹의 대표가 결론을 팀원 전체에게 발표

⑤ 운영하는 교육자는 각 소그룹의 결론을 참고하여 전체 토의를 진행 절차에 따라 진행

버즈세션 토의의 효과를 높이기 위한 교육자의 유의사항은 다음과 같다.

버즈세션 토의 방법의 유의사항

- 토의 시간이 주제의 내용에 비해 많이 짧으면 토의가 제한될 수 있으며, 좋은 결론을 도출해 내기 어려울 수 있다.
- 토의 주제는 참가자가 경험이 있거나 관심 있는 것으로 선정하고, 가능한 구체적인 주제를 선정하는 것이 좋다.
- 소그룹 편성은 6 · 6 법칙에 따라 5~6명이 적절하다. 2~3명은 인원이 적어서 의견이 나오기 힘들고, 7~8명은 많아서 단시간에 충분한 토의가 어렵다.

버즈세션 토의의 예

주제 : 대학생의 아침식사 습관의 개선 방법

토의 참가자 구성 : 여러 전공의 대학생들 30명

- 버즈토의 : 6명 정도로 소그룹을 나눈 후 리더를 정하고, 각 팀에서 자신의 아침식사 습관, 아침결식 이유, 아침식사 형태, 균형식 여부 등에 대하여 차례로 토의하고 정리
- 아침식사 실태 기반으로 아침식사 개선 방안에 대해 아이디어를 자유롭게 제안함
- 소그룹의 리더가 팀의 토의 결과를 발표함
- 모든 팀의 발표 결과 중에 다수의 의견으로 나온 아침식사 개선 방법을 정리하고 실천 계획을 토의함
- 토의 세부 주제별로 중간 발표를 여러 번 실시하여도 좋음

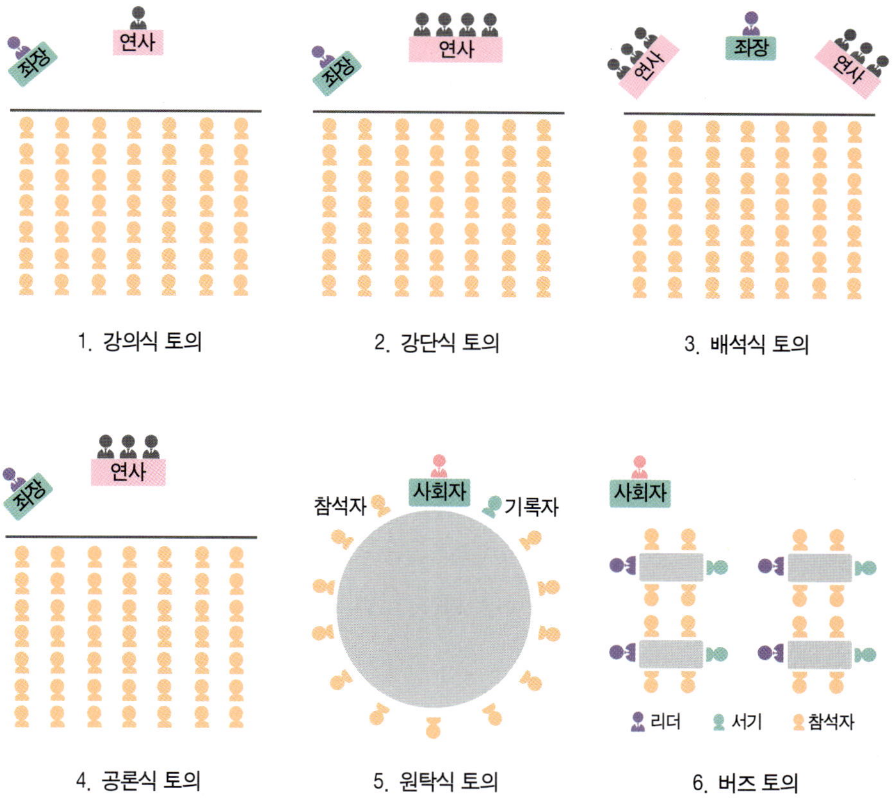

그림 6-1 토의방법별 토의 상황 비교

(7) 연구집회(워크숍)

연구집회workshop는 특정 주제에 대해 전문가나 실제 업무 경험이 많은 연사의 강연을 들은 후 참가자들이 그룹별로 모여 연구하고 토의하며 문제해결 방법을 찾아가는 토의방법이다. 워크숍 참가자들은 주제에 대해 공통된 관심을 가지고 있거나 직업이 비슷한 사람들로 보통 30명 이내로 소규모로 모여 진행한다. 강의를 듣는 것뿐만 아니라 문제해결에 필요한 특별한 방법과 기술을 배우기도 하며, 교육자나 전문가의 훈련과정에 많이 쓰인다.

워크숍의 예

주제 : 영양(교)사의 효율적 영양교육을 위한 영양판정 방법 워크숍

- 토의 참가자 구성 : 지역 학교 영양(교)사
- 전문가의 강의를 들은 후 식사조사 방법 훈련 및 식사 판정 연습, 신체계측장비 사용법 훈련 및 결과 해석 연습, 식습관 조사 연습 및 판정 훈련
- 학생 영양판정의 결과를 종합하여 영양상태를 정확히 진단한 후, 영양교육의 목표와 내용을 구성해 보는 훈련

(8) 브레인스토밍

브레인스토밍brainstorming 토의법은 1950년 오스본Osborne이 만든 창조성 개발 기법으로 '돌연한 묘안'의 의미를 가지고 있으며, '두뇌충격법'이라고도 한다. 특정한 주제나 문제점에 대하여 교육대상자가 의견이나 아이디어를 자유롭게 제시하도록 하는 교육방법이다.

브레인스토밍은 보통 6~7명의 그룹을 만들고, 다음 지침을 준수하며 해결방안을 제시하고 토의한다.

① 자유분방한 아이디어나 의견을 낸다.

② 타인의 아이디어나 의견을 비판하지 않는다.

③ 질보다 양이 중요하므로 다수의 아이디어와 의견을 도출하도록 한다.

④ 타인의 아이디어나 의견을 조합시켜 새로운 아이디어와 의견을 만들어낸다. 브레

인스토밍은 길어지면 지루해지고 아이디어를 내기 힘들어지므로 10~20분 정도로 짧게 두세 번 반복 실시하며 전체 시간은 30분 정도가 좋다. 브레인스토밍의 교육 효과를 높이기 위하여 교육자의 유의사항은 다음과 같다.

브레인스토밍 방법의 유의사항

- 교육대상자가 토의 경험이 있거나 토의에 대해 적극적인 경우에 더 효과적으로 운영될 수 있으므로 교육대상자를 진단한 후 시행한다.
- 주제는 여유롭게 토의할 수 있고 문제해결에 시간적 여유가 충분한 문제가 다양한 아이디어를 내기에 적절하다.
- 교육대상자가 주제에 관하여 자유롭게 이야기할 수 있도록 토의환경을 만든다.
- 아이디어 내는 것 자체를 중요하게 생각하는 자유로운 분위기를 만든다.
- 교육대상자의 전통, 관습, 논리에 구애받지 않고 새로운 아이디어를 도출해 낼 수 있는 융통성 있는 분위기를 조성한다.
- 교육대상자를 연령, 직위 등이 비슷한 소집단으로 구성해야 많은 아이디어를 낼 수 있다.

(9) 시범교수법

시범교수법demonstration은 교육대상자가 배워야 할 기술이나 절차, 실물, 경험담을 구체적이고 생생하게 교육하는 방법이다. 시범 과정을 비디오로 녹화하고 필요시 반복 교육하면 교육을 촉진시킬 수 있어 효과적이다.

시범은 교육자들이 교육한 기술을 수행해 보기 이전에 실제 사례를 통해 볼 수 있고, 교육자가 다수의 교육대상자에게 기술이나 절차를 가르칠 수 있다는 장점이 있다. 한편 시범의 내용은 대부분 일반적 내용이라 교육대상자 개개인이 직접 해보는 훈련, 실습이 아니라는 단점이 있다. 이는 교육자가 기술과 절차에 대해 시범을 보일 때 교육대상자에게 시범 행동을 따라 해보도록 하면 어느 정도 보완이 가능하다. 시범교수법은 방법시범교수법과 결과시범교수법 두 가지가 있다.

① 방법시범교수법

방법시범교수법method demonstration은 문제를 해결해 가는 과정을 단계적으로 시범을 보이면서 교육한다. 시연(시범)이라고도 하는데, 교육대상자들이 방법에 대해 단계적, 실천적 교육을 받으므로 실천에 대한 자신감이 올라가는 장점이 있다. 영양교육에서 직접 실습이 가능하다면 참가자들을 한 그룹당 3~5명, 많으면 10명으로 소그룹을 만들고, 그룹이 많으면 교육자와 1~3명의 교육보조자가 있으면 좋다.

식단 작성의 과정을 단계적으로 설명하거나, 조리 과정을 단계적으로 보여주며 참가자들이 직접 조리하는 방법으로 운영하면 참가자들의 관심과 의욕이 높아져 교육효과가 크다.

시범 교육의 효과를 높이기 위하여 교육자가 유의할 사항은 다음과 같다.

시범 교육의 유의사항

- 교육대상자가 시범의 목적과 내용, 절차, 기구에 대하여 분명하게 이해할 수 있도록 시범 중에 명료하게 설명한다.
- 시범 전에 사용할 기구와 자료를 점검하고, 시범은 교육대상자 전체가 관찰할 수 있도록 실시하며, 시범 후에는 교육대상자가 연습할 수 있도록 한다.
- 시범을 보이면서 교육대상자의 반응, 문제점 등을 관찰하여 교육 개선을 위한 자료로 활용한다.
- 교육대상자가 기술과 절차를 이해하고 스스로 실천할 수 있을 때까지 반복 연습하면 좋다.

방법시범교수법의 예

주제 : 어르신들의 미각 증진을 위한 채소음식 조리법 교육(월남쌈 만들기)

참가자 : 노인복지센터 어르신

교육장소 : 노인복지센터 회의실 또는 지역 대학 식품영양학과 조리실

교육 내용 :

- 채소 섭취의 중요성과 다양한 조리법
- 월남쌈 조리법을 단계별로 설명
- 각 그룹별로 월남쌈을 만들어 시식해 봄(교육보조자 협조)
- 좋아하는 채소, 싫어하지만 영양적으로 필요한 채소를 준비하여 월남쌈으로 새로운 조화로운 맛으로 섭취하도록 강조, 정리

② 결과시범교수법

결과시범교수법result demonstration은 영양교육자, 지역사회 영양전문가 등이 사업활동 결과를 통하여 문제를 해결해 나가는 과정을 공유하고 토의하면서 참가자들의 식생활 행동변화를 유도하는 방법으로, 일종의 사례연구이다. 사례의 문제해결 과정을 보면서 참가자들이 자신의 문제와 비교하고 문제해결 과정과 방법에 대해 배우며 참여하려는 의지가 높아지게 된다.

사례는 참가자들의 영양문제, 지식수준, 요구 문제 등을 고려하여 현실적인 상황을 선택하고, 사진이나 인터뷰 동영상 등 시청각자료를 준비하면 효과적이다. 방법시범교수법보다 시간, 노력, 비용 면에서 효율적이다.

결과시범교수법의 예

- 식단관리, 운동습관을 만들어 체중감량에 성공한 사례
- 식단 조절로 혈압을 유지하는 고혈압 환자 사례
- 잔반을 감량한 학교급식의 영양교육 사례

3) 개인교수형 교육방법

개인교수형indivisualized instruction은 교수자 또는 인쇄자료, 소프트웨어, 웹 기반 자료 등이 교육자로 역할을 하며 개별적으로 진행되는 교육방법이다. 교육자가 학습자에게 학습할 내용을 제시한 후 학습자의 반응을 분석한 결과에 따라 적절한 피드백을 제공하여 학습효과를 증진시키는 방법이며, 특징은 표 6-5 와 같다.

표 6-5 개인교수형 교육의 특징

장점	단점
• 학습자가 개별적으로 새로운 자료를 학습함 • 학습 진도에 따라 피드백을 받을 수 있음 • 학습자 개인의 학습 수준이나 학습 속도에 따라 학습을 진행할 수 있음	• 교육자료의 정보 제시가 한 가지 형식으로 일관되면 학습이 지루할 수 있음 • 학습이 원활하지 않으면 학습자에 따라 포기할 수 있음

(1) 프로그램학습

프로그램학습programmed instruction은 교육자 주도의 다수의 학습자 대상에서 학습자들의 개인차를 간과하게 되는 제한점을 해결하기 위하여 1950년대 행동주의자인 스키너Skinner의 강화이론을 토대로 이루어진 행동주의 교수이론 근거의 교육방법이다. 학습 내용을 작게 나누어 단계를 만들고, 각각의 단계를 완성해 나가며 전체를 숙달하게 한다. 프로그램학습은 학습에 대한 체계성과 절차성을 강조하고, 명확한 학습목표 제시, 학습행동 분석, 학습자 반응 통제와 피드백, 총괄적 학습 평가를 강조한다.

프로그램학습은 학습 내용을 계열화하여 내용에 숙달하는 것이 초점이므로, 가르쳐야 하는 지식이나 태도, 행동, 기술 등에 모두 적용 가능하다. 교육내용을 작은 단계로 구분하고, 학습자들이 적극 능동적으로 활동하도록 교육내용을 구성한다.

프로그램학습은 현대에 많이 쓰이고 있는데, 전체 학습자를 대상으로 한 교육에서 개별학습을 실시하거나, 특별 지도가 필요한 경우에 효과적으로 사용될 수 있다. 그러나 프로그램학습으로 구성될 수 있는 학습 내용에는 한계가 있고, 완벽한 프로그램학습을 구성하기에는 어려움이 있다는 단점이 있다. 프로그램학습의 효과를 높이기 위하여 교육자의 유의사항은 다음과 같다.

프로그램학습 방법의 유의사항

- 개인차를 고려하여 프로그램을 구성하고, 교육목적의 달성을 촉진하도록 설계한다.
- 교육자는 학습자를 지원하고 필요한 시기에 맞춰 적절한 피드백을 주는 등 촉진자로서의 역할을 수행한다.
- 프로그램학습 자체가 전체 교육을 대신할 수 없음을 알고, 전체 교육에서 효과적으로 운영할 수 있도록 한다.

(2) 코칭

코칭coaching은 교육자와 교육대상자가 1:1 또는 1:극소수의 형태로 상호작용하며 이루어지는 개인교수형 교육방법이다. 개별 교육대상자의 능력 수준에 맞는 교육과 훈련이 가능하고 교육자와 교육대상자 간의 상호작용이 활발하며 인지적, 정의적 학습목표의 교육과 훈련에 효과적이다. 보통 1인 학습이므로 동료가 없어 동료를 통한 교육 성장이 제한적이다 표 6-6 .

표 6-6 코칭 교육의 특징

장점	단점
• 교육대상자의 능력에 맞춰 교육과 훈련이 가능함 • 교육자와 교육대상자 간에 상호작용이 활발함 • 조리법이나 교육자 훈련 등에 적합함	• 한 명의 교육대상자를 위해 한 명의 교육자가 시간과 노력을 많이 들여야 함 • 교육비용이 높음 • 교육대상자 동료가 없어 사회성과 동료를 통한 성장이 부족 →집단코칭으로 보완 추세

코칭은 개별적으로 영양문제를 가지고 있는 대상자에게 개별 특성을 고려하여 식생활 문제를 개선할 수 있도록 교육할 수 있다. 특히 한 번에 수정이 어려운 식습관의 개선과 식생활의 실천이 지속적으로 진행되는지의 확인이 필요한 경우에 좋은 방법이다. 코칭 방법의 교육효과를 높이기 위하여 교육자의 유의사항은 다음과 같다. 최근에는 코칭을 상담에서도 사용하며, 영양상담에서 집단코칭을 효과적으로 이용하고 있다.

코칭 교육의 유의사항

- 교육자(코치)의 경험과 능력이 학습과 훈련의 성공에 중요하다.
- 교육자는 교육대상자의 반응에 대해 세밀하고 정확한 피드백을 줄 수 있는 전문성과 지도 역량이 필요하다.
- 능력있는 교육자가 훌륭한 코칭 능력을 가진 것은 아니므로 코칭 능력을 잘 갖춘 교육자를 발굴하기가 쉽지 않다.
- 코칭에서 교육자는 가르치기보다는 안내자의 역할을 하며 대상자(coachee, client, mentee)가 목표를 이루게 한다.

4) 독자적 학습형 교육방법(프로젝트법)

독자적 학습independent study은 대상자들이 특정 지식이나 기술 등을 복습하거나 반복 연습하도록 하는 방법이다. 학습과제를 교육자가 부여할 수도 있고, 교육대상자가 스스로 선택할 수도 있다. 교육자는 교육의 촉진자, 안내자의 역할을 하고, 과제는 교육 시간이나 그 외의 다른 시간에도 할 수 있다. 최근에는 온라인 기반의 독자적 학습이 나타나고 있다. 독자적 학습형의 대표적인 예로는 독학과 프로젝트법이 있는데, 독학은 독자적이고 개인적으로 학습하는 것이라 영양교육 현장에서 영양전문가가 사용하기에는 빈도가 높지 않다.

프로젝트법project method은 구성주의 교수이론에 근거한 교육방법으로 주입식교육에서 벗어나 학습활동을 학습자가 계획하고 전개해 나가는 학습자의 자발적 참여를 강조하는 교육방법이다. 지식이나 기술의 숙련이 가능하고, 생산활동 및 조사활동survey을 하는 프로젝트 등이 있다. 프로젝트를 활용한 교육에서는 보통 다음의 4단계로 진행된다.

① 교육목표 설정 : 대상자(학습자)의 흥미, 교수・학습과정 기반으로 지식이나 기능 습득을 목표로 함

② 프로젝트 계획 : 대상자의 흥미 유발 관점에서 학습자 자신이 문제를 발굴, 구상하도록 함

③ 프로젝트 수행 : 대상자는 자신의 계획에 따라 학습활동 전개, 교육자는 프로젝트가 원활하게 진행되도록 지도함

④ 평가 : 대상자 자신 또는 동료 학습자가 평가하고, 새로운 지식이나 기술, 학습 경험을 발전시켜 나가게 함

프로젝트 교육방법은 1회성의 교육에서는 활용이 어렵고, 지속 교육이 가능한 대상자 및 학교 교육의 학생들이나 영양사들의 직무교육에 활용 가능하다. 교육대상자들의 프로젝트 주제와 관련한 문제를 직접 조사하여 문제점을 더욱 확실히 알게 하고 동기부여하기 위하여 조사활동 방법을 포함할 수도 있다. 프로젝트법의 교육효과를 높이기 위하여 교육자의 유의사항은 다음과 같다.

프로젝트법의 유의사항

- 대상자(학습자)의 높은 수준의 동기와 자기주도성이 필요하다.
- 활동에 초점을 둔 창의적 방법의 장점을 살려 대상자의 창의성을 끌어내도록 구성한다.
- 프로젝트 활동에 필요한 자료 확보가 미비하면 성공 확률이 낮다.
- 그룹 프로젝트를 시행할 경우, 개인의 능력에 따라 동참하지 못하는 대상자가 나타날 수 있다.
- 대상자 자신의 평가와 다른 학습자의 평가를 살펴보면서 상호평가를 하면 좋다.
- 교육자는 학습자의 프로젝트 활동에 대해 일방적인 평가를 피하고, 조언을 통해 자신의 활동을 평가하도록 지도한다.

프로젝트법을 활용한 영양교육의 예

주제 : 대학생의 아침식사 습관의 개선 방법
토의 참가자 구성 : 대학급식 영양사와 여러 전공의 대학생 30명

- 교육목표 설정 : 간단한 아침식사 준비 습관의 형성
- 프로젝트 계획 :
  - 간단한 아침식사 조리법 연습
  - 경제적인 아침식사로 외식메뉴 선택법
- 프로젝트 수행 : 단계별로 소주제 진행
  - 자신이 좋아하는 간단한 아침식사 메뉴를 세 가지 정도 정하여 조리법을 배워 연습함
  - 가격, 시간, 영양 면에서 적절한 아침식사의 외식메뉴 조사
  - 영양사는 조리법의 실습을 도와주고, 외식메뉴의 영양 평가방법을 지도함
- 평가 : 간단한 아침식사를 준비하여 먹거나, 영양적인 아침식사 메뉴를 사 먹고 등교하는지 식습관의 변화를 평가

5) 협동학습형 교육방법(협동학습)

협동학습cooperative learning은 학습자들이 팀 과제를 진행하는 과정에서 동료 학습자로부터 서로 배우는 방법이다. 보통 3~6명 정도의 서로 다른 구성의 소집단에서 팀의 구성원들이 공통의 학습목표와 과제를 협력하면서 진행하는 과정으로, 학습자들이 과제 해결

을 위해 의사소통 기술과 비판적 사고능력을 사용하고 경험을 통해 지식과 기술을 체득하게 할 수 있다.

협동학습의 장점은 다양한 능력의 여러 참여자가 팀을 구성하여 팀원 모두가 유익한 학습경험을 할 수 있다는 것이다. 반면 다른 교육방법에 비해 시간이 많이 소요되고 팀의 규모가 커지면 교육효과 성취가 어렵거나 개별적인 학습을 선호하는 대상자에게는 불편하다는 제한점이 있다. 그러나 협동학습이 성공적으로 운영되면 자기효능감, 성취감, 협동심 및 사회성의 증진과 학습한 것을 오래 기억하게 되며 균형감 있는 사고를 할 수 있다.

협동학습의 절차는 수업목표 제시 – 학습내용 제시 – 팀 구성 – 팀 빌딩, 학습환경 전개 – 평가 – 학업성취에 대한 보상의 단계로 실시되며, 과제나 집단의 특성 및 학습자의 주도성 등에 따라 자율적 학습모형, 성취과제분담모형, 집단조사모형 등 여러 가지 모형을 다양하게 활용할 수 있다. 영양교육에서 집단지도 시 토의 진행이나 프로젝트법을 팀으로 운영할 경우 팀빌딩 방법 등 협동학습의 특징을 활용하면 교육효과를 높일 수 있다.

6) 경험학습형 교육방법(실험형 교육)

교육은 실제 현장에서 이루어지거나, 모방한 학습환경 기반의 경험학습이나 체험학습이 매우 효과적이다. 이에 기반하여 경험과 체험에 기초한 다양한 교육방법을 경험학습형experimental learning 교육방법이라고 지칭하고 있다. 경험학습형 교육방법으로는 특정 대상에 대한 직접적인 관찰과 체험을 위한 현장견학이나 사례연구, 실제 현장과 연계한 체험중심의 현장실습, 조리실습, 매체를 활용하여 현장을 모의 재현하고 경험을 유도하는 역할극, 시뮬레이션, 교육적 게임 등이 있다. 또한 어떤 현상을 계획적으로 조성하고, 관계를 규명하기 위한 실험 및 습득한 지식과 기술을 실제적으로 수행해 보는 연습이 있다.

(1) 현장 견학

현장 견학field trip이란 실제 현장에서 직접적인 관찰과 연구를 하기 위해 학습자가 관심 있는 대상이나 장소를 직접 방문하는 계획된 교육적 여행이다. 현장 견학은 쉽게 접할 수 없는 것에 대한 직접적 관찰이나 이론과 실제를 연관시키고자 할 때 사용한다. 현장 견학의 교육적 효과를 높이려면 방문하는 장소와 수집된 정보에 대한 분석 및 해석, 토의가 병행되어야 한다.

식생활 및 식품개발과 관련된 견학은 영양지식의 적용과 확장, 식태도의 변화가 가능하고 견학 현장이 속한 지역사회에 대한 소속감을 증진시키며 식생활의 실제 수행과 적용을 볼 수 있어 영양교육의 효과를 증진시킨다. 그리고 견학 후에는 그룹 토의나 결과보고서를 작성하게 하면 좋다. 현장 견학의 교육효과를 높이기 위하여 교육자의 유의사항은 다음과 같다.

현장 견학 교육방법의 유의사항

- 견학지 선정과 견학지의 협조 요청, 사전 답사 및 견학의 시간 배분 등 면밀한 계획을 세운다.
- 견학의 목적을 대상자(학습자)에게 명확하게 사전에 알린다.
- 교육자는 대상자들과 함께 행동하고 대상자의 견학 태도에 대해 조언하고 지도한다.
- 현장 견학의 안내문을 미리 제공한다.
- 그룹 토의나 견학보고서를 통해 교육효과를 평가하고 차후 견학 계획에 반영한다.

(2) 실험

실험lab experience은 관찰하려는 현상을 계획적으로 구성하고 조건을 바꾸어가며 조건과 결과의 상관관계를 파악하는 방법이다. 실험을 통한 교육은 먼저 어떤 현상이나 사실의 문제를 인식하여 실험할 문제를 찾아내고, 이에 대한 자신의 생각을 적용하면서 문제해결을 위한 계획을 세운다. 그 다음 실제 실험활동을 통하여 객관적인 자료에 근거한 결론을 도출해 내고, 자신의 결과와 동료의 결과를 비교하며 실험 주제에 대한 개념과 원리를 익힌다.

영양교육 현장에서는 채소·과일 재배 실험, 식품의 성분 확인 실험, 식품안전 실험, 동물사육실험, 식생활 변화 인체실험 등이 가능하며, 실험을 학교 현장에서 활용할 때는 관련 교과목과 연계하여 실시하면 교육효과를 더 높일 수 있다. 실험 결과를 전시하거나 친구, 학부모에게 발표하게 하면 영양교육 효과를 상승시킬 수 있다.

(3) 역할놀이(역할극, 역할연기법)

역할놀이role playing는 타인의 역할을 연기를 통해 경험하면서 자신과 타인에 대한 이해를 높이는 데 도움을 주는 경험 중심의 극화된 놀이 방법이다. 역할극은 주로 대인관계 기술을 훈련할 때, 타인의 행동이나 감정을 이해해야 할 때, 그리고 실제 문제에 대하여 동기유발이 가능하다고 판단될 때 적절한 교육방법이다.

영양교육 현장에서는 편식이나 까탈스러운 식사행동 등을 하는 어린이와 엄마가 역할을 바꾸어 연기해 보면서 엄마의 그동안 행동과 속상했을 마음을 어린이가 이해하고 자신의 식사행동을 개선하겠다는 동기부여가 될 수 있다. 또 비만 영양교육에서는 의사, 영양사와 환자의 역할을 바꾸어 역할연기를 해보면서 환자가 자신을 도우려는 의사, 영양사의 마음을 알고 식사요법 실천에 대한 의욕이 높아지는 것이 가능하다. 역할놀이는 어떤 상황에서 감정이나 행위의 결과를 이해하고 식행동을 교정하는 데 긍정적 반응이 나타날 수 있다.

강의나 강연 교육방법에서 역할놀이를 병행하면 교육의 효과를 증진시킬 수 있다. 역할연기법은 연습하지 않고 즉흥적으로 시행하고, 간단하게 상황을 정해서 빠른 시간 내에 마칠 수 있게 하는 것이 효율적이다. 역할놀이의 교육효과를 높이기 위하여 교육자의 유의사항은 다음과 같다.

역할놀이 교육방법의 유의사항

- 역할놀이의 주제를 식생활 개선 내용으로 구체적으로 설정한다.
- 교육자는 관찰, 평가, 토론 능력 등을 갖추도록 노력한다.
- 교육자는 대상자에게 역할연기의 목표에 대해 명확하게 알려주고, 대상자들이 문제 상황에 집중하도록 유도한다.
- 교육자는 역할놀이에 대한 내용을 분석할 때, 교육자의 의견 전달보다는 참여자 전원의 의견을 듣는 것이 중요하다.

(4) 인형극

인형극puppet play은 인형을 소재로 다양한 식생활 교육내용을 극화하여 유아나 초등학교 저학년 어린이들에게 친밀하게 흥미와 식행동 실천의 동기유발 효과를 가질 수 있다.

인형극은 15분 이상 진행하면 지루해져 효과가 떨어지므로 단막극 형태로 스토리를 구성하고, 어린이들이 좋아하도록 말과 행동을 조금 과잉으로 표현하는 것이 이해도를 높일 수 있다. 현재 어린이급식관리지원센터에서 유아 영양교육에 많이 활용하고 있다.

(5) 시뮬레이션(모의실험)

시뮬레이션simulation은 현실 세계에서 이루어지는 어떤 현상의 과정을 재현시키는 방법으로, 시뮬레이션 기반 교육은 실제 현실에서 나타나는 여러 가지 상황을 크기나 복잡성을 축소시켜 필수적인 요소만을 교육적 목적으로 재현시킨 환경으로 구성한다.

시뮬레이션은 실생활을 간접적으로 경험하고 이를 통해 문제를 인식하고, 생각, 태도가 변화되는 교육방법이라 실제 상황을 경험할 때 드는 경비와 시간 등을 절약하는 장점이 있고, 충분히 현실성을 지닌 가상환경에서 대상자들이 결정을 내릴 수 있는 능력을 키우는 데 효과적이며 안전한 방법이다. 또한 눈으로 확인하고 감지하기 어려운 개념이나 현상을 시뮬레이션을 통해 구체화, 시각화하고 반복적인 조작을 통해 자신의 사고과정을 정교화할 수 있어 학습자의 자기주도적 발견학습을 촉진할 수 있다. 시뮬레이션의 교육효과를 높이기 위하여 교육자의 유의사항은 다음과 같다.

시뮬레이션 교육방법의 유의사항

- 교육자는 시뮬레이션에 필요한 여러 절차를 숙지하고 운영한다.
- 교육의 목표를 명확히 하여 놀이로 끝나지 않도록 한다.
- 대상자에게 기초적인 학습을 숙지시킨 후, 최종적인 목표를 수행하게 하며 학습을 촉진시킨다.
- 모의실험이 끝난 후 교육자와 대상자들의 토의를 통해 교육적 효과를 높인다.
- 시간과 비용이 많이 소요되므로 비용 효과를 검토한 후에 사용하는 것이 바람직하다.

(6) 게임

게임, 특히 교육용 게임games은 경쟁과 도전의 게임 속성을 활용하여 학습 내용을 연결하여 에듀테인먼트edutainment적인 요소를 포함하는 흥미로운 교육방법이다. 게임 기반 교육은 학습목적의 성취뿐만 아니라 학습자 간의 의사소통, 인내심과 경쟁심, 호기심 등을 습득할 수 있는 장점이 있어 이러한 요소를 식생활의 실천력 증진에 활용하면 좋다. 게임의 교육효과를 높이기 위하여 교육자의 유의사항은 다음과 같다. 활용되는 매체는 7장의 전자 게임을 참조한다.

게임 교육방법의 유의사항

- 게임 자체가 학습 목표를 달성할 수 있도록 설계한다.
- 교육목표가 달성되었을 시점에 즉각적인 피드백을 하는 것이 좋다.
- 게임이 실행되는 동안 교육자는 계속 관심을 가지고, 대상자 전원이 참석할 수 있도록 한다.
- 게임이 끝나는 시점을 적절하게 설정한다. 게임에 대한 흥미를 잃은 후에 게임을 종료하면 교육의 효과가 떨어질 수 있다.
- 게임이 끝나면 반드시 토론을 통하여 종합적인 정리를 하며 교육효과를 높인다.

더 알아보기

시뮬레이션 게임

- 현실에 기반한 시나리오와 같은 시뮬레이션의 속성과 규칙에 의한 목표달성 및 보상이라는 게임의 속성을 결합한 방식
- 게임을 통한 반복적인 기능 연습과 시뮬레이션을 통한 구체적 내용의 이해로 학습자가 많은 전체 내용과 요소 간의 상호관련성을 이해할 수 있음

(7) 연습, 조리실습

연습 활용 교육방법은 학습자가 반복적인 연습을 통해 기능을 획득하거나, 획득한 기능을 숙달되게 하며 학습의 전이transfer나 일반화를 촉진시키기 위해 실시하는 방법이다. 반복 연습은 필요한 기능을 즉각 수행할 수 있도록 숙련시키고 완성하는 데 효과가 있다. 연습은 모든 학습영역에서 효과적으로 활용될 수 있는데, 특히 영양교육 분야에서는 조리실습cooking class을 식품에 대한 기호와 식습관 개선을 위해 활용하며, 어린이의 편식 개선, 푸드브릿지 활용 교육을 통하여 식생활관리 수준 향상을 위해 많이 활용되고 있다

그림 6-2 어르신 조리실습

그림 6-2 . 또한 연습은 영양교육자의 대인관계 및 상담 기술이나 태도 습득 등에도 활용될 수 있다.

7) 문제해결형 교육방법

문제해결형 교육방법problem solving은 대상자에게 실생활과 관련된 문제를 제시하고, 학습자가 문제를 해결해 가는 과정을 통해서 문제해결 능력을 향상하도록 하는 교육방법이다. 문제해결형 교육은 문제의 구조화, 문제해결 능력, 상황과 정보에 대한 분석 능력, 비판적 사고기술의 함양 등의 효과가 있다. 이와 같은 효과로 볼 때, 학교의 영양교육에서 여러 관련 과목과 연계하여 적용해 볼 만한 방법이다.

더 알아보기

문제해결형 교육방법은 문제기반학습Problem Based Learning, PBL이라고도 한다. 이 교육방법은 1970년대 중반 캐나다 McMaster University 의과대학의 배로우Barrows 교수가 현장에서 일어나는 실제적인 문제들과 해결책을 학생들에게 효과적으로 가르치기 위하여 개발하였다. 학습자들이 소그룹으로 편성되어 그룹 토론과 자기주도학습을 병행하여 이루어지며, 교육자 주도의 지식과 정보 전달이 아니라 학습자가 교육에 적극 참여하며 이루어지는 학습자 중심 교육 모형이다.

문제해결형 교육의 장점은 학습자들이 실제 상황의 학습경험이 가능하고, 지식과 기술 간의 관계를 명확하게 알 수 있으며, 실제 복잡한 문제 상황보다는 핵심 문제와 해결책에 초점을 맞출 수 있다는 점이다. 반면 교육자가 문제해결에 적합한 질적 문제를 만들어 내기가 어렵고, 가상의 상황에서 문제에 대한 해결책 모색에 어려움을 느낄 수 있는 제한점이 있다. 문제해결 교육방법은 시간이 많이 필요하고, 학습자의 연령과 경험 수준에 따라 교육자의 관리가 많이 요구될 수 있다.

문제해결형 교육의 진행 절차의 단계별 특징은 표 6-7 과 같다.

표 6-7 문제해결형 교육의 진행단계별 특징

	문제해결 학습(교육) 진행 단계	교육 시 특징
①	사전활동	• 팀 구성 및 자기소개, 학습자의 동기유발과 친근감 형성이 필수
②	문제제시	• 문제를 제시하거나 생성 • 좋은 문제는 실제적, 맥락적, 비구조화된 문제 • 문제해결을 위해 많은 지식과 정보가 요구되는 문제
③	문제해결 계획	• 문제해결을 위한 세부 과제 실행, 일정 수립, 구성원들과 역할 분담
④	개별학습 (탐색 및 재탐색하기)	• 문제해결을 위한 자기 주도적인 개별학습 진행 • 문제에 대한 자신의 생각을 정리, 문제의 본질과 연관된 요소들을 탐색, 정리 • 문제의 난이도에 따라 여러 번 반복
⑤	협동학습 및 문제해결	• 개별학습 결과물을 팀 간에 논의하여 문제 해결안 도출, 검증 및 확인 • 학습 결과를 정리하여 공동체 지식으로 생성 • 문제 해결안 도출, 추가 자료 수집을 통해 검증, 최종 해결안 채택
⑥	결과 정리 및 발표	• 과제의 해결이 끝난 것을 확인하고 학습의 목적을 달성하는 단계 • 과제 해결 결과를 구성원에게 발표하며 결과를 산출 • 다른 팀의 활동 내용을 알 수 있는 기회임
⑦	성찰 및 평가	• 학습의 전 과정을 평가하는 활동 • 학습 과정과 결과에 대한 평가(본인 자가 평가, 팀내 동료들 간의 평가, 팀 간 평가, 교육자의 평가 등 다각적 평가)

문제해결형 교육의 효과를 높이기 위한 교육자의 유의사항은 다음과 같다.

문제해결형 교육방법의 유의사항

- 시간이 많이 소요되므로 시간에 맞춰 다루어야 할 내용을 선정한다.
- 문제해결 상황을 학습자의 능력, 흥미 및 경험을 고려하여 구성한다.
- 대상자가 생각할 시간과 기회를 충분히 갖도록 한다.
- 팀작업을 하게 되므로 협동학습이 가능한 자율적인 교육 분위기를 만든다.
- 팀빌딩과 관리에 대한 교육자의 준비가 필요하다.
- 팀 구성, 그라운드룰, 토의 방법의 훈련을 통하여 자율적인 팀의 토의 분위기를 만든다.
- 가능한 실제 식생활에서 해결해야 할 문제 상황에 접하도록 교육내용을 구성한다.

문제해결형 교육방법은 영양교육 현장에서 다양한 주제에 대해 적용 가능하다. 대상자의 바람직하지 않은 식생활 습관을 검토해 보고 개선 방법을 세워보게 하거나, 자신의 식사에서 부족한 영양소를 보충하기 위한 음식을 알게 하고, 그 조리 방법을 찾아보게 하기 등 대상자의 학습 수준에 맞춰 난이도를 조절하며 적용 가능하다. 표 6-8 은 청년 1인가구의 식생활관리 능력 향상을 위하여 1인 가구원 대상의 문제해결형 교육방법의 활용 예시이다.

8) 테크놀로지 기반 교육방법

(1) 이러닝

이러닝e-learning이란 인터넷을 활용하여 교육하는 것으로 시간적 · 공간적 제약 없이 학습자가 교육 콘텐츠에 접근하는 방법이다. 이러닝의 교육환경은 개방성, 분산성, 융통성을 가지므로 이러닝은 비형식적 학습환경을 제공하고 자기 주도적 학습경험을 추구하며 학습공동체를 형성하는 특징을 가진다.

이러닝의 활용 유형은 실시간 · 비실시간 접근 여부, 교육의 일부 또는 전체 여부, 기존의 면대면 교육의 보완 또는 대체 여부에 따라 구분될 수 있다. 여러 가지 이러닝의 유형이 있지만, 공통점은 이러닝은 단지 테크놀로지라기보다는 교수 · 학습법이라는 사실이 중요하다. 교육목표, 내용, 상황, 학습자의 특성을 진단하여 실시간, 비실시간 온라인 교

표 6-8 문제해결형 교육방법의 활용 예시

문제해결 학습 진행 단계		영양교육 적용 예시 (주제: 청년 1인 가구원의 식생활관리 수준 향상)
①	사전활동	• 참가자 : 1인가구 청년, 20~30대 – 참가자 ice breaking 및 팀 빌딩
②	문제제시	• 문제 제시 A씨는 30대 직장인으로 1인 가구원이다. 점심을 제외한 아침, 저녁식사의 해결이 어려운 A씨에게 경제적, 시간적, 영양적 면을 고려하여 식생활관리를 향상시킬 수 있는 방안을 제안해 주자.
③	문제해결 계획	팀 토의를 아래와 같은 순서로 수행하여 문제해결 계획을 정리한다. ㉠ 생각(ideas), 가설 및 해결안 • 이 문제에서 중요하게 강조해야 할 것은 무엇인가요? • 이 문제를 해결하기 위해 무엇을 알아봐야 할까요? ㉡ 사실(facts) • 문제(상황)에 제시된 내용 중 문제해결을 위해 기억해야 하는 중요한 것은 무엇인가요? • 문제해결을 위해 필요한 내용 중 이미 경험했거나 알고 있는 것은 무엇인가요? ㉢ 학습과제(learning issues) '생각'과 '사실' 단계에서 제시된 내용을 토대로 이 문제를 해결하기 위해 팀원이 꼭 학습하고 조사해야 할 것들을 정리 ㉣ 실천 계획(action plan) • 이 내용을 어떻게 알아볼 수 있을까요? • 이 내용을 누가 조사(학습)해 올까요?
④	개별학습 (탐색 및 재탐색하기)	③단계의 문제해결 계획 과정을 반복하여 재탐색한다.
⑤	협동학습 및 문제해결	문제해결 과정을 통한 조사 결과 기반으로 문제해결안을 정리한다.
⑥	결과 정리 및 발표	문제해결안 마무리, 공유
⑦	성찰 및 평가	• 문제해결 과정과 도출된 결론들에 대해 성찰하고 평가한다. • 교육에 참여한 1인가구 청년들이 문제해결 학습과정에서 배운 점을 실제 식생활관리에 도입해 본다.

육의 장단점을 상호 보완하여 적절히 활용하는 것이 좋다.

실시간 화상교육은 ZOOM, Webex, 구글미트, 리모트미팅과 같은 원격화상회의 테크놀로지를 이용하여 동시간대에 두 명 이상의 참여자가 접속하여 실시하는 교육을 말한다. 실시간 화상교육은 시간 지연과 비대면의 한계를 초월하여 동시성이 높은 상호작용이 가능하여, 일방적인 강의 전달뿐만 아니라 토의 등의 활동중심 교육이 가능하다. 비실시간 이러닝은 PPT나 교육 녹음 및 동영상을 올려두면 학습자가 원하는 시간에 볼 수 있는 방법으로 교육대상자가 시간의 제약을 넘어 자신이 원하는 때에 여러 번 반복학습이 가능한 장점이 있다.

> **더 알아보기**
>
> **ZOOM 등의 테크놀로지 플랫폼에서 활동중심 교육방법**
>
> - 소회의실 기능을 사용하여 교육자 간 소그룹 토의와 프로젝트 학습 지원 가능
> - 주석 기능을 사용하여 학습자가 콘텐츠와 상호작용하며, 밑줄을 긋거나 메모 가능
> - 필요에 따라 비디오, 오디오를 켜고 끌 수 있고, 채팅으로 대화 가능

(2) 블랜디드 러닝

블랜디드 러닝blended learning 또는 하이브리드 수업hybrid instruction은 보통 온라인과 오프라인 방식을 혼합한 수업방식을 말한다. 면대면 교실수업과 인터넷 기반인 이러닝의 장점을 통합하여 수업을 운영하는 것이 강점이다. 인간적인 접촉과 상호작용, 이를 통한 사회적인 존재감 형성 등의 면대면 수업환경의 장점과 자신에게 편리한 시간과 장소에서 학습할 수 있는 융통성과 수업 시간의 제약을 받지 않아 심도 있는 온라인 토론학습이 가능한 온라인 수업환경의 장점을 가질 수 있다,

온라인과 오프라인 수업 형태를 통합하여 장점은 살리고 제한점을 보강할 수 있어, 블랜디드 러닝은 앞으로 주요 교수·학습 패러다임으로 역할을 할 것이다.

(3) 소셜러닝

소셜러닝은 SNSsocial network services와 이러닝이 결합한 비형식학습 또는 소셜미디어를 기반으로 온라인에서 이루어지는 참여적 학습 방법이다. 공동으로 온라인상의 출판물 저작에 참여하는 구성원들이 자유로운 참여로 정보를 제공하고 공유하며 이루어지는 학습이다. 소셜미디어 서비스는 카카오톡, 텔레그램과 같은 SNS 기반 메신저와 SNS(Facebook,

Instagram, Twitter 등), 블로그, 위키, 포럼, 콘텐츠커뮤니티 등을 들 수 있으며, 소셜미디어는 같은 목적을 가진 사람들이 자유롭게 참여하고 개방, 대화, 연결의 특징을 가진다.

소셜미디어를 기반으로 공통의 학습 욕구와 목적을 지닌 참여자로 구성되고, 학습 참여자가 콘텐츠를 자유롭게 제시하고 누구든지 접근하여 사용할 수 있으며, 교육자와 학습자의 구분이 모호해지고 누구나 서로 가르치고 배우는 역할을 한다. 따라서 공유되는 정보가 무한히 연결되고 확대 가능하다.

교육방법 분야에서 소셜미디어의 새로운 교육방법이 생겼지만, 소셜러닝에서는 교육자와 학습자가 적극적으로 미디어 활용의 주체가 되고, 비판적인 참여자가 되어야 함이 강조되고 있다. 소셜 네트워크에 식생활과 관련된 많은 정보들이 비전문가들의 주장이 정제되지 않고 공유되고 있어 식생활과 관련하여 공신력 있는 소셜 네트워크가 아니라면 무분별한 정보의 습득에 유의하여야 한다. 따라서 영양교육 시 SNS 정보를 스크리닝하여 활용하는 것은 교육의 효과를 증진시킬 수 있는 방법이다. 앞으로 영양전문가들도 옳은 영양 정보를 일반인들이 접근하기 좋도록 SNS에 많이 제공하려는 노력이 필요하다.

(4) 모바일 러닝

모바일 러닝mobile learning은 모바일 무선 컴퓨팅 기술의 지원으로 학습자의 이동성을 원활하게 하고 촉진하는 방식으로 이루어지는 교육방법이다. 이러닝에서 기술적인 변화에 의해 모바일 러닝이 가능해지고 있어, 콘텐츠는 기존의 이러닝에서와 동일하며 접속방법만 무선으로 바뀐다. 그러나 모바일 러닝은 맥락과 상황에 반응한다는 점이 기존 이러닝과의 큰 차이점이다.

모바일 러닝의 특징은 첫째, 학습자들이 모바일 기기를 활용하여 언제 어디서나 학습이 가능하여 오프라인의 학습공간의 개념에 대한 중요성이 줄어들 수 있다. 둘째, 모바일 러닝에서는 학습자들이 교육과 관련된 활동이 언제 어디서나 가능하므로 평생학습에 대한 동기를 높일 수 있다. 셋째, 유비쿼터스 컴퓨팅의 모바일 러닝은 협력학습과 문제해결 상황에서 각종 정보의 접근이 수월해진다. 넷째, 다양한 교육적 활동에 휴대성과 접근 편의성이 추가되어 학습자의 자율성이 증진되고, 학습자들이 동기화되어 협력작업과 소통을 증진시키는 탐구기반학습을 가능하게 한다.

더 알아보기

모바일 러닝의 요소

- 정보와 콘텐츠 제공 : 텍스트 기반, 오디오 기반, 멀티미디어를 활용한 플래시 기반, 강의 영상의 비디오 기반 콘텐츠 등
- 학습자가 정보를 획득하고 저장 : 정보의 캡처, 저장 및 즉각적 활용
- 반응의 산출 : 개별 사용자가 정보를 캡처해서 입력하면 디지털 프로세서들이 제공한 프로그램으로 더욱 관련 있는 데이터로 처리함
- 모바일 기기를 활용한 의사소통 : 스마트폰의 앱과 카메라, GPS를 이용한 위치기반 서비스를 복합적으로 활용하여 교육에 참여하여 역동성을 높일 수 있음

(5) 가상현실, 증강현실, 혼합현실을 이용한 교육

가상현실, 증강현실, 혼합현실로 구현되는 실감형 콘텐츠는 자연재해, 우주탐험, 인체 내부 관찰과 같은 고위험, 고비용, 체험 불가인 상황을 교육의 시공간에서 학습자가 간접적으로 체험할 수 있다. 이런 방법은 실재성을 증대시키고, 안전성을 보장하는 기술적 효과와 동시적, 실제적 상호작용을 통해 대상자의 흥미와 몰입감을 높이는 혁신 교육매체로 평가되고 있다.

가상현실을 활용한 교육이 기존의 교육매체를 활용한 교육보다 만족도가 높은 것으로 나타나 적용 가능성이 크지만, 가상현실이 안정적인 매체로 교육에 활용되기 위해서는 가상현실 콘텐츠와 기기의 대중화, 대용량 데이터 전송 가능 5G 통신, 사이버 멀미 및 시각적 피로 등 극복해야 할 기술적 문제들이 있다. 가상현실, 증강현실, 혼합현실의 특징은 표 6-9 에 비교하였다.

한국영양학회에서는 '식품구성 자전거'와 '건강한 식생활' 관련 영양 콘텐츠를 체험할 수 있는 메타버스 교육이 다음과 같이 개발되어 있다.

• 접속 링크 : https://bit.ly/메타버스_식생활상담소

• 접속 방법 : 제페토에 가입 → 캐릭터 선택 및 꾸미기 → '영양' '식생활' '영양사' 등 검색 후 입장

출처: https://www.kns.or.kr/fileroom/[2024.7.12.]

표 6-9 가상현실, 증강현실, 혼합현실의 특징

구분	가상현실	증강현실	혼합현실
구현 방식	컴퓨터로 구현된 가상의 공간에서 허구 상황 제시, 현실정보 차단	현실정보에 가상의 정보를 겹쳐 보여주는 방식	현실정보 기반에 가상정보 융합
장점	• 입체감 있는 영상 • 몰입감 높음	• 필요한 정보 즉각 반영 가능 • 현실과 상호작용 쉬움	• 현실과 상호작용 우수 • 몰입감 높음
단점	• 멀미 느낌 • 가상환경 구축과 장비 가격 높음	• 사실감, 몰입감 낮음	• 대용량 데이터 처리 필요 • 장비와 기술적 제약 있음

출처: 이인숙 외, 2020

더 알아보기

마이크로티칭micro-teaching

수업을 하는 시연자와 모의 대상자(동료영양사, 교사, 컨설턴트 등)로 구성된 그룹에서 10여 분 정도 모의 수업을 한 후 모의 학생들로부터 피드백을 받는 방식으로 진행함

- 참여자끼리 서로 번갈아 가며 실제 교육 시간보다 짧게 모의수업을 한 후 피드백을 주고 받음
- 수업을 비디오로 녹화하여 자신의 수업행동을 살펴볼 수 있음
- 보통 피드백이 강의기술에 국한되어 내용이나 내용구성에 대한 논의가 부족할 수 있음
- 모의수업 시간이 제한되어 표면적이거나 형식적인 피드백으로 질이 높지 않을 수 있음
- 실제 교육과 같이 진지한 분위기를 조성하고, 참여자들의 비판적 평가를 수용하는 개방된 분위기가 되도록 노력하는 것이 효과적임

연습문제

1 한 가지 논제에 의견이 서로 다른 전문가 2~3명이 상대방의 의견을 논리적으로 반박하며 토론을 진행하는 영양교육 방법은?
① 강단식 토의
② 강의식 토의
③ 공론식 토의
④ 배석식 토의
⑤ 원탁식 토의

2 여러 분야의 전문가가 'K-food의 발전방안'에 관하여 서로 다른 측면에서 각자의 견해를 발표하고, 발표 후 청중들과 질의응답을 하였다. 이 방법은?
① 연구집회(workshop)
② 강단식 토의(symposium)
③ 시범교수법(demonstration)
④ 브레인스토밍(brainstorming)
⑤ 원탁식 토의(round table discussion)

3 영양문제 해결을 위해 참가자 전원이 자유롭게 다양한 의견을 제시하고, 그 가운데에서 좋은 아이디어를 찾아내는 방법은?
① 워크숍(workshop)
② 심포지엄(symposium)
③ 패널 토의(panel discussion)
④ 브레인스토밍(brainstorming)
⑤ 강연식 토의법(lecture forum)

출처: 영양사 국가시험 기출

CHAPTER

7

영양교육 매체

만일 내게 나무를 베기 위해 한 시간만 주어진다면, 우선 나는 도끼 를 가는 데 45분을 쓸 것이다.

- 에이브러햄 링컨 -

학습목표

- 매체의 역할을 할 수 있다.
- 매체 선택 및 개발의 기준을 설명할 수 있다.
- 매체 종류별 특성을 설명할 수 있다.
- 대상자에게 적합한 영양교육 매체를 개발할 수 있다.

1. 교육매체의 정의와 활용 | 2. 교육매체의 이론 및 개발 모형 | 3. 교육매체의 기능
4. 교육매체의 분류 | 5. 매체 종류 및 사례 | 6. 매체 선정 및 설계

매체media는 라틴어에서 유래한 말로 무엇과 무엇의 사이between를 의미한다. 매체는 어떤 메시지를 한쪽에서 다른 쪽으로 전달하는 수단으로 의사소통을 연결하고 관계를 맺어주고 상호작용을 할 수 있는 매개의 역할을 한다. 영양교육의 계획과정에서 내용을 구성하고 진행 방법을 설계하면서 교육의 효과를 높이기 위한 수단으로 사용할 매체를 선정한다.

교육매체는 교육에서 가장 중요한 3가지 요소 '교육을 맡아 행하는 교육자, 교육의 대상이 되는 학습자, 교육자와 학습자를 연결해 주는 매체'에 속하며 각 요소가 적절하게 조화를 이루어야 한다.

1. 교육매체의 정의와 활용

교육매체는 교수 · 학습 과정에서 교육목표를 달성하기 위해 교육자와 학습자 간에 사용되는 모든 수단을 말하며, 교육을 설계하거나 진행하는 교육자에게는 도구가 되고 교육 대상자와 소통하는 채널도 된다.

의사소통 이론에서 벌로Berlo의 SMCR 모형은 교육목표 달성에 필요한 교육내용을 상호작용 교육방법과 인간의 다섯 가지 감각 기능(시각, 청각, 촉각, 후각, 미각)을 통합적으로 사용하여 매체를 활용할 것을 보여주고 있다. 미국의 교육통신공학협회Association for Educational Communication & Technology; AECT는 교육 매체를 "조직하는 것, 보는 것, 듣는 것, 읽는 것, 말하는 것이 가능한 것 그리고 그것들을 가능케 하는 도구"로 정의하고 있다. 교육매체는 교육활동 내용을 보충하고 도와주는 보조자료의 의미를 넘어서 교수 · 학습 과정에서 교사와 학습자 사이에 교수목표 달성을 위해 사용되는 인적 · 물적 자원 및 환경을 포함하는 종합적이고 포괄적인 개념으로 정의되고 있다.

최근에는 매체를 정보자료와 전달 매개체의 의미를 넘어 자료나 매개체의 이용 방법과 활용을 위한 계획planning, 설계design, 실행implementation, 평가evaluation의 방법론적인 측면까지 포함하는 광범위한 개념으로 사용되고 있다.

비비Vivi와 아이비Ivey의 교수적 의사소통 모형에서 소통의 형태에 따라 교육의 목표 및 방법을 선택하고 적절한 매체를 구성하면 내용에 대한 이해와 내실 있는 교육이 가능할 것이며, 생생하고 유의미한 학습경험을 전달함으로써 교육효과를 높일 수 있다 그림 7-1. 무엇보다 교육의 질은 어떠한 교육 매체를 제공하고 어떻게 활용할 것인가에 달려 있다고 할 수 있다.

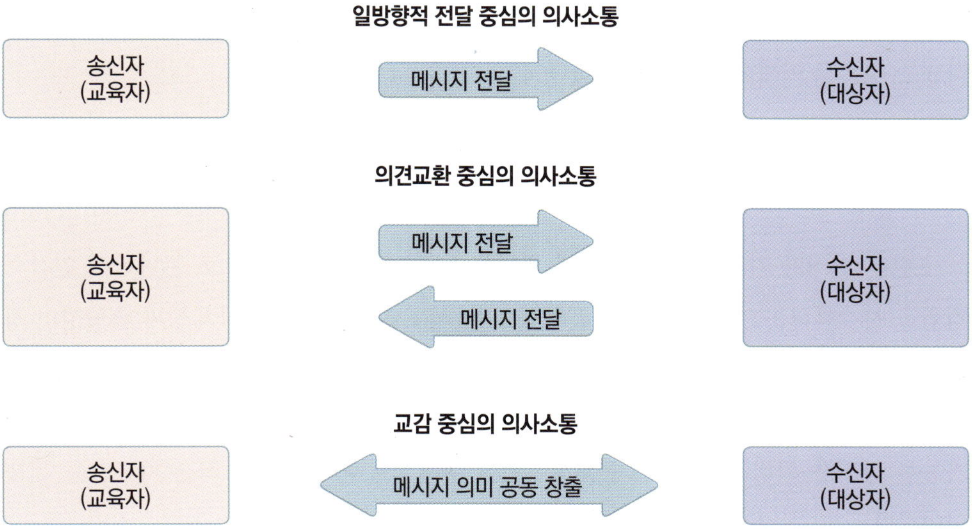

그림 7-1 비비와 아이비의 교수적 의사소통 모형

2. 교육매체의 이론 및 개발 모형

시청각 교육매체의 이론이 발전되어가는 과정에는 호반Hoban의 교육과정 시각화 이론, 데일Dale의 경험의 원추 이론, 올센Olsen의 효율적인 학습이론, 킨더Kinder의 지적 과정 이론, 브루너Bruner의 학습준비성 관련 이론, 윗츠Wittich와 쉴러Schiller의 견해 등이 있다. 매체 개발에 사용하는 모형으로는 하이니히Heinich의 ASSURE 모형, 발로Berlo의 SMCR 모형이 있으며, 최근에는 원격수업에서 활용하는 베이츠Bates의 ACTION 모형 등이 있다.

의사소통을 위한 매체는 정보전달을 위한 수단과 도구로 10세기 인쇄기술의 발달로 인쇄물 등 인쇄매체가 등장하였고, 20세기 초반에는 과학기술의 발달로 라디오, 텔레비전 등 방송매체가 대중화하였으며, 20세기 중·후반에는 컴퓨터와 ICT의 발달로 기존 매체는 통합적으로 사용되기 시작되었다. 쉽게 말하면 일상생활에서 사용되는 라디오, 텔레비전, 영화, 비디오, 사진, 광고, 신문, 잡지, 컴퓨터 게임, 인터넷 등은 의사소통을 위한 매체이다.

무엇보다 매체의 공통적인 속성과 중요한 이론적 기반은 '상징체계'이며 인간이 의사소통을 하는 데 필요한 수단으로서 추상적인 개념이나 사물을 문자, 기호, 숫자 등으로 나타내는 것으로 이해하는 것이 중요하다.

1) 호반Hoban의 교육과정 시각화 이론

호반은 언어가 가진 추상성을 실제 경험을 통해 구체적인 경험으로 보완하여 인간의 경험을 시각화하는 것이 필요하다고 하였으며, 최초로 시각자료의 구체성과 추상성의 정도에 따라서 교육매체의 분류기준을 제시한 학자이다. 그림을 보면 아래에 있는 자료일수록 구체성이 높아지고 위로 갈수록 추상성이 높아진다 그림 7-2 . 즉 실물은 실제 관찰이 가능한 장면을 의미하며, 매우 구체적이지만 상대적으로 추상성이 적은 자료라는 것을 의미한다.

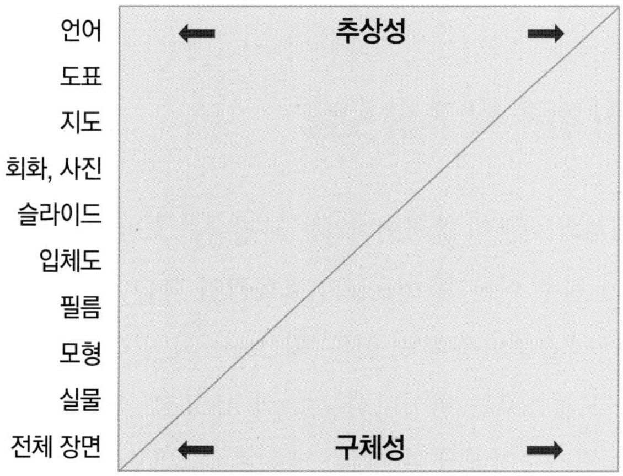

그림 7-2 호반의 시각 자료 분류도

2) 데일Dale의 경험 원추 이론

데일은 호반의 교육과정 시각화 이론을 더욱 확장하여 청각 자료를 포함한 경험의 원추라는 모형을 제시하였다. 경험의 원추는 학습자의 경험을 구체적인 직접 경험에서 추상적인 경험까지 원추형 모양으로 분류하였고, 모형을 보면 언어의 추상성이 가장 높으며, 아래로 갈수록 구체성이 높아진다 표 7-1 . 데일이 제시한 경험의 원추는 브루너Bruner의 인지적 표상 단계와 동일한 계열성을 갖고 있다 그림 7-3 .

표 7-1 데일의 경험 원추 분류체계

계열	내용	특징
추상성	언어 기호	• 문자, 기호, 말이 지칭하는 대상의 속성과 상관없는 임의적 기호 • 시각 기호의 의미를 이해하고 있어야 사용 가능
▲	시각 기호	• 추상적인 표현을 칠판, 지도, 도표, 차트, 만화, 모형 등을 이용하여 표현하며, 사진보다는 추상적임
	녹음, 라디오, 사진	• 동기 유발에 효과적, 글을 모르는 학습자들에게 적절함 • 관찰과 영상에 의한 것보다 구체성이 낮고 추상적임
	영화	• 경험하지 않은 사건을 상상으로 간접 경험 제공 • 보고 듣는 경험을 제공하여 실제를 체감하는 기회
	TV	• 현재 진행되는 사건, 일어나는 현상을 담아서 제공 • 중요한 요점들만 편집 수록할 수 있는 동시성을 가짐 • 직접 경험의 감각을 시청각으로 제공
	전시	• 전시를 통해 학습자가 관찰하며 배우는 기회 제공
	견학	• 현장을 직접 가서 보고 경험하는 것
	시범	• 사실, 생각, 과정의 시각적 설명으로 사진, 그림, 시연이나 실제 시범을 통해 학습
	극화된 경험	• 연극 관람, 직접 출연 등 직접 접할 수 없는 사건이나 개념을 경험
▼	고안된 경험	• 실물의 복잡성을 단순화시켜 기본적인 요소만 제시
구체성	목적적 경험	• 구체적이고 직접적이며 감각적인 경험, 의도적인 경험 • 생활의 실제 경험을 통해 의미 있는 정보와 개념 축적

그림 7-3 데일의 경험 원추와 브루너의 인지적 표상 단계

3) 브루너Bruner의 학습 준비성 관련 이론

브루너는 인지적 표상단계를 행동적 단계enactive stage → 영상적 단계iconic stage → 상징적 단계symbolic stage로 구분하였고, 행동적 단계에서 상징적 단계로 나아갈수록 구체성이 낮아지고 추상성이 높아진다. 행동적 단계는 직접적인 활동에 의존하는 학습단계이며, 영상적 단계는 구체적인 활동 없이 매체를 통해 간접적으로 제시되는 자료를 통해 학습하고, 상징적 단계는 언어나 기호를 사용한 추상적 차원의 학습이 가능하다 표 7-2 .

표 7-2 브루너의 인지적 표상단계

표상 양식	특징
상징적 표상	• 상징적인 언어나 명제를 이용하여 지식을 표상하는 방식 • 공식, 가설, 논리 등 만들기
영상적 표상	• 영상이나 그림을 이용하여 지식을 표상하는 방식 • 개념을 모형, 그림으로 배우기 또는 그려보기 등
행동적 표상	• 직접적인 경험을 통해 지식을 표상하는 방식 • 직접 실험 진행, 저울 사용 등

교육내용을 전달하기에 적절한 매체의 선택은 효과적인 수업설계를 위해 필수적인 활동이며, 매체의 선택은 여러 가지 상황을 고려해야 한다.

데일의 경험 원추에 따른 매체의 특성과 사람들의 평균 기억력을 살펴보면 읽기는 10%, 듣기는 약 20% 기억하지만, 매체를 사용하면 30% 이상 기억하며, 특히 실제 경험하면 90% 이상 기억하게 된다고 한다 그림 7-4 .

사람은 직접 보고, 만지고, 들어보는 감각적 경험을 통해 학습하고, 간접경험보다 구체적 사물을 가지고 직접적으로 경험을 할 때 잘 배우며, 학습자는 자기가 직접 만지고, 냄새를 맡으며, 사물을 탐색하고 관찰하며 끊임없이 신체를 움직이고 활동하며 지식을 습득해 나가므로 학습자에게 구체적인 경험을 줄 수 있는 풍부하고 다양한 교육매체를 제공해주는 것이 필요하다.

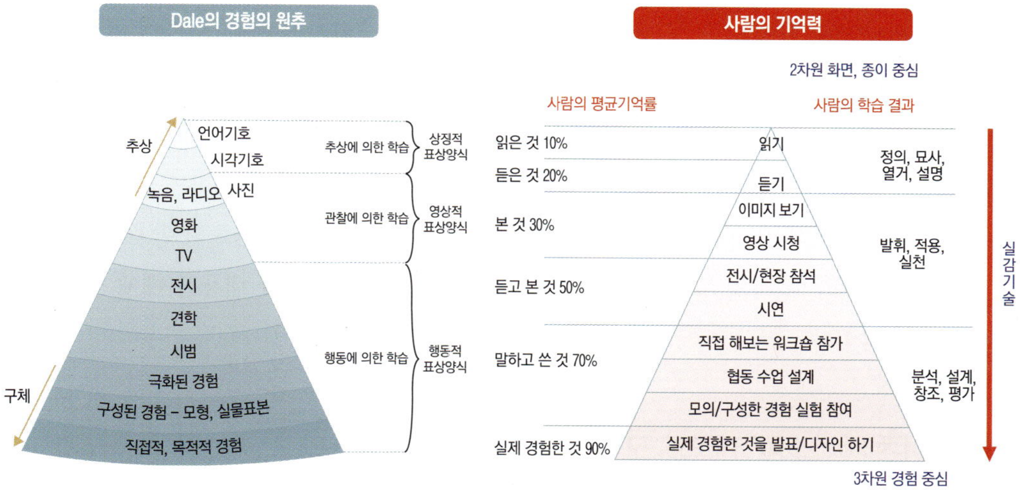

그림 7-4 데일의 경험 원추 및 브루너의 인지적 표상 단계별 사람의 기억률

4) 킨더Kinder의 지적 과정 이론

킨더의 인지발달 과정은 직접적 · 구체적 단계에서 상징적 · 간접적 단계로 이동하며, 구체적으로는 7개의 단계로 구분하였다 그림 7-5 .

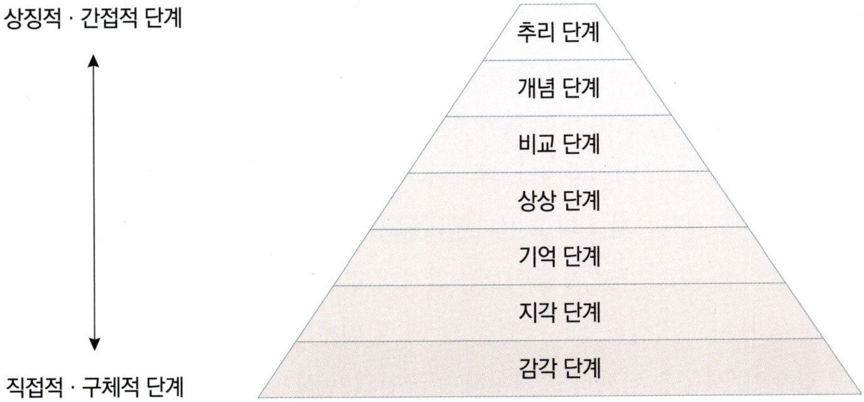

그림 7-5 킨더의 지적 과정 이론

5) 하인리히Heinich의 ASSURE 모형

ASSURE 모형은 교수설계 모형이지만 매체 선정 및 활용에 대한 설계단계를 강조하고 있기 때문에 매체와 함께 설명하고 있으며, 효과적인 교수설계를 위한 교수매체 선정단계를 포함하고 있다. ASSURE는 각 단계의 영어단어의 머리글자를 조합하여 만든 것으로 학습자 분석(A), 목표진술(S), 방법 · 매체 · 자료의 선정(S), 매체와 자료의 활용(U), 학습자 참여 유도(R), 평가와 수정(E)의 6단계로 구성되어 있다. 상세한 내용은 매체 선정 방법에서 다루었다.

6) 베이츠Bates의 ACTIONS 모형

ICT 발달로 멀티미디어를 활용한 비대면 수업 형태(원격 교육 등)에서 적절한 교육매체를 선정하는 기준으로 ACTIONS 모형을 사용하지만, 다양한 매체 선정과 개발에도 적용할 수 있다. 방송교재, 오디오, 영상 등을 매개로 교육을 전개할 때 사용하는 모든 종류의 교육 매체에 대해 접근성(A), 비용(C), 교수와 학습(T), 상호작용과 학습자 친화도(I), 조직적 특성(O), 참신성(N), 신속성(S)을 고려하여 선정한다 그림 7-6 .

A	접근성 (access)	• 학습자가 매체에 어느 정도 접근 가능한지 고려하고, 어디에서 접근할 수 있는지 고려함 • 쉽게 접근할 수 있는 매체를 선정해야 함 (※ 원격교육 매체 선정 시 가장 중요한 요소)
C	비용 (cost)	• 특정 매체에 들어가게 되는 비용을 고려함 • 매체와 쌍방향 매체의 교육효과를 고려함 • 학생수, 교육횟수, 초기투자 비용, 운영 관리 비용 등에 대한 총체적 고려 필요함
T	교수와 학습 (teaching & learning)	• 각 매체가 가지는 교육적 특성, 제시 형태, 달성하고자 하는 학습 목표 등에 대한 분석이 필요함
I	상호작용과 학습자 친화도 (interactivity and user-friendliness)	• 상호작용이 원활한지, 학습자가 사용하기 쉬운지 고려해야 함 • 특정 매체로 인하여 가능한 상호작용 형태는 무엇이며, 그 매체를 사용하기가 용이한지에 대한 고려도 필요함
O	조직적 특성 (organizational issue)	• 특정 매체가 성공적으로 활용되기 위하여 갖추어야 할 조직적 특성은 무엇이며, 어떻게 그 특성이 갖추어질 수 있는지에 대한 고려 필요
N	참신성 (novelty)	• 한 매체가 학습자에게 새롭게 인식되는 정도를 고려함 • 상대적으로 덜 중요한 요인이나 처음 개발되어 나오는 매체의 경우, 지속성, 접근성 등의 문제가 있을 수 있음
S	신속성 (speed)	• 선택한 특정 매체가 얼마나 빨리 작동하는지, 학습내용을 전달하는지 고려함 • 신속하게 수정하고 변경할 수 있는지도 고려함

그림 7-6 ACTIONS 모형

7) 기타 이론

그 밖에 교육매체와 관련이 있는 이론들은 인간의 감각기관을 활용한 대표적인 통신 이론인 발로의 SMCR 모형이 있으며 자세한 내용은 9장을 반드시 참고하고, 어린이 교육 매체를 고려할 때는 피아제Piaget의 인지발달 이론을 참고하는 것도 좋다 표 7-3 .

표 7-3 피아제의 인지발달 단계

연령	인지발달 단계	특징
0~2세	감각운동기	자극에 대한 반응, 직접적인 신체감각과 경험을 통한 환경이해, 대상 영속성 발달, 사회적 애착 확립, 목적 지향적 행동
2~7세	전조작기	자아 중심성, 직관적 사고, 물활론, 상징적 기능, 타율적 도덕성, 중심화(집중성), 비가역적 사고, 대상 영속성 획득, 보존개념의 이해 시작
7~11세	구체적 조작기	경험에 기초한 사고, 논리적 사고, 보존개념 획득, 분류화, 서열화, 탈중심화, 가역적 사고, 자율적 도덕성, 조합 기술
12세 이상	형식적 조작기	추상적 사고, 가설, 연역적 추론, 조합적 사고

3. 교육매체의 속성과 기능

1) 교육매체의 속성

교육매체는 종류와 관계없이 상징적 속성symbolic attribute, 내용적 속성content attribute, 기술적 속성technological attribute, 상황적 속성contextual attribute 등을 가지고 있다.

상징적 속성은 인쇄된 문자, 그림, 수, 음악, 지도 등과 같은 정보를 전달하기 위하여 이용되는 상징표현을 뜻한다. 내용적 속성은 전달되는 중요한 요소인 학습내용을 담는 것을 말하며 매체에 따라 동일한 내용이라도 영향력이 다르므로 내용을 잘 표현할 수 있는 매체를 고려해야 한다. 상황적 속성은 교육을 운용하는 환경을 말하며 영화는 영화관에서, TV는 집에서 등 사회적 환경이 매체 활용에서 부분적으로 관련되며, 어떤 사회적 상황이 매체를 통하여 학습을 촉진시키기도 한다. 기술적 속성은 매체의 물리적 속성에 따라 라디오, 텔레비전 등으로 구분하는 표면적인 특성을 의미하며, 재료 및 기기의 차이가 여러 상황에서 다른 결과를 가져올 수 있다.

2) 교육매체의 기능

교육매체는 4가지 기능(매개적 보조기능, 정보전달 기능, 경험구성 기능, 교수 기능)이 있다 그림 7-7 .

매개적 보조기능은 가장 보편적이고 잘 알려진 기능으로서 매체의 사용으로 교육자와 대상자 사이에 원활한 의사소통이 이루어지고, 가르치는 데 소요되는 시간을 줄일 수 있어 좀 더 효율적으로 교육을 진행할 수 있다. 보조수단으로 매체를 사용하는 것이 매체를 사용하지 않을 때보다 학습의 효과를 높일 수 있으며, 모든 학습자가 같은 매체를 보고 듣게 되므로 동일한 학습경험을 하게 되어 교수활동이 표준화될 수 있다. 무엇보다 명료한 메시지, 변화있는 영상의 전개, 컬러, 특수효과 등에 의해 학습자의 주의력을 이끌어 학습을 즐겁게 할 수 있게 하고 동기유발을 통해 적극적인 학습태도를 갖게 한다. 하지만 매체를 사용하는 사람의 기술이나 상황에 따라 크게 좌우될 수 있고 매체의 활용 방법에 따라 학습 효과가 다르게 나타날 수 있다.

정보전달 기능은 한번에 많은 정보를 담을 수 있어, 교육자가 동시에 많은 학습자를 대상으로 교육을 해야 하는 상황에서 다수의 학습자에게 더 많은 정보를 신속하게 전달할 수 있도록 하는 기능이다. 교육 매체는 시간 및 공간을 초월해서 지식과 정보를 전달할 수 있고, 학습자가 여러 가지 감각기관을 통해서 받아들일 수 있도록 다감각적으로 정보를 전달해 주며, 언어, 영상, 음향, 기호 등 독특한 상징체계로 특정 상황에서 더 적절하게 정보를 전달해 준다.

경험구성 기능은 매체 그 자체가 학습 내용을 포함하고, 기능을 획득하기 위한 대상물이 되는 기능을 말한다. 예를 들어 피아노, 사진기, 컴퓨터 등을 사용하면 매체 자체가 학습할 내용인 동시에 경험을 구성하는 기능을 가져서, 매체를 통해 기술과 기능을 습득할 수 있다.

교수 기능은 학습자의 지적 기능을 개발시키는 것을 목적으로 매체를 효과적으로 구성·활용하는 것을 말하며, 주의 집중을 시키는 것이 용이하고, 매체 자체가 필요에 따라 선택·구성·편집이 가능하며, 학습자 수준별 지각·인지·표현 능력을 길러줄 수 있는 컴퓨터, 영상 등이 효과적이다. 학습자가 주의를 집중할 수 있도록 동기유발과 함께 학습을 촉진하여 지적인 활동을 원활하게 해준다.

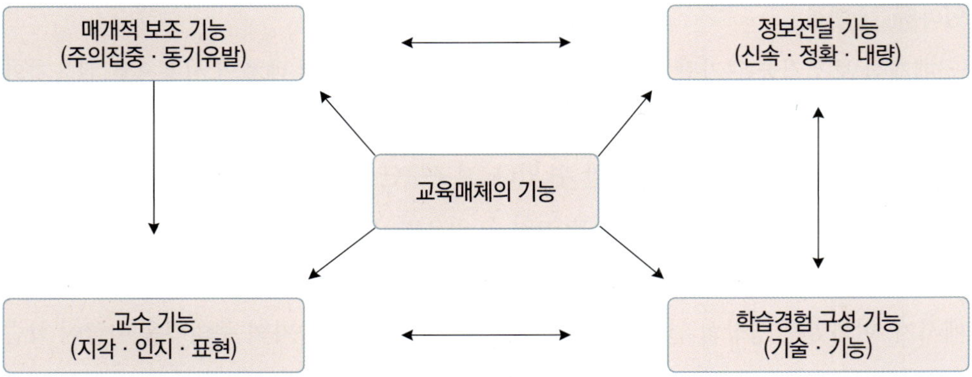

그림 7-7 교육매체의 기능

출처: 이광균, 2003

4. 교육매체의 분류

교육매체는 각각 독특한 특성을 가지고 있으므로 학자들은 수업에서 교육내용, 교수자, 학습자, 교육환경 등에 적합한 매체를 활용할 수 있도록 다양한 관점에서 분류하였다.

분류하는 기준은 (1) 구체성과 추상성에 따른 분류 (2) 상징체계인 감각기관에 따른 분류 (3) 빛의 투사 여부에 따른 분류 (4) 세대별 구분에 따른 분류 (5) 상호작용에 따른 분류 (6) 사용하는 학습진단에 따른 분류 (7) 수업환경에 따른 분류 (8) 전자장치 사용에 따른 분류 (9) 제시되는 자료 성질에 따른 분류 등이다.

교육매체의 분류는 시각교육 및 시청각교육과 관련된 호반C. Hoban과 호반F. Hoban 및 지스맨Zisman의 시각자료 분류와 데일Dale의 경험 원추에서 시작되었다. 설득력을 가지고 있는 것은 데일의 경험 원추 모형으로 학습경험을 직접적인 참여에 의한 실제적 경험에서부터 간접적 경험, 상징적 표현까지 구체성과 추상성의 정도에 따라 분류하였다. 이후 20세기 중반부터는 과학적 접근방법으로 교육공학 연구가 시작되어 게라크와 일리가 물리적 특성에 따라 여섯 가지로 매체를 분류하고 로미조프스키는 인간의 감각기관에 기초하여 감각통로와 교사의 매체 통제 정도에 따라 매체를 분류하였다 표 7-4 . 스말디노, 러셀, 하인리크 및 몰렌다는 넓은 의미의 교육매체 개념을 적용하고 새로운 분류방법을 제시하고 있다 표 7-5 .

표 7-4 교육공학 발달에 따른 교육매체의 유형 분류

분류		특징	종류
시각 매체		시각적인 방법으로 정보를 전달하는 매체	
	비투사 매체	광학적 · 전기적 투사방법을 사용하지 않아도 되는 매체	실물, 모형, 사진, 괘도(차트), 그래프, 포스터, 만화, 그림 등
	투사 매체	광학적 · 전기적 투사방법을 사용하는 매체	빔프로젝트, 실물화상기, OHP 등
청각 매체		청각적인 상징체계를 사용하여 정보를 전달하는 매체	라디오, 녹음기, 오디오 등
시청각 매체		시각과 청각을 동시에 자극하여 정보를 전달하는 매체	영상, 텔레비전
복합 매체 (상호작용 매체)		매체와 사용자의 상호작용을 강조한 매체	멀티미디어, 컴퓨터, 게임, 인터넷, 터치스크린, 핸드폰(모바일), 어플, 로봇, 소셜미디어(SNS), 증강현실, 가상현실(메타버스), AI 등

출처: 박숙희 외, 2013

표 7-5 스말디노, 러셀, 하인리크 및 몰렌다의 여섯 가지 교육매체 기본유형 분류

분류	종류
문자	• 글자와 숫자로 구성되는 전달 내용 • 책, 포스터, 칠판, 컴퓨터 화면 등에 표현이 가능
오디오	• 음성, 음악, 기계적 소리, 잡음 등이 포함 • 녹음이나 현장의 생생한 실제 소리
시각 자료	• 포스트에 제시된 다이어그램, 칠판의 그림 • 사진, 책에 제시된 그래픽, 만화
동영상 자료	• 녹화물, 동화상(애니매이션)에 나타나는 것과 같은 동적 움직임 • 실물과 모형은 매체보다는 학습자료로 간주
조작물	• 3차원이며 학습자에 의하여 조작될 수 있는 매체 • 모의실험용 장치
인적 요소	• 교사, 학습자, 내용전문가 등이 포함 • 학습에서 인적 요소가 중요 • 학습자는 교사, 동료학습자, 다른 사람으로부터 학습이 가능

출처: 이성흠 외, 2017

교육(교수 · 학습)매체는 기본적으로 시각, 청각, 시청각 등의 상징체계를 이용하여 교육내용을 전달하며, 사용되는 상징체계에 따라 정보의 의미와 정확도가 달라질 수 있다. 교육내용의 정확성에 영향을 주는 요소는 소음이며, 교실환경과 집단의 크기, 물리적인 소음뿐만 아니라 교육 내용의 부정확성과 부절성 등이 소음으로 작용할 수 있다. 교육자와 학습자 사이에 이루어지는 상호작용에 영향을 주는 잡음을 최소화함으로써 교육적 의사소통이 잘 이루어지도록 한다면 교육효과를 극대화할 수 있다. 최근에 영양과 식생활 교육에서는 미각, 청각, 후각 등도 포함한 다섯 가지 감각수용체를 이용하여 다감각적인 교육도 많이 진행하므로 물리적인 자극에 대한 이해뿐만 아니라 화학적인 자극에 대한 이해도 필요하다.

영양교육에서 자주 사용하는 식품 원물을 이용한 교육매체를 어떻게 활용하는지에 따라 분류기준이 달라질 수 있지만 기본적으로 조리체험 교육에서는 식품과 조리된 음식은 감각통로를 활용한 매체로 모든 오감영역이 포함된 매체라는 것을 알 수 있다.

결론적으로 영양교육을 구성할 때 우리는 전체의 교육과정에서 어디서 무엇을 어떻게 사용할지 매체를 선택하고, 어떤 감각경로를 활용하게 될지, 어떤 질문을 해서 기대하는 결과가 무엇인지 예측하고 체계적으로 설계한다면 효과적인 교육을 이끌 수 있다. 무엇보다 참여형 영양교육 과정은 설계 70~80%, 진행 20~30% 비중이므로 설계 과정이 매우 중요하다고 할 수 있으며 교육 내용과 진행과정을 고려해서 난이도와 형태가 다른 적절한 매체를 잘 구성해야 학습자의 인지와 실천 등의 체감도를 상승시킬 수 있다.

5. 매체 종류 및 사례

영양교육을 계획하는 과정에서 교육매체를 선택하여 활용하거나 개발할 때 다양한 자료를 찾아서 참고하면 효과적인 매체를 발굴해서 활용할 수 있으며 새로운 교구를 제작할 때 도움이 된다.

1) 인쇄매체

(1) 팸플릿

정보전달을 위해 5~48페이지 이내로 간단하게 만드는 소책자로 다양한 모양과 크기로 만들며, 정보의 주제를 나눠서 전달하기 위하여 시리즈로 만들기도 한다 그림 7-8.

그림 7-8 팸플릿 예시

출처: 식품의약품안전처

(2) 리플릿

양면 인쇄된 낱장의 종이 한 장을 여러 번 접은 형태를 말하며, 펼치면 한 장이 되는 유인물로 꼭 알아야 하는 내용을 요약해서 정보를 전달한다 그림 7-9.

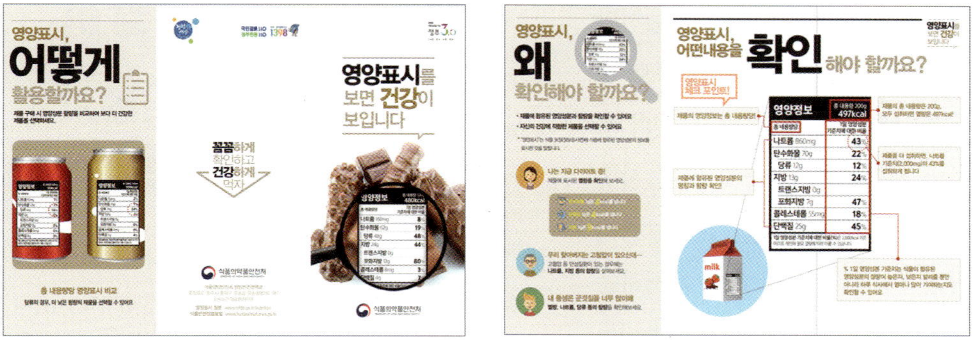

그림 7-9 리플릿 예시

출처: 식품의약품안전처

(3) 전단지

광고나 홍보를 목적으로 만든 낱장의 종이 인쇄물로 광고지라고 불리며, 비용이 적게 들기에 대규모 캠페인이나 교육을 홍보할 때 많이 사용하고 있다. 홍보 내용을 읽어보고 참여할 수 있도록 쿠폰, 스탬프 투어 등 다양한 목적을 위하여 여러 가지 형태로 변형되기도 한다 그림 7-10.

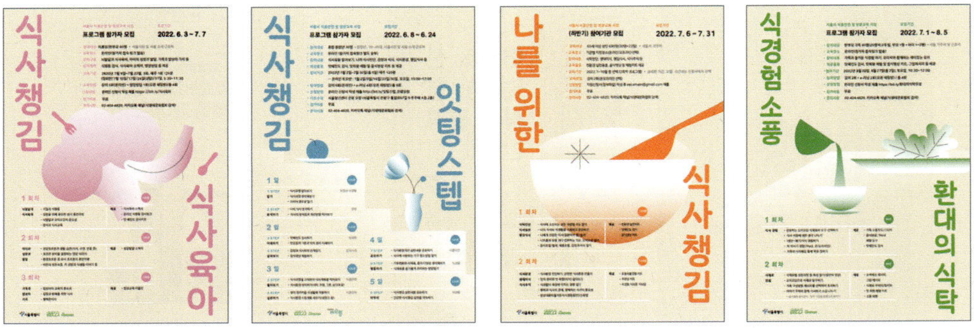

그림 7-10 전단지 예시

출처: 서울시

(4) 포스터

정보를 간단하고 명확하게 전달하기 위해 게시판, 벽면 등에 부착하는 종이로 제작하여 사람이 많이 오가는 곳에 부착한다. 정보전달에 매우 중요한 수단으로 주로 슬로건, 캠페인, 공연, 행사 등의 홍보에 사용한다. 공공장소 및 사유지에 포스터를 부착할 경우는 관리자의 허가를 받아야 하며 게시하는 곳에 다양한 포스터들이 부착되는 경우는 미리 파악하여 디자인에도 신경을 써야 한다 그림 7-11.

그림 7-11 포스터 예시

출처: 보건복지부, 한국건강증진개발원, 한국영양학회, 서울시

(5) 스티커

스티커는 홍보 및 교육에 매우 유용한 매체로 다양한 재질과 모양으로 제작할 수 있으며 영양교육에 매우 유용하다. 식재료 보관 스티커, 마스킹 테이프, 접착식 메모지로 제작하거나 다이어리를 꾸미는 스티커는 성인들에게도 유용하다 그림 7-12 .

계절 식재료 영양 팝업스토어 식품구성자전거 홍보 스티커 활동지

식생활 놀이 활동 스티커

그림 7-12 스티커 예시

출처: 보건복지부, 한국영양학회, 식생활교육국민네트워크

(6) 간행물

정보를 연결성 있게 제작하여 고정된 독자를 대상으로 정기적으로 배포하는 형태로 잡지, 신문, 가정통신문, 사보, 지역통신문, 정보삽입 달력 등이 있다 그림 7-13 .

그림 7-13 간행물 예시

출처: 서울지역 어린이급식관리지원센터

(7) 카드

낱장 형태의 인쇄물에 정보를 제공하며, 내용 분량에 따라 한 장 또는 여러 장으로 구성할 수 있으며, 사용 목적에 따라 속지를 이루는 종이의 무게, 재질, 코팅 여부, 포장 방법 등을 고려해야 한다 그림 7-14 .

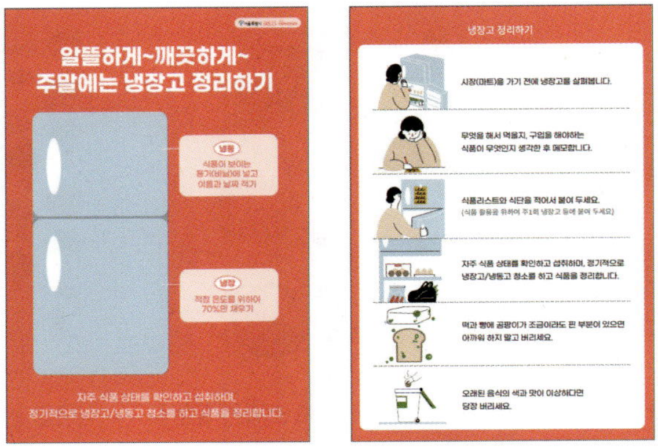

식생활 미션 카드

그림 7-14 카드 예시

출처: 서울시, 식생태문화협회

(8) 보드게임

보드게임은 주사위, 카드, 보드 등의 물리적인 도구를 이용하여 일정한 규칙을 정해서 2명 이상 즐기는 게임으로 정의하고 있으며, 최근 교육용으로 즐겁게 몰입할 수 있는 놀이성, 상호작용성, 게임 속성 등을 반영한 학습 보드게임도 발달하고 있다 그림 7-15 .

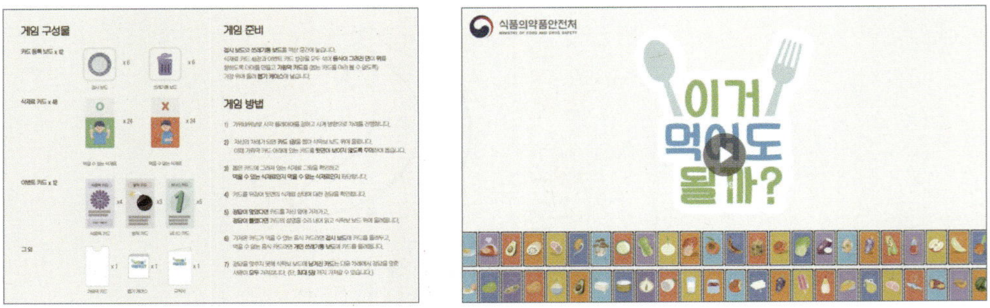

그림 7-15 보드게임 예시

출처: 식품의약품안전처

(9) 활동지

교육에 필요한 활동을 할 수 있도록 설계한 학습지 형태로, 식품영양에 대한 정보를 능동적으로 학습할 수 있도록 기록하기, 체크하기, 색칠하기, 가면 만들기, 숨은 그림 찾기 등의 다양한 활동 방법을 활용하여 학습자 특성, 학습 내용, 학습 방법 등을 고려해서 제작한다 그림 7-16.

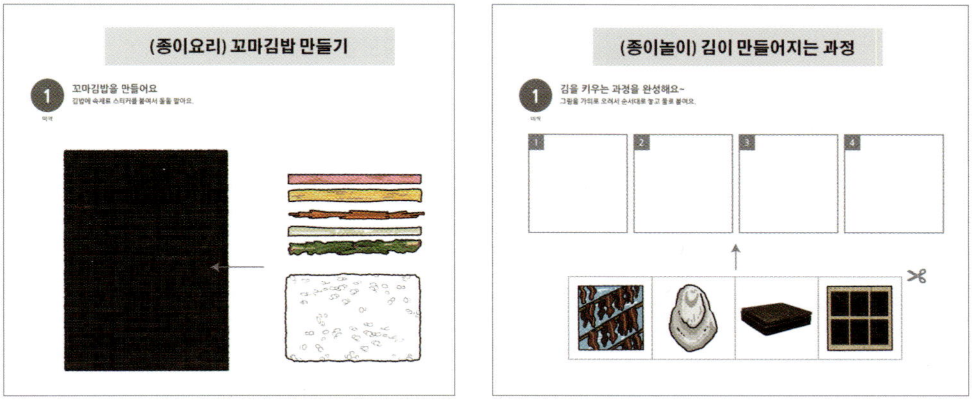

그림 7-16 활동지 예시

출처: 식품의약품안전처

(10) 홍보 물품

올바른 식품영양 정보를 전달하기 위해 다양한 형태로 제작하여 캠페인, 교육, 행사 등의 장소에서 현수막, 배너 등 홍보 게시물을 설치하거나, 식품영양 정보가 담긴 열쇠고리, 마그넷, 종이 토퍼 등의 기념품을 배포하기도 한다. 또한 생활 속에서 실천을 돕기 위해 장바구니, 컵, 연필, 식탁 매트, 앞치마, 도마, 칫솔, 비누, 냉장고 정리 투명박스 등과 같은 생활용품에 인쇄하여 배포하기도 한다 그림 7-17.

그림 7-17 미국 영양의 달 홍보물 예시

2) 전시 및 게시 매체

(1) 게시판

전달할 정보를 사람들이 볼 수 있도록 붙이는 형식으로 화이트보드와 칠판 등이 해당하고, 인터넷에서는 정보를 게시한 공간을 말하기도 한다. 다른 매체에 비해 쉽게 제작할 수 있으며 다양한 것을 부착하거나 직접 글이나 그림을 그려 게시할 수 있다.

(2) 패널

전달할 정보를 한 장의 종이에 그래프, 사진, 설명글 등을 간단하게 넣고 인쇄하여 단단한 판에 붙이거나 투명한 아크릴 안에 넣은 형태 등으로 제작하고 이젤 또는 벽에 게시한다.

(3) 괘도(플립차트)

벽이나 거치대에 걸어놓고 보는 학습용 인쇄물로 한 장씩 넘기면서 정보를 전달하는 것으로 빔프로젝터와 TV 등 영상시청을 자제하도록 하는 어린이집이나 디지털 기기를 사용하기 어려운 야외에서 교육할 때 사용한다.

(4) 탈부착 자료

융판이나 자석판에 이미지 등의 자료를 탈부착할 수 있는 형태로 효과적으로 주의를 집중시키기 위해 영유아들을 대상으로 교육할 때 주로 사용한다 그림 7-18.

그림 7-18 차트 및 융판 예시

출처: 경산시 및 광진구 어린이사회복지급식관리지원센터

3) 입체 매체

(1) 실물

실물은 오감오미의 감각을 사용할 수 있고 먹을 수 있어 가장 효과적인 자료이다. 그러나 위생과 식품안전 등의 위험이 있고, 원물은 오래 보존하기 어렵고 가공식품은 유통기한 등이 있으므로 집단을 대상으로 실물을 활용하여 교육한다면 준비부터 진행과 정리까지 계획을 세밀하게 세워야 한다. 생산부터 소비까지 체험할 수 있게 식품 원물로 교육하는 것이 가장 좋지만 최근에는 휴대성과 실용성이 좋은 식재료 가공키트, 아로마 키트(후각 키트), 맛 예민도 검사 키트(센소타입, 시약지 등), 라이스 클레이, 비누 클레이 등을 사용하기도 한다.

(2) 모형

실물을 모방하여 만든 것으로 시간과 공간의 제약 없이 실물의 경험을 대신 할 수 있고 장기간 보관할 수 있다. 또한 교육하는 인원 규모를 고려하여 확대하거나 특정 부분만 강조하여 제작할 수 있다 그림 7-19 .

지방과 근육

연령별 유아 식단 모형

그림 7-19 모형 예시

출처: 미라지 모형

(3) 인형

사람을 형상화하여 만든 장난감으로 동물, 꽃, 나무, 음식 등 모든 것을 인간화하여 만들 수 있다. 인형은 상상력을 자극하고, 다양한 주제를 흥미롭게 다룰 수 있으며 친밀한 정서를 키울 수 있는 교육매체이며, 제작과 조작 방법에 따라 막대 인형, 탈인형, 손 인형, 종이 인형, 줄 인형, 봉제 인형, 구체 관절인형 등으로 나누어진다.

4) 영상 및 전자 매체

컴퓨터와 ICT 기술이 발전하면서 가장 많이 발달하고 있는 분야로 영상, PPT, 웹사이트, 소셜미디어, 어플, 가상현실 등이 있으며 영양교육에 많이 사용하고 있다.

(1) 동영상

시청각 자료로 짧은 분량부터 영화와 다큐멘터리와 같은 시리즈 영상까지 다양하다. 직접 촬영, 애니메이션, 그래픽디자인, 모션그래픽 등 다양한 형태로 제작하며 집단교육 및 온라인 교육에서 많이 사용하고 있다. 비용이 많이 소요되고 어느 정도 전문성이 필요하지만 최근에는 카메라가 보편화되고 모바일 기계, 편집 어플, AI 더빙 지원, 무료 음원 등의 발달로 촬영부터 편집까지 직접 제작하는 기관 및 개인 등이 많아지고, 다양한 송출 플랫폼을 이용한 채널을 운영하기도 한다 그림 7-20 .

그림 7-20 동영상 예시

출처: 보건복지부, 한국영양학회

(2) 슬라이드

집단을 대상으로 하는 강의, 세미나, 포럼 등에서 효과적으로 의사전달을 하기 위해 프레젠테이션용 자료인 PPT, PDF 등의 슬라이드를 제작하여 활용한다. 대면과 비대면 교육에 모두 사용할 수 있으며 유아부터 노인까지 집단 교육부터 개인 상담까지 다양하게 활용할 수 있다 그림 7-21 .

그림 7-21 슬라이드 예시

출처: 한국건강증진개발원

(3) 투시물 및 실물

투명한 필름 같은 투시물 자료Transparency, TP에 직접 그리거나 인쇄하여 반사경 및 렌즈에 의해 영사할 수 있는 기기인 OHPOver Head Project를 사용한다. 밝은 장소에서도 사용 가능하고 사용 방법도 쉽다.

빔프로젝터와 대형 모니터의 발달로 많이 사용하지 않지만 최근에 학습자의 집중을 끌기 위한 재미있는 이벤트로 빛을 투과하는 형태의 다양한 필름을 제작하여 사용하기도 하며, 실물을 올리면 그대로 보여주는 실물 환등기도 있어 다양하게 사용할 수 있다.

(4) 오디오

청취하는 형태의 매체인 음원 방송, 라디오 등 안내 방송을 통한 정보전달은 주의를 집중시킬 수 있어 직장, 학교, 어린이집 등의 학습자를 대상으로 영양교육을 할 때 효과적으로 활용할 수 있다. 최근에는 영양과 식생활 주제로 인터넷의 오디오 클립, 유튜브 등 다양한 플랫폼에서 주제별로 음원 파일을 게시하여 원할 때 상시 재생이 가능해서 노인과 저시력자, 시각장애인 등의 교육에 활용하고 있다 그림 7-22.

그림 7-22 오디오 예시

출처: 서울시 식생활종합지원센터

(5) TV

가정에 대부분 보유하고 있으며, 유용한 최신 정보와 뉴스를 보고 듣기 위해 국민이 가장 많이 이용하는 매체이다. 2009년 신문법 및 방송법 등 미디어 관련법이 개정된 후 종합편성 채널이 도입되고 확대되면서 건강, 영양, 식생활, 식문화 등에 관심과 함께 정보가 쏟아지고 있다. 대표적인 프로그램으로는 생로병사의 비밀, 명의, 비타민, 한국인의 밥상 등이 있으며, 이밖에 예능, 광고 등과 결합한 정보성 프로그램이 있다.

(6) 인터넷

전 연령대에서 시공간을 초월하는 정보들을 교류하고, 발신자와 수신자가 상호작용도 할 수 있는 매우 유용한 매체로 학습자와 커뮤니케이션(소통)하면서 영양관련 자료와 정보를 전달할 수 있다. 웹사이트, 전자우편, 문자, 소셜네트워크서비스, 애플리케이션 등이 있으며 교육 목적에 맞게 다양하게 선택하여 활용하는 것이 좋다 표 7-6 그림 7-23.

표 7-6 인터넷 매체별 특성

구분	특성
웹사이트	• 개인이나 단체가 월드 와이드 웹(WWW) 기반의 네트워크에서 웹페이지들을 의미 있게 묶어 놓은 것으로 다양한 콘텐츠를 웹페이지를 통해서 제공한다. • 건강과 영양에 대한 정보와 자료를 다양하게 제공하며, 최근에는 웹 기반으로 교육과 상담을 할 수 있도록 영양진단부터 프로그램 참여, 식사 관리 등의 영양서비스 제공에도 활용한다.
전자우편 (e-mail)	• 전자우편 주소를 가진 사람들이 인터넷 통신망을 통해 시공간의 제약 없이 편지를 주고받을 수 있는 시스템으로 전자메일이라고도 부른다. • 개인 또는 단체를 대상으로 정보를 전달하고 받을 수 있으므로 교육과 상담에 활용할 수 있다.
메신저 및 문자 메시지	• 컴퓨터 및 스마트폰으로 간단하게 정보를 제공하는 것으로 문자나 음성 등으로 영양 정보제공, 영양교육 일정 알림, 식사 모니터링 등을 하는 데 활용할 수 있다.
소셜네트워크 서비스 (SNS)	• 사용자 사이에서 자유로운 의사소통과 정보 공유, 관계의 생성, 유지, 강화, 확장해주는 온라인 플랫폼으로 서비스 이용자들을 분류할 수 있어 맞춤형 마케팅에 도움이 된다. • 다양한 정보를 카드뉴스 형태로 생성하며 누리소통망, 사회관계망 서비스로 순화해서 부르기도 한다.
애플리케이션	• 컴퓨터의 운영 체제에서 실행되는 모든 응용 프로그램(응용 소프트웨어)을 말하며, 스마트폰이나 태블릿 등의 운영체제에서 사용자의 편의를 위해 개발되었다. • 주로 혈당, 걸음수 등 건강과 신체활동 측정에 많이 사용하며 체중관리와 식사관리도 할 수 있게 발달하고 있다.

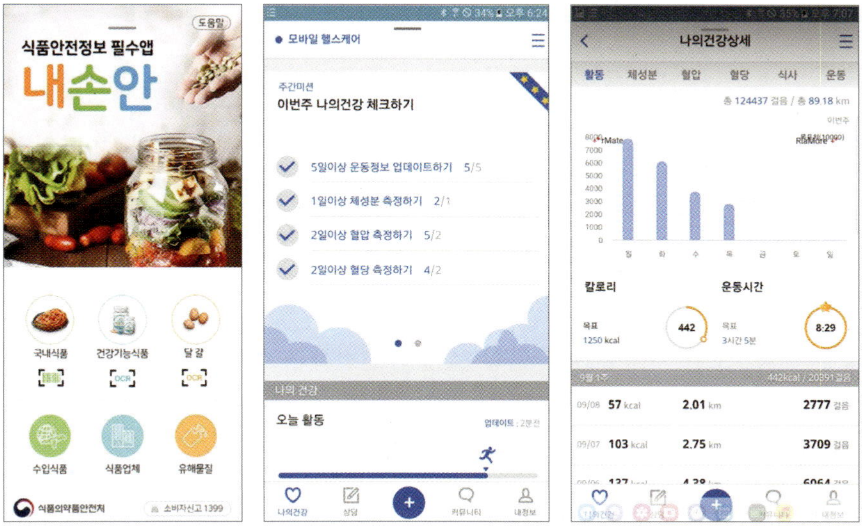

그림 7-23 애플리케이션 예시

출처: 식품의약품안전처, 보건복지부, 한국건강증진개발원

(7) 전자 게임

컴퓨터, 스마트폰, 태블릿, 게임기, 스마트 테이블 등을 이용한 게임에 영양과 식생활 내용을 담아서 활용할 수 있다. 개발 비용이 많이 소요되어 국내외에서 제작된 영양분야 게임은 거의 없고, 식생활과 연결하여 활용할 수 있는 농업 분야는 있다. 주로 농사를 짓고 수확하며 마을 주민들과 교류하는 농장 게임이며, 작물을 키우는 게임을 하고 실제로 농산물을 받을 수도 있다 그림 7-24 .

스타듀벨리

레알팜

그림 7-24 전자 게임 예시

(8) 가상 및 증강 현실

첨단적으로 IT 기술과 기계의 발달로 가상현실VR과 증강현실AR이 만들어지고 지속적으로 발달하고 있으며, 최근에는 영양교육 매체에도 적용하고 있다. 가상현실은 컴퓨터 그래픽과 인터페이스 기술을 활용해서 만들어진 임의(상상)의 세계로 현실 세계와 분리되어 경험하며 가상의 환경 내에서 상호작용을 한다. 반면 증강현실은 실제 세계에 가상정보(이미지, 그래픽 등)를 추가하여 실제 세계 안에서 증강된 가상정보와 상호작용을 한다. 또한 가상공간과 현실 세계를 연결하는 새로운 가상공간인 메타버스metaverse가 있으며, 챗지피티chatGPT 같은 인공지능AI기술 영역도 활발하게 사용되고 있다 그림 7-25 .

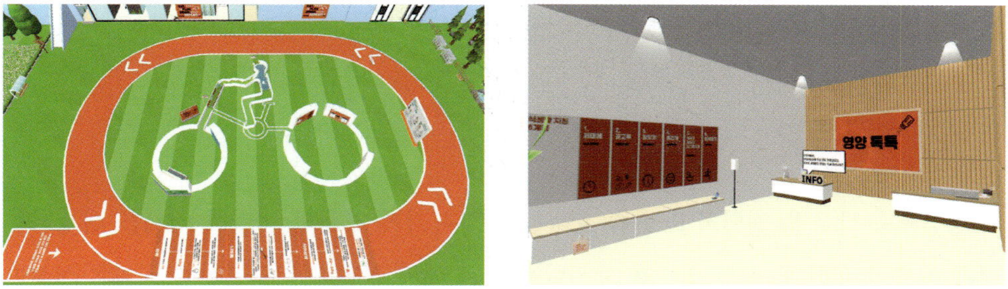

메타버스 제페토 플랫폼: 영양사와 함께 하는 식생활 상담소

그림 7-25 가상현실

출처: 보건복지부, 한국영양학회

더 알아보기

매체 선정 및 개발 시 추천하는 참고 웹사이트

질병관리청 www.kdca.go.kr/

식품안전나라(식품의약품안전처) www.foodsafetykorea.go.kr

식생활안전관리원(구, 중앙급식관리지원센터) www.ccfsm.kohi.or.kr

한국건강증진개발원 www.khepi.or.kr

국민건강보험공단(건강iN) www.nhis.or.kr

대한비만학회 www.kosso.or.kr

대한당뇨병학회 www.diabetes.or.kr

한국영양학회 www.kns.or.kr

대한영양사협회 www.dietitian.or.kr

바른 식생활정보 114 www.greentable.or.kr/PageLink.do

식생활교실 www.foodlife-edu.or.kr

농림수산식품교육문화정보원 www.epis.or.kr

6. 매체 선정 및 설계

1) 매체 선정 방법

영양교육 내용을 전달하고 학습 효과를 향상시키기 위해서 적절한 매체를 선정하는 것은 매우 중요하다. 경험 원추를 제시한 데일은 매체 선정기준도 제시하였는데, 적절한 매체 선택에 영향을 미치는 필수적인 요인은 (1) 학습내용 (2) 수업에 참여하는 인적요소(교육자, 학습자, 매체 전문가 등) (3) 매체 자체의 속성으로 구분할 수 있다. 이러한 요인들을 다양한 상황과 조건을 종합적으로 고려해서 선정하고 사용해야 하며, 매체의 선택 과정에도 평가가 필요하고, 사용 후에도 적절했는지 평가해야 한다.

효과적인 매체의 선택과 체계적인 개발을 위해 교육 설계 모형인 ASSURE 모형을 사용하여 그 절차에 따라 진행하는 것이 좋다그림 7-26.

A	S	S	U	R	E
analyze learners	state objectives	select methods, media and materials	utilize media and materials	require learner participation	evaluate and revise
학습자 분석	목표 제시	교육 방법, 매체, 자료 선정	매체와 자료의 활용	학습자 참여와 유도	평가와 수정

그림 7-26 ASSURE 모형

ASSURE 모형의 6단계 중 1단계는 '학습자 분석'으로 매체를 통하여 전달하는 정보의 내용과 수준이 대상자의 특성에 적합하도록 교육할 집단의 특성을 분석하는 것이다. 학습자들을 대상으로 지식, 태도 등을 조사하거나 주변 사람들에게 간접적으로 조사를 할 수도 있으며, 교육매체 선택 과정에도 학습자를 직접 참여시키면 효과적인 매체를 선택하거나 개발할 수 있다. 수업목표를 고려할 때 중간수준의 학습자를 선택해서 일반적인 특성, 사전 지식, 능력, 태도, 학습 유형 등을 분석하는 것이 필요하다.

2단계는 '목표 제시'로 영양교육의 목표를 달성하기 위하여 매체를 활용하여 달성하고자 하는 구체적인 행동 목표를 설정하고 제시하는 것이다. 매체의 목표는 매체 선정과 제작 방향의 지침이 된다. 목표는 학습자가 교육에 참여한 후에 무엇을 할 수 있는지 기술되어야 하며, 목표한 행동이 달성되었다고 인정할 수 있는 기준이 제시되어야 한다 표 7-7 .

3단계인 '방법, 매체, 자료의 선택'은 효과적이고 체계적으로 매체를 활용할 수 있도록 돕기 위한 지침으로 매체 선정과 활용을 세 가지 관점에서 제시하고 있다.

(1) 기존 매체와 자료의 활용: 교육의 목적과 목표를 달성하는 데 사용할 매체가 이미 만들어진 것이 충분하게 있다면 적합한 것을 골라서 사용하는 것이 효율적이다. 여러 자료 가운데 특정 매체를 선택할 때는 학습자 특성, 학습목표의 성격, 교수방법 및 학습상황의 장소, 시설, 환경 등의 요소를 고려하여 결정한다.

(2) 기존 매체 및 자료의 수정·보완: 교육의 내용과 방법에 적합하게 만들어진 기존 매체와 자료를 필요에 따라 수정하거나 재편집하여 사용할 수도 있으며 시간과 비용에서 효율적이다.

(3) 새로운 매체와 자료의 제작: 기존 매체 중 교육 목적과 내용에 맞는 적절한 매체와 자료가 없는 경우 새로운 것을 개발한다. 개발을 위해서는 학습목표, 학습자의 특성, 제작에 필요한 비용, 개발 기술 정도, 장비와 시설 확보, 소요시간 등 여러 가지 요소를 고려하여 매체 제작을 결정해야 한다.

4단계는 '매체와 자료의 활용'으로 교육매체를 효과적으로 실제 활용하려면 사전 시사(평가) 절차에서 매체에 대한 학습자들의 반응을 질적으로 측정하여 매체가 적합한지, 수정·보완할 요소가 있는지 확인하는 것이 필요하다. 활용할 매체와 자료를 지정된 장소에서 수업환경을 갖춰서 사전에 연습으로 사용해 보면 학습자의 수준에 맞는지 등을 검토할 수 있고 자료의 상태를 확인할 수 있다. 수업의 진행단계에 맞추어 매체와 자료의 순서를 구성하며, 학습자의 주의를 집중시키면서 학습동기를 유발할 수 있는 내용을 제시하고 주제와 자료에 대해 미리 설명하여 학습자들을 준비시킨 후 교육자는 다양한 진행기법을 적절하게 사용하여 교육자료와 매체를 제시한다.

5단계는 '학습자 참여 유도'로 학습내용을 교육자가 전달하면서 학습자를 학습과정에 능동적으로 참여시켜서 매체에 대한 학습자의 반응을 확인한다. 적절한 매체 사용과 함께 학습자의 집중도와 표정 등을 관찰하거나 대화하는 상호작용방식의 의사소통은 효과적인 교육을 만들 수 있다.

ASSURE 모형의 마지막 단계인 '평가와 수정'은 매체를 활용한 후 투입 요소(사용 자원)에 대한 평가, 매체활용 과정에 대한 평가, 매체의 효과평가를 하여 매체가 적절했는지 총괄 평가하는 단계이다 표 7-8 .

표 7-7 매체 선정기준과 평가사항

구분	관점과 항목	평가사항
학습 내용	• 학습 목표와의 적절성	• 매체에 제시된 내용과 학습 목표와의 일치도는?
	• 내용의 신뢰성	• 매체에 제시된 내용의 최신성과 신뢰성 정도는?
	• 학습동기 유발요소	• 매체를 사용할 때 학습 동기의 유발 가능성은?
	• 내용의 논리와 균형	• 내용의 논리적 전개와 균형의 정도는?
인적 요소	• 학습자 특성	• 학습자의 일반적 특성과 학습 집단의 크기는?
	• 교수자 특성	• 교수자의 매체에 대한 태도와 사용 능력 정도는?
	• 매체 전문가 특성	• 수업에서 매체전문가의 활용 가능성은?
매체 속성	• 학습 내용의 표현 정도	• 구체적 실물부터 추상적 상징체계까지 표현의 적절성은?
	• 회화적 표현의 정도	• 실물, 사진, 그래픽을 이용한 표현의 적절성은?
	• 제시 방법의 적절성 정도	• 투사장치(빔프로젝트 등) 사용의 필요성은?
	• 색상 요인	• 흑백, 칼라의 정도는?
	• 기술적인 질의 정도	• 매체의 화질, 녹음, 음악, 색상의 정도는?
	• 가격의 적정성	• 매체의 구입 또는 복사 관련 비용과 효과는?
기타	• 기타 사항 1	• 수업과 관련하여 추가되어야 하는 평가요소(1)는?
	• 기타 사항 2	• 수업과 관련하여 추가되어야 하는 평가요소(2)는?

출처: 이성흠 외, 2017

표 7-8 인쇄 매체의 평가틀(슬라이드 자료 포함)

매체 종류		교육대상	
교육 목적		교육자료명	
개발 날짜		판정	□ 적합 □ 부적합

분류	평가 영역	평가항목	평가 문항 선정: 내용	우수	보통	미흡
내용	권위성	저자의 전문성	저자가 관련 정보 전공자로서 내용을 제공하고 있다.			
		자문 실시 여부	전문가 자문이나 동료평가를 실시하였다.			
	정확성	활용이론이나 논리의 입증 여부	과학적 근거가 있는 정보를 제시하였다.			
		올바른 철자의 사용 및 은어나 비어 포함 여부	표현이나 표기상의 오류가 없고, 정확하게 기술하였다.			
		인용문의 원저 표시 여부	제시된 자료의 명확한 출처를 밝혔다.			
	적절성	명확한 주제와 내용 제시	자료의 목적과 주제가 분명하고, 구성 내용과 일치한다.			
		자료의 활용대상에 대한 설명 여부	교육대상자가 누구인지 정확하게 언급되어 있다.			
		대상자 및 매체의 특성에 맞는 내용 매치 여부	정보의 수준과 범위가 대상자에게 적절하다.			
			매체의 특성에 맞게 내용을 구성하였다.			
	이해성	주요 개념에 대한 대상자 이해 용이성	주요 개념들을 대상자가 이해하기 쉬운 용어를 사용하였다.			
형식	활용성	구체적 정보 및 실천방법 제시 여부	실생활에서 활용할 수 있는 구체적인 정보를 제시하였다.			
		대상자의 흥미 유발 여부	내용과 구성이 대상자의 관심과 흥미를 유발하고 지속시킬 수 있다.			
	디자인	텍스트와 삽화 등의 가독성 및 조화 여부	글자의 형태와 크기가 읽기에 용이하다.			
			사진, 삽화, 그래프, 도표 등이 보기 명확하고 내용과 잘 조화를 이루고 있다.			
공공성	공익성	특정 상품 암시 문구, 내용, 상품명 불포함	특정 상품을 암시하는 문구나 내용, 상품명이 없다.			
개수						
점수(우수 2점, 보통 1점, 미흡 0점)						
최종 판정 기준: 19점 이상 '적합', '미흡' 항목은 보완 후 재평가						

출처: 한국건강증진개발원, 2014

2) 교육매체 구성 및 설계 방법

교육매체를 제작하기 위해서 기본적으로 ASSURE 모형을 활용하여 설계하며, 교육방법에 따라 서비스디자인, 디자인 싱킹, 친환경 · 지속가능 디자인 등 다양한 프로세스를 활용하기도 한다 표 7-9 .

표 7-9 ASSURE 모형의 매체 선정 과정과 서비스디자인 디자인 싱킹의 매체 개발 과정

ASSURE 모형		서비스디자인(디자인 싱킹 포함)	
A (analyze learners)	• 학습자 분석	1단계 (empathize) 공감(이해)	• 대상자의 요구, 니즈, 목표, 어려움 등을 파악하기 위해 다양한 방법 활용하기 • 문헌조사, 대상자 조사, 인터뷰, 설문조사, 테스트 등으로 심층적인 정보 수집하기
S (state objectives)	• 목표 제시	2단계 (define) 정의(관찰, 분석)	• 수집된 정보를 토대로 현장 조사 및 관찰하기 • 관찰 내용 해석 및 분류, 핵심 인사이트 찾기
S (select methods, media and materials)	• 교육 방법, 매체, 자료 선정	3단계 (ideate) 아이디어 발상	• 다양한 아이디어를 발상하고 콘셉트 구축하기 • 브레인스토밍(마인드맵, 브레인 라이팅), 스케치, 스토리보드, 시나리오 등 다양한 방법 활용하기
U (utilize media and materials)	• 매체와 자료의 활용	4단계 (prototype) 프로토타입 제작	• 디자인을 넣어 시각화한 교구 모형을 제작하기 • 기능을 포함하여 실제 교구와 유사하게 제작하기
R (require learner participation)	• 학습자 참여와 유도	5단계 (test) 테스트	• 실제로 대상자와의 상호작용으로 검증하기 • 문제점 및 개선점 등 파악하여 개선하기
E (evaluate and revise)	• 평가와 수정	6단계 (evaluate and optimization) 평가 및 최적화	• 교구를 사용하고 성과 측정하기 • 피드백을 반영하여 수정하여 완성하기

더 알아보기

친환경 · 지속가능 디자인의 이해

- 제품과 서비스 기획 단계부터 친환경 · 지속가능성이 핵심적인 특성인 경제성, 환경성, 사회성을 고려하여 이를 제품과 서비스 개발에 적용하고 프로세스로 정리하는 디자인 활동이다. 자원 효율성과 순환성을 높여 환경영향을 감소시킬 수 있도록 하는 것이며, 독창성, 심미성, 인간공학적 관점, 사용 편의성, 포용성이 필요한 모든 디자인 영역으로 그 범위를 넓힐 수 있다. 친환경 교구를 제작할 때 참고하면 유용하다.

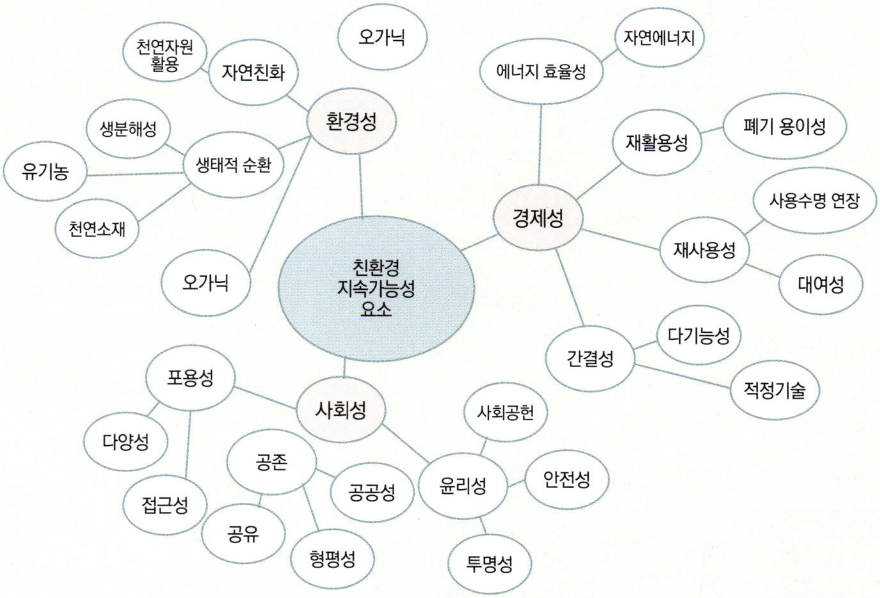

〈친환경 · 지속가능성 특성 관계도〉

친환경 · 지속가능 디자인 프로세스

- 친환경 · 지속가능 디자인은 제품의 생산, 분배, 소비 그리고 처리로 이어지는 '제품 생애주기 Product Life Cycle' 전반을 고려해야 한다.
  - 디자인 기획 단계: 친환경디자인을 위한 마켓 트렌드 및 소재 조사를 통하여 가치와 비용 등을 파악하여 디자인을 기획하는 과정
  - 개발 및 생산 단계: 소재와 재료를 선택하여 생산 시스템을 통해 제조, 제작하는 과정
  - 운반 및 유통 단계: 생산된 제품의 운송, 유통, 판매 과정
  - 소비 및 폐기 단계: 제품의 패키지 개봉, 사용 및 폐기, 재사용, 재활용하는 과정

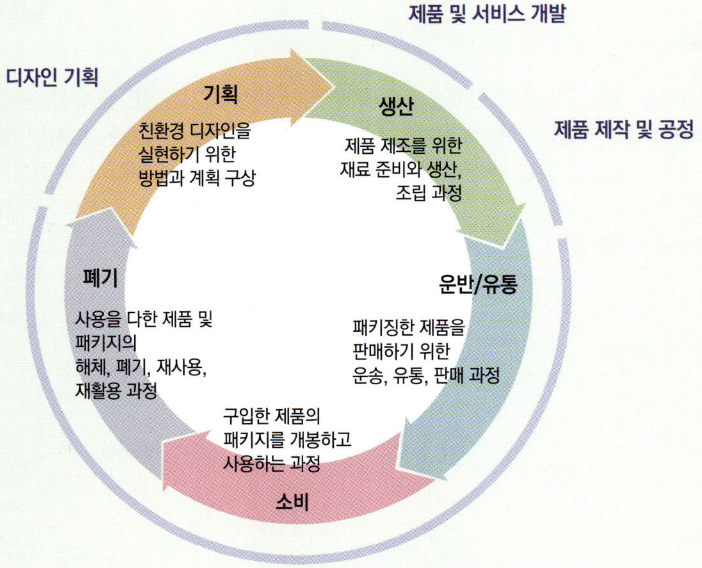

〈제품 생애주기 순환과정〉

출처: 한국디자인진흥원

【사례】

임신수유부의 올바른 영양관리를 위한 카드뉴스 형식의 교육자료 개발 과정

단계	내용	세부 내용
개발과정 1단계	임신수유부의 정보 요구도 분석	• 국내외 문헌 분석 • 국내외 온라인 자료 분석 • 포커스그룹 인터뷰
⬇		
2단계	영양정보의 주제 선정	• 5개 영역으로 분류하여 주제 선정 ① 일반적인 영양관리 : 임신기에 부족하기 쉬운 영양소, 체중 증가를 위한 영양관리, 수유부의 영양관리 ② 올바른 식품 선택 : 과일과 생선의 선택, 식단 개선을 위한 식품 선택, 가공식품 선택, 영양보충제 선택 ③ 식품안전 : 식중독 예방 방법, 식품안전상 피해야 할 식품 ④ 피해야 할 기호품 : 카페인, 음주, 흡연 ⑤ 특정집단 : 채식주의자, 저체중, 비만, 다태아 임신, 입덧, 임신성 당뇨, 임신성 고혈압, 갑상선 질환 등의 임신부 영양관리
⬇		

단계	내용	세부 사항
3단계	주제별 콘텐츠 원고 작성	• 주요 영양소로 엽산, 철, 칼슘에 집중하여 제공 • 신뢰성 있는 정보 제공: 영양소 섭취기준, 식품 중의 영양성분 함량, 섭취량, 통계자료 등 이용 • 사진, 그래프, 그림을 많이 사용 • 도입부에는 건강신념모델의 주요 구성요소인 인지된 민감성과 인지된 심각성의 개념으로 구성 • 일부 주제의 경우 질문으로부터 시작 • 실천 가능한 구체적인 정보와 가이드라인 제공 • 주제당 카드뉴스 10~20장
⬇		
4단계	콘텐츠 디자인 시안 개발	• 미디어 편집자와 디자이너의 원고 검토 • 일반인이 이해할 수 있는 쉬운 텍스트로 수정 • 사진, 그래프, 픽토그램, 그림 등 구입 및 제작
⬇		
5단계	콘텐츠 시안 검토	• 1차 검토(연구진) 후 수정 • 2차 검토(영양사 14명) 후 수정 • 3차 검토(식품의약품안전처 관련 부서) 후 수정 • 시안 7종에 대하여 임신부 대상으로 개선방안 조사 실시
⬇⬆		
6단계	콘텐츠 수정	• 카드 뉴스의 텍스트, 이미지, 순서 검토 및 수정
⬇		
7단계	최종 완성 및 배포	• 교육 자료 완성 "임신 · 수유부의 올바른 영양 관리 카드 뉴스" • 식품의약품안전처의 보도자료로 26종의 카드뉴스 파일 배포

3) 게이미피케이션을 활용한 교육매체

게이미피케이션gamification은 사람을 몰입시키고 행동에 동기를 부여하며 학습을 촉진시키고 문제를 해결하기 위한 게임 기반의 매커니즘, 미학적 요소, 사고방식 등을 비게임적인 맥락에 통합시키는 것으로 정의하고 있다. 놀이와 다르게 게임은 일정한 규칙에서 문제를 풀어나가며, 상대방을 이기기 위해 노력하는 기술, 지식, 기회가 포함되는 활동이다. 학습게임의 개발은 8단계로 진행하며 그림 7-27, 온라인 게임과 보드게임 개발도 기본과정을 참고하여 제작한다. 학습용 게임은 참여도를 높이기 위하여 지루하지 않게 구성하는 것이 무엇보다 중요하다 그림 7-28.

최근 영양교육 매체로 학습자의 참여와 동기부여를 높이기 위해 앞서 나온 매체 사례 중 메타버스, 게임 어플, 보드게임 등과 같은 게이미피케이션을 활용한 교구들이 제작되고 있다.

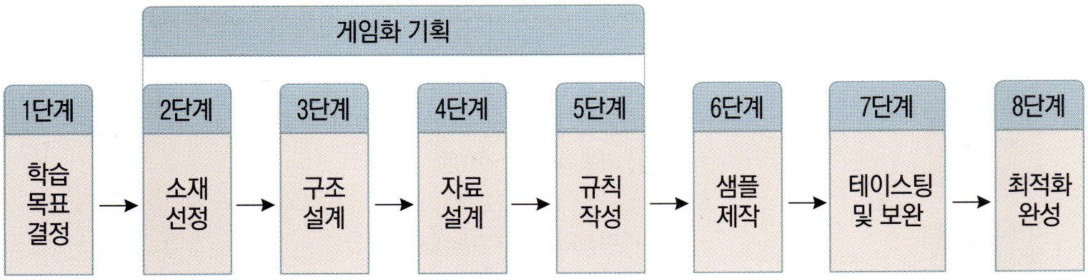

그림 7-27 학습게임 개발과정

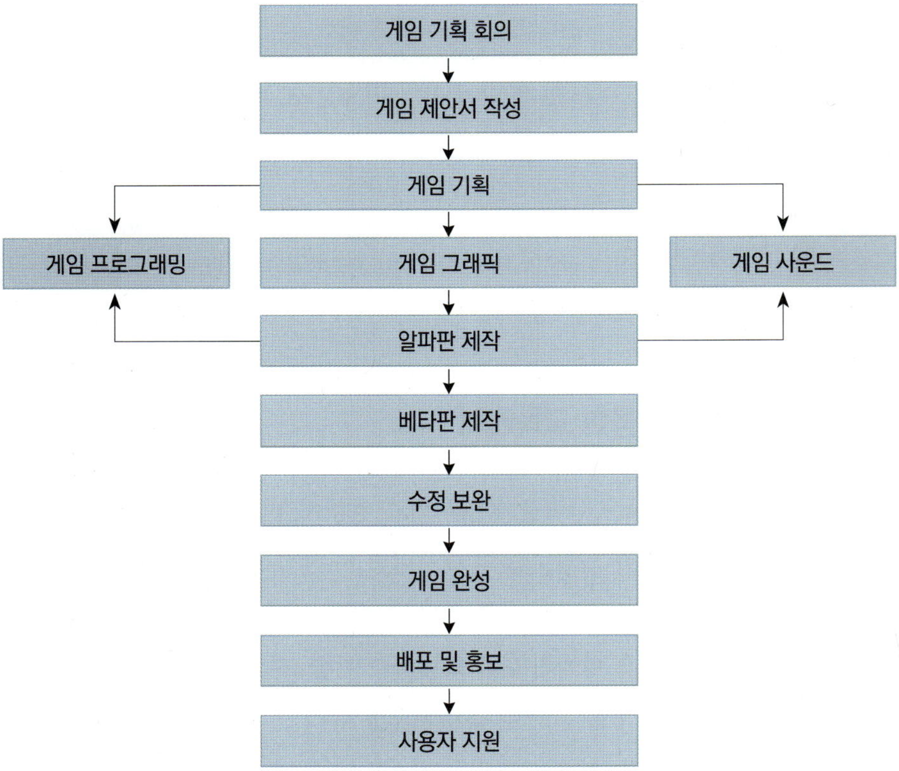

그림 7-28 일반게임 개발과정

출처: 오승택, 2004

4) 매체 제작 시 고려사항

영양교육 매체는 대상자 특성에 따라 선택하거나 제작하고 인지와 조작 능력을 고려하여 유형과 디자인을 선택한다. 특히 영유아는 촉감 등을 고려하고 제품의 안전평가 여부를 확인해야 하며, 노인은 노안 등 시각적인 측면과 인지와 조작능력을 고려해서 제작하거나 선택을 해야 한다.

시각 매체를 제작할 때는 기본적으로 시각디자인의 원칙을 고려하여 구성하는 것이 학습자 경험을 향상시키고 교육할 때 효과적이다. 시각 매체의 문장은 단순하고 명료해야 하며, 글씨와 도형 등은 크기, 위치, 색상 등을 조화롭게 배치하여 학습자에게 편안하고 안정적인 느낌을 주어야 한다. 반드시 가독성이 있는 글자체와 글자 크기를 사용하며, 색상은 칼라 가이드를 활용하여 주요 색상과 어울리는 포인트 색상을 정하여 과하지 않게 사용한다. 그래프, 도표, 사진, 일러스트 등은 반드시 해상도가 높은 것을 사용하며, 상하 · 좌우를 균형있게 조절하여 배치한다. 종이, 물체 등을 활용한 인쇄 매체는 사용 목적과 대상자 특성을 고려한 글씨 크기, 종이 크기, 인쇄 형태(리플릿, 책자, 카드 등) 등을 선택하며, 내용을 구성할 때 앞에는 질문, 일화, 퀴즈 등으로 시작하여 흥미를 유발하는 것도 좋다.

영양교육 매체로 식품을 사용하는 것은 오감오미를 같이 자극할 수 있어서 학습자의 반응도 바로 관찰할 수 있다. 특히 현장에서 호응도와 집중도가 좋고 현실감이 있어 경험학습으로는 매우 효과적이며, 좋은 경험으로 올바른 식생활의 실천변화를 유도할 수 있다. 다만 다른 매체와 달리 식품안전의 문제, 식재료 준비와 처리 등의 부담이 따르며 식품알레르기 등 대상자의 개별 특성도 고려해야 한다.

영양교육 매체의 성공 여부는 학습자에게 전달하고자 하는 메시지가 명확하게 전달되는지, 사용자에게 긍정적인 경험을 제공하는지에 달려 있다.

기존 매체를 선택하여 변형하거나 신규 매체를 개발할 경우는 신뢰할 수 있는 정보와 과학적 근거가 있는 내용으로 구성하며, 기존자료의 내용을 인용하거나 이미지를 사용 시에는 반드시 출처를 명시하거나 소유기관의 사용 가이드에 따라야 한다. 가장 중요한 것은 교육 자료를 구성할 때 내용, 디자인, 음원 등 모든 형태의 영역에서 지식재산권을 반드시 확인해야 한다.

더 알아보기

매체 선택 및 개발의 기본사항

• 기본적으로 디자인 관련 다양한 가이드, 지식재산권 등을 확인하고 제작한다.
  - 기존 매체 선택 : 개발 및 제작기관의 사용 가이드 확인, 기관에 사용 방법 문의 등
  - 기존 매체 변경 : 소유한 기관과 내용 및 형태 등 변경 협의, 문서나 메일 등으로 기록
  - 신규 매체 개발 : 기존 매체 존재 여부, 저작권등록 여부 등 확인 후 제작

지식재산권 알기

- '지식재산'이란 인간의 창조적 활동 또는 경험 등에 의하여 창출되거나 발견된 지식 · 정보 · 기술, 사상이나 감정의 표현, 영업이나 물건의 표시, 생물의 품종이나 유전자원, 그밖에 무형적인 것으로서 재산적 가치가 실현될 수 있는 것을 말한다. *지식재산기본법*
- '지식재산권'이란 법령 또는 조약 등에 따라 인정되거나 보호되는 지식재산에 관한 권리를 말하는 것으로써 산업재산권, 저작권, 신지식재산권을 포괄하는 무형적 권리를 뜻한다.

지식재산권		
	산업재산권	특허권/실용신안권/디자인권/상표권
	저작권	저작권/저작인접권
	신지식재산권	첨단산업재산권/산업저작권/정보재산권/기타

• 기존자료 검색 및 신규자료 등록 등의 자세한 내용은 특허청, 한국저작권위원회, 특허로 등에서 확인하면 된다.
  - 특허청: https://www.kipo.go.kr/
  - 한국저작권위원회: https://www.copyright.or.kr/
  - 특허로: https://www.patent.go.kr/

디자인 분야 알고 활용하기

• 산업기술이 발전하면서 디스플레이를 활용한 미디어 디자인, AV와 VR 등이 발달하며, 누구나 쉽게 접근할 수 있는, 친환경과 지속가능한 디자인, 사용자 경험 디자인(UI/UX), 콘텐츠와 상호작용하는 인터랙티브 디자인, 3D 디자인, 소셜미디어 디자인, 멀티채널 디자인, 접근성 디자인(유니버셜디자인), 캐릭터 디자인, 모션그래픽 디자인 등을 활용한 콘텐츠와 매체 등이 발달하고 있다.

- 디자인에 대한 최신 트렌드, 사례, 가이드라인 등은 한국디자인진흥원 등에서 확인하면 된다.
  - 한국디자인진흥원: https://kidp.or.kr/
  - 디자인 DB: https://www.designdb.com/
  - 한국콘텐츠진흥원: https://www.kocca.kr

5) 교육매체 콘텐츠를 새롭게 구성하는 방법

기술이 발달하고 트렌드의 빠른 변화로 다양한 매체가 발달할 수밖에 없기에 평소에 민감하게 소비자 흐름을 파악하고 직접 경험하고 분석하는 것이 새로운 매체를 구성할 때 도움이 된다. 겉으로는 단순하지만 속은 복합적이고 논리적인 알고리즘을 가진 매체를 개발하고, 전인적이고 체감이 높은 교육을 구성할 때는 다양한 학문영역에서 접근하는 것이 중요하다 그림 7-29.

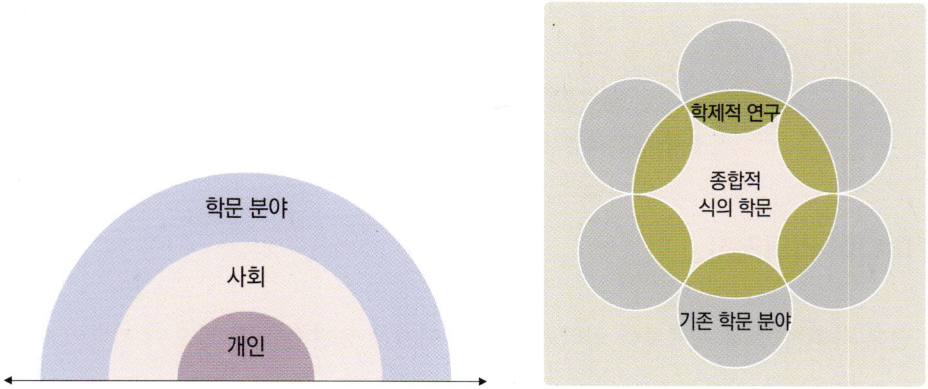

그림 7-29 이시게 나오미치의 바람직한 학제적 연구

출처: 지역사회영양학, 2023(이시게 나오미치 자료 재구성)

예를 들어 영양 영역에서 미각교육을 설계한다면 생리학과 연결하고 뇌과학과 감각 반응을 중심으로 구성하여 맛예민도 검사 시약지를 교육매체로 활용할 수 있다. 식품 및 조리 영역에서 미각교육을 설계한다면 농업 영역의 생산 체험을 연결하거나 다양한 원물의 특성을 중심으로 오감으로 느끼고 조리하며 식문화 요소를 가진 식경험 활동을 구성할 수 있다 그림 7-30 .

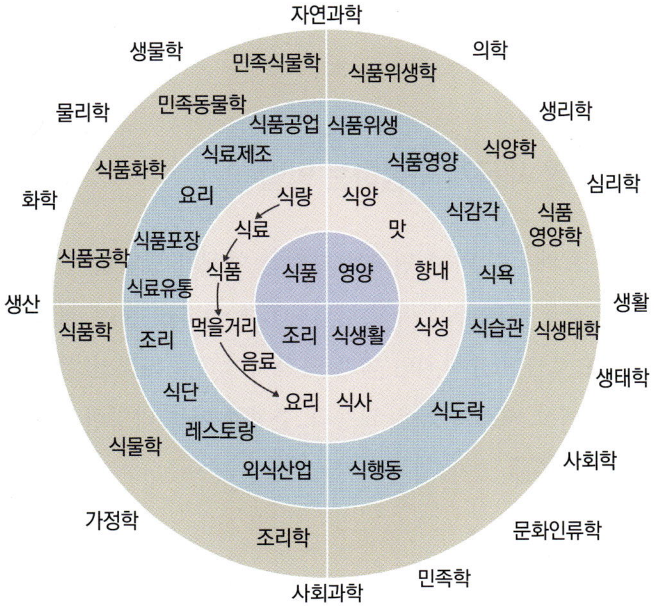

그림 7-30 음식 관련 학문 범주

출처: 지역사회영양학, 2023(이시게 나오미치 자료 재인용)

6) 미디어 리터러시

현대 사회는 인쇄 매체보다 인터넷 및 영상매체를 통한 정보가 많으며 미디어 콘텐츠에는 허위정보와 가짜뉴스가 많아서 올바르게 식별하는 능력이 필요하다. 특히 어린이(만 3~9세)의 미디어 이용 시간이 현재 3시간 정도로 세계보건기구WHO가 1시간 이하로 권고한 것보다 3배 이상 높고, 성인과 노인은 온라인 동영상 시청과 SNS 활용이 높아 일상생활에 미치는 미디어의 영향력이 커져서 미디어 리터러시 교육이 더욱 필요하다.

리터러시는 정보를 읽고 이해하고 사용할 수 있는 능력으로 문해력을 의미하고, 미디어 리터러시media literacy는 미디어 작동원리와 콘텐츠를 분석하고, 소통하여 평가하고, 비판적으로 이해하고 창의적으로 생산할 수 있는 능력이라고 할 수 있다.

미국의 미디어 리터러시 교육협회national association for media literacy education는 미디어 리터러시를 모든 유형의 소통을 사용하여 접근, 분석, 평가, 제작, 행동하는 능력으로 정의한다. 디지털을 이해하고 다룰 줄 아는 능력을 바탕으로 디지털 플랫폼을 통해 다양한 정보를 읽고, 보고, 이해하고, 창작할 수 있는 능력인 디지털 리터러시digital literacy도 있다. 결론은 미디어 리터러시는 문화적 현상으로 또는 현실상황에서의 커뮤니케이션을 이해할 수 있는 실천적 지식으로 간주되고 있다.

현대 사회는 정보의 생산 속도가 빠르고 미디어도 다양하게 발전하기에 미디어를 잘 알고 책임감 있게 사용하기 위하여 미디어 리터러시 교육이 필요하며 평소에 소양을 쌓아야 한다.

교육자는 미디어 사용에 필요한 역량을 가져야 하며 식품 영양 정보를 활용한 온라인 콘텐츠 생산은 건강정보 게시 및 이용 가이드라인을 참고하고 표 7-10 , 학습자가 미디어 리터러시를 가질 수 있도록 미디어 리터러시 교육내용을 참고하여 교육매체를 기획하고 사용해야 한다 표 7-11 .

표 7-10 미디어 사용에 필요한 세부 역량

세부 역량	내용
지식탐구	미디어의 형식과 내용 특성을 탐구하는 능력
콘텐츠 검색	적절한 정보를 찾고 신뢰할 수 있는 정보를 선택할 수 있는 능력
콘텐츠 이해	미디어에 담긴 내용을 정확하게 이해하는 능력
콘텐츠 생산	의미 있는 정보다 문화 텍스트를 생산하고 그 과정을 이해하는 능력
콘텐츠 감상	미디어를 통한 심미적 감식안과 미디어 경험 수준을 향상시키는 능력
콘텐츠 비평	미디어가 전달하는 정보 및 사회문화적 현상에 대한 비판적 분석 및 평가하는 능력
책임 있는 미디어 사용	저작권과 초상권 및 개인정보를 보호하여 안전하게 미디어를 이용할 수 있는 능력

출처: 이현주 외, 2023

표 7-11 미디어 리터러시 교육 내용

주제	내용
의미 이해와 전달	미디어 콘텐츠의 내용을 정확하게 이해하고 미디어를 통해 자신의 생각과 느낌을 표현하고 전달하기
책임 있는 미디어 이용	미디어 이용 시 유의해야 할 초상권 · 개인정보 · 저작권 보호 및 인터넷이나 SNS에서 언어 예절 지키기 등 안전하고 윤리적으로 미디어 이용하기
감상과 향후	미디어 정보와 문화 콘텐츠에 접근하여 그 내용과 표현에 대하여 심미적으로 감상하고 즐기기
미디어 기술 활용	정보 이용, 미디어를 활용한 발표, 표현 · 창작 · 제작 등에 필요한 도구 활용하기
창작과 제작	미디어 표현 방법에 따라 의미 있는 정보와 문화 콘텐츠 생산하기
정보 검색과 선택	자신의 목적에 적합하게 효율적으로 미디어에 접근하고 정보를 검색하고 선택하기
사회문화적 이해	미디어 정보와 콘텐츠가 생산되고 유통되는 맥락 이해하기
비판적 분석과 평가	미디어의 편향성과 상업성을 이해하고 자신의 주관을 바탕으로 정보와 사실 여부 · 의도 · 편향성 등 변별하기

출처: 정현선 외, 2015

인터넷 정보의 홍수 속에서 일반인에게 정확한 식생활 정보를 선별할 수 있는 교육이 필요하며 영양교육 측면에서 매우 중요하다. 정확한 정보를 얻도록 하기 위해 공인된 기관이나 단체, 신뢰도가 있는 정보제공자, 정보출처, 기자 실명제 등을 확인하도록 교육한다 표 7-12.

표 7-12 식품영양 정보 모니터링 평가항목

평가항목
• 제목은 내용과 일치하는가? 기사에 제시한 그림, 사진, 제목, 내용과 일치되는가? • 기사를 쓰는 언어가 순화되어 있는가? • 특정 직업이나 성을 비하하는 표현을 사용하지는 않았는가? • 주제의 과학적인 근거가 충분한가? • 근거자료는 공익성이 있고 사회에서 인정된 기관에서 발표한 자료인가? • 주제의 전달이 명확한가? • 전문용어 등에 대한 자세한 설명이 있는가?

평가항목
• 내용이 실제보다 과장되지는 않았는가? • 식품이 마치 약효를 가진 듯이 표현하지 않았는가? • 전문적인 내용을 지나치게 단순화하여 오해를 불러일으키지 않았는가? • 식품위생법 등의 현행법이나 건강 관련 제도에 위반이 되는가? • 실생활에 필요한 구체적인 대안이 있는가? • 특정 분야와 일부만을 강조하여 균형성을 잃었는가? • 명확한 지침이나 입장을 밝히지 않음으로써 오해를 불러일으킬 소지가 있는가? • 한사람의 체험에 근거한 이야기를 보편화하지 않았는가? • 비교기준을 제대로 설정하여 비교하였는가? • 동물실험을 인간에게 동일하게 적용하여 설명하였는가? • 간접적으로 특정사 제품 광고하지 않았는가? • 수입 명품임을 내세워 제품의 우수성을 근거 없이 강조하지 않았는가?

CHAPTER

8

영양상담의 개념과 이론

우리는 사람들에게 그 어떤 것도 가르칠 수 없다. 그들 스스로 자신의 내면에서 무엇인가를 발견하도록 도울 수 있을 뿐이다.

– 갈릴레오 갈릴레이 –

학습목표

- 영양상담의 개념을 말할 수 있다.
- 영양상담에 적용되는 상담의 이론을 설명할 수 있다.
- 영양상담자의 역할을 설명할 수 있다.
- 영양상담자에게 필요한 자질을 설명할 수 있다.

1. 영양상담의 개념

상담counseling이란 전문적인 지식과 자질을 가진 상담자와 도움을 필요로 하는 내담자 간의 상호작용을 통해서 내담자의 문제를 해결해 나가는 과정이다. 상담은 상담자와 내담자의 대화를 통해 이루어지는 과정이므로 상담이 잘 진행되기 위해서는 상담자와 내담자가 친밀한 관계를 형성하여 상담자가 내담자의 이야기를 잘 이끌어 낼 수 있어야 한다. 즉, 상담은 내담자와 함께 하는 과정으로 내담자가 원하는 목표를 향해 상담자와 내담자가 상호협력하는 것이 중요하다.

영양상담nutrition counseling이란 영양전문가와 내담자 간의 상호작용을 통해서 내담자가 영양적 필요를 충족시키는 건강한 식행동을 실천하도록 돕는 과정이다. 즉 영양전문가가 내담자와 함께 내담자의 영양문제를 파악하고, 행동변화를 위한 목표를 설정하고, 행동변화의 방해요인을 해결할 수 있는 방안을 모색하여 내담자 스스로 자신의 영양관리를 할 수 있도록 지원하는 것이다. 상담은 모든 사람에게 같은 정보 또는 일률적인 조언을 제공하는 것이 아니라 내담자의 특성과 상황을 고려하여 내담자가 실천할 수 있는 건설적인 대안을 제시하는 개별화된 과정이다 표 8-1 . 영양상담은 주로 당뇨나 신장질환의 환자를 대상으로 병원에서 실시되었으나, 점차 보건소나 건강검진센터 방문자, 편식 어린이, 체중조절을 원하는 사람 등을 대상으로 확대되고 있다.

표 8-1 정보 제공, 조언, 상담의 비교

유형	방향성	상담자의 태도	특성
정보 제공	일방적	권위	사실적 대화
조언	일방적	설득	해야 할 행동에 대한 대화
상담	양방향	지지	행동에 대한 생각과 감정을 고려

출처: Gabie J, 1997

2. 영양상담의 목표

영양상담의 목표는 내담자가 식행동의 문제점을 인식하여 건강한 식행동을 하도록 결심하고 행동하게 하며, 행동변화를 방해하는 요인을 해결하여 건강한 식행동을 유지하도록 하는 것이다. 오랫동안 유지되어 왔던 식습관을 변화시키는 것은 많은 시간과 노력을 필요로 하며, 한 번의 영양상담으로 편식 개선, 체중 감량, 생화학적 지표 향상 등 원하는 결과가 즉시 나타나지 않기 때문에 지속적인 상담이 필요하다.

3. 상담의 이론

영양상담은 내담자의 식행동을 건강하게 변화시키고 유지하는 것을 목표로 하고 있으므로 2장에서 다룬 건강행동 변화를 설명하는 이론뿐만 아니라 인간의 심리와 행동을 이해하는 다양한 관점들을 바탕으로 한 상담이론들도 학습하여 내담자의 특성과 상황에 따라 영양상담에 적용할 수 있어야 한다.

1) 정신역동적 관점

정신역동적 관점은 내담자의 과거에 초점을 두고 그것을 이해하고 해석함으로써 내담자가 자신의 현재 행동에 대한 통찰을 얻도록 돕는 관점이다.

(1) 정신분석이론

프로이트Sigmund Freud, 1856~1939는 인간을 비합리적이고 결정론적인 존재로 가정하고, 인간의 행동이 기본적인 생물학적 충동과 본능을 만족시키려고 하는 욕망에 의해 동기화된다고 보았다. 인간의 문제는 어린 시절에 경험한 무의식 속에 잠재되어 있는 경험에 의해 비롯되므로, 내담자의 문제를 이해하고 해결하기 위해서는 내담자가 정신의 층 깊숙이 숨겨버린 갈등의 경험을 찾아 이해하는 것이 필요하다.

상담의 목표는 문제해결이나 행동을 학습하기보다는 깊이 있는 자기 통찰을 위하여 과거의 억압된 세계를 깊이 탐색하여 문제해결적인 자아의 기능을 강화하는 것이다. 상담자는 내담자가 과거의 경험과 무의식적 갈등을 의식화할 수 있도록 내담자가 보이는 모든 반응에 고르게 주의를 기울여야 하며, 중립적인 태도를 유지한 채 내담자가 자신의 모습을 드러내도록 도와야 한다. 내담자가 무의식에 대한 완전한 통찰을 이루어 나가기까지 오랜 시간이 필요하다.

(2) 분석심리학

융Carl Jung, 1875~1961은 정신의 구조를 의식과 무의식으로 구분하였고, 무의식 세계를 확장하여 개인무의식과 집단무의식으로 구분하였다. 의식은 자아ego에 의해 지배되고, 태도는 자아가 갖는 정신적 에너지의 방향이다. 인간은 외적 세계 및 타인에게 향하게 하는 외향성과 자신의 내적 세계로 향하게 하는 내향성의 두 가지 태도를 모두 갖고 있으며, 둘 중 지배적인 방향에 따라 성격태도가 결정된다고 본다. 후에 사고, 감정, 감각, 직관을 조합하여 16가지 심리적 유형으로 결정되어, 현재 많이 사용되는 성격유형검사인 MBTIMyers–Briggs Type Indicator의 기초가 되었다. 집단무의식은 인간의 보편적인 심리적 성향으로 사람들이 역사와 문화를 통해 공유해 온 모든 정신적 자료의 저장소이자, 다른 이론들과 차별화된 분석심리학의 개념이다.

상담의 목표는 내담자로 하여금 무의식적으로 작동하는 정신원리를 의식화하고 개성화하는 과정을 촉진하는 것으로, 최종적으로 의식과 무의식을 포함한 전체적 성격의 주인인 자기self의 실현을 이루는 것이다.

- **자아**ego: 의식의 중심, 내가 의식하고 있는 나, 인간 행동의 기본적 기능을 주관하고 조정하며 통일하는 사고방식
- **자기**self: 의식과 무의식을 모두 포함하는 정신의 총체성, 유전적 요소와 환경적 영향 사이의 상호작용을 통해 형성되는 인격 전체, 나도 잘모르는 내 자신의 본성

(3) 개인심리학

아들러Alfred Adler, 1870~1937는 인간은 누구나 어떤 측면에서 열등감을 느끼고 있으며,

이 열등감은 유아 시기의 경험을 통해 시작되었다고 보고, 자기완성을 이루기 위해 열등감을 극복해야 한다고 강조하였다. 삶에 대한 개인의 기본적 지향인 생활양식 또는 성격(개성)은 인생 초기에 형성되며, 일단 형성된 생활양식은 외부 세계에 대한 전반적인 태도를 결정하게 된다. 생활양식을 사회적 관심과 활동수준에 따라 지배형, 기생형, 회피형, 사회적 유용형으로 설명하였다 표 8-2. 생활양식은 부모의 양육태도와 출생순위에 의해 영향을 받는다고 보아 상담에서 가족역동, 형제간의 관계를 다루는 것을 중요하게 여긴다.

표 8-2 아들러의 생활양식 유형

유형	특성	부모의 잘못된 양육태도
지배형	권력 추구, 공격적	지배하고 통제
기생형	의존적	과잉보호, 독립심을 길러주지 못함
회피형	소극적, 부정적, 자신감 결여, 사회적 관심 결여	자녀의 기를 꺾어 버림
사회적 유용형	높은 사회적 관심, 높은 활동수준, 긍정적, 심리적으로 건강	

상담의 목표는 내담자의 사회적 관심을 증진시키고, 열등감을 극복하며, 생활양식을 파악하여 바람직한 방향으로 생활양식을 바꾸도록 하는 것이다. 상담자와 내담자의 관계는 대등하고 협동적이며, 상담자는 격려를 통해 내담자의 자존감을 향상시키고 사회적 관심을 강화시키는 역할을 한다. 개인심리학은 아동교육과 부모교육에 적용할 수 있다.

(4) 정신역동적 관점을 적용한 영양상담

정신역동적 관점은 무의식 속에서 동기를 찾는 내담자와 상담자 사이의 대화라고 할 수 있으며, 내담자가 무의식의 세계를 인식하도록 하는 것이 목표이다. 내담자가 오랫동안 정서적 문제를 겪고 있거나 불안감에 시달리는 경우 또는 식사장애를 겪고 있는 경우 등에서 내담자의 어린 시절에 대한 대화를 통해 잠재되어 있는 문제를 찾아낼 수 있다.

더 알아보기

영양상담의 목적은 내담자의 식행동 변화에 있고, 행동의 변화를 일으키기 위해서는 지식적인 측면뿐만 아니라 심리적인 측면을 잘 이해해야 한다. 인간 심리에 대한 다양한 관점들은 단지 이론에 그치는 것이 아닌 현재를 살아가는 모든 행동을 이해하는 데 유용하다. 정신역동적 관점에 대해 더 심층적으로 알고 싶다면 프로이트의 '꿈의 해석'과 융의 '기억, 꿈, 사상', 그리고 아들러의 개인심리학을 다룬 '미움받을 용기'를 읽어보도록 하자.

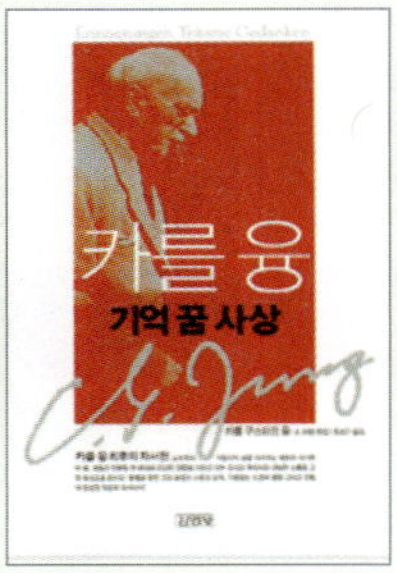

2) 행동주의적 관점

행동주의적 관점은 인간의 행동이 환경과 상호작용하는 경험의 과정을 통해 학습된다는 입장으로, 환경적 또는 상황적 요인을 중요하게 여긴다. 대부분의 인간행동은 학습된 것이므로 환경의 변화, 즉 자극과 보상이라는 외적 통제를 통해서 행동변화가 가능하다는 입장이다.

(1) 주요 개념

행동주의 상담behavior counseling 이론은 1950년대와 1960년대 초반에 생겨났으며, 행동수정 또는 행동치료라는 이름으로 불렸다. 인간행동의 원인을 감정, 사고, 신념 등과 같은 것으로 보지 않고, 모든 인간의 행동은 경험에 의해 학습된 것으로 보고 관찰 가능한 행동에만 관심을 갖는다.

상담의 목표는 부적응 문제행동을 제거하거나 긍정적인 행동을 학습함으로써 내담자의 적응을 돕는 것이다. 행동변화는 자극과 보상이라는 외적 통제를 통해서 이루어진다.

상담을 통해 잘못 학습되었다고 생각되는 행동을 소거하고 보다 효과적이고 바람직한 행동을 새로이 학습하도록 내담자를 도와주는 것이다.

상담자의 역할은 크게 두 가지로, 첫째는 부적응적 문제행동에 대한 정보를 얻은 후 문제의 원인을 파악하는 것이 아니라 이를 제거하여 재발하지 않게 하거나, 적응적인 행동을 할 수 있도록 행동목표를 설정하고 목표 달성을 평가하는 것이다. 둘째는 내담자를 위한 역할 모델이 되어 내담자가 상담자의 행동을 모방함으로써 학습하도록 하는 것이다.

(2) 행동주의 이론의 발달

① 파블로프의 고전적 조건형성

파블로프Ivan Pavlov, 1849~1936는 개에게 먹이(무조건 자극)를 주기 직전에 1~2초 동안 종소리(중성자극)를 들려주기를 일정 기간 반복하였다. 이 두 자극은 연합되어 조건화되었고, 개는 종소리(조건자극)만 듣고도 침을 분비하였다. 개는 학습된 자극에 의해 학습된 반응을 나타낸 것이다. 처음에는 아무런 반응도 유발하지 못했던 중성자극들이 무조건 자극과 반복적인 연합을 통하여 생리적 반응(침)을 유발하도록 학습하는 것이며, 이를 고전적 조건형성classical conditioning이라 한다 그림 8-1.

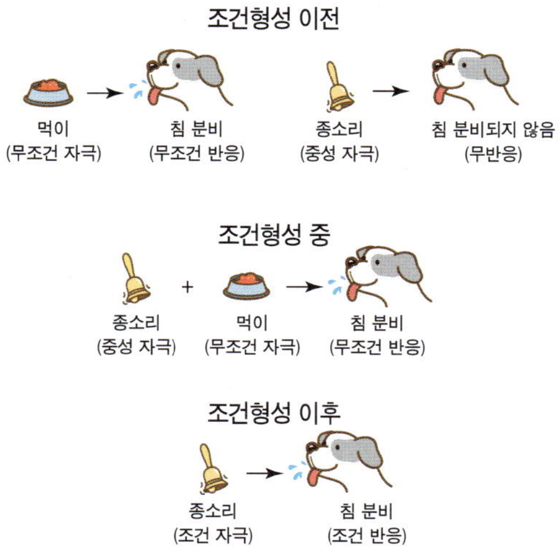

그림 8-1 파블로프의 고전적 조건형성 실험

② 스키너의 조작적 조건형성

스키너Burrhus Skinner, 1904~1990는 쥐를 사용한 실험상자 안에 지렛대와 먹이통을 두고, 쥐가 지렛대를 누르면 먹이가 통 속으로 떨어지도록 설계하였다 그림 8-2. 쥐가 상자 안에서 우연히 지렛대를 누르면 먹이가 나오고, 이러한 상황이 반복되면서 쥐는 지렛대를 누르면 먹이가 나온다는 것을 학습하게 되어 배가 고프면 지렛대를 누르는 행동을 보였다. 이처럼 행동은 그 결과에 따라 증가 또는 감소하게 되는데, 보상이 따르는 행동은 증가하고, 처벌이 따르는 행동은 감소한다는 것이다.

고전적 조건형성은 자극이 주어지면 유기체가 반응을 하는 것이지만, 조작적 조건형성operant conditioning은 유기체가 먼저 반응을 하고, 이에 따라 강화나 벌이 제공되어 유기체의 반응이 증가되거나 감소된다는 점에서 차이가 있다.

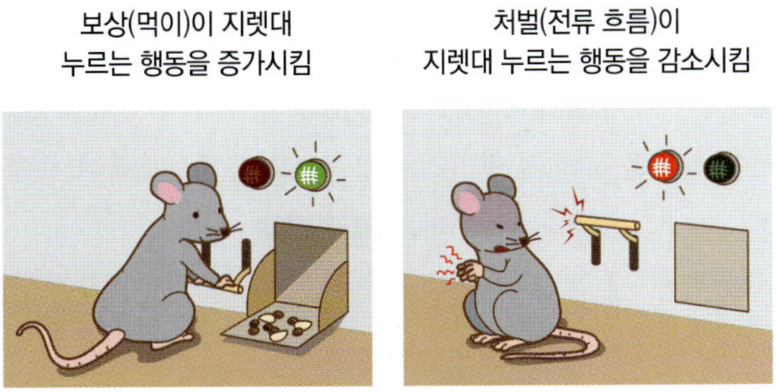

그림 8-2 스키너의 조작적 조건형성 실험

③ 반두라의 사회학습이론

반두라Albert Bandura, 1925~2021의 사회학습이론은 행동주의와 인지주의 이론이 반영된 것이다. 반두라는 보보인형실험을 고안하여 3~6세 유아에게 성인이 보보인형을 때리는 모습을 10분 동안 지켜보게 하였다. 그 후 다른 장소에서 보보인형을 주었더니 자신이 본 것을 그대로 재현하며 놀았고, 이는 화면에서 간접적으로 노출되거나 어른이 아닌 동물로 바뀌었을 때도 동일한 효과를 나타냈다 그림 8-3. 다시 말해 공격적 행동을 하는 모델을 본 아이들이 폭력적 행동을 더 많이 모방 학습한다는 것이다. 이를 통해, 인간의 행동은 자극과 자극에 대한 반응(강화, 처벌)으로만 나타나는 것이 아니라 사회적 맥락에서 일어나는 과정으로, 다른 사람의 행동을 관찰하고 행동의 결과를 관찰함으로써 학습이 이루어진다고 보았다. 즉, 사회적 환경 속에서 모방을 통하여 많은 것을 학습함을 강조하였으며, 세 가지 유형으로 나누어 설명하였다.

- 모방학습modeling: 가장 단순한 형태로 인지적 요인의 개입 없이 다른 사람의 행동을 모방하여 같은 행동을 하는 것이다.
- 대리학습vicarious learning: 다른 사람들의 행동이 어떤 결과를 가져오는지를 관찰함으로써 자신이 그러한 행동을 했을 경우 초래될 결과를 예상하는 학습이다.
- 관찰학습observational learning: 사회적 상황에서 다른 사람의 행동을 관찰해 두었다가 유사한 상황에서 학습한 행동을 표현한다.

이전의 행동주의 이론에서는 인간의 행동에 영향을 미치는 요소로 관찰되지 않는 인간의 인지적 요소는 배제해 왔으나 반두라의 경우 인지적 요소를 적극 수용하였다는 점이 다르다.

그림 8-3 반두라의 보보인형 실험

(3) 행동주의적 관점을 적용한 영양상담

영양상담의 목표는 문제행동을 바람직한 행동으로 변화시키는 것이다. 음식 섭취 행동을 유발하는 자극을 조절하거나, 바람직한 행동에 대한 결과로 강화, 보상을 함으로써 바람직한 행동을 다시 하도록 유도한다. 행동주의적 관점을 영양상담에 적용하는 내용은 11장에서 자세히 설명한다.

3) 인본주의적 관점

인본주의적인 관점은 인간의 주관적 경험, 자유의지, 성장을 추구하는 가치를 강조하며, 각 개인이 자기 자신과 세계를 어떻게 지각하고 해석하는가에 따라 행동이 다르게 나타난다고 본다.

(1) 게슈탈트 상담

게슈탈트 상담은 인간의 삶에서 전체성, 통합, 균형의 중요성을 강조한다. 인간이 대상을 지각할 때 개개의 요소의 집합이 아니라 전체로 파악한다는 입장이다. '게슈탈트Gestalt' 라는 용어는 독일어로 형태, 모양, 유형, 조직화된 전체를 의미한다. 게슈탈트는 어느 한 순간 관심의 초점이 되는 전경figure과 관심 밖에 놓여 있는 배경background이 역동적으로 조직화되어 나타나는 전체를 의미하며, 게슈탈트를 형성한다는 것은 어느 한 순간 가장 중요한 욕구나 감정을 전경으로 떠올린다는 말과 같은 뜻이다.

펄스Friedrich Pearls, 1893~1970는 인간을 완성 또는 해결을 추구하는 경향을 가진 존재로 보고, 인간의 삶에서 자아실현을 중요시하였다. 인간의 사고, 감정, 지적, 신체적 기능 등은 서로 관련되어 통합적으로 기능하며 균형을 유지하고, 매순간 형성되는 게슈탈트를 자각하여 그것을 해결하면서 다시 새로운 게슈탈트를 형성한다.

게슈탈트 상담의 목표는 내담자가 성숙하여 자신의 삶을 책임지고 게슈탈트를 완성하도록 돕는 것으로, 인간의 문제가 아닌 인간 그 자체에 초점을 둔다. 단순히 문제를 해결하는 것이 아니라 내담자들의 성장과정을 도움으로써 현재뿐 아니라 미래에 겪게 될 문제들에 대해 보다 유연하게 대처하도록 돕는다.

(2) 게슈탈트 상담 관점을 적용한 영양상담

게슈탈트 상담의 기본적인 목표는 내담자가 깊고 풍부한 인식을 통해 더 나은 선택을 하도록 돕는 것으로, 영양상담에서는 내담자가 자신의 식행동을 변화시키기 위해 식행동과 관련된 자신의 욕구와 감정을 알아차리고, 자신과 환경에 대한 보다 폭넓은 인식의 과정을 통해 바람직한 식행동을 할 수 있도록 돕는 것을 목표로 한다. 또한 게슈탈트 상담은 내담자에게 자신의 행동에 스스로 책임질 것을 강조한다. 즉 우리의 사고, 감정, 행동을 지각하고 우리가 경험한 것을 타인에게 책임지게 하지 않도록 해야 할 것이다. "나는 ~에 대하여 책임을 진다"로 말하게 함으로써 스스로 책임진다는 것을 인식하도록 한다. 예를 들어 혈당 조절이 잘 안 되는 것을 음식 조절을 돕지 않는 부모나 스트레스를 유발하는 다른 사람 때문이라고 비난하는 내담자에게 혈당조절은 자신이 통제할 수 있는 행동이라는 것을 알도록 하는 것이다. 내담자가 합리적인 행동 목표를 설정하도록 돕는 것은 이러한 문제를 해결하는 데 도움이 될 수 있다.

(3) 인간중심상담

인간중심상담person-centered counseling은 1940년대에 미국의 심리학자인 로저스Carl Rogers, 1902~1987의 이론에 근거하여 발전된 상담이론이다. 초기에는 정신분석상담의 지시적 접근과 대비되는 비지시적 상담non-directive counseling으로 불리다가 상담자 중심의 치료와 대비되도록 내담자 중심 상담client-centered counseling이라는 표현을 사용하였고, 1970년대에 대등한 '인간 대 인간'의 관계를 강조하는 인간중심상담으로 수정하였다.

로저스는 인간을 선천적으로 성장을 위하여 노력하는 성장지향적인 존재로 보았으며, 존중받는 분위기에서 자신의 잠재력을 최대한 발휘하고 스스로 자신의 문제를 파악하고 해결해 나갈 수 있다고 믿었다. 따라서 인간중심상담에서는 상담자가 진단을 하거나 정보를 제공하거나 문제의 해결책을 제시하기보다는 내담자에게 초점을 맞추고 내담자와 진실된 관계를 형성하는 것을 중요하게 여긴다. 상담자는 내담자의 성장변화를 돕기 위해 진솔성, 공감적 이해, 무조건적 긍정적 존중의 세 가지 인간중심적 태도를 가져야 한다. 진솔성은 상담관계에서 경험하는 자신의 감정이나 태도를 있는 그대로 인정하고 표현하는 태도로, 상담자가 겉으로 표현하는 것과 내면에서 경험한 것이 일치하는 것을 말한다. 공감적 이해는 상담자가 내담자의 입장에서 내담자가 느끼는 감정을 이해하고 표현하는 것이다. 무조건적 긍정적 존중은 조건없이 내담자를 하나의 인격체로서 그의 생각이나 행동을 판단하거나 평가하지 않고 수용하는 것이다. 상담자의 이러한 태도는 내담자가 기댈 수 있고, 신뢰할 만하며, 안전하다고 느끼게 된다.

상담의 목표는 상담자가 상호신뢰할 수 있는 분위기를 조성하여 내담자가 자기를 공개할 수 있도록 함으로써 자신의 감정, 가치 등의 내면세계를 이해하고 자신의 문제를 파악할 수 있도록 돕는 것이다. 내담자에게 영향을 주는 것은 상담자의 지식이나 이론, 기법이 아니라 내담자에 대한 상담자의 태도로, 친밀한 관계를 유지하면서 내담자의 성장을 촉진하는 분위기를 조성해야 한다.

(4) 인간중심상담 관점을 적용한 영양상담

인간중심상담의 목표는 내담자의 삶과 문제 등에 대해 구체적인 방향을 제시하기보다는 내담자 스스로 당면한 문제를 해결하고 자신의 삶을 기능적이고 긍정적으로 변화시킬 수 있도록 실현 경향성이 촉진되는 환경을 제공하는 것이다. 즉, 영양상담자의 역할은 충분히 수용적이며 공감적인 분위기를 조성하는 것이며, 이를 통해 내담자가 식행동과 관련된 자신의 마음과 생각, 행동 등을 탐색하고, 이를 진솔하게 표현하도록 돕는 것이다. 영양상담자는 내담자가 자기주도적으로 자신의 식행동의 문제점을 탐색하여 보다 합리적이고 효과적인 방법으로 식행동을 변화할 수 있도록 도와야 한다. 인간중심상담에서는 경청, 이해, 배려의 중요성이 강조되며, 영양상담에 적용하기에는 시간이 많이 소요될 수 있다.

4) 인지주의적 관점

인간의 인지, 행동, 감정 중에서 인지가 중요하며, 우리가 어떻게 생각하는지가 감정과 행동에 영향을 준다는 입장이다. 바람직한 삶을 위해 합리적 생각과 바람직한 선택이나 결단의 중요성을 강조한다. 즉, 인지를 변화시킴으로써 문제를 해결하려는 관점이다.

인지cognition

- 사물을 알아보고 그것을 기억하며 추리해서 결론을 얻어내고 그로 인해 생긴 문제를 해결하는 등의 정신적인 활동을 포함하는 개념이다.
- 지각perception, 기억memory, 사고thinking의 세 가지 큰 영역으로 구성된다.
- 인지 능력은 새로운 지식을 습득하고 지식과 기술을 활용하여 이 세상에 적응할 수 있는 힘이다. 인지능력이 저하되면 사물의 형태를 알아보지 못하거나(지각의 실패), 이전의 일을 생각해 내지 못하거나(기억의 실패), 간단한 추리조차도 어려워하는(사고의 실패) 경우가 있다.

(1) 현실치료

글래서William Glasser, 1925~2013는 인간을 자신의 욕구를 충족시키기 위하여 스스로 행동을 선택하고 결정하는 존재로 본다. 현실치료reality therapy는 과거를 중시하는 다른 방법과 달리 내담자의 현재 행동과 책임을 강조하며, 각자 무엇을 원하는가를 파악해야 한다는 점에서 인지적 해석을 중요하게 여긴다.

현실치료의 목표는 내담자가 책임질 수 있고 만족할 수 있는 현실적인 방법으로 소속감belonging, 힘power, 자유freedom, 즐거움fun, 생존survival의 욕구를 충족하도록 돕는 것이다. 현실치료의 상담과정은 먼저 내담자와 상담관계를 형성하고 욕구를 탐색한 다음 현재 행동에 초점을 두며 내담자가 자신의 행동을 평가하고 책임있게 행동하는 계획을 세우는 단계를 거친다.

(2) 합리적 정서행동 치료

합리적 정서행동 치료rational emotive behavior therapy, REBT는 인간을 합리적인 사고와 비합리적인 사고를 할 수 있는 가능성을 모두 갖고 태어난다는 가정에 근거를 두고 있다. 엘리스Albert Ellis, 1913~2007는 합리적 이성을 강조하여 초기에는 합리적 치료라고 불렀으나 정서를 무시한다는 비난으로 이를 합리적 · 정서적 치료로 수정하였고, 그 후 정서와 행동 모두를 중시하는 철학을 반영하여 합리적 정서행동 치료로 변경하였다. 인간은 자신을 보호하고, 행복을 누리고, 사고하고, 타인과 소통하고, 사랑하고, 자신을 성장시키는 자아실현의 욕구를 가지고 있는 반면, 자신을 스스로 파괴하고 일을 미루고, 실수를 하고, 허황된 미신을 믿고, 참을성이 없으며, 자신의 성장 가능성을 피하려는 경향을 함께 갖고 있다. 사람들이 정서적 문제를 겪는 이유는 일상생활에서 겪는 구체적인 사건들 때문이 아니라 그 사건을 합리적이지 못한 방식으로 지각하고 받아들이기 때문이다.

상담의 목표는 내담자의 문제행동을 제거하는 것보다는 문제행동의 배후에 있는 비합리적 사고를 최소화시키고, 보다 현실적이고 합리적인 가치관을 갖게 하는 데에 있다. 상담자의 역할은 내담자가 자신의 비합리적인 신념을 스스로에게 어떻게 적용하는지 보여주고, 비합리적 사고를 합리적 신념과 태도로 대체하는 방법을 가르쳐 내담자가 변화를 위해 할 수 있는 일이 무엇인지 깨닫도록 돕는 것이다.

(3) 인지치료

벡Aaron Beck, 1921~2021의 인지치료 이론은 개인의 사고가 개인의 감정과 행동을 결정한다는 전제에 근거한다. 인지치료의 핵심 개념은 자동적 사고, 역기능적 인지 도식, 인지적 오류이다. 자동적 사고는 어떤 사건에 대해 자동적으로 떠오르는 생각으로, 자신에 대해, 미래에 대해, 세상에 대해 부정적인 내용이 떠오른다면 심리적 문제를 경험하기 쉽다는 것이다. 역기능적 인지 도식이란 자신과 세상을 이해하는 사고의 틀이 부정적인 것을 의미한다. 역기능적 인지 도식을 갖고 있는 사람이 어떤 스트레스 사건을 경험하게 되면 부정적인 자동적 사고를 떠올리게 된다. 인지적 오류는 현실을 제대로 지각하지 못하거나 사실의 의미를 왜곡하여 받아들이는 것을 의미한다.

인지치료의 상담목표는 자동적 사고를 변화시키고, 인지 도식을 재구성하며, 인지적 오류를 제거하여, 내담자에게 정서적, 행동적 변화를 가져오게 하는 것이다. 상담자는 내담자와 협동적 대화를 통해 내담자의 감정이나 생각, 현재의 상황과 같은 정보를 얻고, 내담자의 인지, 감정, 행동 등을 주의깊게 관찰하고 평가하여, 내담자가 자신의 역기능적인 사고, 인지적 오류 등에 대해 수용하고 이를 수정하도록 돕는다.

(4) 인지주의적 관점을 적용한 영양상담

인지적 접근은 상담자가 내담자의 언어적 메시지로부터 내담자의 왜곡된 사고나 역기능적 신념 등을 찾아내어 이를 현실적이고 적응적인 신념으로 변화시키도록 돕는 것이다. 영양상담에서는 내담자가 자신의 식행동과 관련된 부정적 사고나 왜곡된 신념을 자각하고 성찰함으로써 자신의 생각을 보다 타당하고 현실적으로 변화시키도록 할 수 있다.

5) 기타

(1) 해결중심상담

해결중심상담solution-focused counseling은 드 세이제Steve de Shazer, 1940~2005와 김인수Insoo Kim, 1934~2007 부부가 동료들과 함께 개발한 상담방법이다. 해결중심상담은 과거에 초점을 두지 않고 현재와 미래에 초점을 둔다. 인간은 각자의 삶 속에서 성공했던 경험이 있으며, 이를 근거로 스스로 문제를 해결하고 성장할 수 있는 존재이다. 따라서 해결중심 상담은 문제보다 해결책에 중점을 둔다. 즉, 문제가 무엇인지를 밝히기보다는 상담자는 내담자와 함께 성공경험이 있는 해결방안에 관해 이야기를 나눔으로써 문제를 해결하여, 행동변화를 유도하기에 효과적인 상담으로 여겨지고 있다.

√ 통곡물 음식을 먹어본 경험이 있나요?
√ 마지막으로 과일을 먹은 것은 언제인가요?
√ 가족이나 친구가 저나트륨 식품을 섭취하도록 권한 적이 있나요?

(2) 상담이론의 통합과 절충

복잡한 인간 행동을 완전하게 설명할 수 있는 하나의 이론은 없으므로 내담자의 특성과 문제 유형에 따라 상담이론과 방법을 선택적으로 사용할 수 있다. 이는 상담을 효과적으로 이끌 수 있으며, 하나의 상담이론을 모든 상담 장면에 적용시키고 일반화시킬 때 발생할 수 있는 독단과 과오를 막을 수 있다. 우선 각각의 상담이론의 기본개념과 이론들의 강점과 약점, 차이점 등을 잘 알고, 내담자 유형과 문제, 상담자 자신의 특성을 고려하여 적합한 상담이론과 방법을 선택하여 적용시켜 나가는 것이 바람직하다.

더 알아보기

비만에 적용되는 상담이론으로 살펴본 비만행동치료

목표: 내담자의 자기조절 능력을 키우는 것

과정: 과학적 기반을 가지고 현재에 초점을 맞추며 관찰 가능한 행동변화에 중점을 두고 내담자의 적극적인 참여을 독려함

발전

- 1세대(1930~1950년대): 행동주의적 관점의 행동치료
  기본 가정은 비만 환자들이 부적절한 식사 및 운동 습관을 갖고 있다는 것이고, 주목적은 치료적 개입으로 행동을 변화시키는 것임. 식사나 운동 가이드를 통한 행동치료가 단기적인 효과는 있었으나, 체중 감량 이후 조절을 포기하거나 재증가되는 문제점이 대두됨
- 2세대(1970년대): 인지주의적 관점의 인지행동치료
  장기적인 효과를 위해 행동치료뿐 아니라 인지 과정 변화에 주목. 개개인에 따라 체중 감량

과 유지가 다름을 지속적으로 강조하여 조절 능력을 높임. 신체상을 받아들이는 데에는 유의미한 변화가 있었으나 체중 유지에 의미있는 효과는 없었음. 체중 재증가 문제를 보완하기 위한 연구가 진행됨

- 3세대(2000년대 이후): 수용에 기반한 행동개입과 마음챙김식사mindful eating

여러 관점의 통합과 절충으로 원치 않는 생각과 감정이어도 수용하고 보다 나은 행동을 선택하게 하는 수용 기반 치료Acceptance & Commitment Therapy, ACT를 기반한 행동중재로 방향이 옮겨가고 있으며, 그중 대표적인 방법이 마음챙김식사로 먹기와 관련된 생각, 감정, 신체 감각 행동에 주의를 기울여 열린 마음과 수용하는 마음으로 음식과의 관계를 변화시켜 나가는 방법을 시도중임

4. 상담의 다양한 유형

1) 집단상담

집단상담은 한 명의 상담자와 여러 명의 내담자가 함께 모여, 서로를 신뢰하는 분위기 속에서 상호작용을 통해 개인의 태도와 행동을 변화시키고 문제를 해결하며, 나아가 성장을 이루어가는 활동이다. 여러 명이 앉아 대화할 수 있도록 충분한 공간에 비밀 유지가 가능한 물리적인 환경을 갖추어야 한다. 내담자 수는 상담자가 관찰 가능한 4명 정도가 적당하며, 8명 이상인 경우 상담보다는 교육적인 목적으로 진행할 수 있다. 집단상담의 장단점은 표 8-3 과 같다.

표 8-3 집단상담의 장단점

구분	내용
장점	• 내담자 간에 피드백을 제공할 수 있고, 서로 지지해 줄 수 있다. • 내담자 서로에게 상담자의 역할을 할 수 있게 되므로 비교적 짧은 시간에 많은 사람의 성장을 도울 수 있다. • 내담자끼리 동등하다고 느끼므로 대체로 개인상담보다 편안하게 느낀다. • 본인의 잘못된 생각을 인식할 수 있다. • 본인의 문제가 본인만의 문제가 아닌 것을 알고, 해결가능하다는 것을 알게 된다. • 자신의 문제에만 관심을 보이던 것에서 벗어나 타인에 대한 관심을 갖게 된다.

단점	• 솔직하게 자신의 문제를 말하는 것을 불편해 할 수 있다. • 개인의 문제가 충분히 다루어지지 못할 가능성이 있다. • 상담자가 여러 사람의 상황을 한꺼번에 기억하기 어려울 수 있다. • 내담자 간에 부정적인 상호작용이 일어날 수 있다.

영양상담에서의 집단상담은 주로 상담보다는 비슷한 문제를 가진 사람들에게 정보를 제공하는 교육일 가능성이 높다. 암 환자, 당뇨환자, 소아당뇨 환자, 비만 아동 등을 대상으로 집단 활동을 통해 비슷한 문제를 확인하고 해결 방법을 공유할 수 있다. 영양상담자는 집단상담이 교육적인 목적의 상담인지, 아니면 좀 더 감정적인 면을 다루는 상담인지 방향을 설정해야 한다.

2) 가족상담

가족 구성원 중 한 사람이 가진 문제는 가족관계 속에서 생겨난 문제라고 보고 가족 간의 상호작용에 변화를 주어 개인의 문제를 해결하는 것이다. 아동의 식행동에는 부모와 가족이 영향을 주게 되므로, 특히 비만아동 상담에서는 가족을 상담에 포함시키는 것이 효과적이다.

3) 비대면 상담

비대면 상담은 전화, 이메일, 문자, 화상 등의 원격통신기술을 통해 가상공간에서 제공하는 상담으로, 온라인 상담, 사이버 상담 등 다양한 이름으로 사용된다. 국내에서는 1998년 사이버청소년상담센터가 개소하면서 웹 기반 비대면 상담이 활성화되기 시작하였으며, 2020년 코로나19 팬데믹으로 대면 접촉이 제한되면서 전통적으로 시행해온 대면 상담의 대안으로 비대면 상담이 더욱 발달하였다. 사이버 상담은 컴퓨터를 매개로 가상공간에서 상담을 수행하는 것으로 이메일, 문자 등을 활용하는 형식이며, 전화 상담과 화상 상담은 서로 다른 장소에 있는 상담자와 내담자가 음성과 영상을 통해 실시간으로 대화를 나누는 것이다. 최근에는 모바일 기기에서 앱을 활용하거나 모바일 메신저를 활용한 상담뿐 아니라 가상현실 기술을 활용한 상담 등으로 발전하고 있다. 가상현실은 마치 실제로 존재하고 있는 것과 같은 느낌을 갖도록 하는 가상 환경을 구현하여 교육, 중독행동 등과 연계할 수 있도록 하는 상담 형태이다. 비대면 상담의 장단점은 표 8-4 와 같다.

영양상담 분야에서는 2000년대 초 웹 기반으로 고지혈증 환자, 당뇨병 환자를 대상으로 영양상담 프로그램이 개발되었으며, 최근에는 유방암 환자, 과체중 및 비만 성인을 대상으로 한 모바일 기반 영양상담이 실시되었고 그 효과가 보고되었다.

표 8-4 비대면상담의 장단점

장점	• 내담자가 상담자와 얼굴을 마주하지 않고 신분이 노출되지 않음으로써 좀 더 쉽게 문제나 감정을 털어놓을 수 있다. • 시공간적 제약이 적다. • 쉽게 접근할 수 있다. • 비용이 적게 든다.
단점	• 관계 형성이 어려울 수 있다. • 내담자의 비언어적 요소를 볼 수 없어서 깊이 있는 의사소통을 하기 어렵다. • 내담자가 드러내는 문제의 일부만 가지고 상담을 하게 되므로 내담자의 문제를 정확하게 파악하기 어렵다.

5. 영양상담자

1) 영양상담자의 역할

영양상담자의 역할은 한 가지로 정의되지 않는다. 내담자의 문제를 정확히 진단하는 진단자이며, 문제해결을 위하여 상담목표를 설정하는 문제해결자이자, 상담목표에 맞추어 전략을 설정하는 전략가일 뿐 아니라, 단계별로 정보를 제공하고 상담을 진행해 나가는 교육자로서 다양한 역할을 하는 것이 영양상담자이다 그림 8-4 .

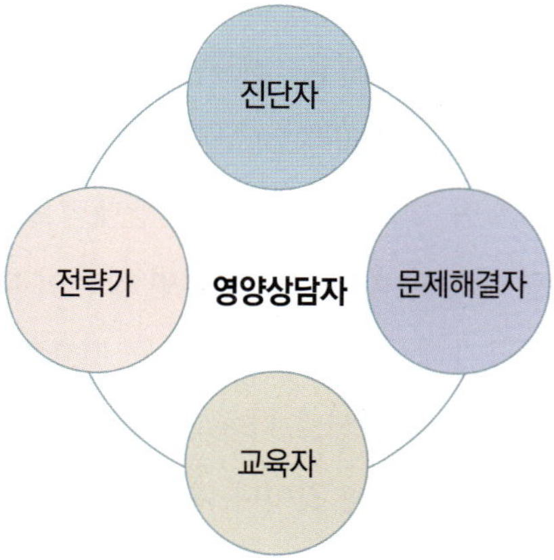

그림 8-4 영양상담자의 역할

2) 영양상담자의 자질

영양상담자가 효율적인 영양상담을 하기 위해서는 영양상담자로서의 전문가적인 능력을 갖추고 인격적으로 성숙해야 하며 윤리적이어야 한다.

(1) 전문가적인 자질

① 영양학적 지식

내담자의 식생활의 문제점을 파악하고 문제점을 해결할 수 있도록 영양학적 지식을 실생활에 적용하여 설명할 수 있는 능력과 새로운 영양학적 지식을 받아들이고 적용할 수 있는 능력을 갖추어야 한다. 식행동 문제의 원인을 파악할 수 있어야 하며, 식행동을 변화시키는 방해요인과 촉진요인이 무엇인지 파악해야 한다.

② 상담이론과 기술의 적용

상담자는 상담의 이론에 관해 이해하고, 상담을 효율적으로 진행하는 방법과 절차를 알아야 한다. 또한 상담에 필요한 기술을 잘 알고, 그것을 바탕으로 내담자에 따라 적절하게 사용할 수 있는 능력이 있어야 한다.

(2) 인간적인 자질

상담자의 인간적인 면은 내담자와의 관계 형성에 영향을 준다.

① 내담자에 대한 이해와 존중

내담자에게 관심을 갖고 내담자를 있는 그대로 이해하고 존중하고 신뢰하는 마음과 내담자의 감정을 이해하려는 마음을 갖고 있어야 한다.

② 다양한 문화와 상황에 대한 이해

상담자가 내담자의 모든 문제를 경험할 수는 없으나 책, 영화 등의 간접 경험을 통해 내담자의 문화와 상황을 이해하기 위한 노력을 해야 한다.

③ 의사소통능력

내담자와의 친밀한 관계 형성과 의사소통 능력이 매우 중요하며, 본인의 언어적, 비언어적 행동이 일치하여야 한다.

④ 심리적 안정감

정서적으로 성숙하고 심리적으로 안정되어 내담자를 편안하고 밝은 표정으로 대하여야 한다.

(3) 윤리적 자질

상담자는 내담자 정보에 대한 비밀을 유지해야 하며, 상담과정을 녹음 또는 기록하는 경우 내담자에게 취지를 설명하고 동의를 구해야 한다. 또한 상담실 밖에서 사적인 관계를 갖지 않도록 한다.

3) 영양상담자의 신념과 태도

영양상담자가 갖는 신념과 태도는 내담자에게 영향을 준다. 상담은 내담자를 가르치는 것이 아니라 내담자가 변화할 수 있도록 돕는 것으로 상담자와 내담자의 파트너십이 중요하다.

(1) 내담자와의 파트너십

내담자는 상담자가 자신을 어떻게 대하는가 관찰하며 상담자에게 반응한다. 내담자에게 전적으로 관심을 기울이며 집중해서 관찰하고 경청하는 태도가 필요하다.

(2) 변화에 대한 확신

상담자는 내담자의 변화를 돕는 자로서 내담자의 행동이 변할 수 있는 확신을 갖고 응원하고 격려한다. 내담자의 실패에 대해 어떤 판단도 하지 않아야 하고, 담담히 수용해 주면서도 변화에 대한 확신을 가져야 한다.

(3) 올바른 식행동 실천

상담자는 내담자에게 영향을 주는 모델이 된다. 상담자 본인이 올바른 식행동을 실천하도록 변화하는 경험을 통하여 내담자에게 본보기를 보여줄 수 있다.

(4) 자신에 대한 성찰

상담자는 자신에 대한 성찰이 필요하다. 자신의 장점과 약점을 인식하고 어떤 문제에 민감하게 반응하는지, 어떤 문제에서 반응을 회피하는지 알아야 한다. 자신이 갖고 있는 가치관, 신념 등을 이해하고, 상담자가 되려는 목적 등을 성찰한다. 자신과 타인에 대한 기본적인 입장이 긍정적인지, 부정적인지를 생각해보고 특성을 확인한다 표 8-5.

표 8-5 자신과 타인에 대한 기본적 입장에 따른 상담자의 특성

구분	자기긍정	자기부정
타인긍정	• 타인과 친숙한 관계 유지 • 상담관계 형성에 필수적	• 열등감, 우울, 자신감 저하 • 불안한 상담자
타인부정	• 우월감, 배타적인 태도 • 권위적 상담자	• 체념, 자포자기, 무가치함 • 상담 불가

4) 영양상담자가 직면하는 문제

(1) 초보상담자의 문제

초보상담자가 직면하는 첫 번째 문제는 상담과정에서 무슨 말을 어떻게 해야 할지, 어떤 반응을 해야 할지 등에 대한 불안감이다. 이러한 불안감은 자연스러운 것으로 경험있는 상담자의 조언을 듣고 적절히 대처하는 노력을 하는 것이 바람직하다. 두 번째로 상담자가 확실히 대답하기 어려운 질문을 받는 경우 어떻게 반응해야 할지 당황하기 쉽다. 잘 모르는 경우 대충 얼버무리거나 잘못된 정보를 주는 것보다는 솔직하게 표현하고 다음에 정확한 대답을 해주는 것이 좋다. 세 번째로 상담자 스스로 상담의 방향과 결과에 대한 모든 책임을 지려고 하는 것이다. 내담자의 문제해결과 행동변화에 책임을 지는 사람은 내

담자라는 것을 기억해야 한다. 네 번째로 상담의 효과를 성급하게 기대하는 것이다. 상담이 내담자의 변화에 도움이 되고 있는지 의구심을 갖기도 하지만 상담의 효과는 금방 나타나지 않을 수 있음을 이해해야 한다.

(2) 영양상담에 대한 수가 신설 필요

현실적으로 병원에서 영양상담을 진행할 때 건강보험 급여를 받을 수 있는 교육·상담료는 암환자, 심장질환, 장루·요루, 만성신부전의 경우에만 해당이 되며, 당뇨질환은 비급여이다. 급여로 책정된 교육은 건강보험이 반영되어 환자의 비용 부담이 적지만, 비급여로 책정된 당뇨 교육은 환자들의 비용 부담이 크고, 그 외의 질환을 가진 환자의 경우 수가 책정이 되어 있지 않아 의사가 영양교육·상담을 의뢰하면 무료로 진행할 수밖에 없는 상황이다.

또한 교육·상담료 급여 기준에는 의사를 포함한 3개 이상의 직종(의사, 간호사, 영양사, 약사 등)을 활용하여 80분 이상 수행해야 인정이 되므로 한 직종당 적어도 30분 정도는 교육·상담을 진행해야 하지만 임상영양사 인력은 부족한 실정이다. 그럼에도 영양사 단독으로 수행하는 영양교육·상담은 수가 책정이 안 되어 있기 때문에 임상영양사를 충원해야 할 필요성을 설득하기가 어렵다. 뿐만 아니라 영양불량 고위험군 관리를 위해 영양교육·상담이 필요한 다양한 질환의 환자들이 많은데, 수가 책정이 되지 않아 수익 창출이 되지 않으므로 병원 측에서 영양교육·상담의 필요성을 인식하지 못하는 실정이다. 따라서 비만을 포함한 다양한 질환의 환자에게 영양사 단독으로 수행하는 영양상담에 대한 보험 수가를 책정하는 것이 시급하다.

6. 영양상담을 위한 준비

1) 상담 환경

내담자가 첫인상을 갖게 되는 상담실은 잘 정돈되어 있고, 알맞은 조명과 함께 조용한 분위기가 조성되어야 한다. 책상 위에는 상담에 필요한 도구, 교육자료 등을 비치해 두고 상담 중 전화로 방해받지 않도록 주의한다.

2) 상담자로서의 준비

안정된 상태에서 내담자에게 관심을 갖고 경청할 준비가 되어 있는지 점검하고 상담에 필요한 시간을 확보해 둔다. 여러 차례 방문한 내담자를 상담하는 경우에는 이전의 상담일지를 미리 확인하여 같은 질문을 하지 않도록 한다.

3) 상담에 필요한 도구

식생활을 평가할 수 있는 각종 조사지와 분석 도구, 영양소 섭취기준, 정보 제공에 필요한 식사구성안, 식품교환표, 식품모형 및 리플릿 등의 교육자료 등을 준비한다.

더 알아보기

식생활코칭이란?

- 코칭coaching이란 성과를 최대화하기 위하여 개인의 잠재력을 발휘하도록 하는 것으로, 학습자를 직접 가르치기보다는 학습자 스스로 배울 수 있도록 돕는 것이다.
- 코치coach는 마차를 의미하는 단어로 출발지에서 목적지까지 이동하는 데 사용되는 개별화된 서비스를 뜻한다. 이와 같이 코치의 의미는 피코치가 있는 곳에서 출발하여 그가 원하는 목적지(목표)까지의 이동을 돕는 역할을 하는 것이고, 이동경로(변화방법) 및 속도 또한 피코치가 정하도록 하는 것이다.
- 식생활 코칭은 변화와 성장을 원하는 사람들을 대상으로 코치와 함께 식생활 목표를 설정하고 목표 성취에 초점을 맞추고 이를 달성하기 위한 과정을 함께 찾아 나가는 미래지향적인 것이다.

CHAPTER

9

의사소통과 영양상담 기술

상대방이 이해하는 언어로 말하면 그것은 그의 머리로 가지만, 상대방의 언어로 말하면 그것은 그의 마음에 새겨질 것이다.

– 넬슨 만델라 –

학습목표

- 의사소통의 구성요소를 설명할 수 있다.
- 의사소통의 모형을 설명할 수 있다.
- 내담자와 친밀한 관계를 형성하기 위한 기술을 상담에 적용할 수 있다.
- 내담자 탐색과 통찰 반응을 위한 기술을 상담에 적용할 수 있다.
- 내담자에게 정보를 공유하는 기술을 상담에 적용할 수 있다.

1. 의사소통 | 2. 영양상담 기술

1. 의사소통

1) 정의

의사소통communication의 사전적 정의는 '언어, 문자, 도형 등의 기호를 수단으로 서로의 정보나 메시지를 주고받아 의견, 지식, 태도, 감정 등을 공유하고 서로에게 영향을 미치는 행동 과정'이다. 영어로는 'common'이라는 뜻의 라틴어 'communis'로부터 유래한 단어이다. 즉, 의사소통이란 둘 또는 그 이상 사람들 간의 소통과 상호작용을 의미하는 용어이다. 사람들은 의사소통을 통해 정보를 교환할 뿐만 아니라 감정과 생각을 전달하고 이해한다. 현대인들은 기술의 발전으로 스마트폰, 이메일, 소셜 미디어 등을 사용하며, 문자와 같은 언어적 방식뿐만 아니라 이모티콘과 같은 감정을 표현하는 비언어적 방식을 이용한다. 교육과 상담에서 의사소통은 기본이 되며, 특히 영양교육과 영양상담은 대상자의 식생활을 변화하도록 도와줄 뿐 아니라, 더 나아가 부모나 보호자와도 협동적인 관계를 맺게 되므로 효과적인 의사소통이 필수적이다.

2) 구성요소

일반적으로 의사소통의 기본 구성요소는 송신자, 메시지, 수신자이다. 송신자sender는 정보를 전달하는 사람이고, 메시지message는 전달되는 내용이며, 수신자receiver는 정보를 듣거나 받는 사람이다. 이러한 정보의 전달은 어떤 방식을 통해 전달되는데 이것을 통로 또는 채널channel이라고 한다 그림 9-1.

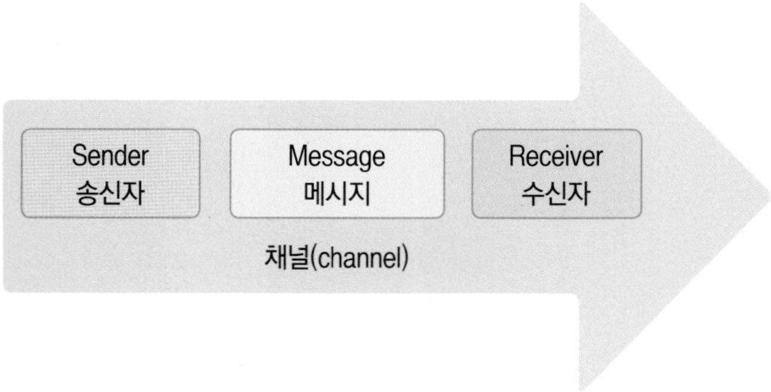

그림 9-1 의사소통의 기본 구성요소

(1) 송신자

송신자는 의사소통의 출발점이자 정보의 원천이다. 언어적 또는 비언어적 메시지를 전달하는 주체로 사람뿐만 아니라 조직, 언론사, 공공기관 등도 될 수 있다. 의사소통 내용과 과정에 송신자의 권위, 공신력, 사회적 매력 등이 영향을 미친다.

권위authority는 남을 지휘하거나 통솔하여 따르게 하는 힘이다. 의사, 교수, 대통령 등 직위가 권위를 대변하기도 하고, 직위를 나타내는 이미지인 의사 가운, 제복, 법관 가운 등이 권위를 상징하기도 한다. 공신력credibility은 전문성과 진실성을 말하며, 전문성은 적절한 지식, 기술, 경험을 의미하고, 진실성은 편견이나 사심 없이 정보를 객관적으로 전달하는 것을 의미한다. 사회적 매력attractiveness은 호감, 유사성, 용모 등을 말한다. 호감은 이유없이 좋은 감정이고 유사성은 자신과 비슷하다고 느끼는 속성이다. 예로 호감이 있는 유명인이 보증하는 제품 또는 서비스에 대한 경험이 유사하다면, 그 효과나 영향력이 크게 나타나게 되는데, 이런 것을 매칭 가설match-up hypothesis이라고 한다.

(2) 메시지

메시지는 전달하고자 하는 내용이다. 어떤 내용을 어떻게 조직화하여 어떻게 전달하는지에 따라 효과가 다르다. 같은 내용이어도 길이, 속도 등을 다르게 조직할 수 있고, 구어 메시지, 문어 메시지, 영상 메시지 등 다양한 형태로 전달할 수 있다. 또한 메시지 구조, 메시지 제시의 순서, 메시지 프레임 등에 영향을 받는다.

메시지 구조는 일면과 양면 메시지로 나눌 수 있는데, 일면one-side 메시지는 자신의 입장이나 주장을 지지하는 내용만 전달하는 것이고, 양면two-side 메시지는 자신의 입장과 반대되는 관점도 포함하여 전달하는 것이다. 반대 관점을 가진 수신자나 교육수준이 높은 수신자에게는 양면 메시지가 효과적이다. 메시지 제시 순서에 따른 효과는 더 강한 효과를 주는 내용을 앞에 제시하는 초두 효과와 뒤에 제시하는 최신 효과로 구분된다. 초두 효과primary effect는 수신자가 메시지에 대한 사전지식이 있거나, 메시지가 논란이 있는 내용이거나, 주제에 대한 관심도가 높을 때, 수신자의 관심과 집중력이 초반에 높아 먼저 내용을 제시하는 것이 효과적이다. 최신 효과recency effect는 메시지에 대한 사전 지식이 없거나, 주제에 대한 관심이나 흥미가 없거나, 전달 내용이 익숙하지 않을 때, 수신자가 중요한 정보를 얻기 위해 끝까지 주의를 기울이므로 유리한 내용을 뒤에 제시하는 것이 효과적이다. 메시지 프레임은 이익과 손실 프레임이 있다. 이익 프레임gain frame으로 메시지에서 권고하는 방안을 채택할 경우 얻을 수 있는 신체적, 심리적 혜택 및 긍정적인 결과를 강조하는 것이고, 반면 손실 프레임loss frame은 메시지에서 권고하는 방안을 하지 않을 경우 나타날 수 있는 신체적, 심리적 손실 및 부정적인 결과를 강조하는 것이다. 사람들은 이익보다 손실에 민감할 때 손실 프레임이 효과적이다. 예를 들어, 칼슘의 중요성에 대한 메시지를 전달하고자 할 때 이익 프레임으로 메시지를 구성하면 '지금부터 칼슘이 많은 식품을 꾸준히 섭취한다면, 골다공증을 예방할 수 있습니다'가 되고, 손실 프레임으로 구성하면, 지금부터 칼슘이 많은 식품을 꾸준히 섭취하지 않는다면 골다공증의 위험이 커집니다'가 된다 표 9-1.

표 9-1 메시지 프레임의 예

이익 프레임	손실 프레임
지금부터 칼슘이 많은 식품을 꾸준히 섭취한다면...	지금부터 칼슘이 많은 식품을 꾸준히 섭취하지 않는다면...
• 골다공증을 예방할 수 있습니다. • 고혈압을 예방할 수 있습니다. • 건강한 노후를 보낼 수 있습니다.	• 골다공증의 위험이 커집니다. • 고혈압의 위험이 커집니다. • 일상생활이 불편한 노후를 보낼 수 있습니다.

(3) 수신자

수신자는 메시지를 전달받는 대상으로 개인이기도 하고 청중일 수도 있다. 동일한 메시지를 전달받아도 수신자에 의해 수용되고 해석되는 정도가 다르다. 수신자의 특성인 연령, 성별, 문화적 수준, 태도, 지식에 따라 해석이 달라지기 때문에 이를 파악하는 것이 필요하다.

(4) 기타 요인

의사소통의 기본 구성요소인 송신자, 메시지, 수신자 이외에 채널과 효과가 있다. 채널channel은 메시지를 수신자에게 전달하는 통로이다. 일종의 운반체로 통신 수단, 메시지 전달 도구, 매체라고도 한다. 인간의 오감인 시각, 청각, 촉각, 후각, 미각도 채널에 해당된다. 효과effect는 의사소통의 결과로 나타나는 것이다. 효과는 의도적인 것과 비의도적인 것으로 나눌 수 있고, 최근에는 최종 결과뿐 아니라 중간 과정에 대해서 포함하려는 경향이 있다.

3) 모형

의사소통 모형은 의사소통의 구성 요인을 개념화한 것이다. 의사소통 과정은 단순하지 않고 다양한 요인이 관여하기 때문에, 상담자는 내담자가 말하고자 하는 내용이 무엇인지 다양한 각도에서 해석할 수 있어야 하고, 내담자가 받아들이는 내용이 의도한 바와 일치하는지 파악해야 한다. 의사소통 모형은 이러한 다양한 요인을 체계적으로 파악하는 데 도움을 준다.

의사소통 모형은 통신이론에 기반하여 발전하였다. 1949년 섀넌-위버Shannon-Weaver가 통신모형을 제안한 이후 다양한 모형이 나왔는데, 일부 구성 요소를 추가하거나 특정 요소를 강조한 모형들이다. 이중 교육공학 발전에 중요한 기여를 한 모형으로, 의사소통을 전송의 형태로 본 벌로Berlo의 SMCR 통신 모형과 교류 형태로 본 슈람Schramm 모형을 살펴보도록 한다.

벌로의 SMCR 모형은 전송 모형transmission model으로, 송신자sender, 메시지message, 통신방법channel, 수신자receiver로 구성된다 그림 9-2.

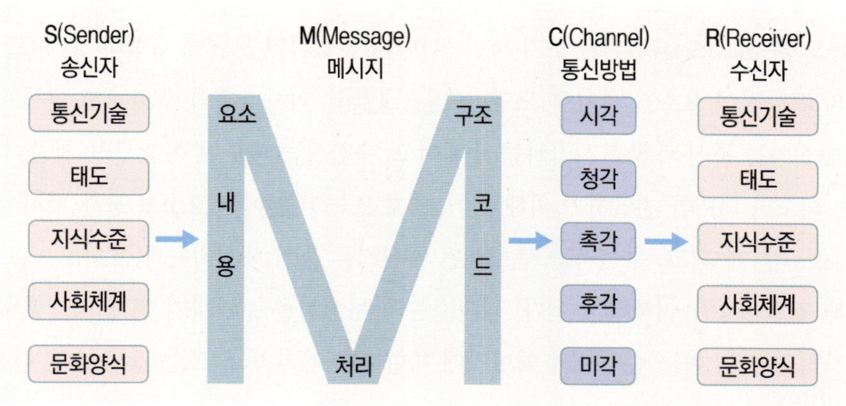

그림 9-2 의사소통의 전송모형

SMCR 모형은 기본 요소들 간의 상호작용으로 의사소통이 이루어진다고 설명하고, 각 요소마다 하위 요인을 제시한다. 송신자와 수신자 간의 의사소통은 각자의 통신기술, 태도, 지식수준, 사회체계, 문화양식에 따라 달라진다. 메시지는 내용, 요소, 구조, 코드, 처리에 따라 달라지는데, 내용은 전달하고자 하는 내용으로 메시지의 주제에 해당하고, 요소는 많은 전달 내용 중 선택된 주제 즉, 소주제에 해당된다. 메시지의 구조는 선택한 내용을 어떤 순서로 전달할 것인가를 말하는 것으로 앞서 살펴본 초두효과나 최신 효과를 사용할 수 있다. 코드는 언어적 또는 비언어적 표현을 의미하며, 처리는 선택된 코드와 내용을 어떤 표현 방식으로 전달할 것인지를 의미한다 표 9-2. 통신방법은 의사소통 구성요소인 채널로 시각, 청각, 촉각, 미각, 후각의 오감을 말한다. 예를 들어 영양교육이나 상담에서도 보고 듣기만 하는 것이 아니라 만져보거나 냄새를 맡거나 맛을 보는 감각을 이용하기도 한다.

표 9-2 발로의 SMCR 모형 중 메시지의 하위요인

내용	전달하고자 하는 전달내용
요소	많은 전달 내용 중에서 어떤 내용을 선택할 것인가와 관련된 것
구조	선택된 내용(요소)을 어떤 순서로, 어떻게 조직하여 전달할 것인가와 관련된 것
코드	언어적 코드와 비언어적 코드(몸짓, 표정, 눈 맞추기 등)로 이루어지는 것
처리	선택된 코드와 내용을 어떤 형식으로 전달할 것인가와 관련된 것

교류모형transactional model은 초기 섀넌-위버의 선형적인 모형에 경험의 장, 피드백, 잡음 등의 교류적인 요소를 추가한 모형이다 그림 9-3. 의사소통의 주체는 송신자와 수신자로, 송신자는 통신 과정을 시작하는 주체이고, 수신자는 의도된 대상 또는 청중이다. 송신자는 의도한 의미를 전달하기 위해 단어, 기호 또는 비언어적 요소를 통해 메시지를 부호화encoding하게 되고, 수신자는 부호화된 메시지를 풀어 해석하는 복호화decoding 과정을 통해 전달내용을 이해하게 된다. 의사소통의 문제점을 보완하기 위해 피드백feedback을 추가하였는데, 이는 송신자의 메시지에 대한 수신자의 반응 또는 응답이다. 잡음noise은 메시지의 정확한 부호화, 전송, 또는 해석을 방해하는 의사소통 과정에서 발생 가능한

모든 간섭이나 왜곡을 말한다. 이는 외부 환경적 소음과 같은 물리적인 잡음과 선입견, 편견 등 수신자의 내부적인 잡음과 해석적인 방해 요소를 모두 포함한다. 또한 송신자와 수신자 각자의 경험의 장이 서로 겹치는 부분이 많아야 의사소통이 효과적으로 이루어짐을 강조하였다.

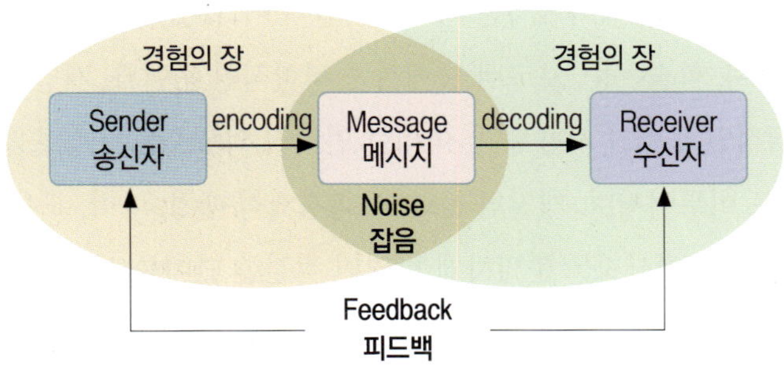

그림 9-3 의사소통의 교류모형

4) 기본유형과 방식

의사소통의 기본유형은 언어적 의사소통verbal communication과 비언어적 의사소통nonverbal communication이 있고, 이를 잘 조율한 두 가지 상담 방식인, 지시적인directive 방식과 비지시적인nondirective 방식이 있다. 상담의 의사소통 유형과 방식을 정리하면 그림 9-4 와 같다.

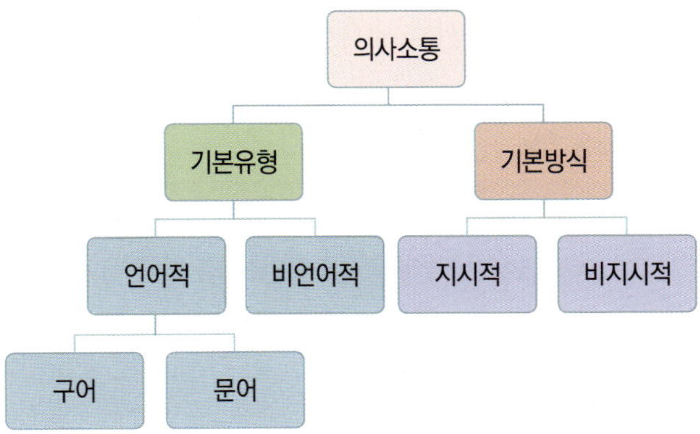

그림 9-4 의사소통의 유형과 방식

(1) 기본유형

언어적 의사소통은 말이나 글로 메시지를 교환하는 것이다. 구어는 일상적인 대화에서 쓰는 말로 음성이라는 매체를 사용하는 것이고, 문어는 주로 글에서 쓰는 말로 문자라는 매체를 사용한다. 구어와 문어 모두 비격식적인 상황이나 격식적인 상황에서 사용할 수 있다. 친구나 가족 간의 대화에서는 비격식적인 구어가, 뉴스나 방송 등에서는 격식적인 구어가 사용되며, 학술논문, 보고서 등에서는 격식적인 문어가, 개인적인 편지나 소설 등에서는 비격식적인 문어가 사용된다. 이러한 언어적 의사소통은 정보를 효과적으로 전할 수 있는 단어로 이루어지며, 개인의 문화, 사회경제적 배경, 나이, 교육 등에 따라 매우 다양하게 이루어진다. 메시지를 분명하게 하려면 적절한 단어를 선택하는 것이 의사소통의 기술이다.

상담은 언어적 및 비언어적 의사소통으로 행동의 변화를 꾀하는 관계인 만큼, 비언어적 의사소통이 중요하다. 비언어적 의사소통은 내담자의 이야기를 보다 잘 이해하게 해주고, 상담자의 성실하고 진지한 태도를 표현하는 데 보조적 역할을 한다.

비언어적 의사소통은 언어나 문자가 아니라 표정, 시선, 몸짓, 자세, 위치, 신체접촉 등에 대한 정보를 말한다. 언어적 표현으로 자기 생각이나 감정을 표현하는 것에 한계가 있고, 특히 감정을 충분히 전달하지 못할 때 비언어적 의사소통이 효과적인 의사소통의 기술이다. 예를 들어 눈맞춤은 대화 시 신뢰감을 형성하고, 미소 짓기는 긍정적인 에너지를 주며, 끄덕이기는 경청과 공감을 표현할 수 있다. 의사 전달력에 관한 연구에 따르면 언어적 소통이 30%, 비언어적 소통이 70%를 차지한다. 비언어적 의사소통의 기능으로 언어를 보완하는 보완기능, 언어를 대신하는 대체기능, 언어적 표현을 강조하는 강조기능, 그

표 9-3 비언어적 의사소통 기능

기능	예
보완	고맙다고 말하면서 고개를 숙여 감사 표시를 함
대체	멀리서 손짓을 함
강조	목소리의 어조나 강도
규제	대화 도중 시계를 보는 행위

리고 몸짓으로 피드백을 하는 규제기능이 있다 표 9-3 .

(2) 기본방식

의사소통의 기본방식 중 하나인 지시적인 방식은 문제해결에 초점을 두는 접근 방식으로, 상담자 중심으로 내담자와 소통하는 의사소통 방식이다. 상담자가 주체가 되어 내담자의 문제를 규명하고 해결 방식을 지시하는 스타일로, 상담자의 전문성과 상담 경험을 중요시하고 상담자가 치료적 과정을 이끌고 내담자의 행동을 안내하는 형태이다.

비지시적인 방식은 내담자 중심 또는 로저리안Rogerian 방식이라 불리며, 내담자가 스스로 문제를 규명하고 변화하도록 상담자는 격려하는 방식으로, 상담자와 내담자의 동반자적인 관계를 중시한다. 이는 칼 로저스Carl Rogers가 제안한 방식으로, 내담자가 단순히 상담자가 가진 지식이나 설명으로 변화하지 않는다는 가정이 깔려있고, 개개인은 성장을 위한 잠재력을 가지고 있으며, 인간은 이 내재된 잠재력을 실현화하는 경향성을 가진 존재라고 파악한다. 로저스는 유전적인 특질이 허용하는 한도 내에서 최선의 자신이 되는 것이 자아실현 경향성이라 하였다. 이를 위해 상담자에게 필요한 것은 무조건적인 긍정적 존중과 판단 없이 내담자 장단점을 모두 존중하는 수용적인 관계이다. 다시 말해, 내담자는 상담자가 자신을 믿어주고 긍정해주고 자신을 이해해주고 있다고 느낄 때 진실한 의사소통이 이루어진다. 상담자는 자신의 생각이나 판단을 투사해서는 안 되고 상담의 흐름을 전적으로 내담자의 말이나 행동에 맡기고 어떠한 간섭이나 통제를 배제해야만 자유로운 의사소통이 이루어질 수 있음을 강조한다.

5) 헬스커뮤니케이션

헬스커뮤니케이션health communication은 개인, 단체, 조직, 지역공동체에 건강에 대한 정보를 전달하고 공유하는 과정을 말한다. 이는 단순한 건강정보의 전달뿐 아니라 개인과 공동체에 건강 문제에 대한 인식과 지식을 높이고 태도를 형성하여, 행동을 변화시키는 것을 목표로 한다. 또한 개인, 집단 차원뿐 아니라 대중매체를 활용해 건강에 관해 메시지를 전파해 개인과 공동체의 건강증진을 추구하는 행위까지 모두 포괄하는 개념이다.

더 알아보기

건강문해력(헬스 리터러시)

건강문해력health literacy이란 건강을 유지하기 위해 필요한 정보를 분별하는 능력을 말한다. 개인이 건강을 위해 최적의 결정을 하기 위해 필요한 기본적인 건강 정보나 서비스를 획득하고, 처리하며, 이해하여, 적용할 수 있는 능력을 모두 포함한다. 건강문해력의 속성으로는 정보에 대한 욕구인 정보 추구, 정보 이해, 정보 활용이 있다.

2. 영양상담 기술

영양전문가가 영양상담을 통해 내담자의 식행동을 개선하고 내담자 스스로 영양관리를 할 수 있는 능력을 갖추도록 하기 위해서는 영양지식뿐만 아니라 상담 진행에 필요한 기술이 필요하다.

1) 친밀한 관계 형성 기술

상담자와 내담자의 친밀한 관계는 성공적인 상담이 이루어지기 위해 필수적이며, 친밀한 관계 형성을 위해서는 상담자의 태도가 우선적으로 중요하다. 상담자는 내담자에게 관심을 기울이고, 내담자의 이야기를 적극적으로 경청하며, 내담자의 입장에서 공감적으로 이해하고, 내담자를 수용하고 존중하는 태도가 필요하다. 이러한 상담자의 태도는 관계 형성을 위한 상담 초기에 특히 중요하지만, 전 과정에서 일관되게 나타나야 한다.

(1) 관심 기울이기

관심 기울이기attending는 상담자가 내담자를 주의깊게 관찰하고 내담자 표현의 의미를 해석하여 그에 맞는 태도와 반응을 전달하는 기술로, 상담자의 시선, 자세, 몸짓, 표정, 목소리 등을 통해 나타난다. 상담자의 태도와 반응에 따라 내담자는 자신의 문제를 개방하기도 하고, 상담자에 대한 신뢰를 가질 수도 있다. 상담자가 관심을 갖고 자신의 이야기를 듣고 있음을 내담자가 느끼게 되면 좀 더 편안하고 개방적인 상담관계를 형성하는 데 도움이 된다. 상담자는 다음과 같은 방법으로 관심을 표현할 수 있다.

- 시선 접촉: 상담에 집중하고 있음을 전달하여 내담자에 대한 관심과 신뢰를 표현한다.
- 개방적인 자세: 내담자가 하는 말에 따라 적절히 고개를 끄덕이며, '아하', '음' 등의 반응을 보이거나 편안하면서 진지하고 온화한 표정을 유지한다. 긴장하거나 경직된 표정, 팔짱을 끼거나 상체를 뒤로 젖힌 자세, 다리를 꼬거나 떠는 행동 등은 내담자가 심리적 거리감과 거부감을 느끼게 한다.
- 몸 기울이기: 상담자가 내담자 쪽으로 몸을 조금 기울여 내담자에게 관심을 가지고 집중하여 듣겠다는 메시지를 전달한다.
- 주의 집중을 방해하는 행동 하지 않기: 상담자가 내담자의 이야기에 집중하지 않는 것처럼 보이는 행동, 즉 손이나 머리카락, 책상 위의 다른 물건을 만지작거리는 행동 등은 내담자의 주의집중을 방해한다.

(2) 관찰

관찰observation은 내담자를 이해하는 데 도움이 되는 다양한 비언어적 메시지를 자세히 살펴보는 상담기술이다. 내담자의 외형적 모습, 시선 접촉, 말투, 정서 및 인지 상태, 말하는 내용과 정서의 불일치 여부, 비언어적 메시지, 행동 패턴 등을 관찰한다.

- 외형적 모습: 체형과 체격, 외모, 옷차림
- 시선 접촉: 시선 접촉 또는 회피
- 정서: 긴장, 불안, 우울 등

(3) 경청

경청listening은 내담자가 말하는 내용뿐만 아니라 직접 표현되지 않은 내면의 동기나 정서를 파악하여 그 의미를 이해하는 것이다. 상담에서 무엇보다 중요하며, 가장 기초가 되는 기술이다. 상담자는 내담자의 이야기에서 핵심적인 메시지는 무엇인지, 어떤 관점을 가지고 있는지, 무엇이 가장 중요한지, 내담자가 이해받고 싶은 부분은 어떤 것인지 등을 파악할 수 있어야 하며, 내담자가 표현하는 비언어적 행동, 즉 목소리의 톤, 말의 억양 및 속도, 시선, 눈 깜빡임 등을 주의깊게 관찰하고 그 이면의 감정을 이해해야 한다. 이 과정을 통해 내담자는 자신이 충분히 존중받고 있다는 것을 느끼게 되어, 상담자를 신뢰하고, 자신의 감정을 충분히 개방할 수 있게 된다.

좋은 경청자가 되기 위한 ENCOURAGES 기법(Hill & O'Brien)

E (Eye): 적당하게 눈을 마주친다.

N (Nod): 가끔 고개를 끄덕인다.

C (Cultural differences): 문화적 차이를 인식하고 존중한다.

O (Open stance): 개방적인 자세를 유지한다(내담자 쪽으로 약간 기울인 자세).

U (Uhmn): '음' 등의 인정하는 언어를 사용하여 내담자를 격려한다.

R (Relaxed): 편안하고 자연스럽게 내담자를 대한다.

A (Avoid): 불필요하거나 산만한 행동을 피한다.

G (Grammatical): 내담자의 언어 스타일에 맞추어 표현한다.

E (Ear): 언어적 메시지와 비언어적 메시지를 주의하여 듣는다.

S (Space): 공간적으로 적절한 거리를 유지한다.

(4) 공감

공감empathy은 상담자가 직접 경험하지 않고도 내담자의 감정을 거의 같은 내용과 수준으로 이해하는 것으로, 이해하는 것만으로는 충분하지 않으며 내담자가 이해받았다고 느끼도록 하는 것이 중요하다. 내담자의 마음을 이해하고 깊이 공감하는 것은 내담자에게 자신이 이해받고 수용받는다는 느낌을 준다.

정확한 공감을 전달하기 위해서는 내담자의 이야기를 되돌려 주거나 요약하거나 다른 말로 표현하는 등 상담자 자신이 이해한 바를 확인하려고 노력해야 한다. 다음과 같이 내담자의 메시지에 나타난 핵심 내용, 행동, 사건 등을 언급하고 내담자의 언어적, 비언어적 행동과 상황을 고려하여 내담자 입장에서 느끼는 감정을 표현한다.

√ ~때문에 ~라고 느끼는군요.

√ ~하게 느끼시는 것 같네요.

따라서 평소에 감정을 적절하게 나타낼 수 있는 단어를 폭넓게 찾아 익히고 자신의 감정에 귀를 기울이고 그것을 표현하는 연습과 함께 다른 사람의 말에 정서적 주의를 기울이는 노력은 공감 반응을 훈련하는 데 도움이 된다.

- 핵심 메시지 찾기: 내담자가 말하고 표현하는 것 중에서 핵심이 무엇인가?
- 내담자의 감정 전달: 내담자가 표현한 경험, 행동, 정서, 감정의 종류와 강도를 잘 읽고 이를 이해했음을 효과적으로 전달
- 말보다 상황에 반응: 내담자의 직접적인 말이나 비언어적 메시지뿐 아니라 내담자의 환경적 요인, 상황도 고려하여 반응
- 정확히 이해했는지 확인: 내담자의 언어적, 비언어적 반응을 통해 상담자가 맞게 이해한 것인지 확인

(5) 수용

수용acceptance은 내담자의 표현을 평가하거나 판단하지 않고, 내담자의 생각, 감정, 행동 등을 있는 그대로 받아들이고 인정해 주는 태도이다. 고개를 끄덕이거나 '네, 그렇군요' '계속 말씀하세요' 등의 문구로 표현할 수 있다. 상담자는 내담자를 좋은 점과 나쁜 점을 모두 갖춘 '있는 그대로의 개인'으로 수용한다. 즉 내담자를 가치 있는 인간으로 여기고 내담자에게 긍정적인 존중을 표시하는 것까지 포함한다. 내담자의 생각, 감정, 행동을 상담자가 동의할 수 없는 경우, 상담자가 내담자를 수용하는 것은 매우 어려운 일이지만, 그럼에도 상담자는 판단을 보류하고 내담자의 말을 있는 그대로 들어주는 태도가 필요하다.

2) 탐색과 통찰 반응 기술

상담자가 내담자의 문제와 관심사를 탐색하기 위해 내담자의 이야기를 들으면서 반응하는 기본적인 상담기술로는 재진술, 반영, 명료화, 요약, 질문 등이 있으며, 영양상담이 진전되면서 내담자의 언어적, 비언어적 메시지로부터 상담자가 수집한 내용에 상담자의 견해가 추가되어 반응하는 상담 기술로 직면과 해석이 있다.

(1) 재진술

재진술paraphrasing은 내담자의 이야기를 듣고 내담자의 이야기 내용을 그대로 반복하거나 상담자의 표현방식으로 바꾸어 내담자에게 다시 전달하는 기술이다. 재진술은 대화의 '내용'에 중점을 둔다. 내담자는 재진술을 통해 자신이 한 이야기를 들어봄으로써 자신이 가진 문제, 문제의 원인, 그로 인한 어려움 등을 탐색할 수 있다.

재진술은 상담자가 내담자에게 주의집중하여 이해하려 노력하고 있음을 보여주어 내담자와 신뢰관계 형성에 도움을 줄 수 있으며, 재진술을 통해 내담자가 이야기한 문제의 핵심부분이 드러날 수 있는 효과가 있다. 재진술의 유형은 표 9-4 와 같고, 상담자가 사용할 수 있는 재진술의 대화 방법은 다음과 같다.

√ 제가 이해하기로는 ~인 것 같습니다.
√ 제가 듣기로 당신은 ~(이)라고 말한 것 같네요.
√ 저에게는 마치 ~처럼 들립니다.
√ ~인지 궁금합니다.
√ 당신은 ~(이)라고 생각하고 있군요.
√ 당신이 말하고자 하는 것은 ~이군요.

표 9-4 재진술의 유형

유형	방법	목적
이야기 재진술	내담자의 이야기를 그대로 표현하는 방법	상담자가 이해한 내용이 정확한지 확인하고자
의미 재진술	내담자의 말을 상담자의 말로 바꾸되 의미가 변하지 않도록 표현하는 방법	상담자가 정확한 의미를 파악했는지 확인하거나 확인된 의미에 대해 더 많은 이야기를 하도록
초점 맞추기	내담자를 한 가지 내용이나 주제로 집중시키는 방법	내담자가 횡설수설하여 중요한 점을 파악하지 못하고 주제가 분산되거나 확산되는 것을 막기 위해
요약하기	내담자가 했던 이야기를 간략하게 제시하는 방법	내담자의 이야기에서 핵심정보를 수집하고 내담자가 생각을 정리할 수 있는 기회 제공, 상담방향 모색

재진술과 공감

내담자: 체중감량을 위해 식사처방을 따르려고 주중에는 열심히 노력했어요. 그런데 주말이 되니 외롭다는 생각이 들어 먹고 싶은 대로 먹었어요. 먹는 것이 정말 위로가 되는 것 같아요.

상담자A: 위로받기 위해 먹는 것은 아무 소용이 없어요. 그것은 당신에게 전혀 도움이 되지 않습니다(이해하지 못함).

상담자B: 그것은 당신의 체중조절을 힘들게 할 거예요(생각과 감정을 일부 이해).

상담자C: 주중에 당신이 들인 모든 노력이 주말에 혼자 있고 외로움을 느낄 때는 무너지는 것 같습니다(감정과 생각을 정확히 이해).

상담자D: 당신이 외롭다는 것과 위로받기 위해 먹는다는 것에 대해 이야기할 때, 당신의 목소리는 매우 작아집니다. 슬픈 감정을 느끼고 있는 것 같아요(내담자의 현재 인식을 넘어서는 이해).

상담자C는 내담자가 한 말을 재진술하였고 상담자D는 내담자의 목소리 톤으로 내담자의 감정에 집중하여 공감을 표현하였다.

출처: Gable J & Herrmann T, 2016

(2) 반영

반영reflecting은 내담자의 진술에서 어떤 사건, 상황, 대상, 생각 때문에 생긴 다양한 '감정'을 상담자의 말로 내담자에게 되돌려 전해주는 상담 기술로 감정에 대한 재진술이라고 표현할 수 있다. 상담자는 내담자의 언어적, 비언어적 표현을 모두 확인하고, 다양한 감정 단어를 사용하여 가정적으로 표현한다. 다음과 같은 형식을 활용할 수 있다.

√ 당신은 ~을(를) 느끼는 것처럼 보입니다.
√ 당신은 ~ 때문에 ~를(을) 느끼는 것 같아요.
√ 내가 듣기로는 당신은 ~을(를) 표현하는 것 같습니다.
√ 그 상황이라면 당신은 ~을(를) 느꼈을 것 같군요.
√ 당신은 ~한 것 같습니다.

[예]
내담자: 친구들이 간식을 먹을 때 저도 먹고 싶었지만 참았어요.
상담자: 친구들이 간식을 먹을 때 먹지 못하고 참느라 속상했겠구나.

내담자가 느끼는 감정을 상담자가 반영을 통해 적절히 표현하면 내담자는 이해받고 있다는 느낌을 갖게 되어, 자신의 감정을 더 자유롭게 표현하게 되며, 자신의 감정에 대해 무엇을 해야 할지 결정할 수 있게 된다.

(3) 명료화

명료화clarifying는 내담자의 이야기가 명확하지 않은 경우 더 구체적인 내용으로 풀어서 이야기하도록 유도하는 방법으로 내담자가 하는 이야기의 함축된 내용이나 의미를 파악하고 자신의 이야기를 돌아볼 수 있는 기회를 제공한다. 내담자들은 자신이 경험한 것들을 일반적이고 추상적으로 이야기하게 되며, 상담자는 그 내용을 명확하게 표현할 수 있도록 이끌어 주어야 한다. 이런 과정을 통해 내담자는 자신의 생각, 감정, 경험을 명확하게 이해하고 표현할 수 있게 된다. 명료화의 내용은 내담자가 애매한 내용을 구체화하는 것, 내담자가 표현하기 어려운 생각이나 감정을 구체화하는 것, 내담자가 가지는 문제를 구체화하는 것 등이다.

√ 그것에 대하여 좀 더 이야기해 주시겠어요?
√ 구체적인 예를 들어 주시겠습니까?
√ 당신은 두 가지 다른 얘기를 하신 것 같습니다. 명확하게 얘기해 보시겠어요?

(4) 요약

요약summarizing은 내담자가 표현했던 중요한 생각과 감정을 상담자가 정리해서 말로 표현하는 상담기술로, 내용을 정리하고 핵심을 파악하는 데 도움을 줄 수 있다. 주로 상담이 끝나는 시점에 상담과정 중에 어떤 일이 일어났는지, 달성된 것은 무엇인지, 아직 달성되지 않은 채로 남아있는 것은 무엇인지 등에 관한 내용을 다룰 수 있다. 뿐만 아니라 상담 중간에도 내담자가 진술한 여러 주제를 연결하여 내담자의 생각과 감정을 정리하고, 내담자가 미처 의식하지 못했던 부분을 확인하게 하며, 문제해결 과정을 탐색하도록 도울 수 있다. 요약하기를 통해 내담자에게는 내담자의 말을 이해하고 있음을 확신시키고, 상담자에게는 내담자의 말을 올바로 지각하고 있는가를 검토할 수 있게 한다. 또한 다음 대화를 이끌어 나갈 수 있게 내담자를 준비시키거나 새로운 주제로 나아가거나 내담자로 하여금 큰 그림을 보도록 하는 등 상담과정의 진행을 도와주는 역할을 한다. 상담자가 효과적으로 요약하기를 하기 위해서는 내담자의 언어적, 비언어적 메시지에 대한 주의집중과 경청이 필요하다.

요약의 단계

1. 내담자의 말 중에 중요한 내용과 감정에 주의를 기울인다.
2. 파악된 주된 내용과 감정을 통합해서 전달한다.
3. 상담자 자신의 새로운 견해를 추가하지 않는다.

[예]

8시 이후에 야식을 먹지 않다 보니 아침에 몸이 가볍고 아침 식사도 조금씩 하게 되었는데(내용 요약), 친구들과 밤늦게 만나 먹는 즐거움이 없어졌다는(감정 요약) 말씀이네요.

(5) 질문

질문questioning은 내담자에 대한 정보를 파악하거나 내담자의 상황을 더 명확히 이해하기 위하여 묻는 상담기술이다. 질문은 상담자가 진행하게 되므로 내담자가 주도적으로 이야기하지 못할 수도 있으나, 질문을 받은 내담자는 자신의 감정, 느낌, 생각 등에 대해 깊이 있게 탐색할 수 있게 된다. 내담자가 하는 답변을 상담자가 판단하지 않고 수용할 것이라고 느낄 수 있도록 질문하는 것이 중요하다. 판단, 추궁, 공격의 의도가 있는 질문은 내담자로 하여금 심리적 압박을 느끼게 만들어 상담에 부정적인 영향을 줄 수 있다. 닫힌 질문보다는 열린 질문으로부터 더 많은 정보를 얻을 수 있지만 적절히 섞어서 사용할 수 있다. 질문은 기본적 상담 기술의 하나로, 명료화도 질문의 형태가 될 수 있다.

① 열린 질문: 내담자에게 더 많은 이야기를 할 수 있는 기회를 제공하여 내담자의 다양한 정보를 수집할 수 있다.

√ 매 끼니 채소를 섭취하는 데 어려운 점은 무엇인가요?
√ 과자를 먹고 싶은 유혹을 피하기 어려운 때는 언제입니까?
√ 그 일이 발생했을 때 어떤 감정이나 기분을 느꼈는지 좀 더 이야기해 주실 수 있나요?

② 닫힌 질문: 특정 정보를 얻고자 할 때, 또는 상담자가 내담자의 말을 이해했는지 확인하거나 동의를 구할 때 활용할 수 있다.

√ 이전에 상담을 받은 경험이 있나요?
√ 이런 방법은 추천하고 싶은데 실천 가능하다고 생각하십니까?
√ 지금 제가 제대로 이해한 것이 맞나요?

질문 시 유의할 점은 다음과 같다.

질문 시 유의할 점

- 한 번에 여러 개의 질문을 동시에 하는 것은 피한다.
- '왜'라는 질문을 사용하는 것을 유의해야 한다. '왜'라는 질문은 내담자의 감정이나 정서의 원인을 파악하는 데 도움을 줄 수 있지만, 자칫 비난하거나 내담자가 잘못한 것처럼 느끼게 할 수 있으므로 유의해야 한다.
- 답을 유도하는 질문을 하지 말아야 한다. 예를 들면 "당신은 모두 다 먹었습니까?"보다는 "당신은 얼마나 먹었습니까?"라고 질문하는 것이 더 좋다.
- 상담자의 추측이 포함된 질문은 내담자가 솔직하게 대답을 하지 않을 수 있으므로 삼가는 것이 좋다. 예를 들면 "~하니 기분이 좋아졌지요?"에는 상담자의 추측이 포함되어 있다.

(6) 직면

직면confrontation은 '어떤 사물이나 상황에 맞닥뜨림'이라는 뜻으로 내담자의 일치하지 않는 언행이나 모순되는 점을 상담자가 표현함으로써 내담자가 자각하도록 하는 상담기술이다. 본인이 깨닫지 못하는 부분에 대한 지적을 당한다고 느낄 수 있기 때문에 상담자와 내담자 간에 충분한 신뢰관계가 형성되었을 때 사용해야 하며, 내담자의 특성이나 상태에 맞게 적절한 시기에 사용하여야 한다. 상담자는 직면을 사용하는 것이 내담자의 변화를 위해 필요하다고 생각할 때에만 사용하여야 하며, 불일치한 언행을 비판하지 말고 쉬운 언어를 사용하여 그대로 묘사한다. 상담자가 직면을 하면 대부분의 내담자는 방어적이거나 저항을 보일 수 있으므로, 내담자를 면밀히 관찰하고 경청과 감정 반영을 통해 내담자의 불안감을 해소시키도록 해야 한다.

- ✓ 조금 전에는 상관없다고 얘기했는데 지금은 화가 났다고 말하는군요.(언어적 진술 간의 불일치)
- ✓ 당신은 날씬해지는 것을 바라지만, 다이어트에는 결국 실패할 것이라고 말하고 있네요.(이상적 자아와 실제 자아의 불일치)

[예]

내담자: 남편이 억지로 데리고 나가서 외식하기 전까지는 매일 1,500 kcal로 유지할 수 있었습니다.
상담자: 남편이 억지로 데리고 나가셨나요?
내담자: (화난 목소리로) 네.
상담자: 어떤 느낌이셨나요?
내담자: 괜찮았습니다.
상담자: 표정이나 말투는 화가 난 듯 보이는데, 괜찮다고 말씀하시네요.

출처: Curry KR & Jaffe A., 1998

(7) 해석

해석interpreting은 내담자의 말 속에 담긴 다른 의미를 내담자에게 전달해 주는 것으로,

내담자로 하여금 새로운 관점에서 자신을 이해하고 문제를 해결할 수 있도록 돕는 상담 기술이다. 재진술, 반영, 요약 등과는 다르게 해석은 내담자가 명확하게 의식하지 못하는 것을 찾아 의미를 파악하도록 도와주는 것이다. 해석은 기존의 시각과 다른 새로운 의미나 이유를 제시하는 기술로, 모순되는 점을 찾는 직면과는 구분된다. 상담자와 내담자 간에 서로 충분히 신뢰가 형성된 후에 해석하기가 이루어져야 하므로, 상담의 중기나 종결 때 활용하는 것이 효과적이다. 상담자가 단정적으로 해석하기보다는 아래 예시와 같이 가설적 형태로 제시하는 것이 효과적이다.

√ 내가 보기에는 ~ 인 것 같습니다.
√ 아마 이런 것이 원인이지 않을까요?
√ 당신이 말한 바에 따르면 ~ 인 것 같아요. 당신의 생각은 어때요?

[예]

내담자: 체중을 줄이려고 제가 할 수 있는 것은 다 해보았는데 하나도 효과가 없었어요. TV를 보거나 SNS에서도 체중감량에 효과가 있다는 광고만 눈에 들어오고 늘 다이어트 생각만 하고 있어야 어떤 일에도 집중하기 어려운 것 같아요.

상담자: 체중을 줄여야겠다는 집착이 오히려 체중조절에 방해가 되는 것 아닐까요?

출처: Suetselarr LG, 1997

3) 정보 공유 기술

(1) 자기개방

자기개방self-disclosing은 상담과정에서 그 주제와 관련하여 상담자 자신의 경험, 생각, 느낌, 태도 등 여러 가지 개인적인 사항을 내담자에게 드러내는 상담 기술이다. 자기개방에 활용되는 내용은 개인적인 정보(경력, 결혼 여부, 자녀 유무 등), 감정, 경험 등이다. 상담자가 자신의 감정을 개방함으로써 내담자가 다른 사람도 자신과 유사한 감정을 갖고 있다는 것을 알게 되어 자신의 감정을 정상적으로 느낄 수 있도록 도와준다.

자기개방은 내담자가 자신의 문제를 탐색하는 데 도움이 되어야 하며, 상담자의 자기 과시가 되지 않도록 간결하게 제시하는 것이 바람직하다. 또한 적절한 시기를 잘 판단하여 신중하게 사용하여야 한다. 효과적인 자기개방은 내담자와의 관계에 있어서 더욱 신뢰를 높일 수 있으며, 이를 통해 내담자의 자기개방을 촉진할 수 있다. 다음과 같은 문구를 활용할 수 있다.

√ 저도 ~ 했었기 때문에 ~ 심정이 이해가 됩니다.
√ 저도 ~님과 유사한 경험이 있습니다.
√ 만약 누군가 저에게 그렇게 말했다면 화가 났을 거예요.

자기개방과 반영

[예 1]

내담자: 요즘 식욕이 없어서 음식을 다 먹기 어려워요.
상담자: 걱정하지 말고 먹을 수 있는 정도만 드세요. 저도 수술 후에 병원에서 거의 먹지 못했어요.
내담자: 왜 수술하셨어요?
※ 상담자가 자기개방을 하였으나 내담자의 관심이 상담자에게로 향하게 되므로 이런 경우 자기개방보다 다음과 같이 반영의 기술을 사용하면 내담자는 본인이 식욕부진을 상담자가 수용하고 공감한다고 느낄 수 있다.

[예 2]

내담자: 요즘 식욕이 없어서 음식을 다 먹기 어려워요.
상담자: 지금 먹을 수 있는 양보다 더 많은 양의 음식을 먹으라고 하는 것이 걱정되는군요.
내담자: 네, 그래서 아예 먹고 싶지 않아요.

출처: Gable J & Herrmann T, 2016

(2) 정보 제공

영양상담이 진행되는 동안 내담자에게 사실적인 정보를 제공giving information하여야 할 경우가 있다. 식품교환표, 대체식품 등 내담자가 알아야 할 영양정보뿐 아니라 내담자가 잘못 알고 있는 정보, 내담자가 행할 수 있는 대안, 검사 결과 설명 등을 포함한다. 상담자는 내담자에게 어떤 정보를 어떤 방법으로 제공해야 할지를 선택할 수 있어야 한다. 상담자가 정보를 제공한다고 해서 내담자가 항상 그것을 받아들일 수 있는 것은 아니므로, 내담자에게 필요한 정보를 적절한 시점에서 말해 주는 것이 매우 중요하다. 또한 내담자 스스로 정보를 찾을 수 있는 방법을 알려 주어야 한다.

정보 제공이 상담자가 강의하거나 강요하는 것으로 생각하지 않도록 내담자와 상담자가 함께 주제에 관해 탐색하거나 분석할 수 있는 방법으로 이루어지는 것이 좋다. 정보가 내담자에게 도움이 되기 위해서는 내담자의 문제 상황에 적절한 것이어야 하며, 정보를 제공하기 전에 내담자가 그 정보를 원하는지를 확인하는 것이 필요하다. 또한 내담자의 능력에 맞는 정확한 정보이어야 한다. 정보를 제공한 후에는 내담자가 정보를 제대로 이해했는지 반드시 내담자의 반응을 탐색한다.

정보 제공 시 유의할 점

- 내담자에게 필요한 정보를 적절한 시점에 제공한다.
- 정보를 제공하기 전 내담자가 관련 정보를 원하는지 확인한다.
- 내담자의 수준에 맞는 내용과 양을 제공한다.
- 적절한 매체를 사용한다.
- 정보를 제공한 후에는 내담자가 정보를 이해했는지 내담자의 반응을 탐색한다.
- 내담자 스스로 정보를 찾을 수 있는 방법을 알려 준다.

(3) 조언

조언advice은 문제에 대한 가능한 해결방법을 제시하는 것이다. 문제와 관련된 여러 가지 요인과 해결방법들을 충분히 논의한 후에도 내담자가 결정을 내리지 못하고 있으면 내담자의 결정을 돕기 위해 상담자가 조언할 수 있으나 상담에서 그리 많이 사용되지 않고, 내담자에게도 큰 도움이 되지 않는 것으로 평가된다. 내담자가 준비가 되지 않은 상태에서 조언하면 '네, 하지만...'이라는 변명을 하기 쉽다. 따라서 조언을 하기 전에 내담자에게 조언을 원하는지 먼저 확인하는 것이 바람직하다.

[예 1]

상담자: 체중을 줄이기 위하여 하루 30분 정도 걷기를 하는 것이 좋을 것 같습니다.

내담자: 걷기를 시도해 보긴 했으나 그럴 시간이 나지 않습니다.

[예 2]

상담자: 체중을 줄이는 하나의 방법으로 활동량을 늘리는 좋은 생각이 있는데 들어보시겠어요?

내담자: 시간이 된다면 해보고 싶습니다.

상담자: 당신처럼 하루종일 운동할 시간이 없는 경우 점심시간에 식사 후 30분 동안 걷는 것은 어떨까요?

내담자: 점심약속이 없는 날은 해볼 수 있을 것 같습니다.

출처: Bauer KD & Liou D, 2021

연습문제

1. 다음은 고등학생과 영양교사의 영양상담 내용의 일부이다. 밑줄 친 ① ② ③에서 사용한 영양상담 기술은 무엇인가?

> 학 생: 체중을 줄여야 하는데 어제 친구들이랑 떡볶이를 많이 먹어버렸어요.
> 영양교사: ① 아, 그래서 너무 속상했겠구나.
> 학 생: 네, 너무 속상해요. 저는 왜 이렇게 떡볶이만 보면 정신을 못 차릴까요? 어제 밤에 너무 속상해서 울었어요. 간식은 절대로 먹지 말았어야 했는데.....
> 영양교사: ② 선생님도 고등학교 다닐 때 떡볶이를 좋아해서 많이 먹기도 했어요. 체중을 조절하려면 간식을 절대 먹지 말아야 할까요?
> 학 생: 네. 저는 간식을 절대 먹으면 안 된다고 생각해요.
> 영양교사: 간식을 전혀 안 먹고 사는 것이 현실적으로 가능할까요?
> 학 생: (잠시 생각에 잠겨 있다가) 아뇨. 그렇지는 않은 것 같아요. 간식을 절대로 먹지 않는다는 것은 현실적으로 불가능하겠네요. 그러면 앞으로 간식을 어떻게 먹어야 할까요?
> 영양교사: ③ 간식을 먹을 때는 열량만 높은 식품보다는 다양한 영양소가 들어있는 신선한 채소나 과일, 우유를 선택하는 것이 좋겠어요.

출처: 영양교사 기출문제

2 영양상담 시 내담자 스스로 자신의 이야기 내용이 모호하여 미처 깨닫지 못한 것을 상담자가 명확하게 해주는 기술은?

① 명료화 ② 반영 ③ 수용 ④ 요약 ⑤ 직면

출처: 영양사 기출문제

3 다음은 영양사와 이씨의 영양상담 내용의 일부이다. 영양사가 사용한 상담기술은?

> 이씨: 어제 남편이 저에게 살이 더 찐 것 같다고 놀려서 눈물이 났어요.
> 영양사: 살이 더 쪘다고 놀리시다니 남편분이 미우셨겠어요.

① 반영 ② 설명 ③ 수용 ④ 요약 ⑤ 질문

출처: 영양사 기출문제

MEMO

CHAPTER

10

동기면담

성공은 끝이 아니며, 실패 또한 끝이 아니다. 중요한 것은 계속 헤쳐 나가는 용기이다.

– 윈스턴 처칠 –

학습목표

- 동기면담의 정신과 원리를 이해하고 핵심기술을 설명할 수 있다.
- 변화대화의 예비적 또는 활동적 변화대화를 구분할 수 있다.
- 영양상담에 동기면담을 실제적으로 적용할 수 있다.

1. 동기면담 개요

동기면담Motivational Interviewing, MI은 특별한 기법이라기보다는 상담자의 의사소통 방식 중 안내하기 스타일을 정교화한 방식이다. 특히 임상영역에서 전문가들은 일반적으로 환자에게 문제 사항을 지시하기 스타일로 전달하였는데, 이는 복잡한 생활습관이나 행동문제를 변화시키는 데 효과적이지 않았다. 밀러Miller와 롤닉Rollnick은 음주와 흡연과 같은 중독성 건강행동을 치료하는 데 가장 효과적인 스타일이 비지시적 방식과 지시적 방식을 혼합한 안내하기 스타일이었음을 발견하였고, 이들의 치료적 경험으로 동기면담이 발전하였다. 현재는 행동변화가 필요한 당뇨병, 심장질환, 영양, 운동 등 여러 건강관리 분야에 동기면담이 사용되고 있다.

동기면담은 환자가 변화해야 하는 이유를 스스로 말하도록 돕는 방식이다. 우리는 현재 상태 그대로 있는 것에 익숙한 반면, 변화하기 위해서는 노력이 필요하다. 누구나 건강을 위해 바람직한 식생활을 선택해야 하는 것을 알고 있지만, 반면 지금 식생활이 현 상황에서는 최선이라고 생각한다. 이러한 것을 '양가감정ambivalence'이라고 하며, 동기면담은 내담자의 변화에 대한 양가감정을 해결하고 탐색하도록 도와주는 상담 방식이다. 하지만, 동기면담은 내담자가 가고자 하는 대로 따라가는 비지시적인 방식만이 아니며, 내담자가 원하고 필요성을 느끼면 상담자가 피드백과 조언을 제공하는 지시적인 방식을 포함한다. 뿐만 아니라 변화동기를 높이기 위해 선택적인 반영을 사용하는 안내하기 스타일로, 방향 지시적이고 적극적인 방법이다 그림 10-1.

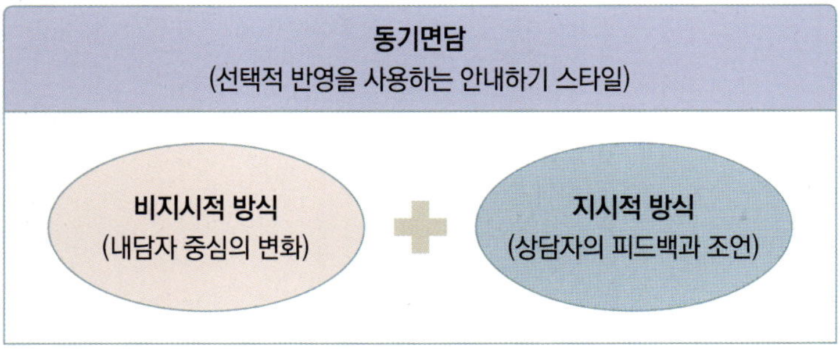

그림 10-1 동기면담의 방식

더 알아보기

양가감정ambivalence

어떤 사물, 사람, 사건에 대해 동시에 두 가지 양립 불가능한 느낌을 경험하는 것으로, 논리적으로 서로 어긋나는 표상의 결합에서 오는 혼란스러운 감정이나 태도가 함께 존재하고 상반된 목표를 향해 동시에 충동이 일어나는 상태를 의미한다. 내담자가 변화하고자 할 때 문제와 관련된 내담자의 행동, 습관, 태도 및 생활양식이 완전히 달라질 때까지 내담자는 끊임없이 변화에 대한 양가감정을 경험한다. 즉, 변화와 관련한 문제가 해결되지 않고 지속되는 경우는 대부분 양가감정에 묶여 있을 때이다.

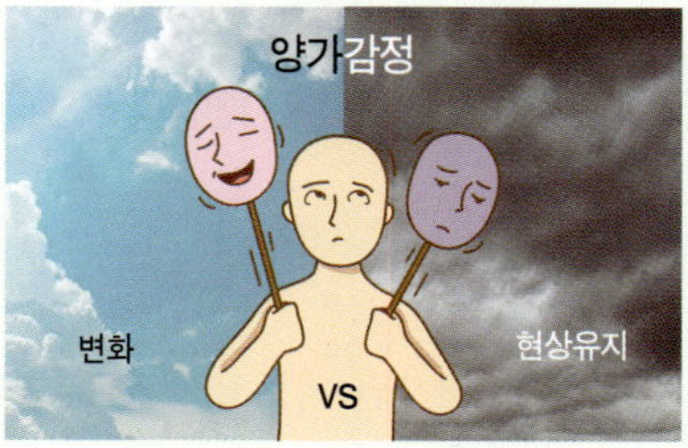

예를 들어, 환자의 경우 자기 삶과 안녕을 위협하는 질병 진단을 받을 때 수반되는 정서적 충격을 수습하기도 전에, 많은 변화와 새로운 정보를 얻게 된다. 이러한 때에 양가감정을 경험하는 것은 매우 자연스러운 현상으로, 현재 상태 그대로 있는 것은 익숙하고 편안하다. 반면에 변화가 필요한 것은 알지만 변화를 하기 위해서는 노력이 필요하기 때문에, 환자 내면에서 이 두 가지 갈등이 끊임없이 계속된다. 마치 변화의 절박함과 이득에 대해 소리치는 한쪽과 변화에 반대하는 다른 쪽이 있는 것과 같다.

1) 동기면담 정신

동기면담을 성공적으로 이끌기 위해서는 상담자의 마음가짐과 의사소통 방식이 중요하다. 동기면담 정신은 어떤 핵심기술보다 우선적이며, 대화기법이나 의사소통 기술이 능수능란하더라도 기본적으로 동기면담 정신을 지니고 있지 않다면, 내담자는 쉽게 그것을 알아차리고 존중받지 못한다는 느낌을 받게 되어 면담의 효과성을 발휘하지 못한다. 따라서 동기면담 정신은 동기면담 적용을 위한 견고한 토대가 된다. 동기면담 정신은 4가지로, 협동partnership, 수용acceptance, 동정compassion, 유발evocation이다 그림 10-2.

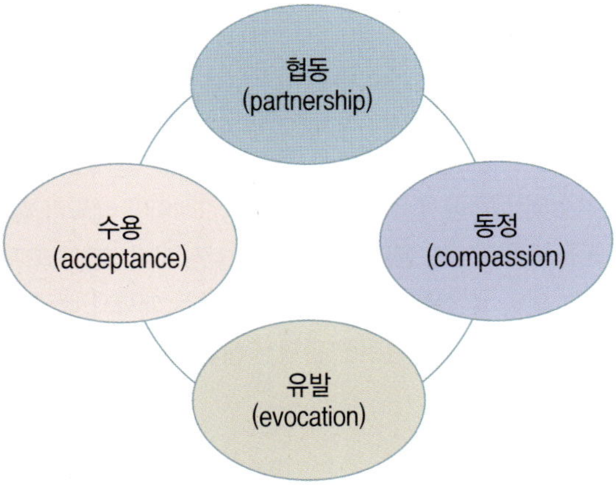

그림 10-2 동기면담의 정신

(1) 협동

협동partnership은 일방적인 관계가 아닌 파트너십을 말한다. 내담자는 내담자 삶의 상황과 환경에서 전문가이고 상담자도 전문영역에서 전문가이며, 동일한 힘의 균형을 가진다. 내담자가 전문가라는 관점이 중요한데, 바꾸고자 하는 문제행동과 관련한 모든 경험이 내담자에게 있기 때문에 그 측면에서 전문가로 간주한다. 바로 이 내담자의 전문성이 변화를 유발하는 열쇠가 된다. 하지만 내담자는 변화 반대방향에 서있고, 상담자는 변화를 향해 서 있다. 이것이 동기면담에서 저항과 함께 구르기 또는 논쟁 피하기로 표현되며 같이 협동해서 헤쳐 나가야 한다. 면담 초기에 내담자 편에 상담자가 있음을 느끼게 해주는 것이 협동정신이며, 이러한 협동 정신은 면담 내내 지속되어야 동기면담의 효과가 난다. 상담자가 협동 정신으로 임해야 내담자만이 해결할 수 있는 자신의 문제를 토의하고 변화에 대한 동기를 촉발하여 실행의 길로 들어선다.

(2) 수용

수용acceptance은 내담자의 존중에서 나오며 내담자가 다른 사람들처럼 부족하고 잘못을 할 수 있는 존재이자 자율적인 존재임을 그대로 받아들이는 것을 말한다. 즉, 내담자의 현재의 문제행동이나 과거의 실패 등에 대해 상담자가 판단하지 않고 내담자의 어떠한 결정도 수용하는 것이다. 그러나 수용은 동의가 아니며, 가장 큰 차이점은 내담자의 문제행동의 합리화 여부이다. 수용이란 내담자를 절대적인 가치가 있는 존재로 받아들이며, 내담자가 가지고 있는 관점이나 이해하는 바를 정확하게 공감하는 것이다. 또한 내담자의 개인적 선택권과 통제력 등의 자율성을 지지하는 것이며, 내담자의 강점과 노력, 과거의 성공 경험에 대하여 인정하는 것이다.

상담자는 대화를 통해 절대적 가치로 받아들이기, 정확한 공감하기, 인정하기, 자율성 지지하기를 보여주면, 내담자는 안전함과 신뢰감을 느끼게 된다. 이런 신뢰감이 쌓여야 내담자가 자신의 문제점에 대한 양가감정을 편안하게 표현할 수 있다. 수용에서 내담자의 자율성을 존중하는 것이 매우 중요한데, 선택은 내담자의 몫이며 권리임을 강조한다.

(3) 동정

동정compassion은 내담자가 고통으로부터 자유로워지기를 바라는 마음으로, 내담자의 복지와 건강을 도모하는 마음이자 내담자의 웰빙을 바라는 마음이다. 동정은 내담자의 요구에 가장 높은 우선순위를 부여함으로써 증진된다. 상담자의 목적이나 필요를 우선순위로 두지 않는 것이 중요한데, 상담자가 설정한 목표로 내담자를 끌고 가게 되면 상담자의 이득이 내담자의 이득보다 우선시 되는 것으로 내담자는 존중받지 못하고 공감받지 못했다는 느낌을 받는다.

(4) 유발

유발evocation은 내담자가 가지고 있는 내적자원을 이끌어내는 것으로, 내담자의 가치관, 성격특성, 변화 준비도, 가족의 지지 등을 이끌어내서 내담자가 주도적으로 변화해 나가도록 돕는 것을 말한다. 내담자의 건강과 웰빙의 관점에서 동기나 목표을 찾는 것을 말하며, 상담자의 목표는 내담자가 변화하려는 이유나 방법 등을 같이 모색하는 것이다.

동기면담에서는 상담자가 내담자에게 동기를 부여하거나 강화하는 것이 아닌, 이미 가지고 있는 자신의 강점이나 자원을 재탐색하도록 돕는 것이다. 즉 인간은 단순히 자극을 받아 반응하는 존재가 아니라, 의미를 부여하고 미래 방향을 설정하는 능동적이고 자기 실현적인 존재라고 간주한다.

2) 동기면담 원리

동기면담의 원리는 동기면담 정신을 잘 갖추기 위해 필요한 태도를 말하며, 각 원리의 앞글자를 따서 RULE이라 부른다.

(1) 교정반사 억제하기

첫 번째인 Rresist은 내담자의 문제를 고쳐주려는 교정반사를 최대한 억제하는 것이다. 교정반사righting reflex란 상대방 문제점을 교정하려는 모든 반사적인 행동을 말하며, 상대방을 가르치려 들거나, 지시하거나, 설득하거나, 직면하게 하는 행동 등이 포함된다. 상담자들은 잘못된 길에서 힘들어하는 내담자를 보면 문제점을 바로 잡아주고 해결방법을 제시하여 내담자를 돕고자 하는 마음이 강하다. 본질적으로 이것은 칭찬할 만한 반사이기는 하나, 상담자가 새로운 행동의 장점만 강조하면 내담자는 오히려 저항감을 느껴 변화하려는 가능성조차 줄이고 자연스럽게 변화할 수 없는 논리를 펴기 시작한다. 이러한 내담자의 반응을 '내담자가 저항한다'고 한다. 저항은 내담자 말을 신중하게 경청하라는 신호이며, 저항에 적응하여 내담자가 스스로 변화의 장단점을 말할 수 있도록 이끌어주고 내담자가 어떤 방향으로 나아가고 싶은지 탐색하게 도와준다.

(2) 동기 이해하기

두 번째인 Uunderstand는 내담자의 동기를 정확히 이해하는 것이다. 동기는 상담자가 심어줄 수 없고, 내담자 안에서 나오는 것이다. 상담자는 내담자가 본인의 다양한 상황에 대해 인지하며, 무엇을 어떻게 변화하고 싶은지 자율적으로 탐색해 나가도록 도와줘야 한다. 양가감정은 행동변화에서 정상적인 과정이므로 이를 탐색해 나가며 변화 동기를 견고히 하도록 한다.

(3) 경청하기

세 번째인 Llisten은 의견을 제시하기보다 경청하는 것을 말한다. 내담자 문제점이 이미 파악되어도 내담자가 스스로 찾을 수 있게 공감과 협력적인 분위기를 조성하여 본인의 입장을 가능한 많이 이야기 하도록 유도한다. 이때 내담자의 문제점이나 감정을 같이 공감하고 이해하는 반영적 경청 기술을 사용한다.

(4) 자기효능감 지지하기

마지막 글자는 Eempower로 변화 주체는 내담자이므로 내담자가 스스로 변화할 수 있도록 자기효능감을 적극 지지해야 한다는 것이다. 작은 행동이어도 과거에 성공했던 행동들에 초점을 맞추어 내담자가 최선의 방법을 찾아가도록 돕는다.

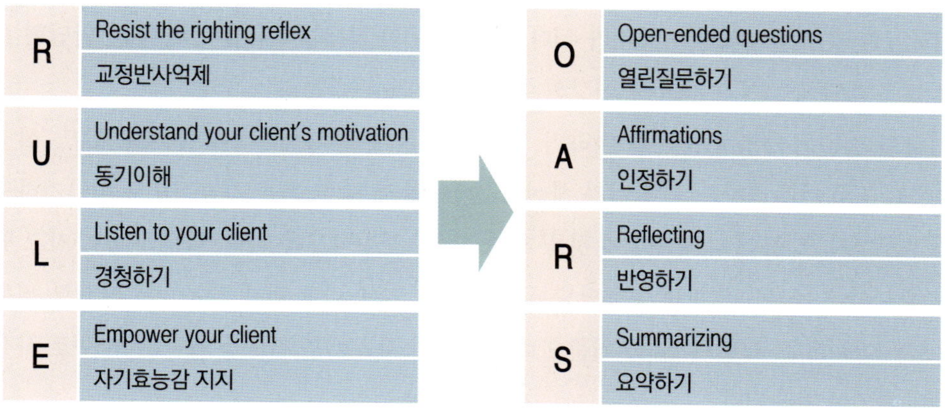

그림 10-3 동기면담의 정신에 기반한 원리(RULE)와 핵심기술(OARS)

그림 10-3에 제시된 것과 같이 동기면담은 동기면담의 정신에 기반하여 원리를 핵심기술로 녹여내서 실행하는 것이다. 즉, 동기면담 정신인 협동, 수용, 동정, 유발에 기반하여 동기면담 원리인 내담자 문제를 바로 잡아주려는 교정반사를 최대한 억제하고, 내담자 안에 있는 동기를 이해하고, 의견을 제시하기보다는 경청하며 내담자가 스스로 변화할 수 있는 자기효능감 지지하기 위해 동기면담의 핵심기술인 열린 질문하기, 인정하기, 반영하기, 요약하기를 필요한 때에 적절히 사용하는 것이다.

3) 동기면담 핵심기술

동기면담도 다른 상담 기법과 유사하게 대상자와 라포를 형성하고 문제점을 탐색하며 공감을 표한다. 그러나 동기면담의 핵심적인 기술은 열린 질문하기open-ended questions, 인정하기affirmations, 반영하기reflecting, 요약하기summarizing로, 앞글자를 따서 OARS라 부른다. 핵심기술을 동기면담 자체라고 오해하기도 하지만, 이 기술을 아무리 잘 사용한다고 하더라도 상담자가 동기면담 정신이나 원리를 잘 구현하지 못하면 효과적인 동기면담이 되지 못한다.

(1) 열린 질문 하기

열린 질문open-ended question은 대화를 이어가고 반응을 유도하는 의사소통 도구이며, 내담자의 정보를 수집하는 중추가 된다. 열린 질문의 형태는 '예/아니오' 혹은 '단답형'으로 짧은 대답에 그치지 않고 그 이상의 이야기를 하도록 질문하는 형태이다.

열린 질문은 개방형 질문을 말하며, '무엇', '어떻게'로 시작하거나 '말해주세요', '설명해주세요'로 마무리한다. 내담자가 자신의 경험, 염려, 바람 등을 자발적으로 이야기하도록 유도한다. 더불어 내적 양가감정을 자연스럽게 표현하도록 하며, 막연하게 가지고 있던 생각이나 논리를 명확하게 깨닫도록 도와준다. 그에 비해 닫힌 질문으로 폐쇄형 질문은, '예/아니오'로 답할 수 있는 질문으로 내담자의 자유로운 진술을 제한하며, 주로 사실 정보 확인에 사용된다.

[열린 질문]

√ 무엇이 야식을 자주 하게 하나요?

√ 현재 상황에 대해 설명해주세요.

[폐쇄형 질문]

√ 야식을 자주 하나요?

√ 현재 식생활을 바꾸고 싶은 마음이 있습니까?

동기면담에서 모든 질문을 열린 질문으로 해야 하는 것은 아니며, 전체 질문 중 반 이상 열린 질문 형태로 하는 것이 바람직하다. 질문은 문제점에 접근하기 전에 내담자의 일상이나 생각에 대한 것부터 시작해서, 점차 변화가 필요한 문제 영역으로 접근해 나간다.

질문을 통해 상담자는 내담자에게 중요한 것이 무엇인지, 현상 유지를 하는 이유를 파악한다. 또한 상담자는 계속 질문만 하는 것이 아니라 내담자가 열린 질문에 답을 하면, 최소 한두 개 반응하도록 한다. 예를 들어, '어떤 일로 오셨어요.'로 질문을 하고 내담자가 '당뇨병 환자로 식생활 관리가 필요해서 오게 되었다'라고 하면, 상담자는 '당뇨병 관리를 위해 오셨군요'라고 반응하면 된다. 이것은 질문이 아니라 내담자의 답변에 대한 반영이다.

(2) 인정하기

많은 내담자가 과거에 변화를 시도했다가 성공하지 못한 경험이 있다. 그 결과 내담자의 행동, 강점, 노력, 의도들에 대한 인정을 통해 희망을 심어주는 것이 필요하다. 인정affirmation은 칭찬과 다르게 내담자가 가지고 있는 강점과 노력 등 개인적 속성에 대한 인정을 의미하며, 내담자의 변화에 대한 긍정적 행동과 노력에 대한 진술을 말한다. 사람은 자신의 강점을 찾아내서 칭찬하고 격려하는 사람을 신뢰하고, 그 사람 말을 경청하고 마음을 열어놓으며, 더 많은 시간을 보내고자 한다. 따라서 인정하기는 상담에 참여하려는 의지를 높일 수 있으며 방어적인 태도를 줄인다.

'인정하기' 방법은 내담자를 주어로 하는 문장을 사용하거나, 구체적 행동이나 노력에 대한 진술이 아니어도 좀 더 광범위적인 관점에서 진정성을 가지고 인정하기를 진술할 수도 있으며, 내담자의 행동이나 노력에 대한 상담자 본인의 정서 반응을 표현할 수도 있다.

[내담자를 주어로]

√ ○○님은 이번 주 계획한 대로 식사일지를 모두 기록하셨네요.

√ ○○님은 식습관을 바꾸기 위해 많이 노력하셨네요.

[광범위 관점]

√ 참 잘 오셨습니다.

√ 이렇게 만나서 반갑습니다.

[상담자의 정서 반응 표현]

√ 식사기록을 매끼니 이 주 동안 하신 것은 어려웠음에 틀림이 없군요.

√ 다이어트가 또 실패할 것 같은 걱정에도 불구하고 다시 시도하기로 한 점에 매우 감동이 됩니다.

아래 예와 같이 내담자를 주어로 하는 문장은, '○○님'을 주어로 하고 내담자가 수행한 내용을 언급하거나 노력에 대해 진술하는 것이다. 좀 더 광범위한 관점의 인정하기는, '참 잘 오셨습니다', '이렇게 만나서 반갑습니다' 등이다. 상담자의 정서반응을 표현하는 것은, '그건 어려웠음에 틀림이 없군요' 또는 '~하는 점에 감동이 됩니다' 등이다.

(3) 반영하기

반영하기reflecting는 내담자가 하는 말을 주의 깊게 듣고 반응하는 반영적 경청이다. 반영적 경청은 동기면담의 가장 기본적인 기술로 공감, 관심, 이해, 수용을 보여주고 내담자의 변화 단어change talk를 끌어내는 데 사용된다. 반응은 내담자가 한 말을 반복하거나 조금 다른 단어로 이야기하는 것으로, 이를 통해 내담자는 본인의 문제를 더 탐색할 수 있다. 반영적 경청과 반응은 내담자의 진술이 정확히 어떤 의미인지를 아는 것보다 내담자의 의도나 의미를 잘 확인하는 수단이다.

모든 반응을 반영적으로 할 필요는 없고 강조할 것과 반응하지 않을 것을 잘 판단하는 것이 중요하다. 반영은 크게 세 가지로 나누어 볼 수 있는데, 단순반영은 '당신은 이렇게 느끼셨군요' 또는 '이런 말씀인 것 같군요'처럼 내담자가 진술한 내용과 가장 가깝게 중립적으로 반복하는 것이다. 복합반영은 내담자가 말한 것보다 더 많은 의미를 추론하기도 하고 인지적으로 재구성하기도 하며 정서를 포함하기도 한다. 양면 반영은 내담자가 말한 것 중에서 양가감정을 것으로 내담자의 진술 속에 숨어있는 기분과 감정을 표현해 주는 심도 있는 반영의 형태이다.

- √ 내담자: 내가 이 상담을 왜 받아야 하는지 잘 모르겠어요.
- √ 상담자1: [단순반영] 상담을 받아야 하는 이유를 잘 모르겠군요.
- √ 상담자2: [복합반영] 다른 사람이 마음대로 당신에 대한 결정을 내려서 많이 실망하셨군요.
- √ 상담자3: [양면반영] 한편으로는 여기에 오고 싶지 않았고, 다른 한편으로는 무언가 변화시킬 필요가 있다는 것을 알고 있었군요.

(4) 요약하기

요약하기summarizing는 내담자가 표현한 진술의 요점을 정리하여 다시 전달하는 것이다. 이의 목적은 한 가지 핵심을 명료화하거나 내담자가 한 말을 새로운 방식으로 보도록 하는 것이다. 이는 짧게 할 수도 있고 길게 할 수도 있지만, 적어도 내담자가 한 말에서 세 가지 내용을 포함하는 것이 바람직하며, 그렇지 않을 경우 요약이 아니라 반영이 된다. 그러나 요약할 때 내담자가 집중하지 못하면 상담자 요약이 너무 길다는 것을 의미하므로 즉시 요약을 끝내야 한다. 요약하기는 보통 변화로 이어지는 말들을 모아주거나 양가감정을 찾아서 불일치감을 만들도록 말들을 이어주거나 대화의 방향을 바꾸기 위해 전환하는 말들로 구성된다. 요약하기 유형으로는 다음의 예제처럼 정보를 추릴 때 사용하는 수집요약이나 두 가지 내용을 연결하는 연결요약, 그리고 대화 방향을 변화시키는 전환요약이 있다.

요약하기 유형

√ 수집요약: 내담자의 대화 속에서 정보를 추리는 요약
√ 연결요약: '그러나', '그리고'를 사용한 요약
√ 전환요약: 대화의 방향을 선택하거나 변화시키기 위해 사용하는 요약

이렇게 요약은 내담자의 변화에 대한 생각을 정리하게 도와주므로 반드시 내담자와 함께 정리하는 것이 좋고, 요약한 후 내담자에게 확인을 구한다. 종종 내담자는 많은 이야기를 두서없이 하거나 목표행동과 관련 없는 말을 장황하게 하는 경우가 있다. 이럴 때는 그대로 듣는 것이 아니라 상담자가 어떤 내용을 포함할지를 전략적으로 판단하여 내담자가 바람직한 방향을 향해 나가도록 도와주어야 한다.

4) 변화대화

동기면담에서 내담자의 변화는 내담자가 본인의 필요성을 구체화하고 행동계획을 세움으로써 일어난다고 간주한다. 변화에 대한 준비는 내담자의 특성이 아니라 상태와 상

황에 따라 달라지며, 변화동기는 외부가 아닌 내담자 안에서부터 나오는 것이다. 동기는 내담자의 성격적 특성이 아니라 변화를 위한 준비 상태로 동기의 부족과 변화에 대한 저항은 타고난 것이 아니라 변화를 향해 열려있는 상태이다. 변화대화는 내담자가 변화를 생각할 때 사용하기 시작하며, 내담자의 양가감정과 저항이 감소된 것을 나타내는 신호이다.

변화대화change talk란 내담자가 스스로 변화하고 싶다거나 이와 관련된 동기 관련 진술로 정의된다. 이와 대조되는 말은 저항대화 또는 유지대화이며, 변화하지 않으려는 의도나 변화하는 것에 대한 비관적 태도를 진술하는 것이다 그림 10-4 .

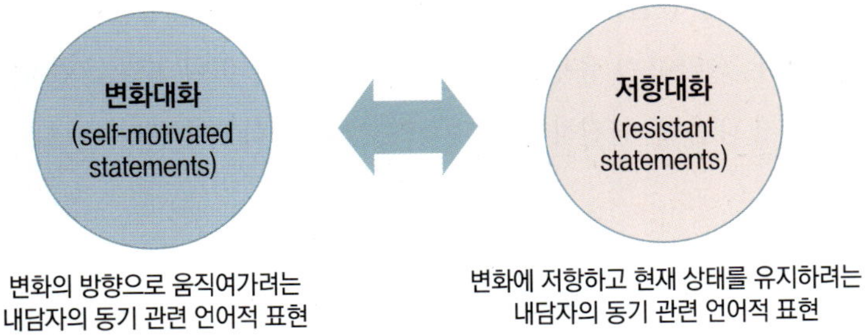

그림 10-4 변화대화와 저항대화

동기면담에서는, 내담자가 변화대화를 많이 할수록 행동변화가 잘 일어나며, 행동변화에 대한 의지를 언급하면 변화를 예측할 수 있으나, 반대로 내담자의 저항은 변화하지 않을 것임을 예측한다. 예를 들어, 음주 행동에 대한 내담자의 저항이 높을수록 행동변화가 일어나지 않음을예측할 수 있고, 약물 사용을 하지 않겠다는 언어적 결심대화가 많을수록 지속적인 약물 비사용을 예측할 수 있다. 이렇게 동기면담에서 변화대화는 변화할 준비를 알려주는 언어적 신호로 크게 예비적 변화대화DARN와 행동적 변화대화CAT로 분류한다 표 10-1 .

(1) 예비적 변화대화

Ddesire는 변화에 대한 열망 또는 욕구로, 변화하고 싶다는 언어적 진술과 표현을 말한다. 이에 해당하는 문구는 '~하고 싶습니다'로, '원한다, 바란다, 좋다' 등의 표현으로 구별할 수 있다. 예를 들어, '아침에 일찍 일어나기를 원해요' 또는 '야식을 줄였으면 좋겠어요'

등이 있다.

Aabilities는 변화할 수 있다는 능력에 대한 자신감의 표현을 말한다. 이에 해당하는 문구는 '~할 수 있습니다'로 구별된다. 예를 들어, '알림을 하면 아침 7시에 일어날 수 있을 거예요.' 또는 '야식을 참을 수 있을 것 같아요' 등이 있다.

Rreasons은 변화해야 하는 내적 혹은 외적 이유에 대한 표현을 말한다. 이에 해당하는 문구는 '만약 ~한다면, 결과 ~될 것이다'라고 하는 구조가 담겨 있거나, 변화에 대한 구체적인 표현이 담긴 것으로, '~에 좋을 것 같습니다'로 구별된다. 예를 들어, '아침에 일찍 일어나면 기분이 더 좋아질 거라고 확신합니다' 또는 '야식을 줄이면 체중관리에 좋을 것 같습니다' 등이 있다.

Nneeds는 변화에 대한 필요성 또는 중요성, 필수불가결함, 급박함 등의 표현을 말한다. 이에 해당하는 문구는 변화해야 한다고 느끼는 것에 대한 표현이 담긴 것으로, '해야 한다', '해야 할 필요가 있다', '꼭 해야 한다' 등으로 표현된다. 또한 현상 유지 시 문제점에 대한 진술로도 표현된다. 예를 들어, '아침에 계속 늦게 일어나면 더 이상 일을 제대로 하지 못할 거예요' 또는 '계속 야식을 섭취해서는 안 돼요' 등이 있다.

그러나 이러한 DARN은 행동변화를 위한 준비 대화로 행동변화 자체를 반드시 유발하지는 않는다. 내담자가 변화하려는 욕구, 능력, 이유, 필요는 변화 동기에 포함되며, 이는 변화 결단과 이어져 있다. 행동변화는 변화에 대한 고려나 의지만을 나타내는 것이 아니라 변화결단을 통한 지속적인 행동실천으로 나아갈 때 완성된다.

(2) 활동적 변화대화

행동적 변화대화는 실행의 가능성을 높이며 장기적인 변화를 예측하게 해주며, 다음 세 가지 내용으로 첫 글자를 따서 CAT라고 부른다.

Ccommitment는 변화행동을 실천하겠다는 내담자의 결심을 전달하는 표현을 말한다. 이에 해당하는 문구는, '~을 하려고 합니다'가 있으며, 좀 더 강한 표현으로는 '하겠어요', '하기로 약속합니다' 등이 있다. 구체적 표현으로는 '야식을 끊으려고 합니다' 또는 '내일부터 일주일간 아침에 일찍 일어날 것을 약속합니다' 등이 있다.

Aactivation는 변화행동을 실천하기 위해 구체적인 준비로 사전에 필요한 사항을 이미 활성화했음을 말한다. 이에 해당하는 문구는 '~할 준비가 되어 있어요'로, 준비가 되어 있다/ 준비했다/기꺼이 할 것이다 등으로 구분된다. 예를 들어, '야식을 끊을 마음의 준비가 되었어요', 또는 '아침에 일찍 일어나기 위해 세 번의 알람을 준비하였습니다' 등이 있다.

Ttaking steps는 행동 실천에 대한 표현으로 지난 2주일 동안 크고 작은 행동변화를 이미 실천했음을 보고하는 표현을 말한다. 이에 해당하는 문구는 '이번 주에 ~을 하였다', '일주일간 ~을 하고 있습니다' 등이 있다. 예를 들어, '이번 주에는 야식을 하지 않았습니다' 또는 '어제 처음으로 아침 7시에 일어났어요' 등이 있다.

표 10-1 동기면담의 변화대화

구분	변화대화(속성)	표현 문구
예비적 변화대화 (DARN)	Desire: 변화에 대한 열망	~하고 싶습니다.
	Abilities: 변화 능력	~할 수 있습니다.
	Reasons: 변화 이유 (변화로 인한 이득)	(어떠한 변화를 한다면) 좋을 것 같습니다.
	Needs: 변화에 대한 필요성 (현상 유지 시 문제점)	(이런 상태로) 계속되어서는 안 돼요. (현상태가 유지되면) ~을 하지 못할 거예요.
행동적 변화대화 (CAT)	Commitment: 변화 결단	~을 하려고 합니다. ~을 할 계획 입니다.
	Activation: 실행 활성화 (구체적 준비)	~할 마음의 준비가 되었어요. ~을 하려고 ~을 준비하였습니다.
	Taking steps: 행동 실천	이번 주에는 ~을 하고 있습니다. 어제 처음으로 ~을 하였습니다.

내담자는 변화를 생각할 때 변화대화를 사용하기 시작한다. 위의 언어 신호들을 상담자는 정확히 이해하고, 신속하고 적절하게 반응하는 것이 중요하다. 내담자는 변화에 대해 확신을 갖지 못하고 양가감정을 갖는다. 상담자의 역할은 내담자가 자신의 염려와 의지를 자신의 목소리로 표현하도록 유도하는 것이다. 상담자는 면담을 진행하며 내담자가 양가감정을 잘 탐색하도록 도와주고 변화의 장단점을 판단 없이 들어주며 내담자가 스스로 변화대화를 시작할 수 있게 도와주고, 변화대화를 잘 인지하여 면담 과정에서 반영 또

는 요약을 해주는 것이 필요하다. 내담자가 제공하는 어떠한 변화대화든지 선별적으로 견고히 함으로써 대화를 발전시킨다.

다음 예제는 변화대화에 관한 것이다. 변화대화와 저항대화를 구분해보고, 변화대화의 속성도 확인해보자.

- 변화목표: 혈당조절 개선하기
- 관련행동: 식이요법, 운동, 모니터링, 스트레스 관리

번호	대화 내용	대화 유형	변화대화 속성
1	지금으로서는 내가 할 수 있는 만큼 하고 있다고 생각합니다.	저항대화	
2	저는 혈당을 조절해야 해요.	변화대화	필요성 (Needs)
3	체중을 5kg 정도 줄이고 싶어요.	변화대화	열망 (Desire)
4	이전에는 운동을 정기적으로 했었어요.	저항대화	
5	나는 운동을 좀 더 할 수 있어요.	변화대화	능력 (Ability)
6	생활 스트레스가 덜 했으면 좋겠어요.	변화대화	열망 (Desire)
7	약은 기꺼이 먹을 거지만 인슐린 주사는 맞고 싶지 않아요.	저항대화	
8	예, 저는 매일 약을 복용할 거예요.	변화대화	변화결단 (Commitment)
9	저는 혈당을 조절할 거예요.	변화대화	변화결단 (Commitment)
10	엄격하게 식사요법을 하는 것은 정말 어려워요.	저항대화	
11	먹는 걸 조심하고 싶지 않아요. 그래야 한다고 생각은 하지만, 스트레스 받는 느낌은 좋아하지 않아요.	저항대화	
12	단 음식 먹는 것은 줄일 수 있어요.	변화대화	능력 (Ability)
13	하지만 저는 초콜릿을 사랑합니다!	저항대화	

출처: 신수경 외, 2016

5) 정보 제공하기

정보 제공하기informing는 내담자에게 허락을 구한 후 중립적인 태도로 내담자 문제와 관련한 정보 또는 다른 옵션을 제시하는 것을 말한다. 내담자의 변화를 이끌어내기 위해서는 동기면담 핵심기술에 이외에도 정보 제공하기를 적절히 사용하는 것이 중요하다. 내담자가 변화하고 싶은 이유와 방법에 대해서는 적절히 질문하기를 사용하고, 내담자의 진술을 차분히 듣고 적절히 반응해 주는 것 이외에, 특히 영양 관련 상담은 필요한 정보를 제공하는 것이 중요하기 때문이다. 내담자도 상담자가 전문성을 가지고 있음을 알고 정보를 제공하고 조언을 해주기를 기대한다. 동기면담에서 정보나 조언을 일방적으로 전달하는 것은 지양해야 하지만, 내담자와 협동이라는 측면에서 내담자가 필요성을 느끼고 요청하는 경우 적절히 사용한다. 정보 제공과 조언하기에서 중요한 것은, 내담자가 허락할 때만 중립적인 태도로 제공해야 한다는 점이다. 내담자에게 허락을 구하는 것이 매우 중요한데, '~에 대해 이야기해도 될까요?' 등의 문구를 활용하여 정보를 제공하기 전에 허락을 구한다. 또한 처리 가능한 분량을 제공하는 것이 중요하다. 영양상담에서 흔히 발생하는 실수는 한꺼번에 너무나 많은 정보와 조언을 하는 것이다.

효과적인 전달을 위해서는 이끌어내기elicit – 제공하기provide – 이끌어내기elicit 순서로 정보를 전달하고, 많은 양의 정보를 전달하려면 이 순서를 여러 번 반복해서 사용한다. 먼저 '이끌어내기(E)'에서는 알고 싶은 정보를 명료화한다. 우리가 간과하기 쉬운 것은 내담자가 이미 알고 있는 내용을 장황하게 설명할 때가 있다는 것이다. 그러므로 빈틈을 채워주는 마음으로 이미 알고 있는 것이 무엇인지, 내담자가 가장 알기를 원하고 필요로 하는 것은 무엇인지 파악하는 것이 중요하다. '~에 관해 무엇을 알고 있나요/싶나요?' 또는 '당신에게 도움이 되는 정보는 어떤 것이 있을까요?' 등의 질문을 활용한다. '제공하기(P)'는 쉽게 설명하기이다. 전문용어보다는 일상용어로 풀어서 이야기하고 동의하지 않거나 무시할 수 있는 자유를 인정하는 것이 중요하다. 의미의 해석 없이 알고 있는 것을 그냥 내담자에게 보여주고, 내담자가 선택할 수 있게 하여 자율성을 지지한다. 이어지는 '이끌어내기(E)'에서는 내담자의 해석, 이해, 반응에 대해 질문한다. 내담자의 반응 후 반영하기를 통해 피드백의 효과를 높일 수 있다.

이렇게 정보 제공 및 조언 시에 하는 것을 EPE 접근방식이라고 하고, 이를 활용하면 내담자가 원하는 정보를 설명하고, 이미 알고 있는 정보를 설명하지 않아도 되어 시간을 효율적으로 사용할 수 있는 이점이 있다. 또한 제공된 정보나 조언에 대해 내담자의 생각과 반응을 탐색하기 때문에 제공된 정보나 조언이 내담자에게 어떤 의미인지 확인이 가능하다.

다음 예제는 동기면담에서 가장 빈번하게 다루는 과일과 채소 섭취에 관한 것으로, 정보 전달 시 '이끌어내기(E) – 제공하기(P) – 이끌어내기(E)'의 활용을 어떻게 적용하는지 확인해보자.

• 목표행동: 과일과 채소를 더 많이 섭취하기

구분	대화 내용	동기면담 적용
영양사	A님은 이제 과일과 채소를 더 많이 섭취하려는 동기가 생기셨네요. 과일과 채소 섭취를 늘리기 위한 어떤 아이디어가 있으신가요?	이끌어내기(E)
A	요새 귤이 제철이더라구요. 귤 까는 것은 아주 번거롭지 않아서 귤 먹는 것을 좋아해요. 채소는 떠오르는 생각이 없네요. 제가 먹는 채소라고는 브로콜리, 당근, 오이뿐이에요.	
영양사	A님은 계절 과일 섭취하는 것에 관심이 많으시고, 채소 섭취에 대해서는 전혀 아이디어가 떠오르지 않으시군요.	핵심기술의 반영하기
	다른 아이디어를 들어보시겠어요?	허락 구하기
A	네.	
영양사	새로운 채소를 시도하실 때는 샐러드에 포함하여 드레싱을 추가하거나 다른 소스에 찍어 먹으면 채소 본연의 맛에 대한 거부감을 줄일 수 있어요. 그렇게 시작하시다가 점점 드레싱이나 소스를 줄여가면 됩니다. 또 다른 것은 반찬에 다양한 채소를 익혀서 추가하는 방법입니다. 어느 방법에 더 관심이 가시나요?	제공하기(P)
A	다른 소스에 찍어 먹는 방법에 관심이 있습니다.	
영양사	소스에 찍어 먹는 방법에 관심이 있으시군요. 평소에 소스를 찍어 먹는 음식은 어떤 것이 있나요?	이끌어내기(E)

출처: Clifford D, Curtis L. Motivational interviewing in nutrition and fitness. 2016 재구성

2. 동기면담 실제

1) 동기면담 진행 과정

동기면담은 일반적인 영양상담과 전제가 다르다. 일반적인 영양상담은 내담자가 영양 관련 지식과 정보가 부족해서 영양상담자가 정보나 지식을 전달한다고 간주하나, 동기면담은 내담자의 행동변화는 정보 전달이 아니라 내담자의 내적 동기에 의해 이루어진다고 전제한다. 따라서 영양 관련 문제도 내담자가 여러 개 중 자유롭게 선택하게 하고, 행동변화도 내담자가 스스로 계획할 수 있게 한다. 상담자는 이러한 과정을 도와주는 것이며, 변화의 주체는 내담자임을 분명히 한다.

동기면담의 진행 과정은 관계 형성하기, 초점 맞추기, 유발하기, 계획하기로 이루어진다. 모든 상담에서 이 과정이 반드시 일어나야 하는 것은 아니지만, 동기면담의 정신과 기본원리를 바탕으로 핵심기술을 사용하여 이 과정대로 진행하는 것이 바람직하다.

관계 형성하기engaging는 초기에 의식적으로 시간을 할애해야 한다. 상담자는 당장 해야 할 일로 바로 들어가고 싶은 경향이 있지만, 내담자에게 일방적으로 정보를 부여한다고 식생활과 같은 생활습관 행동변화가 일어날 가능성이 적다. 행동의 변화는 상담자와 내담자가 적극적으로 관계를 형성하고 협동하는 과정에서 일어나기 때문이다.

관계 형성하기가 적절하게 되면, 다음 과정은 상담에서 공유할 초점을 명료화focusing하는 시간이다. 일반적으로 내담자가 생각하는 문제부터 시작할 수 있다. 하지만 영양 관련 문제는 건강 관리의 측면으로 상담자는 기본 조사에서 나온 결과들을 확인하여 이야기 나눌 주제들을 제공할 수 있다. 동기면담에서 사용하는 임상도구의 간단한 예는 방울 시트다. 이 도구는 당뇨관리 분야에서 처음 개발되었는데 여러 가지 문제점을 방울 차트에 기입한 후 내담자로 하여금 선택하게 한다.

관계 형성이 되고 초점이 명료해지면, 내담자 동기를 유발하는 동기면담의 고유한 유발하기evoking 단계로 넘어간다. 동기면담은 시간이 걸리는 상담과정이 아니다, 짧은 시간 동안이어도 내담자의 변화대화를 이끌어 낼 수 있도록 적절하게 유발하기를 하는 것이 매우 중요하다. 유발하기 과정은 변화를 하려는 내담자 자신의 동기를 견고히 하도록 돕는 단계이다.

마지막 계획하기planning는 내담자가 변화에 대해 기꺼이 고려한다고 할 때에만 시행한다. 계획하기는 일회로 끝나는 과정이 아니라 장기적인 자기관리 전략을 만들어내는 과정이다. 계획하기를 하고도 양가감정이 나타나기도 하며, 각각의 계획은 예비적인 것으로 효과가 있는지 시도해보는 것으로 계획들이 조정되는 것이 일반적이다.

이론적으로 동기면담 과정은 선형적이지만, 실제로는 직선적 이동을 하지는 않는다. 계획하기를 시작하려 하는데 재확인을 해야 할 필요가 드러나면서 더 많은 유발하기, 초점 명료화를 하기도 하고 관계 형성하기를 다시 시작하기도 한다. 따라서 반드시 순서에 따라 진행되지는 않는다는 점을 유념하고, 현재 시점에서 내담자의 경험에 주의를 기울이고 반응하는 것이 훨씬 중요하다.

2) 적용 사례: 과일과 채소 다양하게 먹기

다음은 영양상담에서 동기면담을 적용한 사례이다. 변화목표는 변비 증상 개선이고 이를 위해 목표행동으로 과일과 채소를 다양하게 섭취하고자 하는 내담자를 대상으로 동기면담을 적용하여 상담을 실시한 사례이다.

- 변화목표: 변비 증상 개선
- 목표행동: 과일과 채소를 다양하게 먹기

구분	대화 내용	동기면담 적용
영양사	변비를 줄이기 위한 여러 방법 중 A님은 과일과 채소를 더 많이 섭취해서 식이섬유 섭취를 늘리는 것을 선택하셨네요.	반영하기
	이렇게 하기로 한 이유가 있을까요?	(변화대화 유도를 위한) 열린 질문하기
A	제가 과일과 채소 섭취를 충분히 하고 있지 않아서요.	변화대화(필요)
	그렇지만 제가 좋아하는 것이 별로 없어요.	유지대화
	저도 더 많이 먹으면 변비에 효과가 있다는 것은 알아요.	양가감정
영양사	A님은 과일과 채소 섭취를 크게 신경 쓰지 않았음에도, 과일과 채소 섭취의 중요성과 변비에 대한 효과는 알고 계셔서 시도해 보고 싶으셨군요.	반영하기

구분	대화 내용	동기면담 적용
A	네, 과일과 채소를 맛있게 먹을 수 있다면, 더 많이 먹는 것을 해볼 수 있을 것 같아요.	변화대화
영양사	과일과 채소를 맛있게 준비하는 것이 A님에게 가장 큰 과제군요.	반영하기
A	맞아요.	
영양사	다른 분들이 도움이 되었다고 하는 새로운 방법을 말씀드려도 될까요?	허락 구하기
A	네.	
영양사	다른 내담자들뿐만 아니라 연구 결과도 있는데요, 새로운 음식을 다른 방식으로 지속적으로 시도해 보는 것이 식품 수용(food acceptance)을 높입니다.	정보 제공하기 (제공하기)
	혹시 예전에는 매우 싫어했는데 요새는 그렇게까지 싫지는 않은 음식이 있나요?	질문하기
A	아, 있어요. 브로콜리요. 예전에는 매우 싫어했는데, 지금은 그냥 먹어요.	
영양사	매우 좋은 예시네요.	인정하기
	A님은 브로콜리에 대한 생각이 왜 바뀌었다고 생각하시나요?	열린 질문하기
A	잘모르겠어요. 아마도 식당에서 주문한 음식 안에 몇 번 함께 나왔는데 그냥 먹어봤던 것 같아요. 제가 즐겨 가는 식당에서 버터와 레몬주스를 같이 넣어 요리하는 메뉴가 있는데 그냥 맛있어서 같이 먹었던 것 같아요.	
영양사	채소를 어떻게 요리하냐에 따라 차이가 난다는 매우 좋은 예시네요.	반영하기
	그리고 A님이 브로콜리를 빼지 않고 같이 먹었네요!	인정하기
A	네. 그런데 여전히 제가 먹는 채소는 브로콜리, 당근, 오이밖에 없어요.	
영양사	알겠어요. 브로콜리, 당근, 오이가 A님이 좋아하시는 채소이군요.	반영하기
	과일은 어떤 것을 좋아하시나요?	열린 질문하기
A	과일은 조금 더 가짓수가 많아요. 오렌지, 포도, 사과, 파인애플을 좋아해요. 하지만 멜론, 수박, 바나나, 키위, 신맛이 강한 베리류들은 싫어해요.	
영양사	그렇군요. 신맛이 강하거나 완전히 익지 않은 과일은 과일에 대한 경험을 망칠 수 있어요.	반영하기
	혹시 크게 신경 쓰지 않고 시도해보고 싶은 과일이나 채소가 있을까요?	열린 질문하기

구분	대화 내용	동기면담 적용
A	누가 그러던데 얼린 바나나를 초콜릿에 찍어 먹으면 맛있다고 해요. 제가 초콜릿을 좋아해서요. 그렇게 시도해 볼 수는 있을 것 같아요.	
영양사	좋은 생각이네요. 혹시 다른 것은 없을까요?	인정하기
A	음... 토마토요. 제가 살사를 좋아하는데 토마토 맛이 살사랑 많이 다르지 않으니 토마토를 시도해 볼 수 있을 것 같아요.	
영양사	좋은 생각이네요.	인정하기
	토마토를 먹을 수 있는 또 다른 방법이 있을까요?	열린 질문하기
A	음... 또 다른 방법은, 아마도 식당에서 토마토를 살사랑 같이 주면 살사에 넣어서 먹어볼 수 있을 것 같아요.	
영양사	살사 드레싱이 아주 맛있어지겠네요!	반영하기
A	음... 아마도요. 토마토가 입에서 덩어리처럼 느껴지는 게 싫은 것 같긴 해요.	
영양사	그러니까 질감이 문제군요.	반영하기
A	네. 그런데 왜 살사는 괜찮은지 모르겠어요. 아마도 그게 잘게 다져있어서 그런 것 같아요.	
영양사	그러면 토마토를 잘게 다져서 먹으면 괜찮을 것 같네요. A님이 눈치 못 채게 토마토를 추가하거나 식감을 없애는 방법 말고 혹시 다른 아이디어가 있으신가요?	열린 질문하기
A	잘 모르겠어요.	
영양사	다른 아이디어에 대해 들어보시겠어요?	허락 구하기
A	네.	
영양사	파스타나 수프처럼 뜨거운 음식에 토마토를 추가해 보는 것은 어떠신가요?	정보 제공하기 및 열린 질문하기
A	오. 좋은 생각 같아요!	
영양사	A님은 과일과 채소 종류를 넓히는 데 두 가지 방법을 발견하셨어요. 하나는 바나나를 초콜릿에 찍어 먹는 방법과 다른 하나는 토마토를 파스타나 수프에 추가하는 방법이요. 혹시 다른 것에 대해 더 궁금하신 것이 있으신가요?	요약하기
A	아니요. 일단 이 방법을 시도해 보겠습니다.	

출처: Clifford D, Curtis L. Motivational interviewing in nutrition and fitness, 2016 재구성

3) 적용사례: 건강한 식품 선택하기

다음 사례는 당뇨병 환자로 최근 병원에 입원 후 퇴원한 A씨의 사례이다. A씨는 체중 감량에 성공하였지만, 다시 일을 시작하면서 잦은 외식과 출장으로 감량된 체중을 유지하지 못할 것 같아 걱정하고 있다. 이전에 병원에서 만났던 영양사를 아내와 함께 다시 만났다. 건강한 식사 선택을 탐색할 때 동기면담을 어떻게 활용할 수 있는지를 살펴보자.

- 변화목표: 감량된 체중 유지
- 목표행동: 외식 시 건강한 식품 선택하기

구분	대화 내용	동기면담 적용
영양사	A님 퇴원하고 3주 만에 다시 뵙네요. 그동안 체중감량을 잘하셨네요! 퇴원 이후에 체중을 109.7kg에서 105.2kg로 4%나 감량하셨고, 체질량지수 BMI는 34.6에서 33.3으로 1.3이나 줄었네요. 어떻게 그렇게 하셨어요?	인정하기로 시작(인정하기는 관계형성하기 과정을 강화시켜 줌)
아내	남편은 정말 다르게 먹었어요. 디저트로 먹던 쿠키나 아이스크림을 먹지 않았어요. 그리고 일주일에 3번 동네 공원을 1시간 이상씩 산책하기 시작했어요.	(A씨가 변화된 행동을 실천했음을 언급)
A	아내와 저는 이제 먹는 것보다 건강에 대해 더 많이 이야기합니다. 아내가 보통 모든 음식을 해주는데, 이제 직장에 복귀해서 걱정입니다. 곧 출장을 가게 될 예정이거든요. 제가 예전에 가던 식당에 가면 건강한 음식을 고르지 못할 것 같아요. 그러면 감량된 체중을 계속 유지하는 것이 힘들어질 것 같아요.	(문제점에 초점을 맞추어 설명)
영양사	A님은 입원 시에도 식이조절의 어려움에 대해 말한 적이 있으세요. 그 부분에 대해 더 말씀해 주실래요?	열린 질문하기
A	외식하면 보통 제가 먹는 양보다 더 많은 양이 제공되고, 저는 음식을 남기지 않는 편입니다. 보통 점심은 패스트푸드점에서, 저녁은 스테이크와 으깬 감자를 먹었습니다. 선생님도 아시다시피 탄수화물이 많은 빵, 쌀, 감자, 파스타 등을 먹곤 했는데, 최근에는 이런 음식을 먹지 않았습니다.	(문제점을 스스로 진술)
영양사	그래서 집에서 건강한 음식을 만들어 먹기 시작하셨군요. 또 A님은 집 밖에서 외식 시 어떻게 해야 할지 어려움을 느끼고 계시군요. 출장 중일 때 어떻게 계속 건강을 유지할 수 있을까요?	수용하기 열린 질문하기 (즉각적 제안보다 본인의 생각을 물어봄)
A	저는 출장 중일 때 호텔 피트니스를 이용하는 것을 좋아합니다. 평상시 걷기처럼 오랜 시간을 하는 것은 원치 않지만 저녁 먹기 전 30분 정도 걷기를 할 예정입니다.	변화대화

구분	대화 내용	동기면담 적용
영양사	좋은 생각이네요. A님은 계속 운동할 수 있을 거예요. 제가 아내분과 함께 오시는 것을 요청드렸는데, 오늘은 오히려 집에서 먹는 음식 대신 외식 시 식사 섭취 요령에 대해 더 많이 이야기해야 할 것 같습니다.	인정하기
아내	괜찮아요. 저희는 저녁에 같이 외식하기도 해요. 저도 남편 체중 조절하는 것을 돕고 싶고, 좀 줄였으면 좋겠어요.	
영양사	A님은 패스트푸드 식당에 대해 걱정이 많으신데요. 패스트푸드점이나 다른 식당에서 외식 시 식품 선택에 대한 정보를 설명해 드려도 괜찮을까요?	정보 제공하기 전 허락 요청하기
A	물론이죠.	
영양사	집에서처럼 패스트푸드점과 다른 식당에서도 1회 섭취 분량을 동일하게 적용해 보세요. 음식 가짓수를 적게 주문할 수도 있고, 주문하기 전에 얼마나 크게 나오는지 물어보셔서 결정할 수도 있습니다. 특히 패스트푸드점은 탄산음료 섭취에 주의하셔야 합니다. 탄산음료 섭취를 갑자기 줄이기 어려우시다면 다이어트 음료로 바꾸는 것부터 시작하실 수 있습니다. 패스트푸드점의 각 메뉴의 열량, 탄수화물, 지방에 대한 영양정보가 있는데 그것을 활용하실 수 있습니다. 이러한 아이디어에 대해 어떻게 생각하시나요?	정보 제공하기 (이끌어내기–제공하기) : 소화 가능한 적절한 양의 정보와 조언 제공
A	선생님이 말한 것을 이해해요. 저는 영양교육자료를 활용하고 싶습니다. 그런데 제가 혼자 할 때 잘할 수 있을지 확신이 없습니다. 혼자 있을 때 먹는 양을 조절하기가 힘들어요.	저항대화
영양사	A님은 특히 혼자 있을 때, 많이 먹는 것을 걱정하는군요.	반영하기
A	저는 먹는 것을 좋아합니다. 아내와 있을 때는 덜 먹는 것이 쉽습니다. 아내와 함께 먹는 것을 조절하거든요.	
영양사	부부가 서로 돕고 계시군요. 그래서 A님이 집을 떠났을 때 약간의 새로운 경험이 필요하겠네요. A님이 출장 시 가장 큰 변화를 줄 수 있는 방법이 무엇일까요?	반영하기 열린 질문하기
A	저는 패스트푸드점을 가지 않고 건강한 식당을 선택할 수 있습니다.	변화대화
영양사	맞습니다. 패스트푸드점을 가지 않는 것도 한 가지 좋은 선택입니다. 또 다른 것은요?	정보 제공하기 (이끌어내기)
A	저는 탄산음료에 대해 선생님이 맞다고 생각합니다. 탄산음료에는 설탕이 너무 많이 들어있습니다. 다이어트 음료의 맛을 정말 좋아하지 않지만, 다이어트 음료 맛에 익숙해져보거나 무가당 차와 같은 다른 음료를 마실 수도 있을 것 같습니다.	변화대화

구분	대화 내용	동기면담 적용
영양사	그러한 변화로 인해 혈당 수치에 큰 차이를 만들 수 있습니다. A님이 탄산음료를 대용량으로 드시는지는 모르겠지만, 콜라의 경우 500ml에 당류가 54g 함유된 것과 다이어트 음료의 0g을 비교했을 때 엄청난 차이가 납니다. A님에게 현실적인 변화일까요?	정보 제공하기 (이끌어내기)
A	네, 제가 할 수 있을 거예요.	변화대화
영양사	좋은 시작이 될 수 있겠네요. 작은 변화를 연속적으로 만들어가면, 정말 큰 차이를 만들 수 있습니다.	

동기면담에서도 변화단계를 이용하여 내담자의 동기를 견고히 만들어줄 수 있다. 다음은 준비도 척도를 이용하여 나머지 상담을 마무리한 사례이다.

구분	대화 내용	동기면담 적용
영양사	자, A님께 이렇게 물어볼게요. A님이 말했던 혈당조절을 잘하는 것과 건강한 식사조절이 0점에서 10점까지 척도 중에 얼마나 중요한가요? 0점은 '전혀 중요하지 않다'이고, 10은 '지금 내 인생에서 가장 중요하다'를 의미합니다. A님은 스스로에게 몇 점을 줄 수 있나요?	(동기를 견고히 하기 위해 중요도 척도 활용)
A	저는 제가 해야 하는 방식으로 먹기를 원합니다.	(때때로 첫 번째 시도에 응답하지 않기도 함)
영양사	몇 점을 줄 수 있나요? 이러한 척도는 A님이 어디에 있는지 제가 더 잘 이해하는 데 도움을 줍니다.	
A	저는 6점 또는 7점이요.	
영양사	A님에게 매우 중요하군요. 왜 2점이나 3점이 아니고 6점 또는 7점인가요?	
A	저는 많은 문제로 제 삶이 망쳐지길 원치 않아요. 그리고 저에게는 체중감량이 필요합니다.	변화대화
영양사	건강하게 먹고 체중을 감량하는 것이 A님이 건강해지는 데 도움이 되는군요.	반영하기
	혈당이 잘 관리되는 것 이외에도 체중 감소가 되면 A님의 건강에 어떻게 도움이 될까요?	열린 질문으로 유발하기

구분	대화 내용	동기면담 적용
A	아마 에너지가 더 생겨 계속 피곤하지 않고 스스로에 대해 더 좋게 느낄 것 같습니다.	변화대화
영양사	A님이 이미 달성하신 약간의 체중감량에 대한 자신감이 어느 정도인지 물어보고 싶습니다. 동일한 척도에서 체중감량 성공에 대한 자신감이 어떻게 될까요? 0점이 전혀 자신감이 없는 것이고, 10점은 가장 자신감 있다고 하면요.	
A	5점이나 6점이요. 하지만 그렇게 말하는 것이 저를 괴롭게 하네요. 저는 어떤 일을 할 수 있는 사람입니다. 일과 사람과의 관계에서는 그렇게 했었습니다.	
영양사	왜 1점이나 2점을 주지는 않았나요?	
A	체중감량은 제가 잘해온 것과 달라요. 훨씬 어렵습니다. 하지만 작년에는 감량한 5.4kg 중 1.3kg만 재증가해서 체중감량에 성공한 첫 번째 해였습니다.	(자기효능감과 감정에 대한 진술)
영양사	체중감량에 이미 성공하셨네요! A님의 걱정은 혼자 식사할 때 먹고 싶은 것을 먹을 수 있는지에 대한 것이군요.	반영하기
	A님의 자신감을 6점에서 8점이나 9점까지 올리려면 어떻게 해야 할까요?	열린 질문하기
A	어려운 질문입니다. 조금 전에 중요성에 대해 이야기했을 때 생각해 보았는데, 회사에 출장을 이틀 정도로 짧게 할 수 있을지 물어볼 생각입니다. 단기출장에서는 변화를 시도하기가 쉬울 것 같고, 그러면 나중에 장기 출장 시에도 도움이 될 것 같습니다.	
영양사	단기 출장으로 먼저 경험해 보는 것이 일리가 있네요. 어떻게 출장 스케줄을 조정하시나요?	반영하기 열린 질문하기
A	회사에서 14년간 일했습니다. 아마 회사에 말하면 허락해 줄 것입니다. 가능한 빨리 경험해 볼 필요가 있습니다.	변화대화
영양사	단기 출장에서 건강하게 먹고 걷기를 해보려는 것은 좋은 출발로 보입니다. 오늘 이야기하고 싶은 다른 건 없나요?	요약하기
A	저는 이걸 해본 뒤에 아마 다른 질문을 해볼 수 있을 것 같네요.	
영양사	네. 그러면 짧은 출장 이후 만날까요? 그전에 질문이 있으시면 말씀해 주세요. 제가 패스트푸드점 메뉴에 대한 영양교육 자료를 드리겠습니다.	

출처: Steinberg & Miller, 당뇨병 관리와 동기면담, p.106–113 재구성

더 알아보기

동기면담은 초창기 알코올, 흡연 등의 중독행동 치료에 효과를 보인 이후 행동변화가 필요한 당뇨병 관리, 체중조절 등의 건강관리 분야에서 널리 사용되고 있다. 특히 건강관리에서 가장 중요하고 필요한 행동변화가 바로 식생활과 운동 관련 행동이다. 그러므로 대상자의 식행동 변화를 성공적으로 이끌기 위해서 동기면담을 잘 활용하는 것이 중요하다.

다음 사례는 2형당뇨병을 가진 217명의 비만 여성을 대상으로 동기면담을 활용하여 체중조절 프로그램을 실시한 결과이다. 연구 시작 당시 평균 연령은 53세였고, 평균 신체질량지수BMI는 36.5였으며, 평균 당뇨병 유병기간은 5년이었다. 이들을 무작위로 두 그룹으로 나누어 108명은 표준관리 그룹(대조군)으로 나머지 109명은 동기면담을 추가한 그룹(동기면담군)으로 할당해서 18개월 체중감량 프로그램을 진행하였다. 두 그룹 모두 첫 6개월은 주마다, 7~12개월은 2주마다, 13~18개월은 한 달마다 총 42번의 교육 세션을 제공받았다. 교육자는 영양사, 심리학자, 운동생리학자, 당뇨병 교육자 등으로 다학제간으로 구성하였으며, 교육내용은 식행동, 운동 습관, 목표 설정, 문제해결력 등이 포함되었다. 여기에 동기면담 그룹은 추가로 연구 시작 시와 그 후 3개월마다 총 5번 개별 동기면담 세션에 참가하였는데, 동기면담 세션에서 주요하게 다룬 것은 대상자의 변화 대화를 유발하는 것이었다.

18개월 프로그램을 진행한 결과 동기면담군의 체중 변화와 당화혈색소 감량폭이 대조군에 비해 유의적으로 컸다. 동기면담군의 체중 감소는 6개월에 4.7kg, 12개월에 4.8kg, 18개월에 3.5kg였으나, 대조군은 6개월에 3.1kg, 12개월에 2.7kg, 18개월에 1.7kg였다. 당화혈색소(HbA1C)는 2형당뇨병에서 혈당관리의 지표로 사용하는데, 6개월에서 동기면담군이 6.8%로 대조군의 7.1%에 비해 유의적으로 낮았다. 그러나 12개월과 18개월에서는 두 그룹 간의 차이가 없었다. 본 사례를 통해 건강관리 분야에 동기면담을 활용하면 대상자의 행동변화를 더 성공적으로 이끌 수 있음을 알 수 있다.

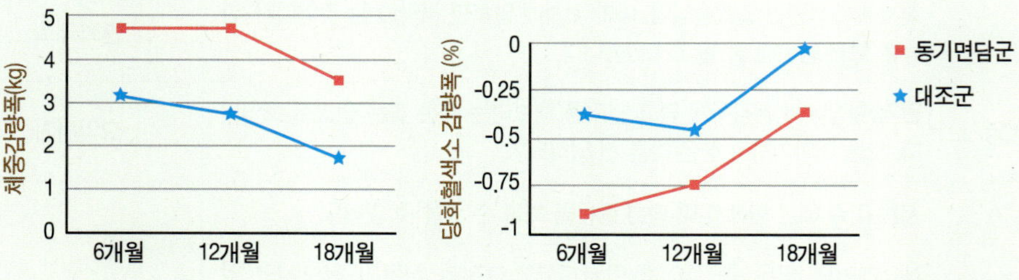

출처: West et al, Diabetes Care, 2007

MEMO

CHAPTER

11

영양상담의 과정

만족은 결과가 아니라 과정에서 온다.

- 제임스 딘 -

학습목표

- 영양상담 과정의 단계를 이해한다.
- 개시단계의 구체적 과정을 설명할 수 있다.
- 탐색-지도 단계의 자료수집과 구체적 과정을 설명할 수 있다.
- 실행단계에서 목표를 설정하고 그에 맞는 전략을 사용해 실행방안을 도출할 수 있다.
- 영양상담 사례에서 영양상담 과정을 단계별로 이해할 수 있다.

1. 영양상담 과정의 개요 | 2. 개시단계 | 3. 탐색-지도 단계 | 4. 실행단계 | 5. 종결단계
6. 상담결과 기록 | 7. 영양상담 실제

1. 영양상담 과정의 개요

영양상담 과정은 영양교육 설계와 마찬가지로 대상자의 문제를 진단하고, 문제해결을 위한 중재 계획을 모색하고, 이를 실행한 후 마무리 짓는 평가단계로 이루어진다. 이러한 거시적인 과정은 동일하지만, 영양상담은 상담 기간, 내담자 요구도, 상담자의 역량에 따라 가변적으로 달라진다. 상담은 내담자와 관계를 형성해가며 내담자가 스스로 문제를 인지하고 해결하는 과정을 돕는 것이지 반드시 어디까지 가야 하는 과정이 아니다. 전체 상담과정은 순서가 정해져 있는 일련의 활동이 아닌 크게 단계별로 필요한 사항들을 내담자에 맞추어 진행하는 과정으로 이해하면 된다. 단계별 상담 과정은 크게 개시단계, 탐색-지도단계, 실행단계, 종결단계로 구분한다.

그림 11-1 은 상담자가 각 단계마다 수행해야 하는 상담 업무를 도식화한 것으로, 상담자는 8장에 제시된 영양상담자의 역할(그림 8-4 처럼, 전체 상담 과정에서 단일 역할이 아닌 여러 가지 역할을 적절하게 수행하는 것이 필요함을 제시한다. 상담 개시단계나 탐색-지도 단계에서 상담자는 진단자로서 내담자의 여러 정보들을 조사하고 판정하는 역할을 수행하고, 탐색-지도 단계에서는 교육자로서 적절한 정보나 지식을 안내하거나 직접 시연하는 역할을 수행한다. 실행단계에서 문제해결자로서 내담자의 목표에 맞게 적절한 전략을 같이 도출하는 역할을 수행하며, 종결단계뿐 아니라 전 과정에서 전략가로서 주요 문제와 목표를 잘 점검하며 이끌어가는 역할을 한다. 이와 같이 영양상담은 영양관련 문제를 듣고 해결책을 같이 논의하는 단순한 과정이 아닌, 상담을 구조화하여 문제점 인식부터 실행 및 유지까지 전 과정을 체계적으로 접근하는 과정이다.

또한 상담의 전 과정에서 상담자의 상담스타일이 매우 중요한데, 이는 동기면담에 기반한 대상자의 자율성을 존중하는 의사소통방식을 활용할 수 있다. 동기면담에 기반한 의사소통방식은 이미 10장에서 자세히 다루었으니 이를 참조하여 상담과정을 잘 진행하도록 한다.

개시 단계 (Involving Phase)	• 유대관계 형성 • 장기목표 설정 • 상담과정 안내
탐색-지도 단계 (Exploration-Education Phase)	• 문제점 규명을 위한 질의 및 조사 • 문제점 관련 영양지도 및 교육
실행 단계 (Resolving Phase)	• 구체적 목표 설정 • 목표 관련 준비도 평가 • 행동변화 전략 • 인지변화 전략 • 유지 및 재발방지 전략
종결 단계 (Closing Phase)	• 상호 협의 하에 종결절차 • 효과 또는 과정 평가

그림 11-1 단계별 상담과정의 도식도

2. 개시 단계

개시 단계는 친밀감을 형성하며 관계를 형성하는 단계로 일상의 간단한 대화로 시작하여 앞으로 상담과정에서 다루고자 하는 내담자의 목표와 전체적인 상담과정의 방향과 체계를 제시한다.

1) 상담 시작하기

상담 시작은 인사로 시작한다. 인사에 환영의 분위기를 잘 담는 것이 중요하다. 첫 인상이 그 후 상담관계를 이끌어나가는 데 중요하므로 내담자로 하여금 따뜻함과 편안한 분위기를 느끼도록 적절한 인사로 시작하는 것이 좋다. 목소리 톤이나 몸짓 등으로 내담자를 만나 기쁘다는 분위기를 전달하도록 한다.

상담 환경을 편안하게 만드는 것도 중요하다. 내담자뿐만 아니라 상담자도 편안하게 이야기할 수 있는지 확인한다. 주변 소음이 너무 심하면 조용하게 대화하는 데 방해가 될 수 있으며, 창문으로 햇빛이 많이 들어 얼굴에 비치면 상대편을 잘 볼 수가 없어 대화하는 데 집중할 수 없으므로 이러한 요소를 고려하여 서로가 편안한 분위기로 대화할 수 있도록 환경을 조성하는 것이 필요하다.

2) 친밀한 분위기 형성하기

인사를 끝낸 후 친밀한 분위기를 형성하기 위해 간단한 대화small talk를 시작한다. 간단한 대화는 날씨 등과 같은 일상적인 질문으로 시작하되, 너무 진지한 질문이 될 것 같은 화제에 대한 내용은 가급적 자제하는 것이 좋다. 상담은 상담자와 내담자 간의 의사소통이 매우 중요한 부분이므로 상담자와 내담자 간의 친밀하고 상호 신뢰관계를 가질 수 있는 라포rapport 형성이 매우 중요하다. 이러한 유대관계가 잘 형성되면 내담자가 상담에 훨씬 호의적으로 임하게 된다.

3) 열린 질문하기

어느 정도 친밀한 분위기가 형성되면 내담자의 방문 동기에 대해 열린 질문을 한다. 주로 내담자는 병원 방문 후 의사의 권유나 본인 스스로 원해서 오기도 하는데, 이러한 동기에 대해 '상담하러 오신 동기에 대해 말씀해 주세요'와 같은 개방형 질문으로 내담자가 상담동기에 대해 이야기를 먼저 시작할 수 있게 하며, 내담자에 대한 정보를 이미 가지고 있다 하더라도 호기심 어린 태도로 잘 들어준다.

상담자는 내담자의 상담의 동기, 배경, 문제점 등에 대해 말하는 것을 열린 자세로 경청하되, 이 시기에는 문제점에 대해 깊숙하게 질문할 필요는 없다. 상담을 진행하면서 문제점에 대해 집중 탐색할 예정이므로 내담자가 기술하는 말들을 잘 들어주고 필요하다면 명확하게 정리해 주는 정도로 진행한다.

이 개시단계에서 가장 중요한 점은 라포를 형성하여 내담자와 신뢰감을 바탕으로 하는 바람직한 유대관계를 형성하는 것이다. 이러한 관계 구축에는 상담 기술 중 경청을 반영적으로 또는 적극적으로 사용하거나 내담자가 말하는 바를 재진술하거나 명료화를 해주는 상담 기술도 적절하게 사용할 수 있다.

4) 장기목표 설정하기

내담자의 요구도나 바람을 논의하며, 장기적인 목표를 설정하는 것이 필요하다. 장기목표는 '식생활 질을 높이고 싶다' 또는 '체중을 감량하고 싶다'와 같이 오랜 시간에 걸쳐 추구하고자 하는 일반적인 목적을 말하며, 개시단계에 정하지만 상담을 진행하면서 주기적으로 다시 점검할 수 있고 필요에 따라서는 수정할 수 있다.

또한 내담자의 장기목표가 여러 가지이거나 불명확하다면 가능한 명확하게 정리하도록 도와주는 것이 중요하며, 이때 내담자가 어떤 것을 더 우선시하는지를 파악하는 것이 중요하다.

5) 상담과정 안내하기

상담의 첫 단계에서 앞으로 진행될 상담의 전반적인 방향과 체계를 알려주는 것이 중요하다. 이때 상담자와 내담자가 주고받은 모든 대화나 자료는 비밀보장됨을 구두로 설명해주거나 필요하다면 비밀보장에 대한 서식을 만들어 사용할 수도 있다. 또한 상담의 모든 과정에서 상담자와 내담자는 파트너십의 관계로, 상담자는 내담자의 결정을 존중하며, 여러 가지 방향성을 제시할 수 있지만 최종 결정은 내담자가 하는 것임을 강조한다. 이러한 설명을 통해 내담자는 상담이 합리적인 과정으로 진행된다는 점을 알게 되며, 초기에 이러한 설명이 없으면 추후 과정에서 내담자가 상담자에게 의존하거나 상담 과정이나 목표가 혼란에 빠질 수 있다.

3. 탐색-지도 단계

1) 영양문제 탐색하기

탐색-지도 단계에서 가장 중요한 업무는 상담자와 내담자가 같이 상담자의 식생활, 더 나아가 라이프 스타일 문제를 이해하고, 문제를 해결하기 위한 방법을 모색하고, 실행할 수 있는 준비도를 점검하는 일이다.

내담자의 영양문제점을 파악하기 위해 조사를 실시한다. 조사는 보통 기본적인 정보, 식사조사, 신체계측조사 등 영양판정에서 할 수 있는 모든 조사 방법을 사용한다. 구체적인 목적으로 계획된 영양상담이라면 사전에 영양스크리닝을 진행하기도 한다. 조사 도구는 이미 만들어진 것을 사용할 수도 있지만, 상담이란 내담자에 개인에 맞춰 진행하는 작업이므로 기존의 도구를 수정해서 사용해도 된다. 기존의 영양평가의 식사섭취조사 방법을 모두 사용할 수 있지만, 식행동과 관련된 문제점을 파악하기 위해서는 기존의 도구를 수정해서 사용하는 것이 필요하다. 특히 식행동은 어떠한 환경에서 어떤 맥락이냐에 따라 크게 영향을 받으므로, 기존의 식사섭취조사에 식사 시의 배고픔이나 감정 상태를 같이 조사하는 것이 유용하다. 다음 표 11-1 은 그 예시이다.

표 11-1 사회적 상황과 감정상태를 반영한 식사일지의 예

시간	장소	사회적 상황	상세 식품명 및 분량	배고픔[1]	감정 상태[2]
9:00	집	혼자	식빵 2쪽 + 피넛버터 2T	0	평이
12:00	학교	친구들과	쌀밥 1공기, 미역국 1대접 두부 부침 4쪽, 김치 1접시	1	과제로 걱정이 몰려옴
20:00	학교앞	동아리 모임	삼겹살 300g, 쌈 10장, 쌈장, 계란찜 1/2공기, 밥 1공기, 된장찌개 1/2공기, 소주 1병	2	배고파서 너무 많이 먹었음

1) 배고픔 정도: 0=배고프지 않음, 1=배고픔, 2=매우 배고픔
2) 감정상태: 특별한 생각이나 감정을 기록

우리는 식행동 관련 문제가 매우 간단할 것으로 생각하기 쉬우나, 식행동은 전체 라이프 스타일의 한 요소로 여러 가지가 연결되어 있다. 피상적인 하나의 요인을 찾는 것이 아니라 다각도로 내담자의 걱정거리나 어려운 점 등을 탐색하며 대상자의 문제점을 잘 파악하는 것이 중요하다.

식행동 변화에는 여러 방해요인이 존재한다 표 11-2 . 개인적 요인으로는 조리기술 부족이나 시간 부족 이외에도 부정적 인식이나 감정적 요인 등의 인지적 측면이 있다. 또한 물리적 환경 요인도 중요한 요인인데, 예를 들어 과일 섭취가 문제라면, 내담자 환경에 과

일을 쉽게 구할 수 있는지 물어본다. 과일 구매자가 누구인지 물어보고, 만약 내담자가 아니라면 다른 사람에 의해 과일 섭취 행동이 영향을 받으므로, 과일 구매자의 조력 가능 여부를 탐색하거나, 내담자가 직접 과일 구매를 할 수 있는 방안을 모색하도록 조언하는 것이 필요하다.

표 11-2 식행동 변화의 주요 방해요인

유형	방해 요인
개인적 요인	• 식품 선호도 • 지식 부족 • 조리 기술 부족 • 시간 부족 • 부정적 인식(식이 처방을 따를 만한 가치가 없다는 생각) • 감정적 요인(두려움, 불안, 우울, 스트레스, 행복함 등의 감정상태) • 건강상태(질병, 피로) • 사회인구학적 요인(저소득, 낮은 교육수준, 1인 가구)
개인 간 요인	• 가족, 친구, 주변 사람들의 비협조, 방해
상황	• 특정 요일 또는 시간(휴일) • 특별한 날이나 사건(외식, 회식, 모임, 생일, 휴가, 여행 등)
환경적 요인	• 음식의 이용 가능성과 접근성 • 직업적 요인 • 날씨

보통 상담자는 본격적인 상담 시작 전에 필요한 조사 도구를 선택하고 내담자가 완벽하게 응답하기를 기대한다. 그러나 선택한 도구에 없는 항목이어도 내담자가 본인의 식생활 관련 경험을 이야기한다면 대화를 연결해 나가는 것이 중요하다. 탐색 단계의 목적은 내담자의 데이터를 정확하게 도출하는 것이 아니라 내담자로 하여금 본인의 문제점을 잘 탐색하게 해서 문제점을 잘 정리하게 하는 데 있다. 따라서 탐색 단계에서 상담자는 내담자가 본인의 문제를 자유롭게 노출할 수 있도록 충고나 비난, 칭찬 등 판단이 될 만한 반응은 삼가는 것이 중요하다.

탐색 과정에 유용한 대화는 다음과 같다.

√ 조사지를 작성하며 어떤 마음이 드셨어요?
√ 조사 항목 중 더 이야기하고 싶은 부분이 있나요?
√ 식생활 관련 이슈 중에서 어느 부분이 더 중요하다고 생각하세요?

탐색 과정에서 다루면 좋은 대화 주제는 다음과 같다.

- 현재 식행동과 관련된 질병 위험도
- 식습관 바꾸는 데 대한 걱정
- 과거 시도에 대한 경험(어려웠던 점이나 좋았던 점)
- 향후 받고 싶은 영양교육 주제

2) 영양문제 지도하기

여러 가지 요인을 조사하는 것은 시간이 많이 소요되는 일이지만 문제점과 관련된 영양적 내용을 제공하고 지도하는 것은 매우 중요하다. 영양상담이 일반적인 심리상담과 다른 점이 바로 영양적 지도를 포함하여 영양과 관련된 문제에 대한 이해도를 높여 보다 나은 방법을 찾게 하는 것이다. 상담자는 탐색 과정에서 도출되는 내담자의 여러 문제점에 대해 중립적인 태도를 유지하는 것이 중요하지만, 내담자가 필요한 영양 정보를 적절한 시기에 제공하는 것도 매우 중요하다. 그 이유는 내담자가 문제를 해결하는 방법을 모색할 때까지 제공된 지식을 활용할 수 있기 때문이다. 이러한 영양적 지도 및 교육은 탐색-지도 과정뿐 아니라 실행기간 중에도 필요하다면 실시할 수 있다.

상담 과정 중 영양정보를 전달할 때 단어 선택이나 정보의 내용에 주의하면 더 효과적이다. 단어 선택은 지시적인 형태가 아닌 비지시적인 형태로 한다. 예를 들어, 내담자가 끼니를 불규칙적으로 섭취하면, '당신은 끼니를 규칙적으로 섭취하는 것이 필요합니다'와 같이 '당신you'을 주어로 하는 지시적 형태가 아닌, '끼니를 규칙적으로 섭취하는 사람은 혈당이나 체중 관리가 용이합니다'와 같이 일반사람을 주어로 하는 비지시적인 형태로 말한다. 또한 식행동 관련 건강의 위험도를 언급할 때 긍정적 또는 부정적 접근을 사용할 수 있다. 긍정적 접근은 '하루에 과일과 채소를 5회 분량 이상 섭취하면 심혈관질환 위험도를 30% 낮출 수 있습니다'로 이점을 강조하는 것이고, 부정적 접근은 '하루에 과일과 채소를 5회 분량 이상 섭취하지 못하면, 심혈관질환 위험도가 30%나 높아집니다'로 위험성을 강조하는 접근이다. 긍정적 접근이 대상자의 동기를 높이는 데 효과적이나 지나치지 않을 정도로 적절한 수준의 위험성을 강조하는 것도 대상자의 동기를 높이는 데 효과적이다. 따라서 상담자는 상황에 맞게 두 접근을 효과적으로 사용하면 된다.

교육적 정보의 내용은 가능한 단순하고 명확한 형태로 제시하는 것이 좋다. 많은 내용을 다루려다 보면 정보 자체에 중압감을 느끼게 되고 중요한 메시지가 오히려 희석되는 경향이 있다. 가능하면 단계마다 몇 가지로 추려서 흐름에 맞게 순서대로 설명하며, 시각화된 교육자료를 사용해서 간단히 설명하고 나머지 교육자료를 내담자에게 제공하는 것이 내담자의 교육에 대한 중압감을 줄여준다.

4. 실행 단계

실행 단계는 내담자 맞춤 식생활 중재를 계획하고 실행하는 단계이다. 식생활 중재는 내담자의 상황, 상담 기간, 환경에 따라 매우 다양하므로 여기서는 매우 일반적이고 기초적인 과정을 다뤄보고자 한다.

1) 목표 설정하기

내담자에게 맞는 식생활 중재 프로그램을 설계하기 위해 가장 먼저 해야 하는 일은 달성 가능한 구체적인 단기목표를 정하는 것이다. 목표 설정은 논리적인 전략의 과정으로, 매우 복잡한 행동변화 과정을 이해하면서 가능한 단순하고 세분화된 목표를 설정하도록 돕는 과정이다. 작은 행동이어도 성공의 경험이 내담자의 자기효능감 증진과 동기부여에 매우 큰 영향을 미치므로, 목표를 너무 크게 잡지 않도록 한다. 오히려 내담자가 새롭게 시도하고자 하는 행동이 정확히 무엇인지 머릿속으로 그릴 수 있어야 한다.

목표를 설정 시 대상자 진단에서 배웠던 기본 원칙 SMART 방법을 활용한다. S는 구체적으로 목표를 설정하는 것을 말하고, M은 측정 가능하게, A는 달성 가능하게, R은 목적과 관련성 있게, T는 기한을 정해 목표를 설정함을 의미한다.

예를 들어, 골밀도를 높이려는 청소년의 경우라면, '칼슘 섭취를 늘려야겠다'는 일반적이고 구체적이지 않은 목표이고, '이번 주 매일 점심 먹고 우유 한 팩씩 섭취해야겠다'가 구체적이고 실현가능하며 기한이 명시된 목표이다.

목표를 설정하는 전체 과정에서 상담자의 역할은 내담자와 파트너십을 가지고 적절한 목표를 설정하는 것이다. 즉, 내담자가 목표를 설정할 때 그 목표가 기본적인 원칙에 부합하는지 확인해 주는 역할이 상담자의 역할이며, 적절한 목표를 설정할 수 있도록 같이 풀어나가는 것이 파트너십을 가진 행동이다. 목표는 상담자가 설정해 주는 것이 아닌, 내담자가 본인의 주도로 설정하는 것이 핵심적이며, 이런 주도적 역할이 추후 실행에 중요한 동기로 작용한다.

목표 설정에 어려움이 없기도 하지만, 목표 자체를 설정하기가 어려운 경우도 있다. 이런 경우 여러 선택지를 만들어 보는 활동을 한다. 예를 들어, 그림 11-2와 같이 여러 원안에 본인이 원하는 행동들을 적게 하고, 상담자와 함께 우선순위를 검토하여 한 가지 목표를 정하는 방법이다.

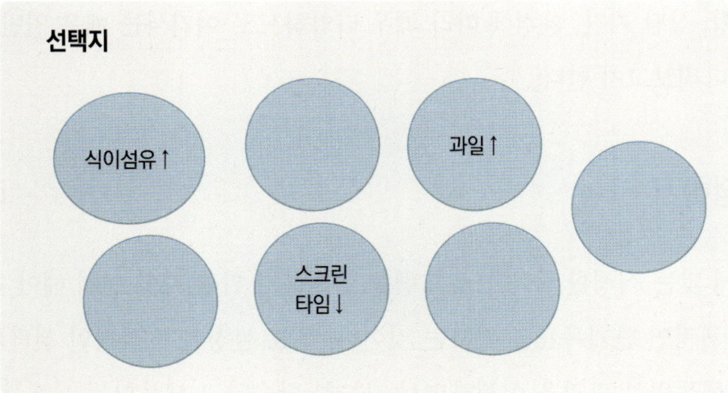

그림 11-2 선택지 활동(버블 시트)

출처: Health Education Research, 1999

2) 준비도 평가하기

내담자의 식생활 관련 문제점들을 도출해서 단기목표를 설정하였다면, 그다음 중요한 것이 내담자의 변화에 대한 준비도readiness를 파악하는 것이다. 식생활 관련 문제는 대부분 행동변화로, 내담자가 이미 확립한 라이프스타일에 새로운 행동을 추가하는 작업으로 쉽지 않다. 따라서 내담자가 얼마나 기꺼이 새로운 행동을 받아들이는지에 따라 상담의 방향이 달라진다. 이 단계에서는 행동변화모델을 활용하는 것이 유용하며, 변화단계 평가를 위해 내담자와 함께 정리한 행동에 대해, 다음과 같은 척도를 사용하여 질문한다.

> √ 지금까지 정리된 [영양문제]에 대해 '변화하고자 하는 마음이 매우 확고하면 10점, 아직 변화하고자 하는 마음이 들지 않는다면 0점이라고 할 때, 어느 정도로 변화하고 싶은지 숫자로 대답해 주세요.

수치가 1~3점이면 행동변화단계의 고려 전단계로, 식생활 변화의 중요도에 대한 이해가 낮거나 삶의 우선순위에서 식생활 변화가 낮은 상태로 이때의 상담 방향은 현재 가지고 있는 식행동에 의문을 품게 만들고 건강한 식행동에 대한 중요도를 강조하여 새로운 행동을 고려하도록 접근한다. 수치가 4~7점이라면 고려단계이긴 하지만, 새로운 식행동에 대한 확신이 낮고 변화에 대한 양가감정이 있는 상태로 식생활 변화에 대한 자신감을 높이고 동기를 끌어올리는 방향으로 접근한다. 수치가 8~10점이면 구체적인 실행목표와 계획을 세우는 다음 단계로 이동하면 된다.

대부분 사람은 새로운 변화에 대해 필요성은 인정하지만 변화에 저항감을 느낀다. 이러한 양가감정은 당연한 것으로 내담자가 양가감정을 잘 탐색하도록 도와주는 것이 필요하다. 다음과 같이 새로운 행동에 대해 장단점을 기술하게 하거나 기록하게 하는 활동이 도움이 된다. 상담자는 장단점에 대해 중립적인 태도를 유지하며, 내담자 스스로 좋은 점과 좋지 않은 점을 기술하게 한다.

✓ 현재 식행동에 대해 좋은 점과 좋지 않은 점을 3가지씩 말해주세요/적어보세요.
✓ 새로운 식행동의 장단점을 3가지씩 말해주세요/적어보세요.

또는 상담자는 새로운 행동에 대해 내담자가 어떻게 느끼는지 질문하고, 어떤 점이 어렵다고 느끼는지 기술하게 한다. 다음의 대화는 이러한 요인을 탐색하는 데 유용하다.

✓ 내담자가 변화에 대한 자신감을 8점이라고 응답한다면,
'8점이라고 평가한 이유에 대해 말해주세요.'

이런 대화를 통해 내담자의 심리적 요인을 탐색하게 도와주고 어떻게 극복할 수 있을지 방안에 대해 이야기해 본다. 상담자는 극복방안에 대해 답을 주는 것이 아니라 내담자로 하여금 심리적 요인을 살펴 앞으로 나아가도록 돕는 역할을 하며, 새로운 변화를 성공적으로 수행하는 것이 내담자의 몫이라는 것을 강조한다.

3) 행동변화 전략

본인에게 익숙한 행동, 특히 식행동과 식품의 선호를 변화시키는 것은 매우 어려운 일이다. 상담자는 내담자의 바람직하지 못한 식행동을 새로운 행동으로 바꾸도록 도움을 주어야 하며, 무엇을 어떻게 먹어야 한다는 정보를 제공하는 것만으로 내담자의 식행동을 바꾸기는 어렵다. 상담자는 내담자의 행동변화단계와 내담자의 필요, 그리고 상담자의 전문적 능력 등에 따라 적절한 전략을 사용하여야 한다. 음식 섭취 행동은 식사 전후의 모든 상황과 사건이 복합적으로 작용하므로 내담자의 신체적, 생리적, 심리적, 사회적, 문화적, 환경적 요인을 고려하여 이해하여야 한다. 그림 11-3은 사람의 행동을 선행자극, 행동, 결과의 세 가지 단계로 설명하는 ABC 모델을 도식화한 것이다.

그림 11-3 식행동의 ABC

행동주의 이론에서 인간의 특정한 행동behavior은 선행자극antecedents과 그 후에 일어나는 결과consequences에 영향을 받는다고 본다. 즉, 원인이 되는 선행자극을 조절함으로써 행동을 통제할 수 있으며, 결과(강화나 처벌)를 변화시켜 특정 행동이 다시 일어나게 하거나 일어나지 않게 할 수 있다고 본다. 이를 과자를 먹는 식행동에 대입해 보면, 선행자극 A는 '식탁 위에 있는 과자를 보는 것'이고, 행동 B는 '과자를 먹음'이며, 결과 C는 '맛있음, 만족함'이라고 할 수 있으며, 선행자극과 결과를 변화시킴으로써 바람직하지 않은 식행동을 바람직한 식행동으로 바꿀 수 있다.

(1) 자극 조절

음식 섭취 행동의 선행자극을 조절함으로써 결과인 식행동을 통제할 수 있다는 이론(고전적 조건화)을 적용하여 상담자는 내담자의 음식 섭취를 유발하는 사회적, 환경적 자극을 확인하고 함께 수정하는 것이 필요하다. 음식을 보거나 음식 냄새 등과 같이 보편적으로 적용되는 선행자극도 있지만 내담자에 따라 각각 다른 선행자극에 의해 영향을 받을 수 있으므로 내담자가 음식을 섭취할 때의 상황(시간, 함께 먹는 사람, 배고픔 정도, 기분 등)을 기록해 보는 것이 필요하다. 상담자는 내담자와 함께 기록을 검토하여 바람직한 식행동을 하도록 하는 자극과 바람직하지 않은 식행동을 유도하는 자극을 확인하고, 자극을 조절하는 방법에 대한 대화를 나눌 수 있다. 음식 섭취를 유발하는 내적 요인으로는 배고픔, 외로움 등의 감정 상태가 있으며, 외적 요인으로는 식탁에 놓여 있는 음식을 보는 것, 친구와의 만남 등의 환경적 자극이 있다. 음식 섭취를 유발하는 대표적인 환경적 자극과 이를 조절하는 방법을 표 11-3 에 제시하였다.

표 11-3 음식 섭취 행동에 대한 환경적 자극과 조절 방법

자극		조절 방법
물리적 환경	장소: 거실, 부엌, 냉장고 앞	• 특정 장소에서만 먹도록 장소를 지정한다.
	활동: 독서, TV, 스마트폰(무의식적으로 섭취)	• 먹는 동안 다른 행동을 하지 않는다.
	외식(많이 주문)	• 도시락을 준비한다. • 뷔페는 피한다. • 영양정보(칼로리)를 확인하고 주문한다.
	구매(배고플 때 장보기)	• 배고플 때 마트에 가지 않는다. • 구매목록을 작성하여 구매한다. • 바람직하지 않은 식품을 구입하지 않는다.
	보관(보이는 곳에 보관)	• 바람직하지 않은 식품을 보관하지 않는다.
사회적 환경	친구와의 만남	• 함께 먹기 외의 다양한 활동을 한다.
	회식, 모임(거절하기 어려운 상황, 많은 음식)	• 어떤 음식을 먹을지, 어떻게 거절할 것인지 미리 생각해 둔다. • 배고프지 않도록 미리 과일 등을 먹고 간다. • 술 대신 물을 마신다. • 가능하면 음식에서 멀리 떨어져 앉는다.

(2) 행동 대체

내담자의 식행동을 분석하고, 문제행동을 건강한 행동으로 바꾼다. 예를 들어 식사 후 매일 아이스크림을 먹는 습관이 있다면 아이스크림 대신 얼린 요거트로 대체하여 먹도록 한다거나, 식사 속도가 빠르다면 오래 여러 번 씹는 행동으로 바꾸도록, 간식이 생각날 때 강아지와 산보하기, 스트레칭 등 다른 활동을 하도록 정해둔다. 또한 새로운 행동을 그냥 대체하는 것이 아니라, 이미 잘하고 있는 기존 행동과 연결하거나 내담자가 원래 좋아하는 행동과 연결한다.

[대체행동 질문]

✓ 영화를 볼 때 콜라와 팝콘을 먹는 대신 무엇으로 대체할 수 있는가?
✓ 친구와 식사 후 달콤한 디저트를 먹는 대신 어떤 활동과 연결해서 해볼 수 있는가?

(3) 강화와 보상

특정 행동은 그 결과에 따라 영향을 받아 다시 일어날 수도 있고 일어나지 않을 수도 있다. 이런 것을 조작적 조건화라 한다. 예를 들면 아침식사를 잘 하지 않는 사람이 아침식사를 한 후 변비가 개선되는 것을 경험하고 아침식사를 계속하게 되는 것이다.

영양상담에서는 행동변화를 이끌어내기 위해 행동의 결과로서 강화와 처벌을 활용할 수 있다. 강화reinforcement는 미래에 특정 행동을 할 가능성을 높이고, 처벌은 미래에 특정 행동이 일어날 가능성을 낮춘다 표 11-4 . 강화와 처벌에는 '정적positive'과 '부적negative'이라는 용어를 사용하는데 여기에서의 '정적'이란 추가하는 것이고 '부적'이란 제거하는 것을 의미한다. 행동변화에는 강화가 처벌보다 더 효과적이라고 알려져 있으며, 영양상담에서 주로 사용되는 전략은 바람직한 식행동에 대한 칭찬이나 보상을 제공하는 것이다. 내담자가 목표를 달성하였거나 바람직한 행동을 하였을 때, 칭찬은 상담자가 할 수도 있고, 내담자 스스로가 자신에게 '잘했어', '나는 계속 잘할 수 있어' 등의 자기 대화를 통해 할 수도 있다.

표 11-4 강화와 처벌

구분	정적(추가하기)	부적(제거하기)
강화 (reinforcement)	칭찬, 상, 보상, 돈 적립 등과 같은 요소를 제공함으로써 행동 가능성을 높임 (예: 우유를 먹으면 칭찬한다.)	불쾌한 요소를 제거하거나 보류함으로써 행동 가능성을 높임 (예: 체중 감량으로 혈당조절이 잘되어 혈당강하제 투여라는 불쾌한 요소를 제거하거나 용량을 줄인다.) → 체중 감량을 하려고 더 노력한다.
처벌 (punishment)	처벌, 꾸중 등 불쾌한 요소를 추가함으로써 행동 가능성을 낮춤 (예: 꾸중, 벌점, 벌금)	원하는 것을 제거함으로써 행동 가능성을 낮춤 (예: TV를 못 보게 하거나 주말에 외출을 금지하는 것 등)

보상rewards이 행동변화에 효과적인 전략이 되기 위해서는 내담자가 평소 갖고 싶었던 것이나 하고 싶었던 활동 등의 목록을 적어보도록 하여, 상담자가 내담자와 함께 적절한 보상을 결정하고 어떤 행동을 하였을 때 보상을 줄 것인지도 약속한다. 보상은 특히 동기

부여가 부족한 내담자에게 효과적일 수 있다.

(4) 모델링

모델링modeling 또는 관찰학습은 다른 사람이 행동하는 것을 관찰하여 유사한 상황에서 그와 같거나 비슷한 행동을 하게 되는 것이다. 예를 들면 체중 감량을 원하는 사람이 실제 감량에 성공한 사람의 식품 선택, 1회 분량, 식사 시간 등을 보고 따라하는 것이다. 좋아하는 연예인이나 유명 인사인 경우 다른 사람들이 그대로 따라하는 모방학습을 하기 쉽다. 특히 식행동이 형성되는 어린이나 청소년은 부모나 보호자의 식품 선택과 식행동을 관찰하고 따라하게 된다. 따라서 어린이나 청소년 상담에서는 부모에게도 교육이나 상담이 필요하다.

4) 인지변화전략

행동변화의 다른 요소는 문제를 어떻게 인지하느냐이다. 내담자는 부정적인 생각을 함으로써 부정적인 자기 이미지를 갖게 되고 자신을 무가치하다고 생각하여 좌절할 수 있다. 따라서 부정적이고 왜곡된 생각에서 벗어나 긍정적인 생각을 하도록 해야 하며, 이것은 오랫동안 생각해 오던 방식을 변화시키는 것이므로 많은 노력과 조언이 필요하다.

인지 재구성cognitive restructuring이란 내담자가 갖고 있는 부정적 생각을 합리적인 생각으로 바꾸는 과정이다. 행동은 인지cognition와 감정emotion에 영향을 받으며, 인지는 학습된 사고 반응으로 재학습될 수 있다는 전제를 갖는다. 인지재구성은 내담자의 부정적인 생각과 인지왜곡 파악, 내담자의 인지변화 가능성에 대한 믿음, 문제 탐색, 파괴적인 생각 멈춤, 긍정적 생각으로 대체 등의 과정으로 이루어진다. 그러나 이 과정은 직선적인 과정이 아니라 내담자와 충분한 대화를 통해 융통성 있게 진행하면 된다.

(1) 부정적인 생각과 인지왜곡 파악

내담자가 현재 갖고 있는 신념과 자기대화 메시지, 상상하는 이미지 등을 분석하여 부정적인 생각을 찾아낸다.

√ 내담자: 이러한 식이 처방은 나쁘지 않은 것 같습니다.(긍정적 생각)
√ 내담자: 이러한 식이 처방은 따르기 어렵습니다.(부정적 생각)

내담자의 잘못된 생각에는 현실적이지 않은 왜곡을 포함하기도 한다. 특히 식행동을 변화시키려는 스트레스 상황에서는 인지왜곡이 나타나기 쉽다. 내담자는 음식의 섭취 전과 섭취 후에 즉시 떠오르는 부정적인 생각, 스스로에 대한 비난 등을 기록함으로써 왜곡된 생각을 스스로 발견할 수 있다.

√ 상담자: 혈중 콜레스테롤이 높다는 것을 알고 어떤 생각이 드셨나요?
√ 내담자: 콜레스테롤 유지를 못했으니 저는 실패자예요.(잘못된 명명)
√ 상담자: 과자를 적게 먹기로 한 데 대해 어떻게 생각하시나요?
√ 내담자: 저는 이번 계획도 분명 실패할 거예요.(지나친 일반화)

일반적으로 나타나는 10가지 인지왜곡의 유형은 표 11-5 와 같다.

표 11-5 인지왜곡의 예

유형	설명	예시
흑백논리	성공 아니면 실패라고 생각	• 아이스크림을 한 스푼 먹었어. 먹지 않았어야 했는데... 나는 실패야.
지나친 일반화	부정적인 일이 일어난 후 다른 상황에서도 계속 일어날 것으로 생각함	• 지난 번에 다이어트에 실패해서 다시는 성공할 수 없을 거야.
필터링	긍정적인 부분은 걸러내고 부정적인 부분에만 집중하여 전체 상황을 부정적으로 인식	• 회식에서 원하는 것을 먹을 수 없다면 회식이 전혀 즐겁지 않아.
긍정 무시	긍정적인 경험을 무시하고 부정적인 신념 유지	• 지금 식이 처방을 지켰지만 이건 우연이야. 내일은 못할 거야.
성급한 결론	아직 접해보지 않은 것조차도 부정적으로 결론을 내림(독심술, 예언자적 사고)	• 내가 너무 뚱뚱해서 다른 사람들이 나와 친구가 되려 하지 않을 거야. • 나는 그 식이 처방을 따르기 어려울 거야.

유형	설명	예시
확대와 축소	부정적인 것은 확대하고 긍정적인 것은 축소하여 해석함	• 체중이 약간 줄었지만 이 정도는 줄은 것도 아니야.
정서적 추론	부정적인 감정을 사실로 받아들임	• 나는 이 방법이 부적절하다고 느끼므로 난 반드시 잘못될 거야.
당위론적 진술	'~ 해야만 한다', '~하지 말아야 한다' 등으로 자신에게 명령(다른 사람이 이렇게 말하면 반항하거나 반대의 행동을 하기도 함)	• 나는 과일을 먹어야 해. • 나는 케익을 먹지 말아야 해.
잘못된 명명	지나친 일반화의 한 형태로 특정 행동 하나로 자신을 부정적으로 규정 지음	• 나는 돼지야. • 나는 실패자야.
개인화	외부적 요인에 의한 것조차도 자신의 탓으로 돌림	• 내가 못나서 내 잘못 때문에 일어난 일이야.

(2) 인지변화 가능성에 대한 믿음 갖기

사람들은 생각을 통제할 수 있다고 생각하지 않는다. 그러나 머리에 떠오른 생각이 계속 머물러 있는 것은 아니며, 자신이 생각하는 방식을 스스로 선택할 수 있다는 것을 알도록 해야 한다. 인지도 학습된 반응이므로 인지도 수정되고 변화될 수 있다는 것에 대해 믿음을 가져야 한다.

√ 상담자: 당신의 생각이 행동변화를 방해할 수도 있습니다. 우리는 우리의 뇌가 전하는 메시지를 통제할 수 있으므로, 긍정적인 자기 대화를 함으로써 행동변화 시도를 성공할 수 있습니다.

(3) 문제 탐색

내담자가 자기 모니터링 기록에서 발견한 부정적이고 파괴적인 생각이 타당한지 탐색하도록 다음과 같은 질문을 한다.

- √ 당신의 생각이 틀림없나요?
- √ 당신의 생각을 뒷받침할 만한 근거가 있나요?
- √ 이 생각이 당신의 목표 달성에 얼마나 도움이 되나요? 또는 도움이 되지 않나요?
- √ 부정적인 생각에 집중해서 좋은 점이 무엇인가요? 이 상황을 다르게 생각할 수 있을까요?
- √ 사람들이 새로운 행동을 배울 때 항상 완벽하게 수행할까요?
- √ 당신이 해야 할 일을 못 하였을 때 일어날 수 있는 최악의 상황은 무엇인가요?
- √ 일어나야 할 일이 일어나지 않았을 때 좋은 점도 있을까요?
- √ 당신이 생각하는 만큼 나쁜가요?

내담자의 자기 파괴적인 생각이 불합리하다는 것을 스스로 깨닫게 하고, 파괴적인 생각을 하는 본인을 너무 심각하게 받아들이지 않도록 한다. 다음은 내담자와 문제탐색을 하는 상황의 예이다.

- √ 내담자: 나는 적어도 20kg을 빼야 해요. 그렇지 않으면 사람들은 나를 형편없는 사람이라 할 거예요.
- √ 상담자: 만약 19kg을 뺀다면 어떤 일이 일어날까요? 15kg을 뺀다면?
- √ 내담자: 음... 글쎄요... 아마 아니겠지요.
- √ 상담자: '이것을 해야만 성공한 것이다'라고 생각하는 것은 당신 자신에게 어떤 의미일까요?
- √ 내담자: 그런 식으로 생각해 보지는 않았어요.

(4) 파괴적인 생각 멈춤

파괴적인 생각을 끝내기 위해 스스로 '생각 그만해'라는 단어를 사용하도록 한다. 또는 손등을 때리거나 대체 행동을 하여 파괴적인 생각에서 벗어나도록 한다.

(5) 왜곡된 생각을 긍정적 생각으로 대체

상담자는 내담자가 새로운 긍정적인 생각과 행동을 통해 자기 대화self-talk를 수정하도록 돕는다. 또한 자신이 지금까지 얼마나 변화하였고, 잘 하고 있는지를 스스로에게 말하도록 격려한다. 긍정적 생각은 본인이 할 수 있는 것과 할 수 없는 것에 대한 믿음을 갖도록 하고 변화 동기를 높여 목표를 설정하고 계획을 세워 결과를 바꾸게 한다.

더 알아보기

효율적인 실행방안 설계

내담자에 맞게 실행방안action plan을 설계하는 것은 단지 새로운 행동을 추가하는 것이 아니라 새로운 습관으로 형성되어 유지하게 만든 것이 중요하다. 상담자의 역할은 새로운 습관 형성과 유지에 여러 행동전략이 필요함을 이해시키고, 내담자에게 맞는 행동전략을 같이 선별해 나가며 독려하는 것이다. 실행방안 설정 시 다음의 항목들을 참고하여 작성하도록 하자.

항목	내용
분명하게 설계 (make it obvious)	• 새로운 행동을 가시화하기: 머릿속으로 구체적으로 상상할 수 있을 정도로 언제 어디서 할 것인지 되뇌인다. • 기존 행동과 연결하기: 새로운 행동을 독립적으로 시도하기보다는 기존의 행동과 연결해서 실행한다.
매력적으로 설계 (make it attractive)	• 좋아하는 행동과 세트로 만들기: 새로운 행동을 하면 좋아하고 원하는 행동을 하게 한다. • 새로운 행동을 하는 그룹에 들어가기: 이미 새로운 행동이 보편적인 그룹에 들어가거나 뜻을 같이 하는 친구들과 연계를 한다.
쉽게 설계 (make it easy)	• 새로운 행동의 문턱을 낮추기: 새로운 행동을 위한 저항감을 줄여서 쉽게 접근 가능하도록 한다. • 환경을 디자인하기: 새로운 행동을 쉽게 하도록 환경을 바꾸거나 미리 준비해 놓는다.
만족스럽게 설계 (make it satisfying)	• 인센티브를 활용하기: 목표 행동을 수행했을 때 본인 자신에게 작더라도 즉각적인 보상을 하기 • 추적하기: 목표 행동을 계속 추적하여 기록한다. 완벽하게 수행하지 못해도 흐름이 끊기지 않는 것이 중요하므로, 아예 하지 않는 것보다 시도라도 하도록 한다.

출처: James Clear, 2022

5) 유지 및 재발방지 전략

내담자가 동기를 가지고 행동변화를 시작하였더라도 지속적으로 유지하는 것은 어렵다. 행동변화를 유지하다가 일시적으로 잠시 이전 행동을 하는 경우를 실수lapse라고 하며, 실수가 반복되어 조절능력을 잃고 완전히 이전의 문제행동으로 되돌아가는 것을 재발relapse이라고 한다.

(1) 위험상황 인지 및 리허설

내담자는 한 번의 실수(예를 들어 생일파티에서 디저트를 많이 먹음)를 실패로 간주하지 않아야 한다. 위험상황에서 극복할 수 있는 방법을 모르면 그동안 변화하였던 노력을 포기하고 다시 퇴보하기 쉽다. 따라서 실수를 범하기 쉬운 상황을 예측하고, 위험상황에서도 실수하지 않을 방법에 대해 미리 숙지해 두는 것이 필요하다. 극복 전략이 없다면 한 번의 실수에서도 내담자는 통제할 수 없다고 느끼게 되어 '모든 것이 소용없어', '나 자신이 통제가 안 돼' 등 왜곡된 사고를 하게 될 수도 있고, 자기효능감이 감소하여 포기할 수도 있다. 따라서 실수하기 쉬운 위험상황을 파악하고, 실수에 대처할 수 있도록 재발 리허설을 해야 한다. 표 11-6 은 실수를 일으키기 쉬운 위험 상황의 예이다.

표 11-6 실수를 일으키기 쉬운 위험상황의 예

유형	위험상황
개인적 요인	• 생리적인 요인(배고픔, 먹고 싶은 욕구, 피로 등) • 부정적인 감정상태(우울, 불안, 스트레스, 지루함, 외로움 등) • 긍정적인 감정상태(모임으로 인한 즐거움, 기대감) • 부정적인 자기 대화 • 자기효능감 저하 • 동기 저하 • 극복 기술 부족
개인 간 요인	• 가족, 친구, 주변 사람들과의 불화 또는 지지 부족
상황	• 시험 • 특정 요일 또는 시간(휴일, 밤) • 특별한 날이나 사건(외식, 회식, 모임, 생일, 휴가, 여행 등)

재발은 위험 상황에서 이를 극복하지 못하고 이전의 문제행동으로 되돌아가게 되는 것이다. 재발 방지relapse prevention 전략이란 위험 상황에서도 퇴보하지 않도록 하는 전략으로 행동적인 면과 인지적인 면을 모두 포함한다. 위험상황은 언제나 있을 수 있고, 재발도 언제나 일어날 수 있으므로 미리 전략을 세우고 극복하는 과정을 훈련하는 것이 중요하다. 재발방지 전략으로는 앞에서 설명한 자극조절, 인지의 재구성 부분을 참고하여 재발을 대비하고, 운동, 명상, 스트레스 관리법 등을 통해 위험상황을 극복하는 연습을 한다. 유지 및 재발 방지의 주된 전략은 자기효능감 강화와 자기관리 그리고 사회적 지지로 이들 전략을 잘 활용하여 새로운 행동이 지속가능한 행동으로 안착되도록 한다.

(2) 자기효능감 강화

자기효능감 강화는 재발 방지 및 유지를 위한 주된 전략이다. 식사 관련 자기효능감은 식사와 관련된 위험상황에서 얼마나 식행동을 잘 통제하고 수행할 수 있는지에 대한 자신감으로, 자기효능감을 향상시키는 좋은 방법은 성취가능한 작은 목표를 설정하고, 달성하였을 때 칭찬과 격려를 하는 것이다. 표 11-7 은 식사 관련 자기효능감을 평가할 수 있는 문항의 예이다.

자기효능감self-efficacy

사회인지론에서 제시된 주요 개념으로 특정 행동을 수행할 수 있는 자신의 능력에 대한 기대와 신념을 의미한다. 예를 들면 식습관을 변화시킬 수 있다는 자신감, 체중조절에 성공할 수 있다는 자신감 등으로, 행동변화의 중요한 요인으로 알려져 있다.

표 11-7 식사 관련 자기효능감 문항의 예

다음 경우에 음식 섭취를 자제할 수 있는 자신감이 어느 정도인지 적당한 번호에 √표 해주세요.

유형	문항	← 전혀 자신 없음					매우 자신 있음 →				
		1	2	3	4	5	6	7	8	9	10
정서적 요인 조절 효능감	1. 피곤할 때										
	2. 우울할 때										
	3. 긴장할 때										
	4. 심심할 때										
	5. 불안할 때										
	6. 화가 날 때										
	7. 스트레스를 받았을 때										
환경자극 조절 효능감	1. 행사(결혼식, 명절 등)나 회식 자리에서 먹을 때										
	2. 주위에서 권할 때										
	3. 친구들과 함께 먹을 때										
	4. 혼자 있을 때										
	5. 텔레비전/스마트폰을 볼 때										
	6. 음식 광고 또는 먹방을 볼 때										

(3) 자기 조절

상담자가 내담자와 늘 함께할 수 없으므로 다양한 상황에서 내담자가 스스로 자신의 감정, 생각, 행동을 관리하거나 통제하는 것이 중요하다. 자기 조절self-regulation은 다른 사람이 항상 자신에게 무엇을 해야 할지 지시하는 것보다 스스로 통제하고 조절할 수 있도록 해준다. 음식 섭취를 유발하는 자극을 인식하고 스스로 자극을 통제하며, 목표 설정, 자기 모니터링, 문제 해결, 자기 보상 등을 통해 자기 조절을 할 수 있도록 해야 한다.

자기 조절 중 효과적인 방법이 모니터링하는 방법이다. 자기 모니터링self-monitoring은 본인이 언제, 어디에서, 무엇을, 얼마나, 누구와 섭취하였는지, 어떤 환경에서 섭취하였는지, 어떤 감정이었는지 등을 기록하는 것으로, 내담자 스스로 본인의 식행동을 이해하고, 영향을 주는 요인에 대해 파악할 수 있도록 해준다. 섭취한 식품 외에 체중 변화, 운동, 혈당, 혈압 등을 모니터링할 수도 있고, 목표 행동에 대한 모니터링을 할 수도 있다. 자기 모니터링은 상담자에게는 내담자의 식생활을 분석할 수 있고, 내담자에게는 스스로의 식행동 문제점을 깨닫고 음식을 먹을 때 한 번 더 생각할 수 있게 한다. 최근 수면시간, 걸음수, 스크린 시간 등을 자동 산출하는 디지털 헬스 관련 앱들이 출시되고, 운동이나 식사일지를 기록하는 앱 등도 다수 출시되어 이러한 디지털 앱을 활용할 수 있다.

(4) 사회적 지지와 격려

사회적 지지social suppport는 식행동 변화를 위해 내담자가 매일 만나는 가족이나 친구, 동료들의 도움을 말한다. 상담과정에 가족이나 친구가 참여한다면 그들이 어떻게 도울 수 있는지를 이야기해 보는 것이 좋다. 그들은 내담자의 선행자극을 통제하도록 도울 수 있으며, '이것은 먹지 마'라고 강요하거나 '오늘은 실컷 먹고 내일부터…' 등의 방해하는 행동을 하지 않도록 해야 한다. 또한 격려encouragment는 결과와 상관없이 노력에 대해 용기를 주는 것으로, 상담자의 격려는 내담자에게 큰 힘이 된다.

5. 종결 단계

1) 상담 종결하기

상담을 끝내는 것도 내담자와 상호 협의하에 적절한 절차에 따라 종결해야 한다. 종결 시점은 내담자의 변화된 식행동이 어느 정도 지속되고 자기 관리에 대한 자신감과 실천 능력이 생기는 시점이 적절하다. 상담을 마무리할 때는 상담 진행이나 결과에 대한 내담자의 생각이나 감정을 확인한다. 또한 내담자의 강점을 격려하고 변화행동 실천을 독려한다.

내담자가 상담을 진행하며 성공적으로 건강한 식행동이나 라이프스타일을 갖게 되는 것은 상담자로서 매우 기쁜 일이다. 하지만 모든 상담이 언제나 성공적인 것은 아니다. 아무리 잘 공감하고 효과적인 전략을 같이 모색하였다고 해도 내담자가 쉽게 변화하는 것이 아니다.

이에 따라 상담자 자신이 답답해 하기도 하지만, 분명히 기억해야 할 점은 내담자의 행동변화는 내담자 자신의 몫이라는 점이다. 내담자가 변화할 수 있도록 상담자는 최선을 다해 정보를 제공하고 전략을 같이 모색하고 피드백을 해주지만, 그럼에도 내담자가 변화에 성공하지 못한 것을 상담자의 책임으로 여길 필요는 없다. 영양상담은 무수히 많은 요인으로 연결된 식행동이나 라이프스타일의 행동변화에 초점을 두므로 여러 상황이 생길 수 있음을 인정해야 한다.

또한 행동변화는 시간이 중요한 매개체로 새로운 행동이 기존의 라이프스타일에 잘 안착되기 위해서는 시일이 소요된다. 그러므로 영양상담 결과를 즉시 확인할 수 없다. 내담자가 본인의 목표를 가지고 시간이 걸려 우선순위를 조정해 나가는 과정 중에 영양상담은 하나의 과정이었음을 이해하는 것이 필요하다.

2) 상담 평가하기

상담을 성공적으로 수행하기 위해서는 상담의 과정과 효과를 평가하고 이를 다음 상담에 반영하는 것이 중요하다. 영양상담을 일정 기간 실시한 후에 영양상담의 목표가 어느 정도 달성되었는지 평가하며, 상담의 평가는 크게 효과평가와 과정평가로 이루어진다.

효과평가는 상담계획에 따라 일정 기간 상담 후 내담자의 변화 정도를 인지적 측면, 태도적 측면, 행동적 측면 등으로 평가하는 것이다. 효과평가에서 주로 살펴보는 항목은 영양지식, 건강 및 영양 관련 인식과 식태도, 식행동, 영양소 섭취실태이다. 이것 이외에 체중, 근육량 등 신체계측치의 변화, 혈당, 혈압, 혈청 지질 등의 생화학적 수치의 변화도 평가할 수 있다. 효과평가를 실시하는 방법은 상담 전후를 비교하거나 상담을 받지 않은 집단을 대조군으로 할당하여 집단 간 비교를 하는 방법이 있다.

과정평가는 상담 과정이 적절하게 이루어졌는지 평가하는 것으로 다음과 같은 요소를 중심으로 평가한다.

- 전반적인 상담 과정에서의 만족도
- 내담자의 문제점 접근의 적절성
- 상담자의 상담스타일 및 상담 기법의 적절성
- 상담자의 적절한 언어적/비언어적 의사소통의 적절성

6. 상담 결과 기록

영양상담 시 영양상담 과정을 기록하는 것이 중요하다. 상담의 각 단계에서 내담자와 관련된 모든 상담내용과 정보를 기록하여 추후 관리가 가능하도록 한다. 영양상담의 과정과 결과를 기록하는 양식으로 SOAP 형식을 활용할 수 있다.

SOAP 형식은 주관적 정보, 객관적 자료, 평가, 계획으로 나누어 정리하는 방법이다 표 11-8. 주관적 자료subjective data는 내담자와 면담과정에서 수집하는 정보로, 식사습관, 활동정도, 사회경제적 여건, 심리적 요인 등을 참고하여 상담자가 주관적으로 판단하는 정보이다. 객관적 자료objective data는 신체계측치, 식사섭취조사에 따른 영양소 섭취수준, 생화학 검사치 등의 객관적인 수치를 바탕으로 작성하는 정보이다. 판정assessment은 상담자가 주관적 정보와 객관적 자료를 가지고 내담자의 영양 및 건강 문제를 평가한 것을 기록한다. 계획plan은 평가한 자료를 근거로 하여 영양 및 건강 문제점을 해결하기 위해 내담자와 정한 목표와 실행방안을 기록한다.

표 11-8 영양상담의 기록: SOAP 형식

구분	내용
S (주관적인 자료)	• 일반사항(연령, 성별, 가족력 등) • 생활습관(음주, 흡연, 신체활동 등) • 식습관, 식행동(결식, 야식, 잦은 회식 등)
O (객관적인 자료)	• 식사기록지 또는 24시간 회상법에 의한 영양소 섭취량 • 신체계측 결과(체중, 체지방, 근육량 등) • 생화학적 검사 결과(혈당, 혈청 지질, 혈압 등)

구분	내용
A (판정)	• 주관적 및 객관적 자료에 의한 판정 • 영양 및 건강 관련 문제점 도출
P (계획)	• 설정된 장기목표와 단기목표 • 계획된 실행방안 • 모니터링과 피드백 정보

또 다른 방법으로 영양관리과정nutrition care process, NCP 형식에 따라 기록할 수 있다. 의료기관에서 실시되는 영양교육과 상담이 담당 영양사에 따라 그 내용과 질에 큰 차이가 있어 2003년 미국 영양사협회에서 표준화된 영양관리과정 형식을 채택하여 체계화된 절차에 따라 기록하는 것을 권장하였다. 이는 모든 영양관리의 내용을 표준화한다는 것이 아니라 전문적인 영양서비스를 제공하는 과정을 표준화하는 것이다. 간략히 NCP는 크게 영양스크리닝, 자료수집 및 영양판정, 영양문제 진단 및 목표 설정, 영양중재, 모니터링과 평가로 나누어져 있으며, 다음 그림 11-4는 영양플러스사업의 출산수유부를 위한 영양상담일지의 예시이다.

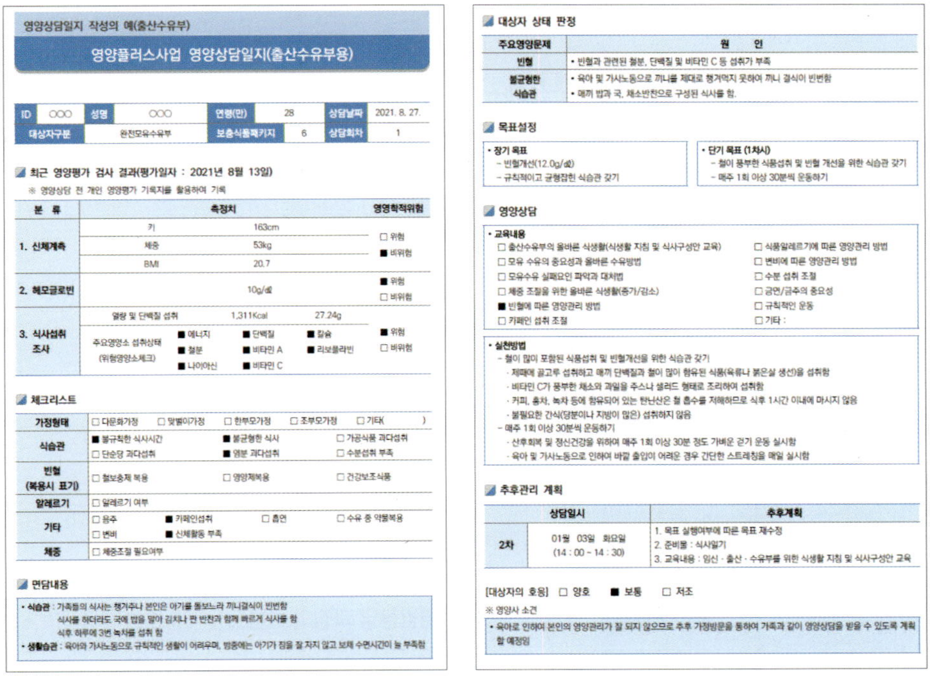

영양상담일지 작성의 예(출산수유부)

영양플러스사업 영양상담일지(출산수유부용)

ID	○○○	성명	○○○	연령(만)	28	상담날짜	2021. 8. 27.
대상자구분	완전모유수유부			보충식품패키지	6	상담회차	1

최근 영양평가 검사 결과(평가일자 : 2021년 8월 13일)

※ 영양상담 전 개인 영양평가 기록지를 활용하여 기록

분 류	측정치			영양학적위험
1. 신체계측	키	163cm		□ 위험 ■ 비위험
	체중	53kg		
	BMI	20.7		
2. 헤모글로빈	10g/dl			■ 위험 □ 비위험
3. 식사섭취 조사	열량 및 단백질 섭취	1,311Kcal	27.24g	■ 위험 □ 비위험
	주요영양소 섭취상태 (위험영양소체크)	■ 에너지 ■ 단백질 ■ 칼슘 ■ 철분 ■ 비타민 A ■ 리보플라빈 ■ 나이아신 ■ 비타민 C		

체크리스트

가정형태	□ 다문화가정 □ 맞벌이가정 □ 한부모가정 □ 조부모가정 □ 기타( )
식습관	■ 불규칙한 식사시간 ■ 불균형한 식사 □ 가공식품 과다섭취 □ 단순당 과다섭취 ■ 염분 과다섭취 □ 수분섭취 부족
빈혈 (복용시 표기)	□ 철보충제 복용 □ 영양제복용 □ 건강보조식품
알레르기	□ 알레르기 여부
기타	□ 음주 ■ 카페인섭취 □ 흡연 □ 수유 중 약물복용 □ 변비 ■ 신체활동 부족
체중	□ 체중조절 필요여부

면담내용

• 식습관 : 가족들의 식사는 챙겨주나 본인은 아기를 돌보느라 끼니결식이 빈번함
식사를 하더라도 국에 밥을 말아 김치나 판 반찬과 함께 빠르게 식사를 함
식후 하루에 3번 녹차를 섭취 함
• 생활습관 : 육아와 가사노동으로 규칙적인 생활이 어려우며, 밤중에는 아기가 잠을 잘 자지 않고 보채 수면시간이 늘 부족함

대상자 상태 판정

주요영양문제	원 인
빈혈	• 빈혈과 관련된 철분, 단백질 및 비타민 C 등 섭취가 부족
불균형한 식습관	• 육아 및 가사노동으로 끼니를 제대로 챙겨먹지 못하여 끼니 결식이 빈번함 • 매끼 밥과 국, 채소반찬으로 구성된 식사를 함.

목표설정

• 장기 목표
- 빈혈개선(12.0g/dl)
- 규칙적이고 균형잡힌 식습관 갖기

• 단기 목표 (1차시)
- 철이 풍부한 식품섭취 및 빈혈 개선을 위한 식습관 갖기
- 매주 1회 이상 30분씩 운동하기

영양상담

• 교육내용
□ 출산수유부의 올바른 식생활(식생활 지침 및 식사구성안 교육)
□ 모유 수유의 중요성과 올바른 수유방법
□ 모유수유 실패요인 파악과 대처법
□ 체중 조절을 위한 올바른 식생활(증가/감소)
■ 빈혈에 따른 영양관리 방법
□ 카페인 섭취 조절
□ 식품알레르기에 따른 영양관리 방법
□ 변비에 따른 영양관리 방법
□ 수분 섭취 조절
□ 금연/금주의 중요성
□ 규칙적인 운동
□ 기타 :

• 실천방법
- 철이 많이 포함된 식품섭취 및 빈혈개선을 위한 식습관 갖기
· 제때에 골고루 섭취하고 매끼 단백질과 철이 많이 함유된 식품(육류나 붉은살 생선)을 섭취함
· 비타민 C가 풍부한 채소와 과일을 주스나 샐러드 형태로 조리하여 섭취함
· 커피, 홍차, 녹차 등에 함유되어 있는 탄닌산은 철 흡수를 저해하므로 식후 1시간 이내에 마시지 않음
· 불필요한 간식(당분이나 지방이 많은) 섭취하지 않음
- 매주 1회 이상 30분씩 운동하기
· 산후회복 및 정신건강을 위하여 매주 1회 이상 30분 정도 가벼운 걷기 운동 실시함
· 육아 및 가사노동으로 인하여 바깥 출입이 어려운 경우 간단한 스트레칭을 매일 실시함

추후관리 계획

상담일시		추후계획
2차	01월 03일 화요일 (14 : 00 ~ 14 : 30)	1. 목표 실행여부에 따른 목표 재수정 2. 준비물 : 식사일기 3. 교육내용 : 임신 · 출산 · 수유부를 위한 식생활 지침 및 식사구성안 교육

[대상자의 호응] □ 양호 ■ 보통 □ 저조

※ 영양사 소견

• 육아로 인하여 본인의 영양관리가 잘 되지 않으므로 추후 가정방문을 통하여 가족과 같이 영양상담을 받을 수 있도록 계획할 예정임

그림 11-4 영양플러스사업의 영양상담일지 예시

그러나 영양상담의 기록에서 중요한 것은 양식이 아니라 내용이므로 내담자의 영양상태나 영양문제 등을 해결하는 데 유용한 자료의 형태로 개발하여 사용하면 되고, 상담 목적에 따라 여러 유형으로 변형하여 사용할 수 있다.

7. 영양상담 실제

1) 개요

스마트폰을 편하게 활용할 수 있는 20~30대 성인을 대상으로 개인별 식습관 목표를 설정하고 인스턴트 메신저를 활용한 스마트폰 기반 영양상담을 실시하고 과정 및 효과 평가를 실시한 사례이다. 본 상담은 변화시키고자 하는 행동에 중점을 두어 개인별 목표 설정을 중요한 전략으로 사용하였으며, 비대면 상담 방식으로 채널을 개설해 1:1 채팅방을 통해 상담 매뉴얼을 기반으로 주 1회 영양상담을 진행한 상담 프로그램이었다.

2) 영양상담 과정

영양상담 과정을 세부내용별로 구분해서 흐름도를 작성해 보면 그림 11-5와 같다.

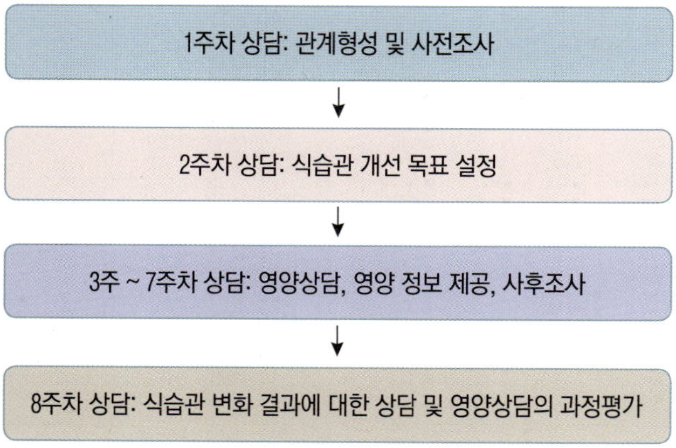

그림 11-5 스마트폰 기반 영양상담 과정의 흐름도

(1) 관계형성 및 사전조사

1주차 상담은 친밀감 갖도록 간단한 소개와 영양상담 일정에 대한 대화를 진행하였다. 사전조사는 온라인 설문조사와 식사섭취조사(식사기록과 섭취 전후 사진 채널로 전송)를 실시하였다.

(2) 식습관 개선 목표 설정

2주차 상담은 대상자와 상의하여 식습관 목표 2개씩 설정하였다. 목표는 구체적이고, 측정 가능하고, 달성 가능한 요소 고려하여 설정하였고, 상담자가 개인별 목표 체크리스트를 만들어 제공하였다.

(3) 영양상담, 영양정보 제공, 사후조사

3주~7주차 동안 상담자는 대상자가 매일 채널로 전송한 목표 체크리스트를 점검하였다. 목표 수행과정의 방해요인과 도움요인을 분석하여 피드백을 제공하였다. 주차별 필요한 영양정보를 제공하였으며, 4~5주차 사이에 샐러드를 제공하여 건강한 식품을 직접 경험해 볼 기회를 제공하였다.

7주차에는 효과평가를 위한 온라인 사후조사 및 식사섭취조사를 실시하였다.

효과평가 조사항목

식사의 질과 영양섭취상태를 평가하기 위한 도구인 21문항의 영양지수 평가항목과 정서적 요인 조절과 주위 환경자극 조절 효능감으로 구성된 13문항의 식이 자기효능감 평가 항목

(4) 식습관 변화 결과에 대한 상담 및 영양상담의 과정평가

8주차 상담에서는 대상자의 사전-사후조사를 분석하여 식습관 개선 결과지를 제공하고, 결과지를 바탕으로 내담자의 식습관 변화에 대한 상담을 실시하였다. 마지막으로 전반적인 영양상담 프로그램에 대한 과정평가를 온라인으로 실시하였다.

과정평가 항목

전반적인 프로그램 만족도, 프로그램 난이도를 평가하는 문항, 상담기간 중 제공된 영양정보에 대한 양의 적절성/이해도/만족도/흥미도, 식행동 변화에 도움 되는 정도, 목표 설정의 적절성, 목표 수행으로 인한 식행동 개선 정도, 목표 수행의 쉬운 정도, 비대면 영양상담의 장점과 단점, 행동변화의 촉진 요인과 방해요인

3) 영양상담 평가

영양상담의 효과평가를 측정한 결과를 살펴보면 그림 11-6, 영양지수 총점이 사전조사 44.9점에서 사후조사 56.2점으로 증가하였다. 영역별로도 균형, 다양, 절제, 식행동 영역 모두 사후점수가 사전점수보다 유의하게 높았다.

자기효능감 점수는 사전조사 5.7점에서 사후조사 6.2점으로 증가하였다. 정서적 요인 조절 효능감에 대한 사전과 사후 조사의 평균 점수에는 차이가 없었던 반면, 주위환경 자극조절 효능감에 대한 사전 조사에서는 5.4점에 비해 사후 조사에서는 6.3점으로 유의하게 증가하였다.

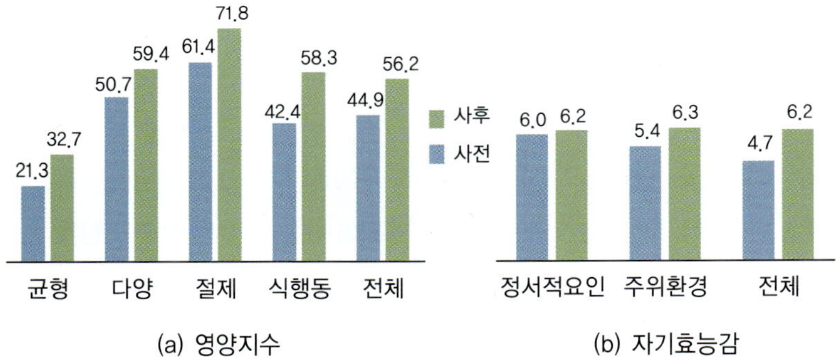

그림 11-6 스마트폰 기반 영양상담의 효과평가 결과

과정평가 결과를 살펴보면 그림 11-7, 전반적인 프로그램 만족도는 5점 만점으로 평가하였을 때 4.9점으로 매우 높았다. 그러나 프로그램 수행의 난이도가 3.6점으로 낮았다.

영양상담 동안 제공된 영양정보에 대해서는 분량, 이해도, 흥미도가 모두 4.6점 이상으로 높았다. 목표와 관련된 질문으로 목표가 자신의 식습관을 잘 반영하였는지의 적절성은 4.5점, 목표 달성 노력을 통해 식행동이 변화되었는지는 4.7점으로 매우 높은 반면, 목표를 달성하는 것이 쉬웠는지의 정도는 3.4점으로 만족도 조사에서 가장 낮은 점수를 나타냈다. 이러한 결과는 식행동 변화가 적절히 목표를 세우고 일정 부분 변화를 보인다 해도 이러한 행동을 꾸준히 실천하는 것은 어렵다는 것을 의미한다. 그러므로 대상자가 본인의 노력으로 꾸준히 실행할 수 있도록 격려하는 것이 중요하다.

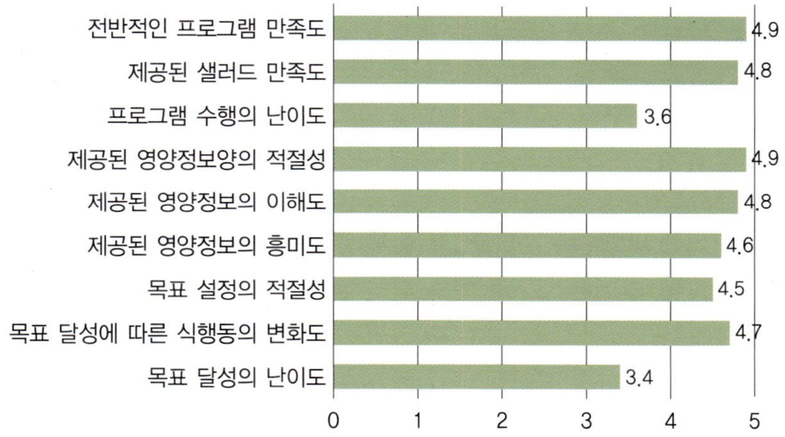

그림 11-7 스마트폰 기반 영양상담의 과정평가 결과

CHAPTER

12

생활터별 영양교육 사례

개선이란 무언가가 좋지 않다고 느낄 수 있는 사람들에 의해서만 만들어질 수 있다.

– 프리드리히 니체 –

학습목표

- 생애주기별 대상자의 영양문제를 구별하여 설명할 수 있다.
- 생애주기별 영양교육의 중요성과 목표를 설명할 수 있다.
- 생애주기별 생활터를 중심으로 적합한 교육 과정과 방법을 제시할 수 있다.
- 생활터를 고려한 대상별 영양교육 프로그램을 계획할 수 있다.

1. 영유아 영양교육 | 2. 초 · 중 · 고등학생 영양교육 | 3. 청장년 영양교육 | 4. 근로자 영양교육
5. 임산부 영양교육 | 6. 장애인 영양교육 | 7. 노인 영양교육 | 8. 행사성 영양교육

1. 영유아 영양교육

영유아 시기의 성장발육 속도는 어느 시기보다 빠르고 성장과 발육을 촉진하기 위해 각종 영양소 요구량이 증가한다. 이 시기에 잘 성장하기 위해서는 건강과 영양 관리가 특히 중요하므로 어릴 때부터 건강한 식사환경을 제공하고, 좋은 식습관을 형성할 수 있도록 연령과 발달단계별로 영양교육을 실시하는 것이 필요하다. 특히 영유아는 오감오미를 통해 세상과 소통하고 배우므로 감각을 이용한 영양교육을 하는 것이 좋으며, 뇌발달에도 도움이 된다.

생산부터 소비까지 복잡한 식사과정을 지식보다는 즐거운 경험을 통하여 식품이 어디에서 오고, 어떻게 자라며, 무엇을 선택하고, 어떻게 먹을지에 대하여 다양한 식사 경험을 할 수 있도록 아이들의 발달단계를 고려하여 교육내용을 설계한다. 이 연령대는 기본적으로 사람들과 함께 즐겁게 식사하는 경험이 필요하며, 서로 배려하는 식사예절을 통해 사회화를 이루고 무엇보다 가족 및 또래와 정서 공유 및 사회적 지지관계 형성을 시작한다는 점에서 영양과 식생활 교육이 매우 중요하다. 영유아기의 영양교육이 효과적으로 이루어지기 위해서는 가정과 영유아 이용시설과 연계하여 일회성 교육이 아닌 일상생활에서 지속적으로 이루어져야 한다.

우리나라에서 영유아 영양교육은 보건복지부가 관리하는 어린이집과 교육부가 관리하는 유치원에서 주로 이루어지며 어린이집은 표준보육과정, 유치원은 누리과정으로 운영하다가 2011년부터는 공통 교육과정인 표준교육과정 '누리과정'을 국가가 제정하였고 2019년에 개정하여 고시하였다. 보건복지부는 2020년 3월 '잘 놀아야 잘 자란다' 놀이중심 표준보육과정을 개정하였다. 0~5세 영유아를 위한 국가 수준의 보육과정으로 0~1세 보육과정, 2세 보육과정, 3~5세 보육과정(누리과정)으로 구성되어 있으며, 이는 영유아 영양교육 내용과 방법을 구성하기 위해 반드시 참고해야 하는 내용이다.

2020년 표준보육과정의 성격

- 국가 수준의 공통성과 지역, 기관 및 개인 수준의 다양성을 동시에 추구한다.
- 영유아의 전인적 발달과 행복을 추구한다.
- 영유아 중심과 놀이 중심을 추구한다.
- 영유아의 자율성과 창의성 신장을 추구한다.
- 영유아, 교사, 원장, 부모 및 지역사회가 함께 실현해 가는 것을 추구한다.

(※ 2019년 누리과정의 '유아'가 '영유아'로 단어만 변경됨)

1) 교육목표

영유아 시기의 교육목표는 건강한 식품을 즐겁고 맛있게 경험하며 알맞은 양을 골고루 즐겁게 먹는 것이라고 할 수 있으며, 이와 함께 아침밥 먹기, 규칙적으로 먹기, 충분하게 물 섭취하기, 단 간식을 많이 먹지 않기, 꼭꼭 씹어 먹기, 손 씻기 등 기본적인 식습관과 식사예절을 형성하는 것도 중요한 목표이다.

2) 교육내용

영유아기의 교육내용은 성장발달과 관련한 영양과 식습관 문제를 예방하거나 관리하기 위한 내용을 교육하며, 보건소에서는 영유아와 부모 대상으로 모유와 조제분유, 이유식, 비만예방, 빈혈, 변비, 편식, 식사와 간식 등을 교육하며, 어린이급식관리지원센터는 편식예방, 위생 습관, 식사 예절, 급·간식, 식품알레르기 등을 중심으로 유아, 보육교사, 조리사, 학부모를 교육한다. 식생활교육지원법에 따라 농림축산식품부도 식생활교육지원센터를 통해 텃밭교육, 미각교육, 채소과일 교육 등을 어린이집의 영유아와 부모에게 지원하고 있다.

영유아에게는 식품영양에 대한 지식을 전달하는 교육은 효과적이지 않으며, 일상생활에서 신체의 감각을 활용하여 식품에 대한 다양한 체험과 놀이를 통해 즐거운 경험을 가질 수 있도록 해야 식품과 영양에 대해 이해하고 기억할 수 있다. 가장 좋은 영유아 영양교육은 오감오미를 통한 관찰과 탐색을 할 수 있는 구성으로 교육하는 것이 효과를 높일 수 있다.

더 알아보기

"잘 놀아야 잘 자란다" 놀이 중심 표준보육과정 개정

보건복지부 고시(2020.3)

〈개정 목적〉

- 국가 수준에서 0~5세 영아를 위한 표준적 보육과정 제시
- 영유아 중심, 놀이 중심 보육과정을 통해 자율성 · 창의성을 높이는 것이 목적
- 보육 현장에서는 표준보육과정 개정안(0~5세)과 누리과정(3~5세)과의 연계를 통해 0~5세 영유아의 경험, 연령 간 발달 연결이 가능하고, 어린이집 현장에서는 일관된 보육과정 제공

〈개정 누리과정 주요 내용〉

- (아동 중심) 교사 주도적 교육에서 벗어나, 아동 주도적 · 자발적 놀이 권장
- (놀이 중심) 일과에서 놀이가 충분히 이루어지고, 놀이를 통한 배움 강조
- (현장 자율성) 계획 수립, 교수 방법 및 평가 등에서 교사 자율성 확대
- (교육내용 적정화) 연령별 구분 폐지 등을 통해 3~5세가 경험하여야 할 최소한의 내용으로 적정화(연령별 369개 세부내용 → 연령 통합 59개 내용)

- (0~1세, 2세) 3~5세 누리과정에 비해 기본생활 강조
  - 특정한 활동 여부보다는, 경험하기, 시도하기에 중점
  - 0~1세에 비해 2세는 다양한 경험을 갖도록 하고, 경험 시 대상에 대한 관심을 갖도록 유도
- (3~5세) 개정 누리과정과 동일
  - 신체운동 · 건강, 의사소통, 사회관계, 예술경험, 자연탐구 각 영역별로 아동의 자발적 놀이, 참여 강조
- (구성 방향) 추구하는 인간상, 구성 영역 등 제시
  - 추구하는 인간상으로 '건강한', '자주적인', '창의적인', '감성적인', '더불어 사는' 사람을 제시
  - 구성 영역으로 △기본생활, △신체운동, △의사소통, △사회관계, △예술경험, △자연탐구 제시

출처: 보건복지부 홈페이지

3) 교육사례

(1) 보건소의 영유아 영양교육 사례

보건소의 영유아 영양교육은 기본적으로 보건복지부의 영양플러스사업으로 가정 대상으로 실시하며, 어린이집 유아를 대상으로 하는 영양교육은 보건소가 자체적으로 실시하거나 서울시(식생활종합지원센터 포함)와 같은 시도의 정책사업으로 실시하기도 한다.

① 영양플러스사업의 영유아 영양교육

어린이집에 다니는 영유아보다는 해당 주제를 보호자를 대상으로 교육을 하는 경우가 많으며, 영유아에게는 보호자와 함께 실습하거나 체험을 할 수 있는 교육을 한다 표 12-1 . 최근에는 비만 아동이 사업 대상에 포함되어서 건강한 식습관 형성을 위한 식사, 신체활동, 수면, 생활, 정서 등의 다양한 영역에서 일정 기간 동안 영유아와 가족이 수행하는 챌린지 형태의 프로그램과 교육자료가 배포되었다 표 12-2 , 그림 12-1 .

표 12-1 영양플러스사업의 온라인 영양교육과정 개설과목 중 영유아 교육주제

주제	교육 내용
이유식 성공비결	1. 이유식 손쉽게 시작하기 2. 이유식 실천 요령 3. 이유식, 이런 것이 궁금해요.
유아식 성공비결	1. 유아식 손쉽게 시작하기 2. 유아기 주요 영양문제 3. 유아식, 이런 것이 궁금해요.
영유아 변비 예방법	1. 변비란? 2. 배변의 기전 3. 변비의 원인, 기능적 변비의 발생원인 4. 변비의 예방 및 개선방법
영유아의 비만예방과 관리법	1. 과체중, 비만 체크 2. 비만 원인 및 문제 3. 영유아 비만관리 유의점
유아 비만예방을 위한 영양관리	1. 유아 비만아의 문제 식습관 2. 소아비만 사례 및 상담 방법

주제	교육 내용
섭식행동 문제아동 행동 전략	1. 섭식문제의 원인 이해하기 2. 섭식행동(편식 등) 문제아동 행동전략
빈혈 예방과 조절	1. 빈혈의 원인 2. 빈혈 증상과 검사 3. 빈혈 예방과 조절 4. 철 보충제의 올바른 사용법
단계별 이유식(이론편)	1. 단계별 이유식 시기 및 이유식 가이드라인 2. 단계별 이유식 제공 형태 및 제공 분량
단계별 이유식(조리실습편)	1. 초기 이유식 레시피 2. 중기 이유식 레시피 3. 후기 이유식 레시피 4. 완료기 이유식 레시피
보충식품을 활용한 유아 간식	1. 유아기 간식의 필요성 2. 유아기 식습관의 문제점 및 해결방안 3. 유아 보충식품 활용 레시피
식품알레르기 바로 알기	1. 식품알레르기 원인과 진단 2. 식품알레르기 증상과 경과 3. 식품 항원의 특징 4. 식품알레르기 관리방안
영유아 성장부진과 영양관리	1. 영유아의 성장부진 평가 2. 영유아 성장부진과 영양관리 Q&A 3. 사례로 보는 성장부진
영유아 편식습관 바로잡기	1. 영유아 편식 원인 2. 영유아 편식 유형 및 대처방법

출처: 한국건강증진개발원

표 12-2 영양플러스사업의 유아 비만예방 프로그램 "건강 습관 챌린지 미션"

구분	유아 미션	가족 미션
식사행동	아침 식사하기	일정 시간에 식사하기(규칙적인 식사)
	잠자기 전 간식 먹지 않기	식사는 20분 이상 천천히 하기
	식사 후 양치하기	음식은 30번 이상 꼭꼭 씹기

구분	유아 미션	가족 미션
식사행동	하루 물 5컵 이상 마시기	간식은 우유와 과일로 먹기
	하루 과일 주먹 크기만큼 먹기	음료수 대신 물 마시기
	매끼 채소 주먹 크기만큼 먹기	식탁(밥상)에 앉아서 식사하기
	골고루 먹기	가족과 함께 앉아서 식사하기
	오감으로 느끼며 즐겁게 먹기	밥상에서 즐거운 대화하기
신체활동	기지개 켜기	식후 15분 이상 산책하기
	호흡 운동하기	자기 전에 동물요가 따라하기
	집 밖에서 운동하기	자기 전에 신체부위별 마사지하기
	집안일 함께하기	잠자리에 들기 전에 모든 가족과 포옹하기
	바른 자세 유지하기	걸어서 장보러 가기
	규칙적으로 운동하기	가족과 함께 스트레칭하기
생활습관	하루에 영상은 90분 이하로 보기	식사할 때는 TV 끄기
	잠은 9~10시간 정도 자기	충분하게 수면 취하기(최소 8시간)

출처: 한국건강증진개발원

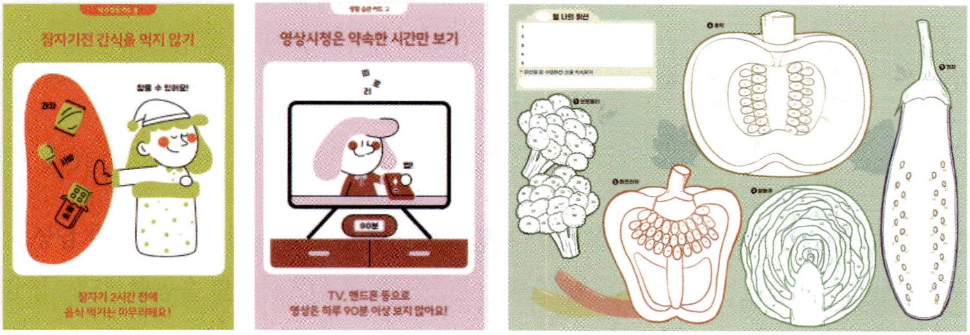

그림 12-1 건강 습관 챌린지의 미션카드 및 체크활동지

출처: 한국건강증진개발원

② 서울시 식생활종합지원센터의 영유아 영양교육 사례

서울시는 식생활종합지원센터를 통해 다양한 주제의 영양교육 프로그램과 함께 온라인 식행동 진단 도구 및 교육자료 등을 개발하여 서울 소재 보건소, 어린이급식관리지원센터, 유치원과 어린이집 등에 지원하고 있다. 서울시는 2008년부터 나트륨 섭취 저감화 사업을 추진하면서 2011년 만 3~5세 어린이를 위한 미각교육 프로그램을 개발하여 서울시 식생활종합지원센터와 함께 강사 양성과 교구를 제작하고 보건소가 어린이집에 영양교육을 할 수 있도록 지원하고 있다 그림 12-2.

그림 12-2 서울시 푸드브릿지 프로그램

출처: 서울시 식생활종합지원센터

(2) 어린이급식관리지원센터의 영유아 영양교육 사례

어린이급식관리지원센터에서는 어린이집, 유치원 등 영양사가 없는 어린이급식소를 관리하고, 영양과 위생 교육을 어린이와 종사자, 보호자에게 실시한다. 영양교육은 어린이 식생활 3대 중점과제(편식 감소, 음식 남기기 감소, 손 씻기 증가)를 중심으로 센터에서 프로그램과 교구를 개발하여 운영한다.

식품의약품안전처가 최근에 어린이 연령을 0~2세, 3~5세, 6~7세로 세분화한 식생활 영양 콘텐츠 개발 연구과제를 진행하였고, 역시 표준보육과정 주요 내용과 연결한 식품 놀이를 연령별 성장(대 · 소 근육 등)을 고려한 영유아 교육프로그램이 개발되었다 표 12-3, 그림 12-3.

① 표준보육과정과 영양 및 식생활 연결 방향 예시

- 0~2세 표준보육과정 주요 목표 내용과 식품놀이
  - 기본생활: 건강하고 안정한 생활을 경험하고 형성한다 → 즐거운 식경험
  - 신체운동: 감각을 탐색하고 신체활동을 즐긴다 → 식품놀이로 대소근육을 조절
  - 의사소통: 책에 관심, 듣고 말하기를 즐긴다 → 표정, 몸짓, 의사표현, 상상
  - 사회관계: 나를 알고 다른 사람과 즐겁게 지내는 경험을 한다 → 감정 표현
  - 예술경험: 자연과 생활에서 아름다움 느끼고 즐긴다 → 노래(리듬), 미술 감각경험
  - 자연탐구: 주변환경과 자연을 탐색을 즐긴다 → 날씨 변화, 자연 호기심 및 물체 감각, 생태
- 3~5세 표준보육과정 주요 목표 내용과 식품놀이
  - 신체운동 · 건강: 실내외 신체활동을 즐기고 건강한 생활습관을 기른다 → 건강한 식습관
  - 의사소통: 일상생활에 필요한 의사소통능력과 상상력을 기른다 → 생태 주제 도서와 이야기
  - 사회관계: 자신을 존중하고 더불어 생활하는 태도를 가진다 → 다양한 식문화
  - 예술경험: 아름다움과 예술에 관심을 가지고 창의적 표현을 즐긴다 → 음식 예술
  - 자연탐구: 탐구하는 과정을 즐기고 생명과 자연을 존중한다. → 품종의 다양성

② 식품 놀이

- 특성: 주제 식품을 중심으로 인간의 고유감각을 활용하여 식품을 탐색하고 능동적이고 상호작용적으로 식품을 경험시키는 활동이며 프로젝트형 수업과 급식을 연계할 수 있음
- 교구: 4개 영역

– 교사용: 교육지도안, PPT, 활동 카드
– 어린이용: 학습활동지, 영상물
– 학부모용: 가정통신문
– 환경구성용: 벽면 차트

• 주제: 식품의 주요 특징과 탐색 포인트를 중심으로 식품을 경험하기
• 목표: 연령별 특성을 고려하여 선정
  – 0~2세: 맛을 표현해요.
  – 3~5세: 맛을 느껴봐요.
  – 6~7세: 맛을 만들어요.

표 12-3 식품의약품안전처의 연구과제 중 영유아 식생활 · 영양교육 주제의 예

계절	구분	식재료	주제
봄	3월	① 봄동	(모양) 봄을 알리는 채소예요.
	4월	② 봄나물	(향) 진한 향기가 나요.
	5월	③ 브로콜리	(생태) 초록색 꽃이 피었습니다.
여름	6월	④ 파프리카	(식감) 아삭아삭 입안이 시원해요.
	7월	⑤ 토마토	(다양성) 모양도 색도 다양해요.
	8월	⑥ 오이	(촉감) 시원하고 촉촉해요.
가을	9월	⑦ 버섯	(생태) 우산 속 씨앗이 퍼져요.
	10월	⑧ 쌀	(조리) 요리조리 변신해요.
	11월	⑨ 당근	(단맛) 맛있게 달아요.
겨울	12월	⑩ 무	(맛) 다양한 맛이 나요.
	1월	⑪ 김	(풍미) 바다 식물이 맛있어요.
	2월	⑫ 콩	(다양성) 아름다운 씨앗이에요.

출처: 식품의약품안전처

콩 주제의 연령별 슬라이드 표지

그림 12-3 어린이 식품 놀이 자료

출처: 식품의약품안전처

(3) 식생활교육지원센터의 영유아 식생활교육 사례

농림축산식품부의 식생활교육지원센터에서는 2021년부터 만 3~5세 대상으로 '오감으로 맛보기' 프로그램을 구성하여 활동지도안과 활동지를 보급하고 있다. 총 19차시로 준비–활동–정리 3단계로 구성하고 약 20~30분 내외의 기본활동을 하며, 교육주제에 따라 심화 활동을 추가하여 다양한 활동을 할 수 있도록 안내하고 있다 그림 12-4.

대단원		소단원	학습활동 내용
Ⅰ. 음식과 나의 몸		1. 음식은 왜 먹을까요?	음식을 잘 먹으면, 잘 먹지 않으면 어떻게 되는지 알기
		2. 음식을 맛보는 다섯가지 감각	음식을 맛볼 때 오감을 사용하는 방법 알기
Ⅱ. 오감으로 맛보기	[1] 눈으로 맛보기	3. 색이 사라졌어요	색에 따른 채소, 과일 느낌의 차이 알기
		4. 겉과 속이 달라요	채소와 과일을 따라 그리고 색칠한 뒤 가로, 세로 단면 모습 알기
		5. 채소, 과일을 완성해요	과일과 채소가 자라는 곳의 모습 중 빈 곳을 채우고 특징과 맛 표현하기
	[2] 손으로 맛보기	6. 느낌이 같아요!	사물의 표면과 느낌이 같은 채소, 과일 찾기
		7. 울퉁불퉁, 매끌매끌, 거칠거칠	같은 표현어휘와 연결된 다양한 채소 과일 찾기
	[3] 귀로 맛보기	8. 비밀주머니 안에는?	비밀주머니(상자) 속 채소를 손으로 느끼고 표현하며 알아맞히기
		9. 흔들흔들 어떤 소리일까요?	통 속 곡식의 소리를 듣고 알아 맞히기
		10. 아삭아삭, 오독오독	채소를 씹을 때 나는 소리를 말로 표현하고 소리의 크기 순서대로 구분하기
	[4] 코로 맛보기	11. 후각통 안에 무엇이?	코로 냄새 맡으며 통 속 식재료 찾기
		12. 코를 킁킁	냄새를 맡고 무엇이 들어있는지 몸과 말로 표현하기
	[5] 입으로 맛보기	13. 달고 짜고 쓰고 시고	입으로 4가지 맛을 느끼고 표현하기
		14. 진짜 밥 맛	밥을 천천히 씹으며 맛의 변화를 알고 표현하기
Ⅲ. 여러 가지 맛	[1] 여러 가지 맛을 찾아요	15. 여러 가지 맛을 찾아요	음식 그림 중 먹어본 경험이 있는 음식을 찾고 맛 표현하기
	[2] 같은 음식, 다른 맛	16. 빨강, 노랑, 주황 파프리카	같은 재료의 색이 다르면 맛의 다름을 알기
		17. 날 고구마와 찐 고구마	같은 재료의 조리 전후의 여러 가지 변화의 맛과 조리의 관련성 알기
		18. 볶은 땅콩과 삶은 땅콩	같은 재료의 조리 전후의 여러 가지 변화와 맛과 조리의 관련성 알기
	[3] 음식 속 숨은맛을 찾아요	19. 음식 속 숨은 맛을 찾아요	음식 만들기 체험을 하며 오감으로 각 식재료의 맛을 표현하고 완성된 음식 속 숨은 맛을 찾아 표현하기

그림 12-4 '오감으로 맛나요' 교재 및 프로그램 예시

출처: 농림축산식품부

2. 초 · 중 · 고등학생 영양교육

성장기 학생의 성장과 발달을 위해 균형있는 영양섭취는 매우 중요하다. 특히 이 시기에는 올바른 식습관을 형성하고 식생활 관리능력을 갖추기 위한 체계적인 영양교육이 필요하다.

학교의 영양교육은 주로 교육부 및 교육청의 가이드에 따라 이루어지며, 교육과정에 범교과 학습주제 중 안전 · 건강 교육에 포함하여 진행되며 범교과 학습주제를 교과 내에서 통합적으로 지도하는 것을 권장한다. 학교의 실정에 따라 영양교사가 있는 곳은 수업 시간을 배정받아 영양교육을 진행하며 방과 후 교실(돌봄 교실)에서 이루어지는 영양교육은 학교가 자체적으로 운영하거나 국가 및 지자체와 협력하여 진행하기도 한다.

학교급식법에서는 국가와 지방자치단체가 영양교육을 통해 학생의 올바른 식생활 관리능력 배양과 전통 식문화의 계승 · 발전을 위하여 필요한 시책을 강구하여 학교의 장이 올바른 식생활 습관의 형성, 식량 생산 및 소비에 관한 이해 증진 등 학생에게 식생활 관련 지도를 하며, 보호자에게는 관련 정보를 제공하도록 규정하고 있다.

교육부는 영양과 식생활 교육영역을 학교가 교육과정을 편성하고 운영할 수 있도록 2021년에 '유 · 초 · 중 · 고 영양 · 식생활 교육 가이드라인'을 개발하여 배포하였다. 영양 · 식생활 교육의 학습을 통해 자기관리 역량, 지식정보처리 역량, 창의적 사고 역량, 심미적 감성 역량, 의사소통 역량 및 공동체 역량을 기르고, 자기 주도적인 통합적 활동을 통한 역량을 기반으로 영양 · 식생활 지식, 기능, 태도를 기르는 데 중점을 두도록 하고 있다.

1) 교육목표

건강 증진을 위하여 균형 잡힌 영양 섭취와 올바른 식습관의 중요성을 이해하고, 자기 주도적인 영양 · 식생활 활동을 실천하며, 식생활 관리능력을 함양하는 데 필요한 지식, 기능, 태도를 기른다.

- 영양 · 식품과 건강에 대한 지식을 이해하고 바른 식행동을 체계적으로 관리하는 데 필요한 기능을 익히며 실생활에서 실천하는 태도를 기른다.
- 식품의 안전과 위생에 대한 지식을 이해하고 건강에 도움이 되도록 관리하는 기능

을 익히며 안전한 식생활 환경을 확보하고자 하는 태도를 기른다.

- 자연환경 및 사회환경의 영향을 받아 형성된 식생활 문화의 중요성을 인식하고 자신의 삶과 진로에 필요한 기초 기능을 익히며 식생활 문화의 다양성을 존중하고 계승하려는 태도를 기른다.

2) 교육내용

가이드라인의 영양 · 식생활 교육의 교수 · 학습 내용은 식생활과 건강, 식생활과 안전, 식생활과 문화의 3가지 하위 영역으로 구성하였다. 각 영역의 내용은 핵심 개념과 일반화된 지식을 바탕으로 하여 학교급 · 학년군별 내용 요소로 전개하였으며, 이를 통해서 각 영역이 추구하는 통합적 기능을 신장하도록 하였다 표 12-4 .

학교급 · 학년군별로 제시한 내용 요소는 해당 학교급 · 학년군에서 집중적으로 다루되, 학교급 · 학년군 연계성을 바탕으로 하여 다른 학교급 · 학년군에서도 융통성 있게 다룰 수 있다. 또한, 영양 · 식생활 교육활동의 총체성을 바탕으로 하여 특정 영역의 성취기준을 같은 학교급 · 학년군의 다른 영역에서 적절하게 활용하여 내용을 구성할 수도 있다.

표 12-4 영양 · 식생활 교육의 내용 체계

영역	핵심 개념	일반화된 지식	내용요소						기능
			유치원	초등학교			중학교 1~3학년	고등학교 1~3학년	
				1~2학년	3~4학년	5~6학년			
식생활과 건강	영양	영양과 발달에 관한 이해는 자주적이고 건강한 삶을 영위하기 위한 기초이다.	• 음식과 식사	• 올바른 식습관 • 규칙적인 식사		• 균형 잡힌 식사 • 음식의 소화	• 청소년기 영양관리	• 생애주기별 영양관리	• 설명하기 • 조사하기 • 구별하기 • 계획하기 • 실행하기 • 판단하기 • 적용하기 • 관리하기 • 존중하기 • 탐색하기 • 실천하기 • 의사결정하기 • 평가하기 • 분석하기 • 제시하기
	식품	식품에 대한 이해와 적용은 식생활 계획 및 관리능력 향상에 기여한다.		• 식품의 종류 • 채소와 과일	• 음식과 오감	• 고열량 · 저영양 식품	• 기호식품	• 가공식품	
	건강	건강은 영양과 식품에 대한 이해를 바탕으로 바른 식행동을 지속적이고 체계적으로 관리함으로써 유지된다.			• 식품 알레르기	• 정상체중과 식사		• 건강과 식행동	
식생활과 안전	안전	안전한 식품의 선택 및 이용에 대한 지식과 수행은 현대생활에 필수적이다.	• 손 위생		• 식품 선택과 보관	• 식사의 선택	• 식품 · 영양 정보	• 식품품질 관리제도	
	위생	일상생활에서 위생 사고를 예방하고 적절히 대처함으로써 안전과 건강이 확보된다.		• 개인위생	• 식품위생		• 식중독		
식생활과 문화	개인과 사회	개인은 사회를 통해서 성장하고 사회의 유지, 존속을 위해서는 식생활 환경과의 관계에 대한 이해가 필요하다.	• 식사예절	• 학교급식	• 식생활 변천	• 음식과 환경	• 식량 생산과 소비	• 기후변화와 식생활	
	음식 문화	인간은 자연환경 및 사회환경에 적응하고 극복하는 과정에서 고유한 음식문화를 형성한다.		• 우리나라 음식문화	• 세시풍속과 음식문화 • 다른 나라 음식문화	• 조리의 기본	• 세계의 음식 문화 • 조리의 실제	• 음식 개발 • 미래 식품과 진로 탐색	

출처: 교육부

3) 교육사례

(1) 초등학교의 영양교육 사례

교육부, 보건복지부, 식품의약품안전처, 건강증진개발원, 지자체, 교육청, 학계, 학회 등 다양한 기관에서 영양교육 프로그램을 개발하여 보급하고 있으며 각 기관의 홈페이지를 통해 자세한 내용을 볼 수 있으므로 여기에서는 간략하게 소개한다.

① 보건복지부의 아동비만 예방사업 '건강한 돌봄놀이터'

초등학교 저학년 아동의 비만예방을 위해 건강증진개발원이 놀이형 영양프로그램으로 6개 영역의 교재와 각 영역당 4차시의 교육내용으로 총 24차시를 구성하고 교육지도안, 활동지, 영상, 정보지 등 다양한 교구를 개발하여 보건소를 통해 초등학교 돌봄교실과 지역아동센터에서 운영할 수 있도록 지원하고 있다 표 12-5.

표 12-5 아삭아삭 폴짝폴짝 건강한 돌봄 놀이터의 프로그램 구성 내용

구분	제목		주요 내용	운영 차시
1		다양한 음식을 골고루 먹어요.	1–1 식품구성 자전거	1차
			1–2 여섯 가지 식품군 친해지기	2차
			1–3 골고루 먹기의 중요성 알아보기	3차
			1–4 골고루 먹기 실천하기	4차
2		알록달록 채소, 과일을 매일 먹어요.	2–1 채소 · 과일 알아보기	5차
			2–2 채소 · 과일 친해지기	6차
			2–3 채소 · 과일 매일 먹기	7차
			2–4 채소 · 과일 오감 맞추기	8차
3		건강 간식을 먹어요.	3–1 건강 간식 이해하기	9차
			3–2 건강 간식 만들기	10차
			3–3 식품 및 영양성분 표시 알기	11차
			3–4 건강 간식 찾기 놀이	12차

구분	제목		주요 내용	운영 차시
4		건강 음료를 마셔요.	4-1 건강 음료 알아보기	13차
			4-2 우유 대체식품 알아보기	14차
			4-3 건강 음료 만들기	15차
			4-4 건강 음료 딱지놀이	16차
5		건강 식품관을 지켜요.	5-1 건강 식습관 알아보기	17차
			5-2 건강 식습관 빙고 놀이	18차
			5-3 아침밥의 중요성 알아보기	19차
			5-4 건강 식습관 카드놀이	20차
6		건강 체중을 지켜요.	6-1 건강 체중 이해하기	21차
			6-2 건강 체중 풍선 놀이	22차
			6-3 신체활동 알아보기	23차
			6-4 건강 습관 실천하기	24차

출처: 보건복지부, 한국건강증진개발원

② 식품의약품안전처의 식품안전 영양교육

식품안전 및 영양교육 프로그램은 대주제 3개(식품영양, 식습관, 식품안전·위생)와 9개의 소주제(골고루 먹기, 채소먹기, 건강한 맛, 식사예절, 올바른 식습관, 건강체중, 개인 위생과 식중독 예방, 건강 간식, 식품안전)로 되어 있으며, 건강하고 안전한 식생활을 위해 저학년 '의식 높이기', 저학년 '실천력 기르기', '실천력 다지기' 단계로 학년별 수준과 내용 체계로 구성하고 다양한 교구도 개발하여 교육부와 함께 보급하고 있다 그림 12-5.

그림 12-5 초등학교 식품안전 · 영양교육 자료

출처: 식품의약품안전처

③ 농림축산식품부의 식생활 교육사업

식생활교육지원센터를 학교에서 자체적으로 운영하거나 지자체가 지원하는 식생활 교육프로그램을 구성하고 다양한 자료를 개발하여 보급하고 있으며 '스스로 뚝딱', 텃밭 교육 프로그램 '오감으로 만나는 텃밭' 등이 있다 그림 12-6 .

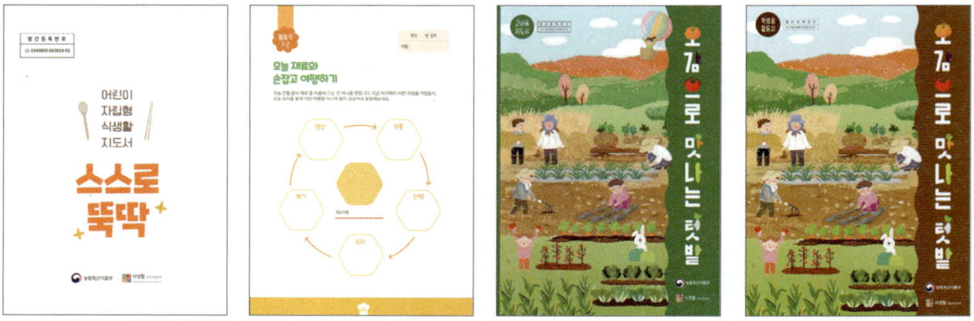

그림 12-6 어린이 식생활 교육자료

출처: 농림축산식품부

④ 서울시의 지역아동센터 과일 제공사업–"얘들아 과일 먹자"

서울시는 서울시농수산식품공사와 가락시장 청과법인 등의 후원으로 지역아동센터를 이용하는 아동들에게 과일을 제공하고 보건소가 영양교육을 할 수 있도록 교육프로그램과 자료를 개발하였다. 특히 맛을 과학적으로 접근하여 교육하는 내용을 개발하고 서울시 식생활종합지원센터의 홈페이지를 자료를 배포하였다 표 12-6, 그림 12-7.

표 12-6 "얘들아 과일 먹자"의 영양교육 주제

차시	2016년도 맛 과학 교육주제
1	맛의 의미 : 먹는다는 것에 의미를 부여하기
2	맛의 의미 : 좋아한다는 것, 음식의 먹을 때의 느낌을 소중하게 하기
3	맛의 배경(문화, 역사 등) : 음식문화 다양성을 존중하는 사람이 되기
4	맛의 배경(환경) : 식사환경에 관심을 갖는 사람이 되자
5	맛의 배경(습관) : 나를 소중히 하는 식습관을 갖자
6	맛의 자극(시각) : 맛의 시각적 요소를 즐기기
7	맛의 자극(청각) : 맛의 청각적 요소를 즐기기
8	맛의 자극(촉각) : 맛의 촉각적 요소를 즐기기
9	맛의 자극(후각) : 맛의 후각적 요소를 즐기기
10	맛의 자극(미각) : 맛의 미각적 요소를 즐기기
11	맛의 표현(오감의 맛) : 음식의 자극을 언어로 표현하기
12	맛의 자극(마음의 맛) : 음식과 함께 떠오르는 추억을 떠올려 보기
차시	**2017년도 맛 감각 교육주제**
1	공감 : 친구들이 말하는 과일 이야기(동시, 그림, 맛 표현단어 등 카드)
2	구분 : 다양한 향 탐색하기(향 차이 구분, 유사계열 구분)
3	구분 : 과일별 성장과정 알아보기(씨앗, 잎, 나무 등 과일과 매칭)
4	인지 : 후각의 시각화로 향을 구분하고 5가지 계열에 매칭하기
5	인지 : 주어진 향과 식품카드 매칭하여 정답 맞추기, 후각왕 찾기
6	묘사 : 향에 대하여 표현하기(색, 질감, 온도, 모양, 추억 등)
7	묘사 : 누구일까? 추리왕 찾기(숨겨진 원물에 대한 단계별 오감적 설명)
8	묘사 : 내가 좋아하는 향을 가진 과일을 글과 그림 표현하기(계절별)

출처: 서울시

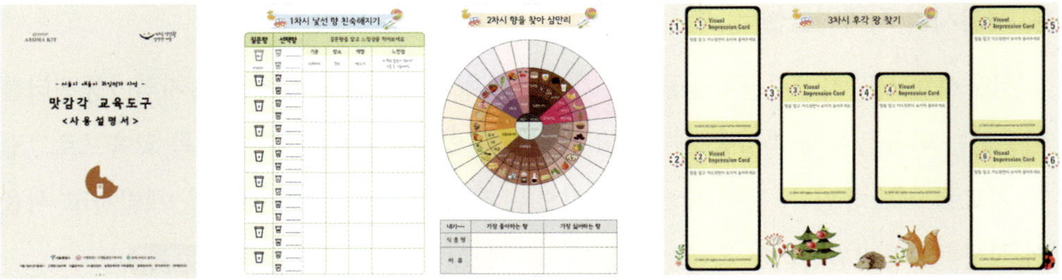

그림 12-7 "얘들아 과일 먹자" 프로그램의 영양교육 중 후각교육

출처: 서울시

(2) 중고등학교의 영양교육 사례

① 식품의약품안전처의 식품안전 및 영양교육

청소년기의 주요 영양문제를 중심으로 6개 주제(카페인, 식품첨가물, 식중독, 영양과 식사, 비만과 식이장애, 영양성분 표시)로 구성하여 교육부와 함께 보급하고 있다 **그림 12-8** .

그림 12-8 중학교 및 고등학교 식품안전 · 영양교육 자료

출처: 식품의약품안전처

② 서울시의 '건강매점 및 아침밥 클럽'

서울시는 학교 내 매점을 단순하게 판매공간이 아닌 올바른 식생활을 배우고 건강한 식품을 선택할 수 있는 환경으로 개선하고 과일 및 과일제품 등 건강식품이 판매될 수 있도록 지원하는 건강매점사업을 지원하였다. 그리고 매점이 건강한 식생활 정보전달 및 실천의 기회를 제공할 수 있는 공간이 될 수 있도록 전자패널을 설치하여 다양한 영양교육 자료를 제공하였다. 아침으로 간편식 제공과 함께 밥상 수다 형식으로 영양교육을 하

는 아침밥 클럽도 운영하였으며, 건강매점사업 지원단과 후원기업인 켈로그가 영양교육 자료를 제작하여 지원하였다 표 12-7, 그림 12-9.

표 12-7 아침밥 클럽의 교육주제

주제	세부 내용	
(1) 규칙적으로 먹자.	• 아침은 무엇을 먹었나요? • 아침밥 꼭 먹어야 하나요? • 간편한 아침식사 베스트 • 색칠해 보자! 3끼 식사비율	• 안 먹으면 살이 빠질까? • 우리의 영양문제는 무엇일까? • 밥상 위 토론 • 골라 찍는 재미가 있다!
(2) 골고루 먹자.	• 얼마나 골고루 먹었나요? • 영양표시제도: 열량과 지질 • 어디에 속하는지 아니? • 밥상 위 토론	• 나만의 탑을 세우자 • 나는 이런 스타일로 공부한다! • 영양표시제도, 너는 누구니?
(3) 다양하게 먹자.	• 매일 다양한 과일을 먹어보자. • 다양한 식품이 건강하게 만든다. • 친구와 함께 하는 과일빙고 • 건강 영양상식 미로게임 • 같은 열량, 다른 영양?	• 밥상 위 토론 • 텅빈 칼로리 • 나의 스트레스 지수 체크하기 • 내가 바로 영양심사위원!

출처: 서울시

그림 12-9 건강매점 전자패널 및 아침밥 클럽 교육자료

출처: 서울시

④ 보건복지부의 아동 · 청소년 모바일 헬스케어 사업

아동의 건강한 신체를 위해 2021년부터 학생을 대상으로 ICT 기반 비대면 모바일 헬스케어 플랫폼을 이용하여 신체활동, 식습관, 생활습관을 개선하기 위한 초등학교 5~6학년, 중학교 1~3학년을 대상으로 맞춤형 건강관리 서비스를 지원하고 있으며, 한국건강증진개발원과 보건소가 모바일을 통해서 다양한 콘텐츠를 제공하고 있다 그림 12-10.

그림 12-10 아동 청소년 모바일 헬스케어의 영양교육 콘텐츠

출처: 보건복지부

3. 청장년 영양교육

청장년층은 건강한 식생활에 대한 관심과 실천의지 부족으로 인해 결식, 불규칙한 식사, 인스턴트 식품, 배달음식의 잦은 섭취, 혼밥, 먹방 시청, 과음, 폭식 등의 식생활 관리 능력이 부족한 현실이다. 식습관이 좋지 못할수록 대사증후군, 비만, 만성질환 위험이 높아지므로 청년층과 장년층이 비만과 만성질환을 예방하고 스스로 건강한 삶을 만들어갈 수 있도록 지속적인 영양교육이 필요하다. 농림축산식품부의 대학생을 위한 천원의 아침밥을 시작으로 식품의약품안전처의 청년식생활 가이드, 농림축산식품부의 청년 1인 가구 식생활 교육, 서울시의 식품안전 및 영양교육이 청장년이 이용하는 시설인 오랑 센터,

1인 가구 지원센터, 대학 등에서 운영되고 있다.

1) 교육목표

건강한 식생활 관리를 목표로 아침 식사 섭취, 건강한 외식, 식품의 다양성, 식사의 질, 절주, 당 과다 식품 섭취 관리, 올바른 체중관리 식사 등을 목표로 하며, 체중조절과 감정으로 인한 폭식과 금식을 예방하기 위한 심리와 감정 식사 관리 실천도 목표라고 할 수 있다.

2) 교육내용

청장년의 식사 패턴, 조리기술 능력, 식재료 선택 및 관리, 가구 형태, 사회적 위치와 경제활동 등을 고려하여 영양교육 내용과 활동을 구성해야 하며, 음식 언어와 취향, 소셜다이닝 등 새로운 트렌드를 만들어가는 세대이므로 다양한 요소를 접목해서 구성해야 한다.

3) 교육사례

① 농림축산식품부의 청년 1인 가구 식생활교육 '도전! 진짜 어른 원정대'

20~30대 청년 1인 가구를 대상으로 일상생활 속에서 스스로 식생활을 개선할 수 있도록 돕고자 기획한 '생활형' 식습관 개선 프로그램이다. 청년들의 올바른 식생활 형성을 위해 '소비(선택)–조리–섭취–폐기'의 먹거리 생활 과정에서 안전하고 좋은 식품을 선택할 수 있는 능력과 스스로 음식을 해서 먹을 수 있는 조리기술을 향상시키고, 더불어 지속가능한 식생활을 영위할 수 있도록 하여 식습관을 개선하도록 한다. 주제는 부엌과 친해지기로 총 6차시 교육으로 구성되어 있다 그림 12-11.

- 1차시 소개하기(나와 우리와 지구를 위한 식생활)
- 2차시 다가가기(식품표시 확인하기)
- 3차시 알아보기(동물성 식품 알기)

- 4차시 가까이 가기(조리도구와 담기)
- 5차시 친해지기(불과 칼 사용법, 간 맞추기와 계량법)
- 6차시 아껴주기(쓰레기 구분, 부엌 관리, 설거지 방법)

그림 12-11 도전! 진짜 어른 원정대의 교육책자 및 영상 자료

출처: 농림축산식품부

② 서울시의 청장년 식품안전 및 영양교육 '식사챙김, 잇팅스텝'

혼밥 청장년을 대상으로 식생활을 푸드시스템 영역에서 생각해보고 건강, 영양, 생태, 심리, 맛 과학 등의 다양한 영역에서 접근하는 프로그램이다. 온·오프라인으로 운영하며 강의 후에는 오픈채팅방을 통하여 진행코치가 정보전달과 미션 참여를 관리하도록 구성하였다 표 12-8 , 그림 12-12 .

표 12-8 서울시 식품안전 및 영양교육의 청장년 '식사챙김, 잇팅스텝' 내용

단계	주제	내용 및 구성(60~120분)	교구
1	알기	• 식사유형 알아보기 • 식사과정 생각해보기 • 식사의 중요성 알기	• 잇팅스텝 안내문 • 식사일기 • 교육 전 평가지
2	분석하기	• 나의 식사 분석하기 • 식사의 문제점과 개선방향 적어보기	• 식습관 체크리스트 • 식습관 실천표
3	이해하기	• 맛 예민도 검사하기 • 맛있음의 기준과 맛의 원리 이해하기	• 센소타입 • 맛체험키트
4	살펴보기	• 감정과 식사와의 관계 알기 • 음식명상 체험하기	• 건포도 명상키트 • 차명상 키트
5	둘러보기	• 식사과정을 고려하여 식사계획을 적어보기 • 식사환경 생각하기(식탁, 조명, 그릇 등)	• 활동지
6	실천하기	• 생각 정리력을 식생활에 적용하기 • 식사환경 수정계획 세우기(냉장고 등)	• 냉장고 정리키트
7	공유하기	• 식사환경 개선 실천내용 공유하기 • 식사에 사용하는 기구 청소방법 알기	• 친환경 실천키트
8	행동하기	• 기후변화와 식재료, 종의 다양성 생각해보기 • 식재료를 슬기롭게 관리하는 방법 알기	• 토종곡물 경험키트 • 오색채소 레시피
9	약속하기	• 식사챙김 실천내용 공유하기 • 건강한 식사챙김 실천을 약속하기	• 한달 실천표 확인 • 교육 후 평가지

출처: 서울시, 식생태문화협회

그림 12-12 잇팅스텝 프로그램 안내문 및 운영 현장

출처: 서울시, 식생태문화협회

4. 근로자 영양교육

성인 30~40대 남성의 비만이 급격하게 증가하고 만성질환의 발병률도 높아지고 있어 영양관리가 필요하지만 직장인들은 하루의 대부분을 직장에서 보내고 있어 영양서비스에 대한 접근성이 낮은 상태이다. 건강관리에 대한 관심이 많고 중요하게 생각하지만 시간적, 경제적 여유가 없어서 관리하지 못하므로 직장 내에서 식생활 관리능력을 높이는 교육이 필요하다.

보건복지부와 지자체, 한국건강증진개발원, 국민건강보험공단 등이 직장 또는 산업체 급식소에 다양한 방식의 영양서비스와 함께 영양교육을 지원하고 있다.

사업체 급식소에서는 IT 기술 접목한 급식 및 영양상담 서비스가 이루어지고 있으며, 터치스크린 투표를 통해 다음날 식단을 선정하거나 식당 입구에서 메뉴와 원산지를 공지한다. 스크린을 통해 식당 메뉴와 대기 시간 등을 알려주며, 다양한 이벤트를 통한 즐거움을 제공하고 있다. 예를 들어 매주 수요일을 fresh day로 지정하여 이벤트식을 제공하거나 인도네시아 전통요리 '나시고렝'을 제공할 때 전통복장을 입고 서빙하기도 하며 Trend day, Brand day, Health day 등을 운영한다. 건강을 고려한 메뉴와 영양상담 서비스를 제공하고 저염식, 당뇨식, 저칼로식도 제공하는 산업체 급식소의 프로그램으로는 웰스토리는 헬스기빙 다이어트(맞춤형 건강케어 프로그램)를 현대그린푸드 G-slim식, 스마트 정식, DNA 건강식 제공 등이 있다.

1) 교육목표

성인기는 건강한 경제인력 양성과 함께 건강한 노년을 대비하는 매우 중요한 시기이므로 규칙적인 식사, 외식 및 식사량, 과다 섭취 영양소(당, 나트륨, 지방)와 음주행태 관리, 적절한 수분 섭취, 활동량과 건강체중 확보 등을 목표로 하며, 식사 준비부터 정리, 함께하는 식사 등 식생활 관리능력의 향상도 목표로 한다.

2) 교육내용

근로자의 산업질병 예방과 건강증진을 위하여 건강한 식사방법, 암예방을 위한 식생활, 체중관리 방법, 알코올과 건강, 외식 선택 방법, 대사증후군 식사관리, 건강한 식습관 및 생활습관 관리, 건강하고 맛있게 조리하는 방법, 스트레스와 마음챙김 식사 등의 교육내용으로 구성한다.

건강 상태, 식습관 및 생활습관 등을 진단하고 분석하여 개인상담 및 소그룹 교육, 웹기반 건강 모니터링, 직장내 메일 및 인트라넷을 통하여 정보전달 등 스스로 관리할 수 있는 교육내용과 체험형 실습강의, 구내식당 환경 구성을 활용한 교육방법 등 근로자가 이용하는 시설의 환경 특성을 고려하여 구성한다.

3) 교육사례

서울시는 2015년에 건강증진에 기여하는 기업의 구내식당을 영양친화 급식소 '건강바람'으로 지정하여 현판을 수여하였으며, 기업의 급식소는 직장인을 대상으로 건강한 식습관을 실행할 수 있는 다양한 프로그램을 운영하였다. 영양친화 급식소 '건강바람'은 직장인의 건강증진을 위하여 바람직한 영양·식생활 환경을 조성하고, 삶의 질 향상에 기여하는 급식 서비스를 제공하는 사업체 급식소를 대상으로 심사기준을 통해 인증을 부여하는 제도이다. 급식 관련 법령(식품위생법 등)을 준수하고, 영양적으로 균형있는 급식(한국인 영양섭취기준)을 제공하며, 직장인 대상으로 영양친화 활동을 수행하는 사업체 급식소를 활성화하고자 실행되었다.

보건복지부는 근로자의 건강이 중요하다는 인식을 갖고 2022년 건강친화기업 인증제도를 도입하고, 제3차 국민영양관리기본계획에 성인의 주요 생활공간인 직장기반 영양교육 프로그램을 개발·보급하여 직장인의 영양관리 실천 역량을 강화할 수 있는 추진과제를 마련하였다 그림 12-13.

그림 12-13 근로자 이용시설 건강 인증사업 및 영양관리 운영 현장

출처: 보건복지부, 서울시

5. 임산부 영양교육

임산부는 모체의 건강 유지와 태아의 성장발달을 위하여 영양소의 필요량이 증가하고 혈액량 증가는 빈혈을 나타낼 수 있으며 정상적인 체중증가와 필요한 영양소 확보가 이루어지지 않으면 조산, 유산, 저체중아 출산 등 좋지 않은 결과가 나타날 수도 있다. 반면 과도한 체중 증가는 임신성 당뇨와 고혈압 등을 초래하여 임산부의 건강까지도 위협할 수 있으므로 식사 관리는 매우 중요하다.

임산부들은 영양에 관심이 많고 건강한 식사를 하려고 하는 동기는 매우 높으나 실제로는 영양지식이 부족하며, 잘못된 영양지식을 가지고 있는 경우도 많고, 영양 정보를 얻는 경로도 서적보다는 인터넷과 소셜미디어를 통하여 정보를 얻고 있는 현실이다.

임산부 대상 영양교육은 주로 보건소와 산후조리원, 산부인과에서 주로 이루어지고 있으며 일부 아기용품 판매회사에서도 운영하고 있다. 보건소는 영양플러스사업으로 영양교육을 주로 대면 교육, 서면 교육, 가정방문 등 다양한 방법을 통해 실시하고 있으며, 일부 보건소는 모자보건사업으로 임산부 교실을 운영하면서 산전·산후 영양관리 방법을 교육하고 있다. 산모 대상의 교육은 모체를 포함한 영유아의 영양관리에 대한 교육을 함께 실시하는 경우가 많다.

1) 교육목표

임산부 영양교육은 임신부는 적절한 체중증가를 목표로 식사와 간식을 섭취할 수 있도록 하며, 출산부는 모유수유 여부에 따라 회복과 체중 관리를 하는 목표로 식사와 간식을 섭취할 수 있도록 해야 한다. 임신 전과 후에 필요한 영양소 정보를 제공하고, 건강한 식행동을 실천할 수 있도록 다양한 방법으로 체험할 수 있도록 한다.

2) 교육내용

임산부(임신, 출산, 수유)의 식사 및 체중관리를 기본으로 입덧, 빈혈, 식품알레르기, 변비, 임신성 당뇨병, 고령임신, 출산, 모유수유와 조제수유 등에 따라 영양문제와 관련된 내용으로 단체교육이나 개인교육(상담)을 한다 표 12-9.

보건소 영양플러스사업의 영양교육 주제는 필수 교육과 선택 교육이 정해져 있으며, 온라인 교육도 할 수 있도록 EBS 육아학교에 영상을 탑재하여 실시하고 있다. 자료는 중앙배포 교육자료를 바탕으로 교육하며, 기존 보건소에 보유하고 있는 자료와 새로 개발한 자료를 이용할 수 있다.

3) 교육방법

임신부는 직장이 있거나 임신주수가 높아지면 대면 교육에 참석하기가 어렵고, 출산부는 아기로 인하여 대면 교육에 더욱 참석하기가 어려우므로 다양한 방법의 영양교육을 생각해야 한다. 오래전부터 주로 실시하는 교육방법 중 하나는 영양정보를 산모수첩에 수록하여 전달하거나 별도로 영양 관련 정보를 소책자나 리플릿으로 제작하여 배포하면서, 대면으로 이론 강의나 조리 실습을 하는 것이다. 2010년대에 들어와서는 기존의 방식과 함께 온라인 교육 플랫폼과 소셜미디어를 활용한 온라인 강의와 영양정보 콘텐츠를 제작하여 전달하고 있다.

표 12-9 영양플러스사업의 임산부 영양 교육 주제 및 내용

주제	교육 내용
모유수유 성공비결	1. 모유수유의 효율성 2. 모유수유의 장점 3. 모유수유의 성공 조건 4. 모유수유의 기준선 5. 모유의 수유 기간
성공적인 모유수유를 위한 유방 관리	1. 모유수유를 위한 준비과정 2. 유방관리 이론 및 실천방법
출산 · 수유부의 건강식생활	1. 출산 후 영양관리의 중요성 2. 출산 · 수유부의 식생활 지침 3. 수유부의 건강 밥상 포인트
임신기 영양관리 중요성	1. 임신기 영양 식사관리 중요성 2. 임신 단계별 올바른 영양관리(필수영양소) 3. 임신 주 피하여야 할 식품 4. 임신기 체중관리를 위한 식사
임신기 체중관리	1. 임신기 체중관리 중요성 2. 바람직한 체중 증가량 3. 임신기 고혈압, 당뇨, 임신중독 등 위험 4. 출산 후 체중조절 필요성
빈혈 예방과 조절	1. 빈혈의 원인 2. 빈혈 증상과 검사 3. 빈혈 예방과 조절 4. 철 보충제의 올바른 사용법
식사구성안을 활용한 균형 잡힌 식사하기	1. 식품구성 자전거란? 2. 식품군별 1인 1회 분량 3. 식사구성안을 활용한 식사계획 4. 나의 식단 계획해보기
임신부를 위한 추천 레시피	1. 소고기 채소말이 2. 소고기 달걀덮밥 3. 부추페스토와 채소볶음 4. 김 미역 쫀득 부침개 5. 검은콩 감자라떼 6. 토마토 당근 리조또

주제	교육 내용
출산 · 수유부를 위한 추천 레시피	1. 닭고기 채소 영양솥밥 2. 닭고기 두부덮밥 3. 닭고기 연근 초무침 4. 검은콩 단호박 리조또 5. 연근 샐러드와 두부마요네즈

출처: 보건복지부, 한국건강증진개발원

4) 교육사례

한국건강증진개발원 및 지역별 보건소 홈페이지에 접속하면 영양플러스사업과 모자보건사업(임신부 교실, 출산준비 교실)에서 실시하는 다양한 영양교육 사례를 볼 수 있으며 그림 12-14, 최근에는 공공산후조리원과 산부인과에서 영양교육을 하는 사례도 찾아볼 수 있다. 서울시에서는 임신부 및 출산부 대상으로 소그룹 교육을 위한 교구를 만들어서 배포하였고, 식품의약품안전처에서도 임산부에 대한 교육자료를 제작하여 배포하였다 그림 12-15.

그림 12-14 영양플러스사업 영양교육 운영 현장

출처: 울진군 보건소, 진해 보건소

그림 12-15 서울시 영양플러스사업의 임산부 영양교육 도구

출처: 서울시

6. 장애인 영양교육

장애인은 일반인에 비해 영양취약 집단에 속하거나 영양장애를 겪는 경우가 많으며, 식품 섭취의 어려움과 약물 및 영양소의 상호작용, 대사장애, 성장 패턴의 장애 등으로 영양적으로 취약하다. 또한 비만, 심장질환, 골다공증 등 여러 가지 질병이 나타날 가능성이 커서 영양관리가 매우 중요하다. 특히 지적장애인들은 과식, 편식 등의 식습관과 고열량 식품을 선호하는 특성이 있어 비만으로 인한 고혈압 및 당뇨와 같은 질병이 발생할 수 있으므로 영양교육이 필요하다.

장애인은 신체적·정신적 장애로 인해 장기간에 걸쳐 일상생활 또는 사회생활에 제약을 받는 사람으로 다양한 유형으로 세분화하여 대상별 특성을 고려해서 영양교육을 해야 한다. 신체적 장애는 외부 신체기능의 장애(지체장애, 뇌병변장애, 시각장애, 청각장애, 언어장애, 안면장애)와 내부 기관의 장애(신장장애, 심장장애, 간장애, 호흡기장애, 장루 및 요루장애, 뇌전증장애)로 구분되며, 정신적 장애는 발달장애(지적장애, 자폐성 장애)와 정신장애로 구분된다.

식품의약품안전처의 가이드에 따라 사회복지급식관리지원센터가 영양사가 없는 급식소를 대상으로 급식관리와 함께 영양교육을 실시하고 있으며, 지자체 일부도 장애인 영양교육을 지원하고 있다. 점자도서관도 시각장애인 대상으로 음식 관련 주제의 도서를 선정하여 오디오북 또는 점자책을 가지고 독서토론 및 원물을 이용한 실습을 진행한다.

장애아동의 대부분은 어린이집 장애인반, 특수학교, 특수학급을 통하여 교육받으며, 성인 장애인들은 지역사회 재활시설과 직업재활시설 등에서 생활지도와 도움을 받으며 생활하므로 기관의 시설 특성을 잘 고려하여 영양교육을 구성해야 한다.

1) 교육목표

건강을 위한 다양한 식품을 알맞은 양으로 골고루 먹기가 목표라고 할 수 있으며, 손 씻기, 신체활동 늘리기, 올바른 식습관과 식사 예절을 형성하는 것도 중요한 목표이다.

2) 교육내용

장애 유형, 신체 특성, 연령, 인지 수준 등 다양한 요소를 고려해야 하며, 장애유형별 활동 제약과 돌발 행동 등도 고려하여 교육 내용과 활동을 세밀하게 구성해야 한다. 특히 이론보다는 체험 및 실습 활동 위주의 교육으로 구성해야 하며, 보호자 및 이용시설 관계자에게도 교육하는 것이 좋다.

3) 교육사례

① 장애아동 대상 식품안전 및 영양교육

서울시와 서울시영양사회는 특수학교분과 영양교사들과 함께 아동의 눈높이에 맞는 교육 주제와 내용을 개발하여 아동의 흥미와 참여를 촉진하기 위한 활동을 구성하여 운영한다 표 12-10 , 그림 12-16 .

표 12-10 서울시 식품안전 및 영양교육 – 장애아동 대상

구분	교육 주제	내용 구성(안)
1차시	맛있는 음식, 아프지 않게 먹어요.	• (위생) 식중독 예방하기 • (활동) 손 씻기 및 클레이 놀이
2차시	매일 골고루 먹어요.	• (영양) 컬러푸드 알기 • (활동) 채소 부케 만들기
3차시	건강한 간식을 선택해요.	• (영양) 덜 달고 덜 짜게 간식 선택하기 • (활동) 요거트 과일 파르페 만들기
4차시	사라져가는 식품을 기억해요.	• (식생활) 뜨거워지는 지구와 농산물 • (활동) 토종 곡물 놀이, 다식 만들기

출처: 서울시, 서울시영양사회

그림 12-16 장애아동 대상 식품영양 교육자료

출처: 서울시, 서울시영양사회

② 성인 장애인 대상 식품안전 및 영양교육

서울시는 일상생활과 연결한 식품안전 영양교육으로 '오감으로 경험하는 감각 식탁' 주제로 아동 수준의 체험활동을 구성하여 운영하였다 표 12-11, 그림 12-17.

표 12-11 서울시 식품안전 및 영양교육 – 성인 장애인 대상

차시	주제	내용 및 구성	교구
1	나의 손, 우리집 냉장고	• 손 세척 전 · 후 확인하기 • 식중독 예방을 위한 방법 • 좋아하는 음식과 식재료의 소비기한 알기	*형광로션, 뷰 램프 등 *손씻기 활동 카드
2	오색 채소, 감각 경험	• 식재료별 성장과정 및 특성 알기 • 오미오감으로 식재료 탐구하기 • 그림 레시피로 샐러드파스타 만들기	*식사활동 카드 *그림 레시피
3	1그램의 감각	• 양념 재료를 탐색하고 나만의 양념 만들기 • 곡물 샐러드의 식재료 탐구하기 • 샐러드를 예쁘게 담아서 먹기	*양념 감각 키트

출처: 서울시, 식생태문화협회

그림 12-17 오감으로 경험하는 감각식탁 안내문 및 운영 현장

출처: 서울시, 식생태문화협회

7. 노인 영양교육

노인은 노화의 영향으로 신체기능 저하, 신체활동 감소 사회활동 참여 감소, 가족형태의 변화 등을 겪으면서 신체적 · 사회적 · 경제적 · 정신적 능력이 낮아져 영양불균형 위협 요인의 영향을 받기 쉽다. 홀로 거주하는 독거노인의 경우 혼자 음식을 준비하고 식사

하면서 제대로 균형 잡힌 식사를 하기 어려우며, 고령화될수록 인지력과 기억력이 감퇴하여 일상생활과 거동도 어려워져 요양시설을 이용하게 된다.

노인의 경우 여러 신체적 변화로 인해 식사량도 감소하고 영양흡수도 낮아지고, 만성질환까지 동반하는 경우도 많으므로 영양섭취에 각별한 관심이 필요하다. 노인인구 절반 이상이 여러 가지 영양소의 섭취가 부족하거나 식이 및 영양과 관련된 질환을 가지고 있어 WHO에서는 노인들을 영양위험 집단으로 분류하고 있다. 노인들의 영양문제는 한 가지 이유보다는 여러 가지 원인들에 의해 복합적으로 발생되는 경우가 많다. 연령이 증가함에 따라 여러 신체적 변화가 생기게 되는데 특히 장의 기능이 떨어지면서 소화 흡수나 대사기능이 저하되고, 맛을 느끼는 감각도 떨어져 음식을 더 짜게 먹게 되고 식욕도 없어진다. 노인들의 치아도 중요한 문제인데, 의치를 하면 음식을 씹는 저작능력이 많이 감소되어 음식 종류의 선택도 제한받게 된다. 결국 영양섭취가 부족하면, 몸의 여러 대사기능이 떨어지고 면역체계도 약화되어 독감이나 폐렴 같은 급성 감염성 질환뿐 아니라 만성질환에도 걸리기 쉬워진다. 그리고 약물들이 소화기능에 장애를 주는 경우가 많고, 병의 회복 속도도 느려져서 사망률 또한 증가할 수 있다.

노인은 노화 및 질병 발생이 증가하고 식품섭취 저조에 따른 영양소 부족으로 영양상태가 저하되어 장기적으로 영양불균형을 초래하므로 노년기의 건강한 삶을 위해서 영양교육과 식생활 관리가 중요하며, 인지력, 치매, 질환, 거동 여부 등 다양한 특성을 고려하여 대상별 교육내용과 교구를 설계하는 것도 매우 중요하다.

보건복지부, 식품의약품안전처, 지자체, 보건소, 사회복지급식관리지원센터 등이 노인복지관, 노인양로시설, 노인요양시설, 노인대학, 경로당 등에 영양교육을 지원하고 있으며 보호자, 시설관계자 등도 포함하여 영양교육을 하고 있다.

1) 교육목표

노년기 건강한 삶을 위한 식생활 관리를 목표로 노화에 따른 식사 관리, 질환 예방을 위한 식생활, 만성질환 관리를 위한 식사방법, 함께하는 즐거운 식사 등이 궁극적인 목표라고 할 수 있다.

2) 교육내용

건강 상태, 활동 형태, 인지 수준, 가족 거주 여부 등을 고려하여 영양교육 내용과 활동을 구성해야 하며 노화에 따른 신체기능 저하와 감정 기복을 극복하는 즐거운 식사, 규칙적인 식사, 소화와 식욕 관리, 저작(치아)과 섭식(씹고 삼킴) 관리, 식품의 다양성과 식사량 관리 등을 이론교육이 아닌 체험형 교육으로 구성한다.

3) 교육사례

① 보건복지부의 노인을 위한 영양교육 프로그램은 스스로 건강한 식생활을 할 수 있도록 질환 유무에 상관없이 노인이 기본적으로 알아야 할 내용으로 구성되어 있다 표 12-12 .

표 12-12 보건복지부의 노인을 위한 영양교육 프로그램 내용

차시	주제	내용
1	식생활 관리의 중요성 – 나의 식생활은 건강한가?	• 나의 영양 위험도 평가 • 노화에 따른 신체의 변화 • 식생활과 건강한 노후의 관계
2	식품구매 방법 – 알뜰하게, 깨끗하게, 건강하게!!	• 식품 구매 시 바른 행동과 바르지 못한 행동 • 올바른 장보기의 필요성 • 올바른 장보기를 위한 구매 원칙 (경제적, 영양적, 위생적인 장보기 방법)
3	식생활 지침 – 골고루, 알맞게, 제때에!!	• 식생활지침 퀴즈(신체기관에 좋은 음식) • 노인 식생활지침과 관련 문제점
4	식사와 어르신 질환의 관계 – 어르신 질환, 이렇게 극복하자!	• 주의가 필요한 식행동과 문제점 설명 • 단 음식 줄이기, 짠 음식 줄이기 • 고기, 생선 녹색 채소를 충분히 먹기
5	식품위생의 중요성 1 – 내 음식에 몰래 숨어 있는 이것은?	• 식품 위생에 대한 개념 • 식품을 다루는 우리의 모습 살펴보기 • 오래된 식품 관찰
6	식품위생의 중요성 2 – 내 음식을 신선하고 깨끗하게!	• 식품을 깨끗하게 준비하는 방법 • 식품을 신선하게 보관하는 방법

차시	주제	내용
7	건강한 조리방법 – 맛있게, 건강하게 조리하기!	• 칼로리와 염도 조절하기 위해 평소에 자주 먹는 음식을 대체할 수 있는 조리방법을 소개 (저지방, 식이섬유소, 저염 음식)
8	식품구매 실습 – 내 손으로 만드는 건강밥상	• 나의 밥상에 대해 점수 측정 • 나만의 건강 밥상 만들기 • 건강 밥상을 위한 재료 구매 실습 • 식품 구매 후 평가

출처: 보건복지부

② 서울시의 어르신 식품안전 및 영양교육

최근 중요해지고 있는 푸드시스템의 영역을 기반으로 일상생활에서 체감할 수 있는 나를 위한 식사챙김 프로그램으로 6가지 주제로 조리 실습을 포함하여 3차시로 운영한다 표 12-13, 그림 12-18.

표 12-13 서울시 식품안전 및 영양교육 내용-어르신 대상

차시	주제	내용 및 구성	교구
1	식탁 진단	• 음식에 대한 생각 나누기 • 식사에 소요되는 모든 과정별 이슈 알기 • 건강한 식사의 중요성 알아보기 • 나의 식사와 식생활을 기록하고 진단하기	*리플릿 *고단백 음식 만들기 *음식(건포도) 명상
	식사 실천	• 식생활과 건강, 열량 및 영양소 등 알기 • 술, 채식 등 영양이슈 생각해보기 • 식습관 진단하기(야식, 간식, 편식, 식사 속도 등) • 식품영양 섭취를 체크하기(외식, 영양제, 편의식 등)	
2	생태 미식	• 맛의 원리와 맛 취향(미식) 알아보기 • 식생활이 세상에 미치는 영향 알기 • 기후위기와 식생태계 변화 알기 • 나의 식사환경을 생각해보고 실천하기	*리플릿 *채소 다시 *냉장고 정리 *설거지 비누 *소멸 위기 음식 체험
	식사 환경	• 나와 지구의 푸드시스템 알기(생산~폐기) • 식사환경 진단해보기 • 안전한 식사환경 만들기(냉장고, 식기, 기구 등)	

차시	주제	내용 및 구성	교구
3	챙김 식사	• 나트륨과 당을 과다 섭취하는 이유 • 오미오감, 인간본성과 욕구 알기 • 음식조절/절제, 체중조절 식품, 감정과 식사 알기 • 미식을 알고 미식가가 되는 방법	*리플릿 *양념 감각 키트
	식사 추억	• 다양한 식사의 기억과 생각 공유 • 행복과 식사의 관계, 함께하는 식사의 중요성 • 밥상 대화와 즐거운 식사 경험을 만드는 방법	

출처: 서울시, 식생태문화협회

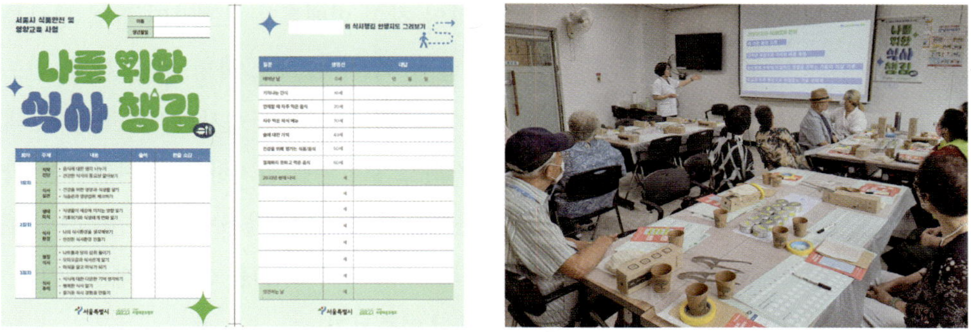

그림 12-18 나를 위한 식사 챙김 프로그램 안내문 및 운영 현장

출처: 서울시, 식생태문화협회

8. 행사성 영양교육

영양 지식을 다양한 콘텐츠와 연결하여 교육을 진행하는 캠페인, 이벤트, 1회성 프로그램 형태의 온·오프라인 영양교육도 있다. 게임, 요리와 예술 등과 연결한 융복합 프로그램도 지속적으로 개발되고 있으며 도서관, 문화센터, 체육시설 등의 다양한 기관에서 운영되고 있다.

1) 영양캠페인

올바른 식생활을 통해 국민건강증진에 기여하는 것을 목표로 10월 14일을 영양의 날로 2007년부터 지정하여 영양사 단체, 학회들이 매년 우리나라 국민의 영양 · 식생활과 관련한 주제를 정하고, 국민의 이해와 관심을 높이기 위한 대국민 캠페인을 진행하고 있다. 영양의 날에는 주제와 연관된 다양한 세미나 개최뿐만 아니라 체험 박람회, 전시회, 식습관 개선관, 교육 · 홍보관, 쿠킹클래스 등의 참여형 행사를 통해 누구나 쉽게 접근하고 실천할 수 있는 영양정보를 제공하고 있다. 전국의 보건소, 병원, 단체급식소, 어린이급식관리지원센터 등도 영양의 날을 기념 다양한 프로그램을 진행하여 우리나라 국민의 건강한 식생활 증진에 힘쓰고 있다.

한국인 영양소 섭취기준KDRIs을 홍보하기 위해 한국영양학회는 보건복지부와 함께 「Design my healthy meal」이라는 주제로 온라인 참여 이벤트와 오프라인 팝업 행사를 2023년에 추가 진행하였다 그림 12-19. 균형 잡힌 한 끼 식사, 채소 화병, 채수 감각, 건포도 명상 등 체험 프로그램과 퀴즈 이벤트를 진행하였으며, 식품구성자전거는 활동지, 대형 풍선, 머리 띠, 사진찍기 프레임 등으로 제작하고 포토존을 설치하였다. 어린이집, 학교 등을 대상으로 한국인 영양소 섭취기준과 관련한 다양한 미션을 SNS에서 인증하면 추첨을 통해 참여자에게 홍보 물품(티셔츠, 그립톡, 키링, 지비츠 등)을 선물로 제공하였다.

- 어린이집: 식품구성 자전거 도안을 색칠하여 인증하기
- 학교/지역아동센터: 메타버스에서 단체/개인 사진 인증하기
- 공통미션: 영상(식품구성 자전거 엉망으로 타기, 식생활지침) 시청 사진 인증하기

그림 12-19 한국인 영양소 섭취기준(KDRIs) 홍보 캠페인

출처: 보건복지부, 한국영양학회

2) 영양체험관

보건복지부, 식품의약품안전처, 지자체는 영양교육 콘텐츠의 체감도를 높이기 위해 현장 행사로 건강정책을 홍보하는 건강박람회, 식품안전을 체험하는 대형 버스, 요리를 배우는 쿠킹 버스 등 다양한 영양체험 부스를 운영한다.

그림 12-20 건강박람회 및 부산교육청 영양교육체험센터

출처: 서울시, 부산교육청

3) 프로젝트형 교육 체험 및 전시

지자체와 다양한 기관에서 다양한 영역을 융합시켜 영양문제를 해결하는 프로젝트 형태의 식생활 교육프로그램을 운영하고 있다.

① 나트륨 저감화 사업

서울시가 나트륨 저감화를 위해 소금 대신 장은 5~10배를 사용할 수 있다는 점에 착안하여 장 담그기 체험교육으로 프로그램 안에 나트륨 저감화 교육과 결합하여 프로그램을 운영하였다. 장을 담가 먹는 문화를 살리고, 일상 속에서 쉽게 접하는 장을 대해 새롭게 바라보고 재미있게 체감할 수 있도록 구성하였다(그림 12-21, 그림 12-22).

- 시민장독대 분양으로 장을 직접 담는 방법 배우고 실천하기
- 우리 콩 심기 및 수확 등 농사체험 현장기행
- 콩 생산부터 활용까지 다양한 음식체험 교육
- 역사, 예술, 기행 등 다양한 영역과 장 관련 식문화체험
- 1년 동안의 장 만들기 여정과 시민의 이야기 전시회

그림 12-21 서울시민 장독대 "장(醬)하다 내 인생"

출처: 서울시 식생활종합지원센터

그림 12-22 "장(醬) 하다 내 인생" 프로그램의 전시회

출처: 서울시 식생활종합지원센터

② 다문화 가정을 위한 영양교육

한국과 현저하게 다른 음식문화를 가지고 있는 동남아시아 국적의 결혼 이주여성이 증가하고 있으나, 한국어 능력 부족으로 영양 및 식생활 교육의 이해도가 낮아 다문화 가정의 눈높이에 맞는 프로그램을 지자체, 가족지원센터, 대학교 등 다양한 곳에서 진행하고 있다.

서울시는 영양플러스사업의 일환으로 다문화 요리활동가를 양성하여 같은 국적의 시민을 대상으로 모국어로 배우는 요리교실을 운영하여 건강한 식생활에 대한 이해를 높이

고, 반면 한국인에게는 동남아시아의 음식과 문화를 가르쳐주는 식생활도 함께 교육을 진행하였다 그림 12-23.

그림 12-23 다문화 가정을 위한 영양교육 운영 현장

출처: 서울시

③ 음식 독서

농림축산식품부는 식생활교육지원센터를 통하여 식생활교육전문도서관을 운영하고 있으며, 서울시는 식생활 관련 도서를 통하여 먹거리에 대한 지식 공유와 건강한 식생활 실천에 적용할 수 있도록 음식 독서 프로그램을 개발하였다 그림 12-24. 서울시가 지정한 식생활교육지원센터에서 온오프라인으로 다양하게 운영하고 있다.

프로그램 구성

- 음식독서 프로그램 및 교구 개발: 독서토론, 함께 읽기, 문장 필사 등 3종
  - 논제문(5종), 필사문(2종) *도서별 출판사와 콘텐츠 사용 협의 완료
  - 온라인 교구(매뉴얼, 논제문, 필사문, 미션카드 등), 식경험 키트 등 개발
- 음식독서 강사 양성 교육과정 개발 및 운영: 토론 강사, 읽기 및 필사 강사
- 추천도서 소개 및 전시: 인스타그램 북피타이저(@bookpetizer)
- 이벤트: 북앤쿡, 북토크, 북콘서트

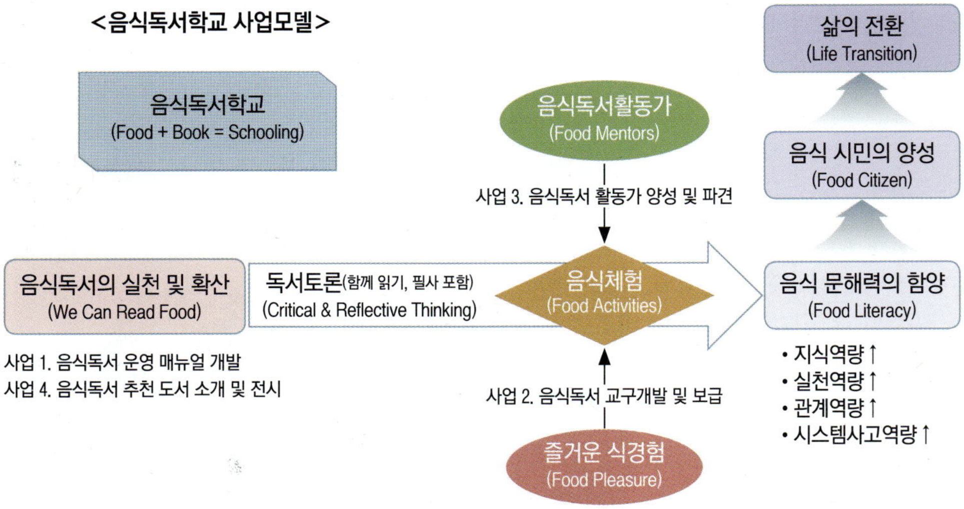

그림 12-24 음식독서 프로그램 운영 내용

출처: 서울시, 식생태문화협회 식생활교육지원센터

4) 영양 워크숍

① 오미오감 식경험 워크숍

전국의 지자체들은 다양한 영양교육을 진행하고 있으며 체험 워크숍 형태도 진행하고 있다. 강남구 보건소는 방학을 맞이한 아이들이 아빠와 함께 참여할 수 있는 영양교육 워크숍에서 식품 본연의 맛을 느끼고 좋은 음식을 선택할 수 있는 능력을 강화하고자 다품종 식재료 탐구, 채소 부케 만들기, 조리 실습, 가족 밥상 목표 발표로 내용을 구성하였다 그림 12-25.

그림 12-25 아빠와 아이 영양교육 '식경험 워크숍' 교육자료 및 운영 현장

출처: 강남구 보건소

② 튼튼먹거리 탐험대

식품의약품안전처는 특수제작한 확장형 대형 버스를 통하여 어린이집, 유치원, 초등학교 대상으로 나트륨 및 당 줄이기 교육, 식중독 예방 교육, 건강한 요리실습 등의 현장체험을 운영하고 있으며, 버스 진입이 어려운 곳은 교실에 찾아가는 프로그램을 운영하고 있다 그림 12-26.

그림 12-26 튼튼먹거리 탐험대 교육자료

출처: 식품의약품안전처

CHAPTER

13

만성질환별 영양교육과 영양상담 사례

무엇이 유익이 되며, 무엇이 해가 되는지를 자각하는 것이 건강을 유지하는 최상의 물리학이다.

- 프랜시스 베이컨 -

학습목표

- 만성질환자 대상 영양교육 및 영양상담의 필요성을 이해할 수 있다.
- 만성질환별 영양교육 및 영양상담의 주요 내용과 도구를 설명할 수 있다.
- 만성질환별 영양교육 및 영양상담을 계획하고, 실행할 수 있다.

1. 만성질환자 대상 영양교육과 영양상담의 필요성

악성신생물(암), 심혈관질환, 고혈압, 당뇨병 등은 우리나라 인구집단에서 빈번히 발생하는 만성질환으로 국민의 건강 상태 및 삶의 질에 큰 영향을 미치며, 한국인의 주요 사망원인이기도 하다 그림 13-1 . 또한 만성질환으로 인한 의료비는 지속적으로 증가하여 2022년 기준 우리나라 건강보험 전체 진료비의 80.9%를 차지하였다 그림 13-2 . 따라서 만성질환을 예방하고, 관리하기 위한 노력은 국민의 건강 증진과 수명 연장, 의료비 절감뿐만 아니라 국가의 생산력 증대, 재정 부담 완화 등을 위해서도 매우 중요한 공중 보건·영양 이슈이다.

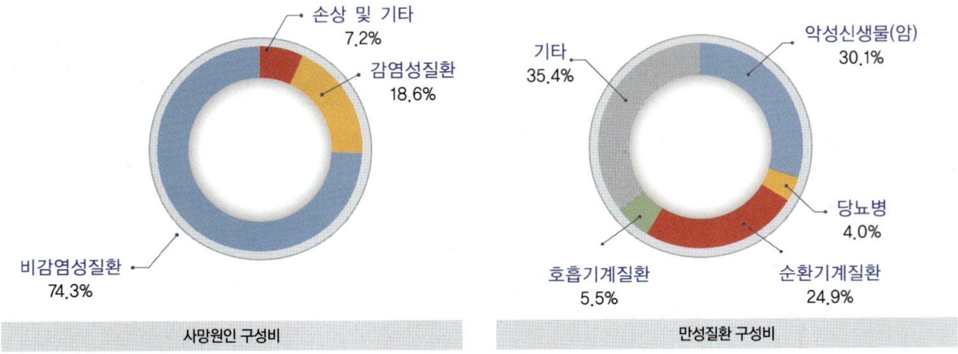

그림 13-1 우리나라 사망원인 구성비/만성질환 구성비(2022년 기준)

출처: 질병관리청, 2023

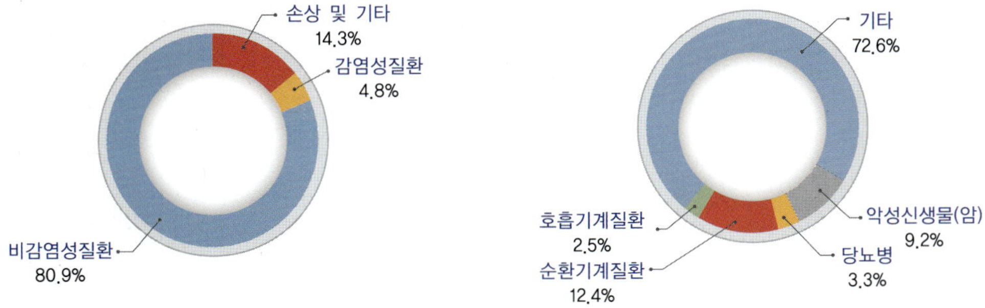

악성신생물(암)	9조 4천억 원	당뇨병	3조 4천억 원
순환기계질환	12조 7천억 원	호흡기계질환	2조 5천억 원

진료비 구성비 / 만성질환 진료비 구성비

그림 13-2 건강보험 진료비 구성비(2022년 기준)

출처: 질병관리청, 2023

우리나라 인구집단의 만성질환 부담에 기여하는 주요 생활습관으로는 건강하지 않은 식사, 음주, 흡연, 신체활동 부족 등이 있으며, 이 중 영양 문제는 만성질환의 예방 및 관리와 매우 밀접한 관련을 갖는다. 특히 출산율 감소, 노인 인구 증가, 수명 증대와 같은 인구사회학적 변화와 함께 만성질환으로 인한 부담은 향후 지속적으로 증대될 것으로 예상된다. 따라서 만성질환 환자들의 식생활 개선을 위한 영양교육 및 상담이 반드시 필요하며, 효과적인 영양교육 및 상담을 통해 만성질환 위험을 감소시키는 것이 중요한 시점이다. 영양교육과 영양상담을 통해 만성질환자는 올바른 영양지식과 식생활 실천 방법에 대한 내용을 익히고, 문제가 되는 식행동에 대한 수정을 통해 스스로 건강한 식생활을 영위하며, 질환을 관리할 수 있게 된다.

최근의 만성질환을 위한 영양교육 및 상담 분야에서 나타나는 변화는 4차 산업혁명으로 인한 정보통신기술의 발달, 디지털 헬스케어의 발전, 코로나19 대유행 등 사회환경의 급격한 변화에 따라 비대면화, 디지털 전환, 개인맞춤영양personalized nutrition/정밀영양precision nutrition의 적용 등이 가속화되는 양상이다 그림 13-3 .

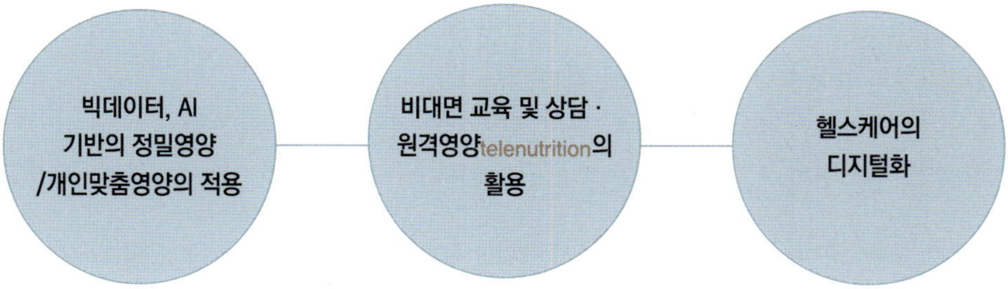

그림 13-3 만성질환자 대상 영양교육 및 상담의 최근 이슈

이와 같이 만성질환을 위한 영양교육 및 상담의 중요성과 필요성이 더욱 강조되고, 교육이나 상담의 방법, 도구 및 기술 등이 빠르게 변화하고 있는 시점에서 본 챕터에서는 성인 대상의 만성질환 관리를 위한 영양교육과 영양상담에 필요한 실제적인 내용과 사례들을 다루고자 한다. 소아 및 청소년에서의 비만, 당뇨 등은 그 특성과 정의가 다르므로, 이들에 대한 영양교육 및 상담의 적용은 본 챕터의 내용과 차이가 있다는 점을 미리 밝힌다.

2. 비만 환자 대상 영양교육과 영양상담

비만은 비정상적으로 체내 체지방이 많이 축적된 상태를 의미한다. 비만인 사람의 경우 정상 체중을 가지고 있는 사람에 비해 당뇨병, 고혈압, 암 등의 만성질환 발병 위험이 증가하며, 사망 위험도 증가한다. 그러나 현대에는 사람들의 건강하지 않은 식생활과 함께 신체활동 부족으로 인하여 비만의 증가가 더욱 가속화되고 있다. 따라서 비만 환자를 대상으로 한 영양교육 및 상담의 중요성이 더욱 강조된다.

1) 비만 환자 대상 영양교육 및 상담의 주요 내용과 도구

비만의 개선을 위한 영양교육 및 상담은 대상자의 전반적인 건강을 증진시키고, 다른 만성질환의 위험을 감소시킬 수 있는 수준으로 체중을 줄여나감으로써 바람직한 목표 체중을 달성하고, 유지하는 것을 목적으로 한다. 대상자의 체중 감량 목표를 설정한 후, 이를 위한 실천 전략으로써 식사량 조절 등 저열량식 실천뿐만 아니라 식행동의 변화, 식사의 질 증진 등을 위해 노력해야 한다. 비만 환자 대상의 영양교육 및 상담 시 고려할 수 있는 식사지침과 중재도구 등은 아래와 같다.

(1) 과체중 또는 비만인 성인을 위한 식사지침

과체중 또는 비만인 성인을 위한 식사지침은 표 13-1 과 같다. 에너지 및 다량영양소의 섭취를 개인의 특성 및 의학적 상태에 따라 개별화할 것을 권고하며, 체중 감량을 위한 다양한 식사 방법에 대해서도 그 특성을 정리하여 제시하되 표 13-2 이러한 식사 방법을 선택할 시 영양적으로 적절하고 에너지 섭취를 줄일 수 있는 방법을 사용하며, 건강한 식생활을 강조할 것을 권고하였다. 예를 들어, 체중 조절에 도움이 되는 저탄수화물 식사요법의 경우 건강하게 실행할 수 있는 구체적인 계획 방법, 주의사항, 저탄수화물 식사요법에 활용할 수 있는 메뉴 등을 고려하여 비만 환자에 적용할 수 있다 그림 13-4 .

표 13-1 과체중 또는 비만인 성인을 위한 식사지침

1. 체중감량을 위한 에너지섭취량은 임상영양사 등 전문가가 개인의 식사력 및 영양상태를 평가하여 개별화한다(A, Class I).
2. 저열량식이 체중감량의 기본적인 식사이며 초저열량식은 의학적 감시 하에 시행한다(A, Class I).
3. 다량영양소의 섭취 비율을 개별화한 다양한 식사(저탄수화물식, 저지방식, 고단백식 등)를 선택하며 식사의 질을 고려한 건강한 식생활을 충족하여야 한다(A, Class I).
4. 간헐적 단식은 저열량식과 비슷한 체중감량 효과가 있으며, 개인의 특성 및 의학적 상태에 따라 사용할 수 있다(A, Class IIa).

출처: 대한비만학회, 2024

표 13-2 체중 감량을 위한 식사 방법별 특성

구분	특성
저열량식	• 1일 평소 에너지섭취량보다 500~1,000 kcal 정도 감량하며, 영양적으로 적절한 일상 식사 가능 • 1주일에 0.5~1.0 kg 정도의 체중 감량 효과를 기대할 수 있고, 에너지 섭취 제한 효과는 6개월에 최대에 이르며 이후에는 체중 감량 효과가 감소함
초저열량식	• 1일 800 kcal 이하로 극심한 에너지섭취 제한 • 단기간 빠른 속도로 체중 감량이 가능하나 장기적으로는 저열량식과 유의적인 차이가 없음 • 심각한 건강상 문제가 발생할 수 있으므로 의학적 감시가 필요하며, 장기적인 생활습관 개선을 위한 중재가 동반되어야 함
초저열량케톤식	• 초저열량식을 8~12주 진행하다가 점차적으로 저열량식으로 진행 • 빠른 체중 감량을 유도하나 심각한 건강상 문제가 발생할 수 있으므로 의학적 감시 필요
저탄수화물식	• 총에너지 섭취의 45% 이하로 탄수화물 섭취 제한 • 저열량식에 비해 초기 체중 감량 효과는 크나, 장기적으로는 효과에 차이가 없거나 미미함 • 혈청 중성지방 개선 효과가 있으나, 저밀도지단백콜레스테롤 상승 등 심혈관계 위험을 높일 수 있음
초저탄수화물식	• 총에너지 섭취의 10% 이하로 탄수화물 섭취 제한 • 저열량식에 비해 초기 체중 감량 효과는 크나, 장기적으로는 효과에 차이가 없거나 미미함 • 혈청 중성지방 개선에 효과적이나, 탄수화물 제한 정도가 크면 저밀도지단백콜레스테롤 상승에 영향을 미칠 수 있음
저지방식	• 일반적으로 총에너지 섭취의 30% 이하로 지방섭취 제한 • 혈청 총콜레스테롤 개선 효과가 있음

구분	특성
고단백식	• 일반적으로 총에너지 섭취의 20~25% 수준으로 단백질 섭취 • 탄수화물 과다 섭취 방지, 에너지 제한에 따른 체단백 손실 방지, 적절한 단백질 영양상태 유지에 도움이 됨 • 저열량식에 비해 체중 감량과 유지에 효과적이나, 그 정도가 크지 않음
간헐적 단식	• 금식을 격일로 하는 격일제 단식과 한 주를 기준으로 2일 금식하는 5 : 2 단식과 하루를 기준으로 시간대를 설정하는 시간제한식사로 분류 • 단기간의 경우 지속적인 열량제한식과 유사한 체중 감량 효과를 보이나 장기간 효과에 대한 근거가 부족함

출처: 대한비만학회, 2024

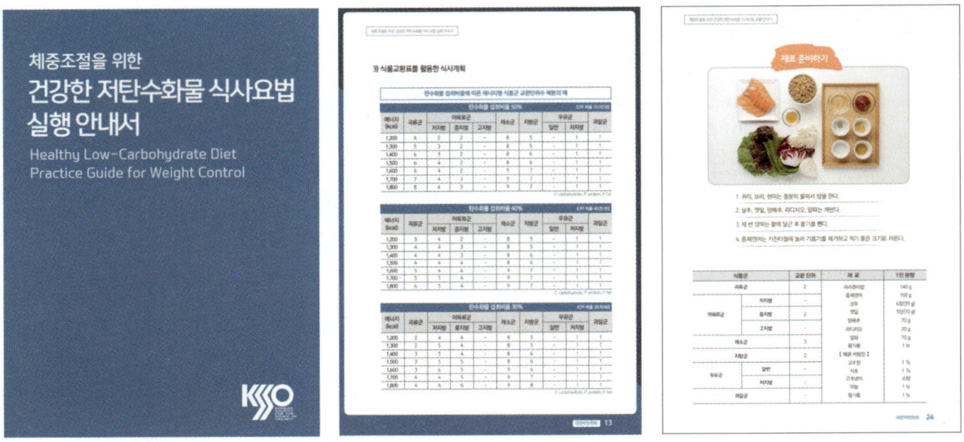

그림 13-4 체중조절을 위한 건강한 저탄수화물 식사요법 실행 안내서 일부 예시

출처: 대한비만학회, 2023

(2) 모바일 기반의 비만 관리 영양교육 및 상담

최근에는 비만을 위한 영양교육과 영양상담이 모바일 기반의 프로그램으로 진행되는 경우가 많으며, NCP 전 단계에 걸쳐 모바일 기반의 접근이 가능하다. 영양판정을 위해 식사 및 생활습관 관련 자료를 수집하는 과정에서 모바일 앱, 웨어러블 디바이스, AI 카메라, 자가 측정 기기 등이 활용될 수 있으며 그림 13-5, 영양진단을 위해서는 빅데이터의 활용, AI 기술이나 딥러닝의 활용이 가능하다. 영양중재에 원격영양이나 그 외의 비대면

디지털 헬스케어 방법들의 활용이 가능하다.

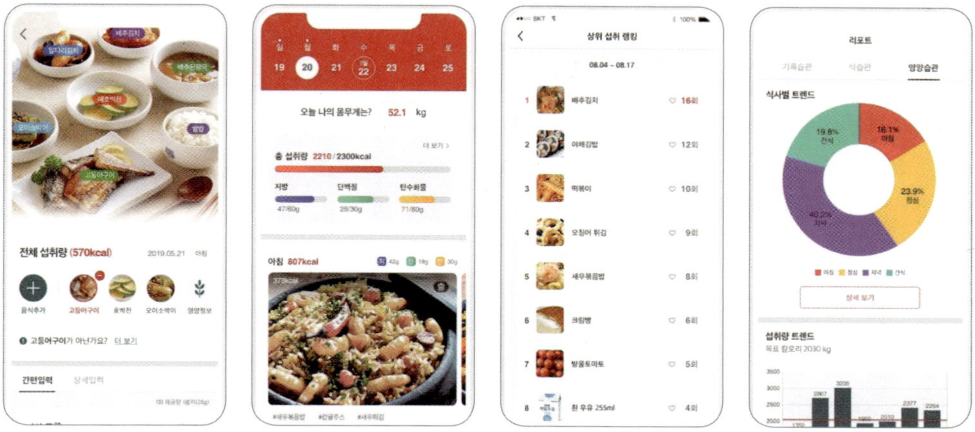

모바일 식사기록 앱

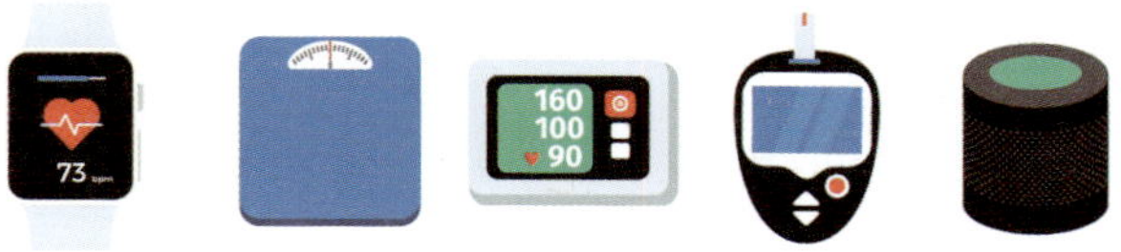

손목 활동량계 블루투스 체중계 혈압계 혈당계 생활 스피커

그림 13-5 모바일 기반의 영양평가를 위한 도구들

모바일 기반의 영양교육 및 상담 과정에서는 환자 스스로 정보를 수집하고, 모니터링하는 것이 용이해지며, 이러한 정보들은 자동으로 저장되어 관리되고 영양 전문가에게 공유될 수 있다. 또한 환자 스스로 영양정보를 확인하거나 식단을 계획할 수 있도록 인터넷이나 모바일 앱을 통한 영양 정보 전달이 가능하고, 영양 전문가가 소셜미디어 플랫폼이나 온라인 메신저를 통해서 구체적인 정보를 환자에게 전달할 수 있다. 또한 모바일 앱이나 온라인 플랫폼을 통해 영양 전문가는 환자에게 지속적으로 동기를 부여하고, 함께 목표를 세우고 그 달성 과정을 추적해 가거나 피드백을 줄 수도 있다. 비대면으로 진행되는 모바일 기반 교육과 상담은 대면 교육 및 상담과 병행될 수 있으며, 대면과 비대면 방법을 병행할 때 효과를 더 높일 수 있다.

더 알아보기

과체중 및 비만 직장인 대상 모바일 건강관리 프로그램

- 대상자: 과체중 및 비만 직장인 235명
- 기간: 12주
- 목적: 식행동 개선 및 체중 감소

중재 방법

- 식생활 코칭 앱을 이용하여 주 2일 이상 식사기록을 하고 1:1 코칭 서비스를 받음
- 신체활동 및 체성분을 측정할 수 있는 웨어러블 기기를 매일 착용하고, 주 1회 체성분을 측정
- 인스턴트 메신저 앱을 활용하여 프로그램 운영자와 대상자 의사소통

평가 방법: 프로그램 전 · 후 식행동 및 신체계측 평가

결과

- 식행동 개선 효과
- 체중 및 허리둘레 감소 효과

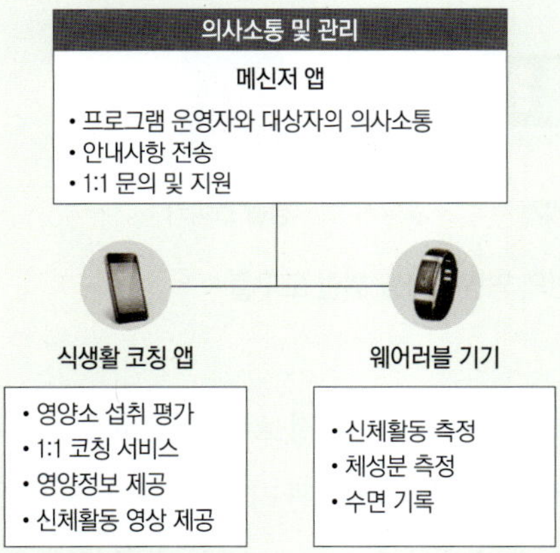

〈프로그램에 이용된 모바일 기기 및 활용 내용〉

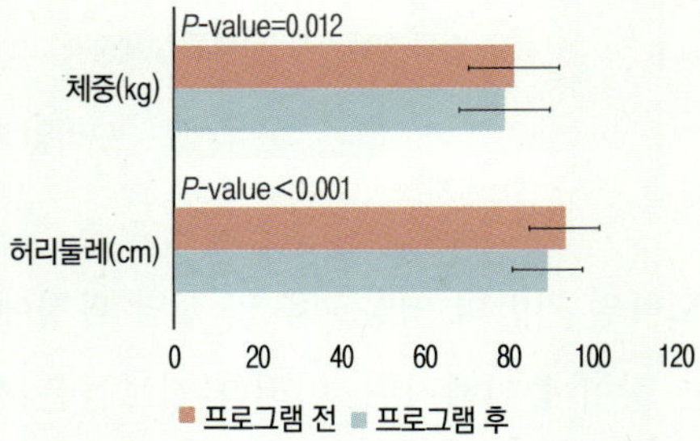

〈프로그램의 체중 개선 효과〉

출처: Son I et al, 2023

2) 비만 영양교육 및 상담의 실제

(1) 영양판정을 위한 구체적인 기술

비만 환자에서 영양판정의 목적은 식사량 및 에너지 섭취량을 파악하는 것뿐만 아니

라 식습관과 영양 상태를 평가하고, 식사에 영향을 미치는 의학적, 사회경제적, 식환경 요인을 종합적으로 조사하여 체중 증가의 원인을 적절히 찾고 이를 바탕으로 영양교육 및 상담의 계획을 세우는 데 있다. 특히 체중 증가와 관련된 요인에 대한 문진이 구체적으로 이루어져야 한다.

비만 환자의 영양판정에서는 체지방 평가와 함께 체중 증가와 관련된 대상자의 부적절한 식행동을 자세히 파악한다 표 13-3. 비만 판정을 위해 체질량지수, 허리-엉덩이둘레비, 체지방량 및 체지방률 등을 측정한다. 비만을 일으키는 식행동을 파악하기 위하여 식사기록법이나 24시간 회상법을 이용하여 대상자의 전반적인 식사패턴(구성) 및 식품 섭취량을 상세히 조사한다. 또한 대상자의 식사 속도, 보상이나 감정 관련 식사, 신체활동 부족 등을 함께 확인한다. 영양 전문가는 대상자의 부적절한 식행동을 파악할 뿐만 아니라 대상자의 사고 과정도 고려해야 한다. 이를 통해 대상자가 부적절한 식행동을 하게 된 원인과 그로 인한 결과를 해석할 수 있다. 또한 영양 전문가는 대상자의 주변 식환경을 유심히 관찰하고, 대상자가 부적절한 식행동을 하게 만드는 요인을 찾으려고 노력해야 한다. 설문조사를 실시하여 대상자의 체중력, 과거 질병력, 가족력, 체중 감량이나 다이어트에 대한 태도 및 경험 등을 물어볼 수도 있다.

표 13-3 비만 환자의 영양판정 항목 예시

구분	항목
신체계측자료	• 신장, 체중, 체질량지수, 허리둘레, 체지방률
체중력	• 최근 체중 변화(3개월, 1년) • 성인이 된 이후 최고 체중, 최저 체중 • 급격하게 체중 증가를 유발했던 사건(출산, 폐경, 금연, 환경의 변화 등)
목표 체중	• 목표 체중
과거력	• 과거 질병력, 동반질환 • 복용 약물
과거 체중 감량 방법	• 식사/운동 치료 • 약물치료 • 비만대사수술 • 상업적 프로그램

구분	항목
식사력/식사 형태	• 하루 식사 횟수 • 식사 시간, 규칙성 • 식사 속도 • 과식 정도에 대한 인식 • 음식을 먹을 때 통제할 수 있는지 여부 • 선호/기피 음식 • 간식 섭취 상황 • 고열량 음료 섭취 여부(주스, 탄산음료 등) • 가정에서 식품 구입/조리 담당자 • 주요 식사 장소 • 외식 빈도
식사 일기	• 기상 시간, 취침 시간 • 섭취 식품과 양: 아침 식사, 오전 간식, 점심 식사, 오후 간식, 저녁 식사, 야식 • 식사 장소 • 누구와 먹었는지 • 식사 시 기분 • 식사 후 배부름 정도
기타	• 수면 • 음주, 흡연

출처: 강서영, 2023

(2) 영양중재를 위한 구체적인 전략

비만의 개선과 치료는 결코 쉬운 일이 아니며 성공할 확률도 낮기 때문에 비만 개선 목표치를 달성하는 것도 중요하지만, 영양상담 시 스스로가 체중 감량의 필요성을 인식하며, 포기하지 않고 지속될 수 있도록 동기를 부여해야 한다. 대상자별로 체중 감량의 목표와 속도를 설정하고, 에너지 섭취량 감소, 적절한 영양소 구성, 바람직하지 않은 식습관(예: 식사 시간 및 속도, 간식, 외식, 음주, 야식 섭취 등)의 교정 등을 통하여 이를 달성해 나간다. 체중 감량 목표를 달성한 경우 그 상태를 장기간 유지하는 것이 매우 중요하므로 이에 대해 강조하고 지지해 주어야 한다.

영양교육 및 상담에서 비만 환자의 부적절한 식행동을 개선하기 위한 구체적인 전략은 아래와 같이 제시할 수 있다(11장 참고).

- 효과적인 모니터링 도구를 사용하여 영양중재 과정 중에 대상자의 데이터를 기록하고 관리하며, 중재 전과 현재 상태를 주기적으로 비교한다.
- 음식 섭취를 대신할 수 있는 활동들이나 신체활동을 늘릴 수 있는 활동들을 제시하고, 실천할 수 있도록 한다.

과식을 방지할 수 있는 대체 행동

대상자는 과식을 방지하고, 신체활동을 늘릴 수 있도록 아래와 같은 행동을 선택하여 실천할 수 있다.

- 가구 재배치하기
- 친구와 시간 보내기
- 박물관 가기
- 산책하기
- 정원 가꾸기
- 조깅하기
- 줄넘기하기

출처: Snetselaar LG, 2009

- 간식 섭취에 대한 요구가 느껴지는 시간으로부터 실제 간식을 섭취하는 시간의 간격을 늘려가는 방법을 제안한다. 이를 위해 영양 전문가는 이러한 시간 동안 할 수 있는 다른 활동을 제시하거나 알람을 맞추는 방법을 제안할 수 있다.
- 대상자의 식욕을 촉진시키거나 음식 섭취에 대한 요구를 일으키는 요인을 제거시킬 수 있는 전략을 제시한다.
- 가족이나 주변 지인들의 도움을 받는다.
- 체중 감소에 장애가 될 수 있는 상황에 대하여 사전에 대비하여 계획을 세운다.
- 대상자의 행동변화단계(고려전단계, 고려단계, 준비단계, 행동단계)에 맞게 중재 전략을 세운다.
- 부정적인 사고를 줄이고, 긍정적인 사고로 바꿀 수 있는 방법을 제시한다.

부정적인 사고의 예

- 이 정도는 먹어도 돼.
- 따분해서 먹어야겠어.
- 다 소용없어. 나는 자제할 수 없어.
- 다이어트는 끝장이야.

출처: Snetselaar LG, 2009

3. 고혈압 환자 대상 영양교육과 영양상담

1) 고혈압 환자 대상 영양교육 및 상담의 주요 내용과 도구

고혈압은 바람직하지 않은 생활습관으로 인해 주로 발생하게 되며, 심혈관질환의 가장 대표적인 위험인자이므로 식생활을 포함한 생활습관의 교정을 통해 예방·관리하는 것이 매우 중요하다. 고혈압 환자를 위한 영양교육 및 상담의 목적은 혈압에 영향을 미치는 식사 요인을 파악하고, 이를 수정하기 위한 구체적인 식생활 실천 방안을 제시함으로써 적정 수준의 혈압으로 관리할 수 있도록 하는 것이다. 고혈압의 관리에 효과적인 건강한 식사패턴을 실천하고, 이와 함께 생활습관들을 개선하기 위해 실행할 수 있는 구체적인 교육 내용과 도구는 아래와 같다.

(1) 고혈압 예방 및 관리를 위한 건강 식단

건강한 식생활은 혈압을 낮추는 효과가 뚜렷하기 때문에 고혈압 환자에서의 실천이 매우 중요할 뿐 아니라, 주의혈압 및 고혈압전단계인 사람에게 고혈압 예방을 위하여 적극적으로 권장한다. DASHDietary Approaches to Stop Hypertension는 고혈압 예방 및 치료를 위해 1990년대에 개발된 식단으로 고혈압 환자들에게 과일 및 채소, 저지방 유제품, 통곡류, 생선류, 견과류 등이 풍부한 식사를 섭취하도록 권고한다. 이러한 식품들로 구성된 식단은 식이섬유, 칼슘, 칼륨, 마그네슘 등이 많이 함유되어 있으며, 반면 붉은색 육류, 첨가당 및 가당음료, 포화지방산이나 콜레스테롤의 섭취는 제한된다. 영양역학 연구들에서 DASH 식단의 섭취는 혈압 감소의 효과와 함께 다른 만성질환에 대해서도 긍정적인 효과를 보인다. 지중해 식단Mediterranean dietary pattern은 DASH와 비슷한 식품 섭취를 강조하며, 고혈압을 포함한 여러 만성질환에 대해 보호적인 효과를 나타낸다. DASH와 지중해 식단의 구체적인 식품 구성은 각각 표 13-4, 그림 13-6과 같다.

표 13-4 DASH 식단의 구성

곡류	통곡물, 잡곡, 호밀빵 등 전분과 섬유소를 포함한 복합당질을 충분히 섭취	곡류 6~8회/일

육류 및 생선	붉은색 살코기는 가급적 적게 먹고 껍질을 제거한 닭고기와 생선류 섭취	육류 및 생선 6회/일
채소와 과일	신선한 채소와 과일을 넉넉하게 섭취	채소 4~5회/일 과일 4~5회/일
유제품	저지방 또는 무지방 제품 중 설탕이 첨가되지 않은 우유와 요구르트, 치즈 등	유제품 2~3회/일
견과류	소금이 첨가되지 않은 견과류로 선택하여 섭취	견과류 4~5회/일
지방군과 당류	마요네즈, 버터 등 지방은 적게 섭취 설탕, 사탕, 꿀, 젤리 등 단순당이 함유된 과자나 음료수 제한	지방군과 당류 2~3회/주

출처: 식품의약품안전처, 2021

그림 13-6 지중해 식단의 구성

출처: 식품의약품안전처, 2021

(2) 심혈관질환 관리를 위한 식생활 관련 정보

고혈압을 포함한 심혈관질환의 예방 및 관리를 위해서는 과학적이고 올바른 정보를 바탕으로 식생활을 개선하는 것이 중요하다. 정부기관, 학술단체 등에서 발간한 자료들을 바탕으로 대상자는 건강한 식생활을 실천하는 데 도움이 되는 정보를 얻을 수 있으며, 영양 전문가는 교육이나 상담에 활용할 수 있다 그림 13-7 , 그림 13-8 .

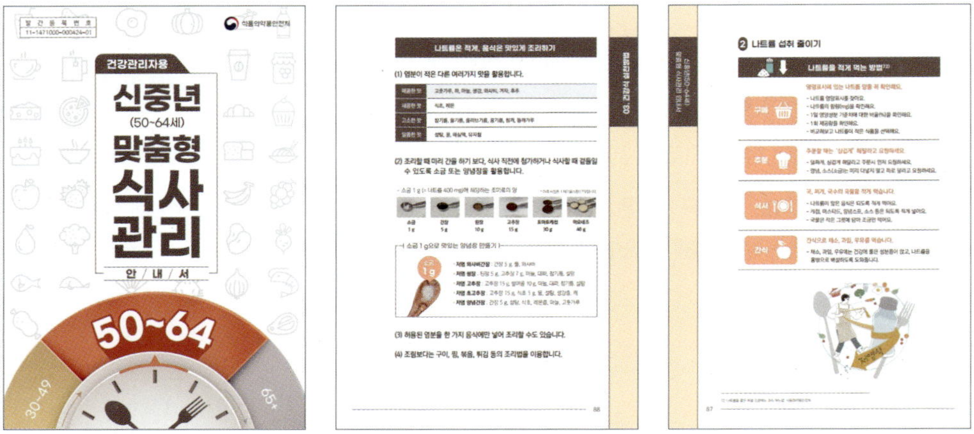

그림 13-7 신중년 맞춤형 식사관리 안내서 일부 예시

출처: 식품의약품안전처, 2021

그림 13-8 임상영양사가 전하는 심혈관계질환 관리를 위한 식생활 일부 예시

출처: 한국지질동맥경화학회, 2022

2) 고혈압 영양교육 및 상담의 실제

(1) 영양판정을 위한 구체적인 기술

고혈압 관리에 있어 가장 효과적이고, 중요한 전략은 나트륨 섭취를 줄이는 것이다. 그러나 저염식의 실천은 매우 어려운 일이며, 이는 환자들이 이미 짠맛에 길들여져 있고, 갑작스러운 저염식 섭취는 익숙하지 않을 뿐만 아니라 식품 선택에 있어서 많은 제한을 가져오기 때문이다. 저염식을 해야 하는 대상자들에 있어서 이들의 평소 나트륨 섭취에 대한 자세한 평가가 반드시 필요하다. 식사섭취조사를 수행할 수 있으며, 또는 소금 섭취의 빈도, 양, 섭취패턴 등을 파악하기 위해 표 13-5 와 같은 양식을 이용하여 관련 자료를 수집할 수도 있다. 이러한 조사 과정 중에 대상자는 자신의 나트륨 섭취에 대하여 스스로 파악할 수 있으며, 대상자가 자신의 나트륨 섭취에 더욱 관심을 가지게 되고, 높은 섭취량에 대해 인식하게 되는 효과도 얻을 수 있다.

표 13-5 소금 섭취 정보 수집 양식 예시

식품	소금 양		식사 시간	식사 장소	식사 제공자
	조리 시	식사 시			

출처: Snetselaar LG, 2009

(2) 영양중재를 위한 구체적인 전략

식습관의 수정을 통해 적정 수준의 혈압으로 관리하기 위해서는 대상자의 식습관과 영양상태를 평가하여 문제가 되는 식사 요인을 찾아낸 후 맞춤형 영양교육 및 식사지침을 제공하고, 구체적인 실행 계획을 세워 대상자가 스스로 일상생활에서 실천할 수 있도록 유도하는 것이 필요하다.

먼저 저염식을 실천하고자 하는 대상자에게 올바른 정보를 제공하는 것이 필요하다. 특히 영양 전문가는 대상자의 식사와 관련한 문제점을 자세히 파악하고, 이를 바탕으로 대상자가 가지고 있는 특정한 요구 또는 영양문제에 맞춤형 전략을 제시해야 한다. 영양평가 시 수집한 자료들을 바탕으로 대상자의 나트륨 섭취량뿐만 아니라 이에 영향을 주는 다른 요인들에 대해서도 파악하여 이를 적절히 수정해 나간다. 영양 전문가는 대상자의 식사 내용 중 저염식 실천을 위해 계속 섭취할 수 있는 식품과 또는 제외해야 하는 식품을 구체적으로 알려줄 수 있다. 대상자가 자주 섭취하거나 선호하는 식품에 대해서는 대상자와 영양 전문가가 함께 심도있게 의논하고, 해당 식품의 섭취를 줄이거나 제외해야 하는 이유를 상세히 설명하여야 한다. 표 13-6 과 같은 양식을 이용하여 대상자의 나트륨 섭취에 대한 모니터링을 실시한 후, 특정 요일이나 끼니, 섭취 음식이나 식품을 통해 고나트륨 식사를 자주 하는 것이 파악되면 이에 대하여 미리 대비하도록 하고 어떻게 나트륨 섭취를 줄일 수 있을지 구체적인 방안을 대상자에게 지도한다.

표 13-6 나트륨 섭취에 초점을 맞춘 식사기록 양식 예시(섭취한 음식 또는 식품의 나트륨 함량을 표시)

식사 시간	섭취한 음식 또는 식품	섭취량	나트륨 함량		
			저	중	고

출처: Snetselaar LG, 2009

대상자가 저염식을 계속 유지하고 쉽게 실천하도록 하기 위해서는 단계적인 영양중재가 필요하다. 단계적으로 나트륨 섭취를 줄여나가며, 대상자가 천천히 저염식에 적응해 나가도록 돕는다. 예를 들면, 대상자가 저염식을 하는 데 있어서 가장 적응이 쉬운 식품들부터 이용한다거나 또는 소금을 대체할 수 있는 향신료, 허브, 과일즙 등의 이용을 제안하는 것이다. 이를 통해 대상자는 나트륨 함량이 높은 식품에 대한 제한을 천천히 실천해 나가고, 음식의 맛을 유지하면서도 소금 사용을 줄여나갈 수 있다. 대상자가 저염식을 실천하는 과정에서 적절한 강화 및 보상이 지속적으로 제공되어야 하며, 단계적으로 목표를 달성해 나갈 때마다 제공되는 보상의 목록을 미리 작성하고 이에 대한 서약이나 다짐 등을 할 수도 있다.

4. 당뇨병 환자 대상 영양교육과 영양상담

1) 당뇨병 환자 대상 영양교육 및 상담의 주요 내용과 도구

우리나라 당뇨병의 대부분을 차지하는 것은 2형당뇨병이며, 2형당뇨병의 예방과 관리를 위해서는 식사를 포함한 생활습관의 조절이 매우 중요하다. 2형당뇨병 환자를 위한 영양교육 및 상담은 에너지 및 탄수화물 섭취량을 조절하고, 표준체중 유지, 건강한 식행동 실천, 식품 선택의 질적인 향상을 통하여 적절 수준의 혈당을 조절하고 유지할 수 있도록 하는 것을 목적으로 한다. 이를 위해서는 대상자가 건강한 식사의 실천에 대한 중요성을 크게 인식하며, 식사요법에 대해 부담감을 느끼지 않으면서도 스스로 지속적으로 실천할 수 있도록 자기관리 능력을 향상시키는 것이 필요하다. 구체적인 교육 및 상담 내용과 활용 가능한 도구는 아래와 같다.

(1) 당뇨병 환자를 위한 식사지침

당뇨병 환자를 위한 식사지침의 내용은 표 13-7과 같다. 체중 감소를 위해 에너지 섭취를 줄이고, 식이섬유 섭취는 충분히 하되 첨가당 섭취를 제한한다. 뿐만 아니라 당뇨병 환자 대상 자기관리교육의 중요성이 강조되는데, 자기관리교육의 목표는 당뇨병 환자가 혈당 조절을 포함해 효과적으로 당뇨병을 관리하여 당뇨병 합병증과 사망률 등 예후를 개선함으로써 궁극적으로 환자의 삶의 질을 높이는 것이다. 당뇨병 자기관리교육은 환자가 당뇨병 관리에 필요한 지식과 방법을 습득하여 건강한 식사계획을 세우고 정기적인 신체활동을 하며 효과적으로 자기관리 행동변화를 할 수 있도록 하고, 다양한 상황에 환자가 스스로 적절히 대처할 수 있도록 돕는다. 따라서 당뇨병 자기관리교육은 당뇨병의 진단 시부터 시작하여 지속적으로 실시되어야 하며, 식사요법의 내용을 포함하여 생활습관, 혈당 관리 등의 내용을 다룬다 표 13-8.

표 13-7 당뇨병 환자를 위한 식사지침

1. 당뇨병 환자는 개별화한 의학영양요법 교육을 받아야 한다. [무작위대조연구, 일반적 권고]
2. 의학영양요법은 당뇨병교육의 자격을 갖춘 임상영양사가 교육하여야 한다. [무작위대조연구, 일반적 권고]

3. 과체중이거나 비만한 성인은 5% 이상 체중을 감량하고, 이를 유지하기 위해 총 열량섭취를 줄여야한다. [무작위대조연구, 일반적 권고]
4. 탄수화물, 단백질, 지방의 섭취 비율은 치료목표와 선호에 따라 개별화한다. [무작위대조연구, 일반적 권고]
5. 장기적인 이득을 입증한 지중해식, 채식, 저지방식, DASH, 저탄수화물식 식사패턴은 개별화한 목표와 선호에 따라 적용할 수 있다. [무작위대조연구, 제한적 권고]
6. 탄수화물은 식이섬유가 풍부한 통곡류, 콩류, 채소, 생과일, 유제품의 형태로 섭취한다. [무작위대조연구, 일반적 권고]
7. 첨가당 섭취를 최소화하기 위해 가당음료 섭취를 줄인다. [무작위대조연구, 일반적 권고]
8. 단백질 섭취를 제한할 필요는 없으며, 신장질환이 있는 경우에도 더 엄격하게 제한하지 않는다. [무작위대조연구, 일반적 권고]
9. 포화지방산과 트랜스지방산이 많은 식품은 불포화지방산이 풍부한 식품으로 대체한다. [무작위대조연구, 일반적 권고]
10. 불포화지방산 보충제의 일반적인 투여는 권고하지 않는다. [무작위대조연구, 일반적 권고]
11. 나트륨 섭취는 1일 2,300 mg 이내로 권고한다. [무작위대조연구, 일반적 권고]
12. 혈당을 개선하기 위한 비타민, 무기질 등의 미량영양소 보충제의 일반적인 투여는 권고하지 않는다. [무작위대조연구, 일반적 권고]
13. 가급적 금주를 권고한다. [전문가 의견, 일반적 권고]
14. 인슐린이나 인슐린분비촉진제를 사용하는 환자에게는 음주 시 저혈당이 발생하지 않도록 예방교육을 한다. [무작위대조연구, 일반적 권고]

출처: 대한당뇨병학회, 2023

표 13-8 당뇨병 자기관리교육에 대한 지침

1. 당뇨병 자기관리교육은 효과적인 당뇨병 관리로 당뇨병 예후를 개선하고 삶의 질을 높이기 위해 모든 당뇨병 환자에게 시행한다. [무작위대조연구, 일반적 권고]
2. 자기관리교육은 당뇨병 진단 시부터 시작한다. [무작위대조연구, 일반적 권고]
3. 정기적으로 환자의 자기관리 상태를 평가하고, 혈당조절 정도를 포함한 환자 상태, 생애주기, 합병증 발생 등에 따라 환자 중심으로 지속적인 자기관리교육을 해야 한다. [전문가의견, 일반적 권고]
4. 자기관리교육은 당뇨병에 관한 기본지식, 자기혈당 측정, 의학영양요법, 운동요법, 저혈당 관리를 포함한다. [무작위대조연구, 일반적 권고]
5. 당뇨병 자기관리교육은 자격을 갖춘 교육자가 해야 한다. [전문가의견, 일반적 권고]

출처: 대한당뇨병학회, 2023

(2) 당뇨병 식사 계획을 위한 식품교환표 활용

당뇨병 환자의 식사 계획 및 평가에 활용할 수 있는 영양교육 및 상담 도구에는 식품군의 균형을 강조하기 위한 식사지침이나 식품 피라미드, 식품교환표 등이 있다. 탄수화물에 초점을 맞추어 섭취량이나 질적인 측면을 교육하기 위하여 탄수화물 계산법, 혈당지수 등을 활용할 수 있다. 또한 영양소 함량을 확인하고, 적절한 섭취를 교육하기 위해 영양표시를 활용할 수 있다.

이러한 도구 중 당뇨병 환자의 영양교육 및 상담에 가장 많이 활용되고 있는 도구는 식품교환표이다. 식품교환표는 당뇨병 환자의 건강한 식사 계획을 목적으로 다양한 식품들을 골고루 활용하기 위해 영양소의 구성이 비슷한 것끼리 그룹으로 묶어 기준 에너지 및 영양소를 설정함으로써 같은 그룹 안의 식품들끼리 서로 쉽게 교환하여 섭취할 수 있도록 한다 그림 13-9. 하루 동안 개인에게 필요한 에너지, 탄수화물, 지방, 단백질 등을 충족할 수 있도록 식사 계획 방법을 교육·상담할 수 있는 도구이며, 당뇨병 환자에서 식사를 통한 영양관리의 중요성을 강조하고, 식사 계획 및 섭취의 능동적 변화에 기여할 수 있다.

〈식품군별 1교환단위의 예〉

		에너지 (kcal)	탄수화물 (g)	단백질 (g)	지방 (g)	1교환단위 식품 종류와 중량
곡류군		100	23	2	–	밥 70 g(1/3공기), 죽 140 g(2/3 공기), 삶은국수 90 g, 감자 140 g, 고구마 70 g, 떡 50 g, 식빵 35 g(1쪽)
어육류군	저지방	50	–	8	2	살코기 40 g(탁구공 크기), 가자미/동태/삼치/조기 50 g(소 1토막), 멸치 15 g, 굴 70 g(1/3컵), 새우(중하) 50 g(3마리)
	중지방	75	–	8	5	쇠고기(등심) 40 g(탁구공 크기), 갈치/고등어/꽁치 50 g(소 1토막), 달걀 55 g(1개), 검정콩 20 g(2큰술), 두부 80 g
	고지방	100	–	8	8	갈비/삼겹살 40 g, 생선통조림 50 g, 치즈 30 g(1.5장), 프랭크소시지 40 g
채소군		20	3	2	–	푸른잎채소 70 g(익혀서 1/3컵), 애호박/오이/콩나물/무 70 g, 도라지 40 g, 버섯 50 g, 김 2 g(1장), 배추김치 50 g
지방군		45	–	–	5	견과류(땅콩/아몬드/잣/호두) 8 g, 버터 5 g, 마요네즈 5 g, 드레싱 15 g, 식물성기름 5 g(1작은술)
우유군	저지방 우유	80	10	6	2	저지방우유 200 mL(1컵), 떠먹는 요구르트 100 mL(1/2컵)
	일반 우유	125	10	6	7	두유 200 mL(1컵), 우유 200 mL(1컵), 전지분유 25 g (1/4컵)
과일군		50	12	–	–	단감/바나나/포도 80 g, 귤/배/사과/참외 100 g, 딸기/수박 150 g, 방울토마토 200 g, 토마토 250 g

식품교환표를 이용하여 식품을 교환할 경우

- 같은 군끼리만 바꾸어 먹는다.
- 동일한 교환단위량으로 바꾸어 먹는다.

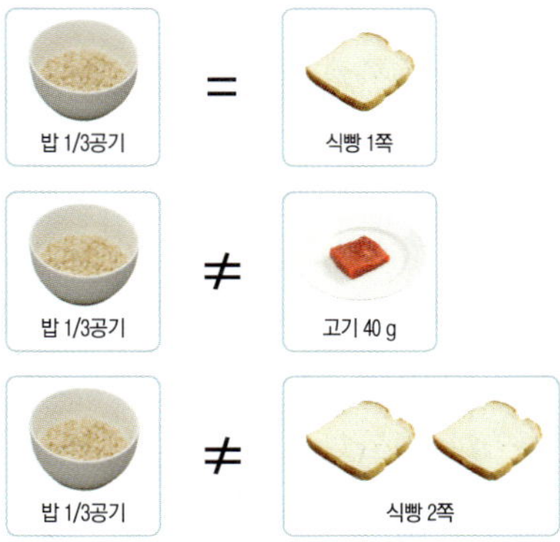

그림 13-9 식품교환표 예시

출처: 대한당뇨병학회, 2024

2) 당뇨병 영양교육 및 상담의 실제

(1) 영양판정을 위한 구체적인 기술

영양 전문가는 당뇨병 환자의 영양중재를 계획하기 위해 식품 섭취, 약물 복용, 대사 조절(혈당, 혈중 지질, 혈압 등), 신체계측, 신체활동 등을 자세히 조사해야 한다. 식사 조사 시에는 혈당에 가장 큰 영향을 미치는 탄수화물 섭취에 초점을 맞추어 평가한다. 또한 대상자의 영양지식, 당뇨병 환자의 식사요법에 대한 잘못된 인식, 주변인들의 지지 등을 함께 파악한다. 혈당 조절을 판정하기 위해 자가 혈당 측정, 당화혈색소 결과 등을 수집할 수 있으며, 과체중이나 비만한 당뇨병 환자의 체중 감량은 인슐린저항성을 개선하므로 체중 상태도 판정한다.

(2) 영양중재를 위한 구체적인 전략

혈당 조절이 당뇨병 관리의 주요 목표임을 고려하여 영양중재 전략이 마련되어야 한다. 영양중재 시 다양한 방법을 활용할 수 있으며, 예를 들어 식품교환표 및 탄수화물 계산법을 활용한 식사 계획, 영양표시를 이용한 건강식품 선택, 환자의 특성 및 상태에 따른 개별화된 식사 계획 작성, 신체활동과 행동전략 등을 선택하여 실행한다. 특히 대상자가 식사요법 실천에 대한 부담을 크게 느끼지 않도록 하는 것이 중요하며, 이를 위해 개개인에 맞는 건강한 식단을 제시하고, 개인의 체중 및 신체활동량, 혈당 조절 등을 고려하여 하루 에너지 필요량과 적절한 영양소 섭취 처방을 내리는 것이 필요하다.

당뇨병 환자의 식사요법 실천, 운동, 약물 복용, 자가 혈당 측정, 정기적인 병원 방문 등 자기관리 실천을 적극적으로 격려한다. 반복적인 교육과 강화, 보상 등을 통하여 대상자가 일상생활 중 스스로 식사를 관리하고, 혈당을 조절할 수 있는 능력을 향상시키도록 한다. 이때, 환자의 필요성 인식, 변화에 대한 의지, 준비 상태, 변화할 수 있는 능력 등에 따라 교육 전략이 다르게 제공되어야 한다. 뿐만 아니라 당뇨병 환자의 인구사회학적 특성, 생활습관, 식품 선호도, 식환경 및 식문화, 건강 상태(예: 유병 기간, 중증 정도, 합병증 유무 및 종류) 등을 고려한 맞춤형 영양중재 전략이 필요하다. 환자의 건강 상태나 이해도에 따라 교육 단계를 구분하여 진행할 수 있으며, 교육 내용, 방법, 횟수, 기간 등의 다양화를 통해 유연한 교육 및 상담을 실행해야 한다. 이를 위해 당뇨병 환자의 행동변화

단계를 파악하여 각 단계별 특징에 적절한 교육전략을 적용할 수 있다 표 13-9 .

표 13-9 당뇨병 환자의 행동변화단계별 특징 및 교육전략

행동변화 단계	특징	교육방법	교육자에게 필요한 것
고려전단계 Pre-contemplation : I'm not thinking about it.	• 가족과 주변 사람들은 문제로 인식하고 있으나, 본인은 부정하면서 문제로 생각하지 않으며, 어떠한 두려움이나 걱정도 느끼지 않음 • 이 단계에 속한 환자 중 과거에 변화를 시도했다가 성공하지 못해서 사기가 저하된 경우가 많음. 이러한 실패감과 사기저하는 현재의 문제행동을 유지하도록 하고, 변화를 꺼리게 함	• 환자의 의학적인 상태, 당뇨병에 대한 의학적인 측면을 교육하고 심리적으로 지지함	• 참을성 • 변화의 단계에 대한 이해 • 의학적인 사실(medical facts) • 감정이입(empathy)
고려단계 Contemplation : I'm thinking about it, but uncertain.	• 자신의 문제행동에 대한 인식은 있으나 여전히 변화에 대해서는 부정적인 인식을 가지고 있음 • 변화를 두려워하고 저항하며 양가감정을 강하게 느끼고 있음 • 변화하지 않고자 하는 욕구가 변화를 향한 욕구보다 더 강한 상태	• 자신감을 고무시키기 위한 감정적 지지	• 환자의 자신감을 고무시키고 유지시킬 수 있도록 하는 심리적 지지
준비단계 Preparation : I'm just about ready to start doing it.	• 자신감 변화를 위한 에너지가 높아지고 추진력이 강해지는 단계이므로 불안한 에너지를 행동화로 옮기도록 도와야 함 • 새로운 행동을 시도하고자 하는 요구가 나타남	• 환자의 불안정한 에너지를 행동으로 옮길 수 있도록 생활습관 변화계획표 작성 • 계획표 작성 시 목표는 명확하고, 단기간에 달성할 수 있으며, 구체적이고, 측정가능하며, 현실가능하고, 도전할 수 있어야 함 • 환자와 함께 변화를 위한 행동에 대해 논의하고 우선순위를 매김 • 환자가 지적한 문제를 행동으로 옮길 수 있도록 질문을 함 • 목표 안에서 작은 변화를 느낄 수 있도록 함	• 목표 설정 방법에 대한 이해 • 환자가 자신의 목표를 명확히 설정할 수 있도록 돕는 능력 • 열의 • 환자가 자기관리를 할 수 있는 능력이 있다는 것을 믿는 믿음 • 문제해결기술

행동변화 단계	특징	교육방법 교육자에게 필요한 것
행동단계 Action : I'm doing it.	• 계획을 행동으로 옮기고 실천함 (기간: 6개월 미만)	• 환자가 설정한 목표와 계획을 꾸준히 실천하도록 follow-up 시 체크 • 목표가 실현가능한 목표가 되도록 환자와 끊임없이 수정 • 환자의 실천에 대한 긍정적 피드백 제공
		• Follow-up을 위한 계획 • 명확하고 긍정적인 피드백을 제공하는 능력 • 지지적인 태도 • 환자가 한 번에 한 가지 행동을 할 수 있도록 하는 참을성
유지단계 Maintenance : I'm going to be doing this for a whille	• 6개월 이상 행동 유지 • 동기가 떨어질 수 있으므로 스스로의 성공을 자축하도록 함 • 스트레스에 취약한 경우 이전의 친숙한 행동으로 되돌아갈 수 있음	• 스트레스에 취약할 경우 예전의 문제행동으로 돌아갈 수 있으므로 스트레스 관리 실시→구체적인 대처 방법(예: 수영, 낚시, 노래방)을 계획 • Follow-up 시 생활습관 변화계획표를 지속적으로 점검하고, 과거의 익숙한 행동으로 돌아가고자 할 때 새로운 행동계획을 수립하고 실천하도록 도움
		• 환자가 활용할 수 있는 그룹 • 환자의 recycle에 대한 이해와 이것이 행동변화에 있어 정상적인 것임을 인식 • 완벽함을 기대하지 않는 태도

출처: 보건복지부, 2014

5. 만성질환자 대상 영양상담 사례

1) 범이론적 모델을 활용한 영양상담 사례

(1) 개요

앞서 배운 건강행동 이론은 만성질환자 대상의 영양교육 및 상담에 적용되어 식행동 수정, 건강상태 향상, 질환 관리 등의 효과를 높일 수 있다. 그 중에서도 범이론적 모델은 각 개인이 다음 단계로 변화하기 위해 필요한 적절한 행동변화 방법과 전략을 제시하므로 개인별 특성에 맞는 맞춤형 영양상담에 효과적으로 사용할 수 있다. 즉, 개인별 식사 섭취 상태, 건강 관련 식습관에 대한 신념, 비만도 등 여러 측면에서의 차이를 고려하여 행동변화 단계별 특성에 맞는 차별화된 개인 맞춤형 상담을 수행하는 데 도움이 된다. 다음의 범이론적 모델을 활용한 영양상담 사례를 통해 구체적인 상담 과정 및 기술을 익힌다.

(2) 영양상담 과정

최근 직장 건강검진을 받은 48세 남성 이씨의 검진 결과 일부이다.

- 키: 180 cm
- 몸무게: 79.4 kg
- 혈중 총 콜레스테롤: 290 mg/dL (기준 200 mg/dL 이하)
- 혈중 LDL-콜레스테롤: 220 mg/dL (기준 100 mg/dL 이하)
  (중략)
- 질환 가족력: 부모와 큰 형이 심장질환으로 사망
- 가족관계: 아내(교사), 아들(15세)

이씨는 검진 후 주치의의 권유로 건강검진센터의 임상영양사와 영양상담을 진행하였고, 아래는 그 내용의 일부이다.

임상영양사: 주치의께서 콜레스테롤을 낮추기 위한 약물 치료를 시도하기 전에 식사 변화를 먼저 시도해보는 것이 좋겠다고 말씀하셨죠?

이씨: 의사선생님께서는 식사 조절로 혈중 콜레스테롤 수치를 줄일 수 있다고 말씀하셨어요.

임상영양사: 혹시 식사에 따라 콜레스테롤 수치가 달라지는지, 달라진다면 얼마나 달라질 수 있는지 알고 계신가요?

이씨: 들어본 적은 있는 것 같은데 크게 관심을 갖고 있지 않아 잘 모르겠습니다.

임상영양사: 우선 현재 섭취하고 계신 식사 내용에 대해 알아보도록 하겠습니다. 내용을 보고 현재 식사가 괜찮은지, 또는 식사 내용 중 변화가 필요한 부분이 있는지 알아보도록 하겠습니다.

식사섭취조사를 통해 얻어진 이씨의 1일 식사 내용은 아래와 같다.

- 아침: 토마토주스 1잔, 베이글 1개와 크림치즈, 블랙커피 1잔
- 오전 간식: 믹스커피(설탕, 크림 포함) 1잔, 도넛 1개
- 점심: 불고기 덮밥 또는 제육 덮밥 1그릇, 김치 1접시
- 오후 간식: 믹스커피(설탕, 크림 포함) 2잔
- 저녁: 삼겹살 또는 쇠고기 구이 2인분, 쌈장과 쌈채소 약간, 된장찌개와 밥 1공기, 소주 1병
- 야식: 맥주 500 cc와 치킨 1/2마리

범이론적 모델을 적용하여 아래의 각 과정을 차례로 따라가며 영양상담을 진행할 수 있다.

① 이씨의 현재 식사는 바람직한가? 임상영양사로서 현재의 식사를 계속하라고 권장하겠는가?

【상담 예시】
현재 식사는 바람직하지 않아 보이며 현재의 식습관을 계속 유지한다면 혈중 콜레스테롤 수치는 호전되지 않을 것이다.

② 이씨는 행동변화단계 중 어느 단계에 있는가?

다음은 행동변화단계를 평가할 수 있는 대화의 예이다.

- 나의 식품 선택에는 문제가 없다고 생각해요.(고려전단계)
- 나는 6개월 안에 식습관을 바꿔야 한다고 생각하고 있어요.(고려단계)
- 나는 몇 주 안에 섭취하는 식품을 바꾸려고 해요.(준비단계)
- 아마도 내 식습관이 바뀔 것 같아요.(행동단계)
- 나는 6개월 이상 식품 선택을 변화시켰어요.(유지단계)
- 나는 더 이상 고지방 식품을 먹지 않아요.(유지단계)

【상담 예시】

이씨가 콜레스테롤 수치를 줄이는 식습관에 대해 들어본 적은 있으나 관심을 가진 적은 없다고 말한 것으로 보아 자신의 식행동에 문제가 있다고 인식하지 못하고, 향후 6개월 이내에 행동변화를 고려하지 않는 단계인 '고려전단계'로 판단할 수 있다. 고려전단계의 경우 행동 결과에 대한 인식이 부족한 단계이거나 권장행동을 해보았으나 실패한 경우에 해당된다. 이 단계에서는 내담자 주변의 사람들이 내담자의 건강 문제를 인식하고 걱정할 수 있지만 정작 내담자 본인은 행동변화를 고려하지 않는다.

③ 이씨의 행동변화단계를 다음 단계로 이동시키기 위해 적용할 수 있는 범이론적 모델의 구성요소는 무엇인가?

【상담 예시】

고려전단계에서 고려단계로 변화시키기 위해 인식 높이기, 정서적 안도, 환경 재평가를 적용할 수 있다.

- 인식 높이기: 현재의 식습관을 유지할 때와 식습관이 변화했을 때 일어날 수 있는 심혈관질환의 위험도에 대해 인식하게 한다.
- 정서적 안도: 포화지방산 섭취를 줄이고 채소 섭취를 늘리는 식습관으로 변화했을 때의 즐거움을 느끼게 한다.
- 환경 재평가: 식행동을 변화했을 때 대상자 주변에 있는 사람들에게 미치는 영향을 인지적, 감정적 측면에서 평가(예: 부모로서 자녀에게 좋은 롤모델)한다.

④ 이씨가 설정할 수 있는 단기 목표에는 무엇이 있을까?

【상담 예시】

스스로 변화를 원하는 행동에 관하여 여러 가지 단기 목표를 제시할 수 있다. 이때 문제와 상황, 주변의 도움 등에 대해서도 이야기 해보도록 한다. 단기 목표의 예시로는 '채소 섭취량을 하루 3회 이상으로 증가시킨다', '커피에 설탕과 크림을 넣지 않고 섭취한다', '야식을 섭취하지 않도록 한다', '현재 주로 섭취하고 있는 붉은 고기(쇠고기, 돼지고기)의 반을 흰색 고기(가금류, 생선)로 바꾸어 먹는다' 등이 있다.

⑤ 이씨는 ④에서 설정한 단기 목표 중 2가지를 선택하기로 했다. 이때 목표의 중요도를 어떻게 측정할 수 있을까?

【상담 예시】
이씨가 설정한 목표를 중요도에 따라 10점 만점으로 1~10점으로 점수를 주어 목표의 중요도를 평가한다.

⑥ 목표를 선택한 후, 목표에 도달하는 과정에서 만나게 되는 어려움이나 장애물을 어떻게 극복할 수 있는지 상담한다.

【상담 예시】
회식 시 붉은 고기류를 선택하기보다 흰고기류를 선택하거나, 회식 시 고기를 섭취할 때는 반드시 채소와 같이 섭취하는 등의 극복 방안을 제시할 수 있다.

⑦ 이씨가 목표에 도달할 때까지의 잠재적인 단계를 가정해 보고, 이때 중요한 부분에 대해 상담한다.

【상담 예시】
하루 채소 섭취량을 현재 수준에서 권장량인 8회까지 증가시키기 위해서는 매 끼니 2~3회 정도 채소를 섭취해야 하므로 채소 섭취를 도울 수 있는 방법을 함께 상의해 본다.

⑧ 영양상담의 효과평가를 위해 추천할 수 있는 추적조사에는 어떤 것이 있을지 계획하고, 실행한다.

【상담 예시】
식사섭취조사, 생화학적 조사(혈중 콜레스테롤 검사) 등의 결과를 효과평가에 활용할 수 있다.

2) 건강검진 결과를 활용한 보건소 영양상담 사례

(1) 개요

보건소 기반 영양상담은 국가 건강검진 결과를 활용하여 보건소 건강증진 프로그램 참여 동의자를 대상으로 하며, 그 중에서도 영양상담을 희망하는 사람을 대상자로 확정한다. 이는 올바른 영양지식 및 식생활 실천 방법을 알려주고, 문제가 되는 식습관에 대한 변화를 유도하여 올바른 식습관을 갖도록 하기 위해 고안된 상담 프로그램이며, 실제로 현장에서 운영되고 있는 프로그램이다. 상담 방법은 대면상담을 기본으로 하고, SNS 또는 이메일은 정보 제공 수단으로만 이용한다. 상담 횟수는 대상별 1회를 기본으로 하되, 식습관에 문제가 있거나 영양상태가 불량하다고 판단될 경우 반복상담을 권유하며, 1회 영양상담 소요 시간은 30분 정도로 한다.

(2) 영양상담 과정

영양상담 과정을 세부내용별로 구분하여 흐름도를 작성해 보면 그림 13-10과 같다. 대상자를 확정하면 기본 프로그램은 1회 상담으로, 식생활지침 실천 여부를 평가해서 식생활 문제점을 파악하고 대상자와 협력하여 식생활 개선 사항에 대한 실천 방안을 수립하는 방식으로 진행한다. 반복상담이 필요한 경우는 24시간 회상법을 통한 식사조사 결과를 활용하여 보다 정밀한 영양소 분석과 식생활 평가를 기반으로 식생활 개선 사항을 도출하고, 실천 여부를 점검하는 과정을 추가한다.

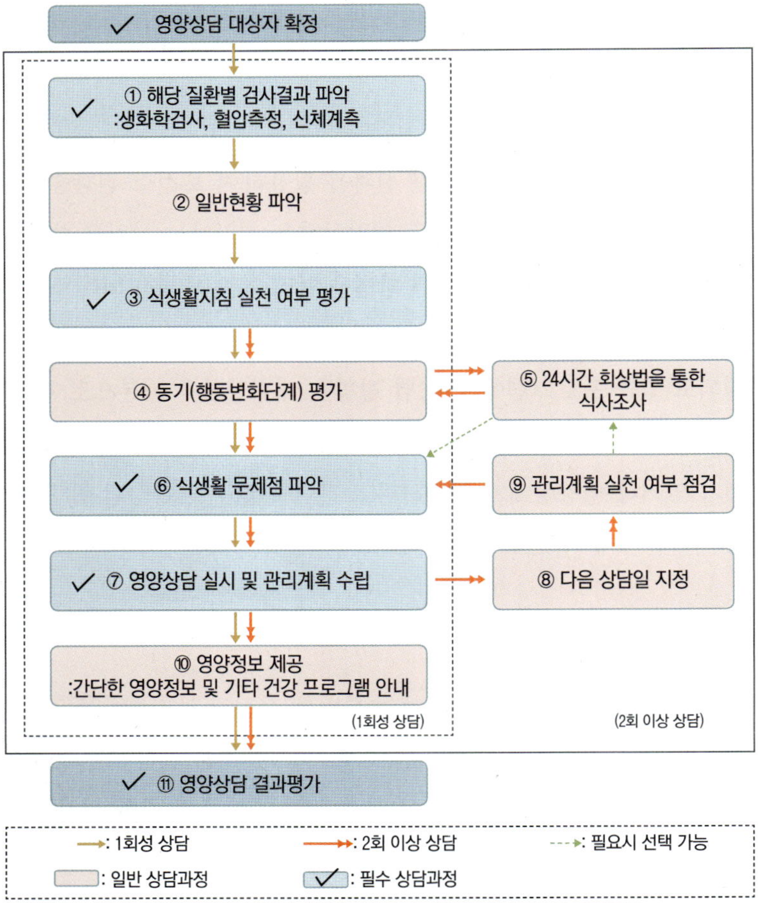

그림 13-10 영양상담 과정의 세부 내용 및 흐름도

출처: 보건복지부, 한국건강증진재단, 2012

① 해당 질환별 검사결과 파악

국가 건강검진 자료를 연계하거나 보건소에서 최근 3개월 이내 혈액 검사를 실시한 경우 그 검사 결과를 조회하여 생화학 검사, 혈압측정, 신체계측 자료를 영양상담에 활용한다. 주의할 점은 검진 결과가 질환으로 판정되는 수치가 나오더라도 의사에 의해 확진을 받거나 치료제를 복용한 경우에만 질환자로 분류할 수 있다는 점을 상기하여 상담 방향을 질환에 대한 내용보다는 올바른 영양지식 및 식생활 실천 방향으로 설정하며, 대상자가 자발적으로 건강한 식생활 실천을 할 수 있도록 돕는다.

② 일반현황 파악

거주형태, 가정 내 주 조리자 등 영양판정에 필요한 일반현황을 파악하되 반드시 필요한 현황만을 선별하여 조사함으로써 대상자의 부담을 줄인다. 파악한 내용은 영양상담 차트에 별도로 기록하여 상담 시 활용한다.

③ 식생활지침 실천 여부 평가

보건복지부 '성인을 위한 식생활지침'을 토대로 평가한다. 평가는 항목당 실천 여부를 일주일에 0~1일 또는 2~4일 해당하면 0점, 5~7일에 해당하면 1점을 부여하고 총합을 계산하여 활용한다. 상담자가 질문하고 응답하는 방식으로 진행하고, 응답에 따라 해당 질환과 연계하여 중점 영양상담 목표로 설정하며, 추후 영양상담의 결과평가에 활용할 수 있다.

④ 동기(행동변화단계) 평가

대상자에게 문제가 되는 식생활을 개선하기 위하여 대상자의 행동변화단계를 파악한 뒤 이를 개인별 식사관리 계획 방향 설정에 활용한다. 행동변화단계는 설문지를 이용하여 파악하며, 응답 결과에 따라 ①이면 계획이전단계, ②, ③은 계획·준비단계, ④, ⑤는 행동·유지단계로 평가한다.

【행동변화단계 설문지】

- 귀하는 건강생활습관을 실천할 계획이 있으십니까?
  - ☐ ① 생활습관개선활동에 참여할 계획이 없다.
  - ☐ ② 6개월 이내에 생활습관개선활동에 참여할 계획이다.
  - ☐ ③ 1개월 이내에 생활습관개선활동에 참여할 계획이고, 조금씩 준비 중이다.
  - ☐ ④ 생활습관개선을 시작한지 1~6개월 되었다.
  - ☐ ⑤ 생활습관개선을 시작한지 6개월 이상 되었다.

출처: 보건복지부, 한국건강증진재단, 2012

행동변화단계를 파악했다면 그에 따라 상담의 접근 전략을 다르게 계획한다. 이는

표 13-10 에 제시되어 있는 것처럼, 계획이전단계인 경우는 건강생활에 대한 동기가 없는 상태이므로 건강한 식행동에 대한 중요도를 높이고 동기를 부여하는 방향으로 상담을 진행한다. 계획 · 준비단계는 동기가 생겼으나 아직은 미약하므로 이를 강화하도록 구체적인 식행동 설정 방법이나 행동 수정 방법에 대해 상담을 진행한다. 행동 · 유지 단계는 행동유지 전략 및 지속적인 실천에 대한 지지를 통해 자기효능감을 높이는 방향으로 상담을 진행한다.

표 13-10 행동변화단계 판정 및 접근 전략

단계	정의	판정	접근전략
계획 이전 단계	건강생활 실천 의지가 없는 경우	☑생활습관 개선활동에 참여할 계획이 없다. □ 6개월 이내에 생활습관개선활동에 참여할 계획이다. □ 1개월 이내에 생활습관 개선활동에 참여할 계획이고, 조금씩 준비 중이다. □ 생활습관 개선을 시작한 지 1~6개월 되었다. □ 생활습관 개선을 시작한 지 6개월 이상 되었다.	• 건강한 식행동에 대한 중요도 강조 • 정보제공을 통한 동기부여
계획 · 준비 단계	건강생활 실천을 위한 방법을 습득하고자 하는 경우	□ 생활습관 개선활동에 참여할 계획이 없다. ☑6개월 이내에 생활습관 개선활동에 참여할 계획이다. ☑1개월 이내에 생활습관 개선활동에 참여할 계획이고, 조금씩 준비 중이다. □ 생활습관 개선을 시작한지 1~6개월 되었다. □ 생활습관 개선을 시작한지 6개월 이상 되었다.	• 정보제공을 통한 동기 강화 • 식행동 변화 약속 • 구체적 식행동 설정 방법 및 행동 수정 방법 제시
행동 · 유지 단계	건강생활 실천을 위한 구체적 방법을 지원받고자 하는 경우	□ 생활습관 개선활동에 참여할 계획이 없다. □ 6개월 이내에 생활습관 개선활동에 참여할 계획이다. □ 1개월 이내에 생활습관 개선활동에 참여할 계획이고, 조금씩 준비 중이다. ☑생활습관 개선을 시작한 지 1~6개월 되었다. ☑생활습관 개선을 시작한 지 6개월 이상 되었다.	• 자기효능감 높이기 • 행동 유지 전략 및 지속 실천에 대한 지지

출처: 보건복지부, 한국건강증진재단, 2012

⑤ 24시간 회상법을 통한 식사조사

24시간 회상법은 짧은 시간에 대상자에게 부담을 주지 않고 평소의 식생활을 파악할 수 있으므로 대상자의 영양소 섭취 평가 및 식생활 문제점 도출 자료로 유용하게 이용할 수 있다. 단, 식생활지침 실천 여부로 상담이 가능할 경우 24시간 회상법을 실시하지 않아도 된다. 2회 이상 상담을 진행할 경우 식사일기 작성을 권장하며, 자발적으로 식사일기를 쓸 수 있도록 유도하고 식사일기 예시를 함께 제공한다. 조사된 내용은 영양소 계산 프로그램을 활용하여 영양소별 섭취량 및 끼니별 섭취 비율 등을 분석하고, 영양소 섭취량은 한국인 영양소 섭취기준을 사용하여 평가한다.

⑥ 식생활 문제점 파악

일반현황, 해당질환 검사 결과(혈액 검사, 혈압 측정, 신체계측 자료), 식생활지침 실천 여부, 24시간 회상법 조사 등의 결과를 활용하여 식생활 문제점을 파악한다. 상담 시 대상자와 자유로운 대화를 통하여 여러 가지 식생활 문제점 중 우선순위를 정하며, 내담자 중심의 상담이 되도록 한다. 우선순위는 질환의 심각성, 대상자의 실천 가능성 등을 고려하며, 무엇보다 대상자가 자발적으로 실천하고자 하는 내용으로 정한다.

⑦ 영양상담 실시 및 관리계획 수립

대상자와 함께 정한 우선순위가 가장 높은 식생활 문제점에 대해 구체적이고 현실적인 실천 방안을 제시하며 관리 계획을 수립한다. 실천 방안은 한번에 여러 가지 방법을 제안하지 않고, 대상자와 상의하여 실천 동기가 가장 높은 방법으로 제시한다.

⑧ 다음 상담일 지정

2회차 상담일정은 대상자의 개별 일정을 최대한 고려하되, 동기부여를 위해 첫 상담일로부터 2주 이내 실시한다.

⑨ 관리계획 실천 여부 점검

2회 이상 상담 시 수행한다. 이전 상담에서 계획한 식사관리 방법의 실천방안을 잘 수행하고 있는지 확인한다. 잘 수행하고 있으면 지속할 수 있도록 지지하고, 수행이 제대로 이루어지고 있지 않다면 대상자 의지를 확인한 후 관리계획 재설정 및 실행 동기를 강화하는 데 집중한다.

⑩ 영양정보 제공

간단한 영양정보 또는 보건소 내 영양 및 건강 관련 프로그램 소개 등의 자료를 제공한다.

⑪ 영양상담 결과평가

평가는 영양상담 종료 후 유선으로 하며, 평가 내용은 영양상담 만족도와 식생활지침 실천 여부에 대하여 평가한다. 영양상담 만족도 조사는 과정평가로 제시된 간단한 설문을 통해 평가하고, 대상자가 직접 작성하도록 한다. 식생활지침 실천 여부는 효과평가로 영양상담 시작 시점부터 6주 후에 평가한다. 상담 시작 시 조사하였던 식생활지침 항목에 대해 동일하게 평가하여 사전 · 사후 결과를 비교한다. 항목별 점수의 합을 총점으로 계산하여 사전 · 사후 비교 시 1점 이상 증가한 경우 개선으로 평가하거나 항목별 실천 일수가 0~1일에서 2~4일로 증가한 경우에도 개선된 것으로 평가한다. 영양상담 결과평가 내용은 다음의 영양상담에 활용한다.

【영양상담 만족도 설문지】

1. 보건소 영양상담이 귀하의 올바른 식생활 실천에 도움이 되셨습니까?
   □① 매우 그렇다 □② 그렇다 □③ 보통이다 □④ 그렇지 않다 □⑤ 전혀 그렇지 않다

2. 보건소 영양상담 내용에 만족하십니까?
   □① 매우 그렇다 □② 그렇다 □③ 보통이다 □④ 그렇지 않다 □⑤ 전혀 그렇지 않다

출처: 보건복지부, 한국건강증진재단, 2012

더 알아보기

암 환자 대상 영양교육과 영양상담

세계암연구재단(WCRF)과 미국암연구소(AICR)에서 제시한 암 예방을 위한 권고사항 중 대부분의 항목이 식생활과 직간접적으로 관련이 있다. 암 예방뿐만 아니라 암 환자에서도 암의 치료 및 회복, 합병증 예방 등을 위해 건강하고, 올바른 식사요법은 매우 중요하다. 암 환자에 대해 의사, 임상영양사, 간호사 등이 팀을 이루어 제공하는 교육의 수가를 국가에서 인정하고 있으며, 그 안에 영양교육 및 상담의 제공도 포함된다. 교육 수가는 국가에서 정하며, 교육비의 일부를 건강보험에서 부담한다. 이를 통해 암 환자는 암 진단 시부터 치료 시작 전, 항암치료나 수술 과정, 그리고 암 치료 완료 후부터 회복기까지 시기별 적절한 영양교육 및 상담을 받음으로써 영양불량, 체중 감소를 최소화하고, 치료 중 생기는 부작용을 극복하는 데 도움을 주며, 치료 효과를 높일 수 있다. 2023년 대한암협회는 암환자를 위한 바람직한 식사방법 수칙을 제시하였으며, 그 내용은 주로 식물성식품(채소, 과일, 콩류 등)의 충분한 섭취, 저지방 단백질 급원의 섭취, 정제되지 않은 곡류의 섭취 등을 포함한다. 또한 암 진단 시부터 회복기까지 시기별 식생활 원칙을 함께 제시하고 있다. 최근에는 암 환자들이 보다 쉽게 접근하여 참고할 수 있도록 암 환자의 식단 관리, 암 종류별 식생활 등에 대한 온라인 동영상을 국립암센터, 대한암협회 등에서 제공하고 있다.

WCRF / AICR 암 예방 권고사항[47)]

〈WCRF/AICR 암 예방 권고사항〉

출처: 식품의약품안전처, 2021

〈대한암협회의 암환자 식이 가이드북〉

출처: 대한암협회, 2023

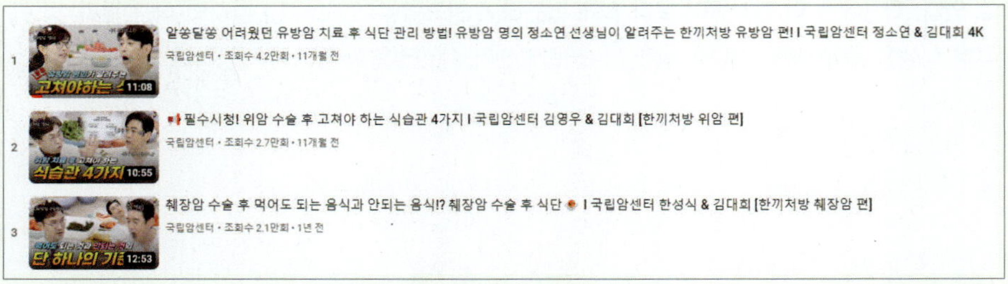

〈국립암센터의 암 환자를 위한 식사요법 동영상〉

출처: https://www.youtube.com/playlist?list=PLaboBbFkUZGq2mivwPFgt58H0AJzilp2D

참고문헌

강병철. 식품산업과 빅데이터. 기술과 혁신, 2019; 43(10);21−25.

강서영. 비만 환자에서의 맞춤형 영양 상담과 식사 치료. 비만대사연구학술지 2023;2(1):11−16.

관계부처합동. 제5차 국민건강증진종합계획(Health Plan 2030). 2021. 01.

교육부. 유·초·중·고등학교 영양·식생활 교육 가이드라인. 2021.

구재옥, 김경원, 김복희, 김창임, 류혜숙, 윤은영. 이해하기 쉬운 영양교육과 상담 −이론과 실제. 파워북, 2022.

권석만. 현대 심리치료와 상담 이론. 학지사, 2012.

김경원, 이연경, 이송미, 허은실, 손숙미, 이경혜. 영양교육 및 상담의 실제. 라이프사이언스, 2021.

김기랑, 김현자, 박소현, 송수진, 심재은, 유현주. 지역사회영양학. 파워북, 2023.

김다현, 박다원, 한영희, 현태선. 개인별 목표설정과 스마트폰 기반 영양상담을 통한 20−30대 성인의 영양지수 및 식이 자아효능감 향상. J Nutr Health 2023;56:419−438.

김영수. 교수설계. 서울대학교 교육연구소(편). 교육학 대백과사전, 하우동설, 1998.

김영희, 권인수, 김경덕, 박경민, 박현순, 소향숙, 이우숙, 장금성, 정복례, 최은희. 간호교육 사례 중심 교수학습법. 포널스출판사, 2016.

김영희, 허희옥, 계보경, 김혜정, 김민정, 이현영, 박연정. 유아교육에서의 교육방법 및 교육공학. 학지사, 2020.

김정원. 식생활교육과 영양교육의 개념 혼재와 지속가능한 식생활교육으로의 전환. 실과교육연구 2018; 24(4); 17−37.

김종숙, 한지숙. 웹 기반 영양상담이 고지혈증 환자의 식사섭취 및 혈청 지질에 미치는 영향. 한국식품 영양과학회지 2004;33:1302−1310.

김채은, 윤용희. 정보통신기술을 활용한 상담 연구 동향. 상담교교육연구 2018;1:175−195.

노안영, 송현종. 상담실습자를 위한 상담의 원리와 기술. 학지사, 2006.

노안영. 상담심리학의 이론과 실제. 제2판, 학지사, 2018.

농림축산식품부. 제3차 식생활교육 기본계획. 2020. 02.

대한당뇨병학회. 2023 당뇨병 진료지침(제8판). 2023.

대한당뇨병학회. 당뇨병 식품교환표 활용지침. 2024.

대한비만학회. 비만 진료지침 2024(9판). 2024.

대한비만학회. 체중조절을 위한 건강한 저탄수화물 식사요법 실행 안내서. 2023.

대한암협회. 암환자 식이 가이드북. 2023.

류지헌, 김민정, 임태형. 수업역량 강화를 위한 교육방법 및 교육공학. 학지사, 2023.

류지현, 김민정, 임태형. 교육방법 및 교육공학. 학지사, 2023.

박선영, 한지숙. 제2형 당뇨병 환자의 영양섭취 및 혈당에 웹 기반 영양상담이 미치는 영향. 한국식품 영양과학회지 2005;34:1398-1406.

박선영, 한지숙. 제2형 당뇨병 환자의 영양섭취 및 혈당에 웹 기반 영양상담이 미치는 영향. 한국식품영양과학회지 2005;34:1398-1406.

박성익, 임재철, 이재경, 최정임. 교육방법의 교육공학적 이해. 교육과학사, 2018.

박숙희, 염명숙. 교수-학습과 교육공학. 학지사, 2013.

박은숙, 송윤희, 유정아. 교육방법 및 교육공학. 학지사, 2015.

방문건강관리사업. 건강생활실천사업 연계 건강검진결과상담 매뉴얼 - 영양전문상담.

백재연, 이해연, 황지윤, 김기랑. 서울시 일부 지역 주부의 나트륨 섭취 감소를 위한 사회인지이론 기반의 영양교육 프로그램의 적용 및 평가. 한국식품영양과학회지 2017;46(10):1243-1252.

백현옥. 초심상담자를 위한 상담기법. 박영스토리, 2021.

보건복지부, 한국건강증진개발원. 2021년 지역사회 통합건강증진사업 안내[영양]. 2021.

보건복지부, 한국건강증진개발원. 영양플러스사업. 비대면 교육 · 상담 가이드북. 2021.

보건복지부. 임상영양치료를 위한 직무표준과 실행지침 - 당뇨병, 암, 이상지질혈증. 2014.

보건복지부. 제3차 국민영양관리기본계획. 2022. 06.

서울특별시 식품정책과. 서울시먹거리통계조사 2023 최종보고서.

서정숙, 이보경, 이혜상, 이수경, 이윤나, 정상진, 김원경. 현장 중심의 영양교육과 상담. 교문사, 2021.

소셜미디어연구포럼. 소셜미디어의 이해. 미래인, 2012.

손임휘, 홍지연, 한영희, 공보정, 장몽원, 나우리, 손정민, 현태선. 과체중 및 비만 직장인 대상 모바일 건강관리 프로그램의 참여도에 따른 과정 평가: 12주 중재연구. 대한지역사회영양학회지 2023;28(6):466-479.

송미정, 유영의. 텃밭 가꾸기 활동이 유아의 행복감과 사회 · 정서능력에 미치는 영향. 학습자 중심 교과교육학회, 2018;18:(12):291-313.

식품의약품안전처, 중앙급식관리지원센터, 어린이급식관리지원센터. 유아 식생활 조사 설문지. 2021.

식품의약품안전처. 건강관리자용 신중년(50~64세) 맞춤형 식사관리 안내서. 2021.
신수경, 조성희. 알기 쉬운 동기면담. 학지사, 2016.
오승택. 보드게임 개발에 관한 연구. 상명대학교 뉴미디어정보통신대학원, 2004.
이경은, 김기랑. 취약계층 어르신 맞춤 영양관리사업 모형 개발 연구 결과 보고서. 2017.
이계임. 황윤재. 반현정. 임승주. 진현정. 이행신. 1인 가구 증가에 따른 식품시장 영향과 정책과제. 한국농촌경제연구원, 2015.
이광균. 초등학교 교사의 교수매체 제작 및 활용 효과 인식에 관한 연구. 공주대학교 교육정보대학원, 2003.
이성흠, 이준, 구양미, 이경순. 교육방법 및 교육공학. 교육과학사, 2017.
이성흠, 이준, 구양미, 이경순. 교육방법 및 교육공학. 의사소통, 교수설계, 그리고 매체활용. 교육과학사, 2013.
보건복지부, 한국건강증진재단. 건강검진결과 상담 매뉴얼: 영양전문상담. 2012.
이인숙, 송기상, 이영민. 모바일 학습의 탐구. 문음사, 2006.
이인숙, 한승연, 임병노, 이지연, 이현우, 이은배. (학습자중심 수업을 위한) 교육방법 및 교육공학. 문음사, 2020.
이현주, 이현옥. 미디어 리터러시. 북스타, 2023.
장남수, 강명희, 정혜경, 양은주, 이현숙, 황지윤. 새로 쓰는 지역사회 영양학. 2판, 교문사, 2023.
장성화, 김순자, 윤향숙, 박지현, 황윤미. 상담의 이론과 실제. 정민사, 2011.
장혜자, 유효이, 정하림, 이혜상, 이민준, 이경은, 유창희, 최정화, 이나영, 곽동경. 중산층 노인대상 식품안전 · 영양관리 교육 사업 평가를 위한 도구 개발: 균형성과표와 구조 · 과정 · 성과 개념 적용. Journal of Nutrition and Health 2015;48(6):542–557.
정영일, 조연재, 손동민. 보건의사소통. 한국방송통신대학교출판문화원, 2021.
정현선 외, 미디어 문해력 향상을 위한 교실수업 개선방안 연구 최종보고서. 교육부, 2015.
정효지, 김복희, 송윤주, 이정은. 보건영양학. 양서원, 2013.
조수현, 김지현, 조용민, 한영희, 여윤재, 연미영, 현태선. 개인별 목표 설정과 스마트폰 기반 영양상담이 과체중 및 비만 시내버스 운전자의 식습관 개선과 체중감소에 미치는 효과. 생활과학연구논총 2022;26:81–98.
질병관리청 건강영양조사분석과. 2024 국민건강영양조사 이용자용 통계정보보고서.
질병관리청 만성질환총괄과. 2024 지역사회건강조사 이용자용 통계정보보고서.
질병관리청. 2023 만성질환 현황과 이슈 – 만성질환 fact book. 2023.

천성문, 박은아, 이정아, 이지영, 정세영, 차윤희, 김지숙, 김현정. 초심상담자를 위한 상담 기술의 실제. 학지사, 2023.

천성문, 이영순, 박명숙, 이동훈, 함경애. 상담심리학의 이론과 실제. 제4판, 학지사, 2021.

최선혜. 쉽게 배우는 보건의사소통. 바이오사이언스출판, 2023.

최지희, 박선주, 권희, 이해정. 유방암 환자 대상 모바일 영양관리서비스 적용 및 효과 평가. J Nutr Health 2020;53:83-97.

한국건강증진개발원. 2023년 지역사회 통합건강증진사업 안내서(영양)

한국농촌경제연구원, 2023 식품소비행태조사 기초분석보고서. 2023.

한국농촌경제연구원. 2021년 가구의 가공식품 소비 지출 변화와 특징. 한국농촌경제연구원, 2021.

한국언론진흥재단. 2023 어린이 미디어 이용조사.

한국지질동맥경화학회. 임상영양사가 전하는 심혈관계 질환 관리를 위한 식생활. 2022.

한숙자. 전문상담학개론. 창지사, 2004.

한정선, 김영수, 주영주, 강명희, 조일현, 이정민. 21세기 교사를 위한 교육방법 및 교육공학. 교육과학사, 2014.

Ajzen I, The theory of planned behavior. Organizational Behavior and Human Decision Processes, 1991:50:179-211.

Anderson LW, Krathwohl DR. (Eds.) A taxonomy for learning, teaching, and assessing: A revison of Bloom's taxonomy of educational objectives. New York: Longman, 2001.

Bae TJ, Jeon NE, Choi SK, Seo JS. Effect of nutrition counseling by nutrition care process on diet therapy practice and glycemic control in type 2 diabetic patients. Korean Journal of Community Nutrition 2020;25:214-225.

Bauer KD, Liou D. Nutrition Counseling & Education Skill Development. 4th ed. CENGAGE, 2021.

Bauer KD, Sokolik CA. Basic nutrition counseling skill development. Wadsworth, 2002.

Beto JA. Holli BB. Nutrition counseling and education skills: A practical guide. 8th ed. Jones & Battlet Learning, 2023.

Bloom B. Taxonomy of educational objectives. Book I: Cognitive domain. David Mckay, 1956.

Brimblecombe J, Ferguson M, Barzi F, Brown C, Ball K. Mediators and moderators of nutrition intervention effects in remote Indigenous Australia. British Journal of Nutrition 2018;119:1424–1433.

Carey DW, Carey JO. The systematic design of instruction (7th ed.), Longma, 2009.

Chapman–Novakofski, Education and counseling: Behavior change. In L. K. Mahan and J. L. Raymond, eds., Krause's Food & the Nutrition Care Process, 14th ed. Philadelphia, PA: W.B. Saunders Company, 2017:227–237.

Clear J. Atomic habits: an easy & proven way to build good habits & break bad ones. Cornerstone Press, 2022.

Clifford D, Curtis L. Motivational Interviewing in Nutrition and Fitness. The Guilford Press, 2016.

Conner M, Norman P, Predicting Health Behaviour: Research and Practice with Social Cognition Models. Buckingham: Open University Press.

Contento IR, Koch PA. Nutrition education : Linking research, theory, and practice 4th ed. Jones & Bartlett Learning, 2021.

Contento IR, Nutrition education: Linking research, theory, and practice. 3rd ed. Jones & Bartlett Learning, 2016.

Crispim CA, Zimberg IZ, dos Reis BG, Diniz RM, Tufik S, de Mello MT. Relationship between food intake and sleep pattern in healthy individuals. J Clin Sleep Med 2011;7(6):659–664.

Curry KR, Jaffe A. Nutrition counseling and communication skills. W. B. Saunders Company, 1998.

Diddana TZ, Kelkay GN, Dola AN, Sadore AA. Effect of Nutrition Education Based on Health Belief Model on Nutritional Knowledge and Dietary Practice of Pregnant Women in Dessie Town, Northeast Ethiopia: A Cluster Randomized Control Trial. J Nutr Metab. 2018 Jun 21;2018:6731815.

Fila SA, Smith C, Applying the theory of planned behavior to healthy eating behaviors in urban Native American youth. International journal of behavioral nutrition and physical activity, 2006;3:1–10.

Gable J. Counselling skills for dietitians. Blackwell Science, 1997.

Glanz K, Rimer BK, Viswanath K. Health behavior and health education: Theory, research and practice. 5th ed. John Wiley & Sons, Inc., 2015.

Harrington M et al. The Theory of Planned Behavior and the USDA summer food service program. Journal of Nutrition Education and Behavior. 2020;52: 944–951.

Holli BB, Beto JA. Nutrition counseling and education skills for dietetics professionals. 6th ed. Jones & Battlet Learning, 2012.

Holli BB, Beto JA. Nutrition counseling and education skills: A guide for professionals. 7th ed. Wolters Kluwer, 2018.

Horowitz M, Shilts MK, Townsend MS. EatFit: a goal–oriented intervention that challenges adolescents to improve their eating and fitness choices. J Nutr Educ Behav 2004;36(1):43–4.

James DC, Pobe JW, Brown L, Joshi G. Using the health belief model to developculturally appropriate weight–management materials for African–American women. Journal of the Academy of Nutrition and Dietetics, 2012;112:664–670.

Jeihooni A, Rakhshani T, Harsini PA et al. Effect of educational program based on theory of planned behavior on promoting nutritional behaviors preventing Anemia in a sample of Iranian pregnant women. BMC Public Health 2021;21:2198.

Koch LH, Contento IR. Applying the nutrition education DESIGN procedure to the development of the In Defence of Food Curriculum, Health Education Journal 78(7):824–838, 2019.

Krathwohl DR. A revision of Blooms taxonomy: An overview. Theory into Practice 2002;41(4):212–218.

LaCaille L, Eating Behavior. In: Gellman MD, Turner JR.(eds) Encyclopedia of Behavioral Medicine. Springer, New York, NY. 2013; https://doi.org/10.1007/978–1–4419–1005–9_1613.

Lach W et al. Application of the transtheoretical model to health education for older adults. Health Promotion Practice 2004;5:88–93.

Langellotto GA, Gupta A. Gardening increases vegetable consumption in school–aged children: A meta–analytical synthesis. HortTechnology 2012;11(4):430–445.

Lee JE et al. Development of tailored nutrition information messages based on the transtheoretical model for smartphone application of an obesity prevention and management program for elementary–school students. Nutr Res Pract 2017 Jun;11(3):247–256.

Lee S. Park S, Kim K. Food literacy and its relationship with food intake: a comparison between adults and older adults using 2021 Seoul Food Survey data. Epidemiol Health

2023;42:e2023062.

Leone LA, Tripicchio GL, Haynes−Maslow L, McGuirt J et al. Cluster randomized controlled trial of a mobile market intervention to increase fruit and vegetable intake among adults in lowerincome communities in North Carolina. International Journal of Behavioral Nutrition and Physical Activity 2018;15:1−11.

Liu D, Lee S, Hwang JY. Factors releated to the intention of healthy eating behaviors based on the theory of planned behavior: focused on adults residing in Beijing, China J Nutr Health 2021;54:67−75.

McAleese JD, Rankin LL. Garden−based nutrition education affects fruit and vegetable consumption in sixth−grade adolescents. Journal of the American Dietetic Association 2007;107(4):662−665.

McConnell C, Conrad PB, Uhrmacher BP. Lesson planning with purpose: Five approaches to curriculum design, Teachers College Press, 2020.

Miller WR, Rollnick S. Motivational Interviewing: Helping People Change. 3rd ed. New York, NY: The Guilford Press, 2013.

Morris M. Goal Setting: 10 Easy Steps to Keep Motivated & Master Your Personal Goals. Globalized Healing, 2014.

Naghashpour et al. Nutrition education based on health belief model improves dietary calcium intake among female students of junior high schools. Journal of health, population, and nutrition 2014;32(3):420.

Pickel L, Sung H. Feeding rhythms and the circadian regulation of metabolism. Front Nutr 2020;7:39.

Power JEM, Lee O, Aspell N, Mccormack et al. RelAte: pilot study of the effects of a mealtime intervention on social cognitive factors and energy intake among older adults living alone. British Journal of Nutrition 2016;116:1573−1581.

Raymond, eds., Krause's Food & the Nutrition Care Process, 14th ed. Philadelphia, PA: W.B. Saunders Company, 2017:227−237.

Reigeluth CM (Ed.) Instructional−design theories and models: A new paradigm of instructional theory (volume II). Lawrence Erlbaum, 1999.

Sasanfar et al. The effect of nutrition education for cancer prevention based on health belief model on nutrition knowledge, attitude, and practice of Iranian women. BMC Women's Health 2022; 22.1:213.

Shannon CE, Weaver W. The Mathematical Theory of Communication. University of Illinois Press, 1949.

Snetselaar LG. Nutrition counseling skills for medical nutrition therapy. Aspen Publishers, 1997.

Snetselaar LG. Nutrition counseling skills for the nutrition care process, 4th ed. Aspen Publishers, 2009.

Society for Nutrition Education and Behavior. SNEB nutrition educator competencies. https://www.sneb.org/nutrition-educator-competencies-2/ Accessed 2023.

Society for Nutrition Education. 1987. Recommendations for the Society for Nutrition Education on the academic preparation of nutrition education specialists. Journal of Nutrition Education 19(5):209-210.

Son I, Hong J, Han YH, Gong BJ, Zhang MY, Na W, Sohn C, Hyun T. Effectiveness of a mobile health intervention on weight loss and dietary behavior changes among employees with overweight and obesity: a 12-week intervention study investigating the role of engagement. Korean J Community Nutr 2023;28: 141-159.

Steinberg MP, Miller WR(저자), 임성철, 조성희, 유빈(역자). 당뇨병관리와 동기면담. 군자출판사, 2017.

Vant Rieta J, Sijtsemaa SJ, Dagevosa H, De Bruijn GJ. The importance of habits in eating behaviour. An overview and recommendations for future research. Appetite, 2011;57:585-596.

West DS, Gore SA, DiLillo V, Greene PG, Bursac Z. Motivational interviewing improves weight loss in women with type 2 diabetes. Diabetes Care 2007;30:1081-1087.

Western C, Cranton PA. Selecting instructional strategies. The Journal of Higher Education, 1986;57(3):259-288.

Wiggins G, McTighe J. Understanding by design, 2nd Edition, Association for Supervision and Curriculum Development, 2005.

강남구보건소 https://health.gangnam.go.kr

농림축산식품부 https://www.mafra.go.kr

대한영양사협회 https://www.dietitian.or.kr

대한영양사협회 서울시영양사회 https://www.dietitian.or.kr

보건복지부 https://www.mohw.go.kr

부산광역시 교육청 https://www.pen.go.kr

사단법인 식생태문화협회 https://pf.kakao.com/_YbUxiT

샘표 식문화연구소 지미원 https://www.sempio.com

서울특별시 https://www.seoul.go.kr

서울특별시 식생활종합지원센터 https://www.seoulnutri.co.kr

서울특별시청 https://www.seoul.go.kr

식생태문화협회 https://pf.kakao.com/_YbUxiT

식생활교육국민네트워크 https://www.greentable.or.kr

식품의약품안전처 https://www.mfds.go.kr

어린이사회복지급식관리지원센터 https://dietary4u.mfds.go.kr

질병관리청. 2017 소아청소년성장도표 https://kdca.go.kr/contents.es?mid=a20303030400.

한국건강증진개발원 https://www.khepi.or.kr

한국보건산업진흥원 홈페이지. 건강위험도 평가시스템(D-HRA). https://www.khidi.or.kr/dhra

한국영양학회 https://www.kns.or.kr

한국영양학회. 영양지수(NQ) https://www.kns.or.kr/fileroom/fileroom.asp?BoardID=Nq

찾아보기

ㅈ

ㅊ

저자 소개

현태선

미국 앨라배마대학교(버밍햄) 영양학 박사
현 충북대학교 식품영양학과 교수

김기랑

미국 코넬대학교 영양학 박사
현 단국대학교 식품영양학과 교수

박소현

미국 존스홉킨스보건대학원 박사
현 한림대학교 식품영양학과 교수

송수진

서울대학교 영양학 박사
현 한남대학교 식품영양학과 교수

송윤주

서울대학교 영양학 박사
현 가톨릭대학교 식품영양학과 교수

유현주

한양대학교 예방의학 박사 수료
현 식생태문화협회 이사

최경숙

서울대학교 영양학 박사
현 대진대학교 식품영양학과 교수

황지윤

미국 코넬대학교 영양학 박사
현 상명대학교 식품영양학전공 교수

영양교육과 영양상담

2025년 3월 7일 초판 인쇄
2025년 3월 13일 초판 발행

지은이 | 현태선 김기랑 박소현 송수진
송윤주 유현주 최경숙 황지윤

발행인 | 유제구
발행처 | 도서출판 파워북
주 소 | 경기도 고양시 일산동구 호수로 358-25
동문타워2차 529호
전 화 | (02) 730-1412
F A X | (031) 908-1410
등 록 | 1997. 1. 31 제 2014-000067호

정가 26,000원
ISBN 978-89-8160-526-1 (93590)

잘못된 책은 바꿔드립니다.